Europa.

Vorlesungen

an der Universität zu Berlin gehalten

von

Carl Ritter.

Herausgegeben

von

H. A. Daniel.

Berlin.

Druck und Verlag von Georg Reimer.

1863.

Vorwort.

Der dritte und letzte Band der von Carl Ritter gehaltenen Vorlesungen ist in besonderm Maße geeignet, das Interesse in Anspruch zu nehmen und den Verehrern des großen Meisters der Erdkunde gewiß hochwillkommen. Ein Werk über Europa war es, mit dem Ritter seine Laufbahn als geographischer Schriftsteller von Bedeutung betrat. Auch später ist in der Einleitung zur Erdkunde und einzelnen Abhandlungen auf Europäische Verhältnisse durch Ritters geniale Auffassung und Combination ein neues Licht geworfen. Seine akademischen Vorträge bezogen sich auch auf Europa; einzelne Länder, wie Italien, Griechenland, die hesperische Halbinsel wurden ausführlicher behandelt. Immerhin blieb es ein eben so natürlicher als lebhafter Wunsch, Ritter, wie am Anfange seiner Ruhmesbahn, so am Ende derselben sich über Europa auch für weitere Kreise aussprechen zu hören.

Konnte diesem Wunsche nur ein freilich kaum zu erhoffendes Fortführen und Vollenden der Erdkunde vollständig genügen, so wird durch die vorliegenden Vorlesungen wenigstens relative Erfüllung geboten. Ich bin nicht in Zweifel, daß die Freude und der Genuß, den ich selbst bei der Herausgabe dieser Vorträge empfunden, von allen Freunden und Verehrern Ritters getheilt werden wird.

Könnte die Ehrfurcht vor der unermüdeten Arbeitstreue des auch als Mensch so hoch stehenden Gelehrten bei denen, die ihn näher zu kennen das Glück hatten, noch gesteigert werden, so möchte das durch eine genaue Einsicht in Ritters Collegienhefte der Fall sein. Welche nie nachlassende Sorgfalt, nach Inhalt und Form das, was er mittheilte, immer vollendeter zu gestalten! Welches wahrhaft rührende sich nicht Genügenlassen an dem Geleisteten! Oft liegt dieselbe Passage in drei und mehr Ausführungen vor. Auch ist kaum jemals eine Vorlesung der vorhergehenden über dasselbe Thema völlig gleich gewesen. Bald wurde diese, bald jene Partie weiter ausgeführt, diese oder jene zusammengezogen, Excurse über besonders interessante Fragen eingeschaltet.

Bei der Herausgabe der beiden ersten Bände habe ich

es mir zum Gesetz gemacht, der letzten von Ritter ausgegangenen und in seinem Manuscript vorliegenden Textrecension zu folgen, dieselbe zwar mit akademischen Heften zu vergleichen, aber keine Ausführungen weiteren Umfanges aufzunehmen, welche sich nur in diesen abgeleiteten Quellen vorfanden. Obwohl dadurch mancher interessante Excurs ausgeschlossen blieb, schien mir doch solche Beschränkung der von Ritter selbst vorgenommenen Sichtung und letzten Textgestaltung gegenüber angemessen.

Dennoch bin ich bei den Vorträgen über Europa in einem Falle von jenem kritischen Canon abgewichen. Der Abschnitt über die Alpen und Mitteleuropa war in dem Manuscripte Ritters nur kurz, eine gedrängte Zusammenfassung und Uebersicht. So konnte ich der Versuchung nicht widerstehen, aus den von Ritter an der Kriegsschule gehaltenen Vorträgen, welche Hr. Dr. R. Meyer in Basel dem Verleger gütigst zur Disposition gestellt, Material zur reichern Gestaltung und Erweiterung herüber zu nehmen. Und ich denke nicht, daß mein Verfahren Mißbilligung erfahren wird.

Daß die Vorträge über Europa früher abgeschlossen sind als die Vorlesungen über allgemeine Erdkunde, daß sie nicht überall die Resultate neuester Forschungen in sich aufgenommen, liegt zu Tage. Ihr bleibender und unschätzbarer Werth ist darum nicht minder über allen Zweifel erhaben und darf der freudigsten und allseitigsten Anerennung gewiß sein.

Halle, den 29. April 1863.

Dr. H. A. Dani'l.

Inhalt.

E u r o p a.

Europa ist der kleinste der drei Erdtheile der Alten Welt. Die besondere Kunde dieses kleinsten Erdtheiles soll der Gegenstand der folgenden Untersuchungen sein. Als Theil eines größern Ganzen, das einer organisirten Welt angehört, muß das Verhalten des Theils zum ganzen Organismus erforscht werden. Mindestens müssen die allgemeinen Verhältnisse der Alten Welt, in sofern sie in den drei verschiedenen Individualitäten der drei Erdtheile modificirt erscheinen, dann diejenige Modification, welche Europa insbesondere zu Theil geworden ist, zur Sprache kommen — das würde der Vorwurf unsrer wissenschaftlichen Erdkunde von Europa sein. Aus solcher Betrachtung wird die Charakteristik des Erdtheils, die Lehre von seiner eigenthümlichen Natur, seiner Individualität, also auch seines individuellen Einflusses auf den Gang der Menschengeschichte, wie auf die Geschichte jedes einzelnen Volks hervorgehen. Auf diese Weise wird diese geographische Lehre von Europa als wesentlicher Theil einer Lehre von unserm Planeten überhaupt erscheinen. Es werden hier die Constructionsgesetze und Verhältnisse zur Sprache kommen müssen, die Europa als einem selbständigen Länderraum, oder einem von andern unabhängigen Erdindividuum angehören; wie schon Strabo II. 127 sagt, Europa genüge sich auf das vollkommenste selber: *πρὸς εἰρήνην καὶ πρὸς πόλεμον αὐταρκεστάτη ἐστίν.*

Verschieden von diesem allgemeinen Theile ist der besondere Theil, nämlich die Betrachtung der Glieder, welche als Theile der Erdgestalt Europas angehören, oder der europäischen

Länder. Sie sind wiederum nicht als blos räumlich neben einander liegende Aggregate von Länderräumen oder Ländermassen anzusehen. Wir nennen sie darum nicht blos Theile im mechanischen Sinne todter Massen, sondern Glieder als in einander greifende integrirende Theile eines Organismus, dem sie als solche nothwendig angehören. Nothwendig gehören sie ihm an, nicht blos zufällig, weil jeder wirkliche Organismus ein System bildet, das zu seinem Dasein und Bestehen nothwendiger Bedingungen bedarf. Jedem Organismus wohnt eine eigenthümliche innere Bedingung (Leben im Allgemeinen genannt) bei, die allen seinen Theilen erst Zusammenhang, Zusammenhalt, lebendige Spannung, allen ihm beiwohnenden Kräften Wechselwirkung, dadurch Entwickelung, Fortschritt, Einheit giebt. Bei Gewächsen, Pflanzen und Thieren ist dieser innere Zusammenhalt auch den Ungebildetsten leicht wahrnehmbar. Ohne die Wurzel könnte der Baum nicht bestehen. Schwieriger schon ist dieser Zusammenhang sichtbar in einfachern Organisationen. Doch hat selbst in den kleinsten Organisationen die Wissenschaft in jüngster Zeit, ja in ganz leblos scheinenden Dingen, wie in den Krystallisationen, das Analogon solcher einheitlichen Organisation nachgewiesen, in der polaren Thätigkeit des Magnets, des Turmalins, in den Lichtwirkungen des Doppelspathes, also selbst in den sogenannten unorganischen Körpern. Niemand wird den geringsten Zweifel dagegen aufwerfen, daß nicht selbst der Rüssel oder das Geweih dem Thiere, oder der Ast, die Blüthe, die Krone dem Baume, der sie trägt, als Glied seines Organismus angehören. Die Gliederung der Erdtheile ist viel weniger als solche mehr oder weniger nothwendige Bedingung derselben, als denselben nothwendig angehörig anerkannt. Hier wird noch immer vieles als blos Zufälliges gedacht, was doch mit dem Ganzen ebenso organisch nothwendig zusammenhängt, wie Ast mit Stamm, Wurzel, Krone, Blüthe und Frucht. Z. B. das Alpensystem mit der Existenz von Mitteleuropa, wie das Mittelländische Meer mit der Culturentwickelung der drei südlichen Halbinseln Europas. Man reiße Italien von Südeuropa weg, so wird ganz Europa ein andrer Erdtheil werden.

Außerhalb der rein vegetativen und animalen Erscheinungen liegt noch eine andre große Welt der Erscheinungen, die man zum Unterschiede von jener die leblose Welt zu nennen pflegt. Sie heißt selbst noch in der Sprache der Wissenschaft unorganisirte Natur, man hat ihre Gegenstände Körper der leblosen, der todten Natur genannt. Wir können die dieser Bezeichnung zu Grunde liegende Ansicht nicht theilen. Im Planeten ist überall ein planetarisches Leben, kein Absterben, kein Tod. Nur Bezeichnungen relativer Verhältnisse, nicht absolute Gegensätze, können wir darunter verstehn, nicht Wirkung und Wirkungslosigkeit. Daß es ein Naturleben in einem weitern Sinne giebt, welches auch die ganze nur so genannte anorganische Natur durchdringt, und sie zu einem großen Natursysteme erhebt, ist wohl außer Zweifel. Hat man doch schon in der Chemie den Ausdruck von Wahlverwandtschaft nicht umgehen können, so wenig wie in der Physik den von polaren und magnetischen Kräften. Daß wir in der Erdbildung einen planetarischen Organismus, eine kosmische Individualität, ein kosmisches Leben d. h. eine innere höhere Bedingung ihres nothwendigen gegenseitigen Zusammenhaltens, wie ihrer fortschreitenden Entwickelung wahrnehmen, haben wir an anderer Stelle bewiesen und dürfen von diesen gewonnenen Voraussetzungen ausgehen.

Unsre Untersuchung zerfällt also: in die Kenntniß des Ganzen, und in die Betrachtung der Glieder, oder in die Betrachtung dieses Erdindividuums Europa, eines von den fünf, die über die Peripherie des Planeten verbreitet liegen; und in die seiner untergeordneten Bestandtheile größerer oder kleinerer Art. So entsteht ein allgemeiner und ein besonderer Theil unsrer Wissenschaft. Beide unterscheiden sich wesentlich von der gebräuchlichen Eintheilung der geographischen Compendien, die wir daher hier auch nicht zu Grunde legen können, obwohl wir ihren Handgebrauch als elementare Hülfsmittel dringend empfehlen. Unsere Mittheilungen sollen nur der Schlüssel zum Verständniß ihres Materials sein, aber nicht ihr Material selbst wiederholen, das wir in den Compendien schon als zum Nachschlagen niedergelegt voraussetzen. Beschreibung ist der Hauptinhalt der compendiarischen Geographie. Die geographischen Verhältnisse und Gesetze der Erscheinungen fehlen, theils weil das räumliche derselben noch nicht erforscht ist, oder weil ihre Einzelheiten, die eben erforscht wurden, in die Lehrbücher der Physik oder Naturgeschichte oder auch in die physico-teleologischen Disciplinen verwiesen sind.

Die Naturgeschichte hat es mit den Individualitäten der Pflanzen, Thiere und Mineralien zu thun. Die Physik sucht die Naturgesetze der Phänomene auf, aber nicht in ihrem räumlichen Zusammenhange und Hervortreten nach Räumen und Zeiten. Dieses planetarische Vorkommen nach tellurischem Zusammenhang, die Gesetze der Erscheinungen nachzuweisen, ist Aufgabe der geographischen Wissenschaft, die eben dadurch aus bloßer Beschreibung zu einer Verhältnißlehre wird. Aus der Beobachtung des Causalzusammenhanges der Erscheinungen gehen erst die Regeln und Gesetze ihrer Constructionen hervor, und so kann erst eine Lehre der Raumverhältnisse entstehn. Bleibt die Compendiengeographie nur bei dem Materiale, dem Stoffe stehen, so ist sie nur eine mechanische Beschreibung, eine Aufzählung, ein Aggregat, keine akademische Wissenschaft, die zu einer philosophischen Betrachtungsweise führt.

Wir wollen versuchen, Stoff und Form nach ihrem innern Causalzusammenhange wie nach ihren räumlichen Erscheinungen darzustellen.

Europa ist zwar der kleinste unter den Erdtheilen, welche der Alten Welt angehören; aber er beweist, daß auch selbst in den sogenannten unorganischen Formen der Natur die Quantität oder die Masse nicht allein den Ausschlag in der entwickelteren Planetenwelt giebt. Auch aus einem blos mechanischen Gesichtspunkte betrachtet ist er ganz ebenbürtig mit seinen großen Nachbarerdtheilen. Europa ist unstreitig auf dem gegenwärtigen Standpunkte der Menschengeschichte der herrschende Theil des Erdplaneten. Es war keineswegs zu allen Zeiten der gewichtigste im planetarischen Gravitationsgesetze, aber er ist es mit den Zeiten geworden. Ob er es bleiben wird, ist eine andre Frage, die nur von der Zukunft beantwortet werden wird. Er ist der große Durchgangspunkt, der Uebergangspunkt der Gegenwart von alten zu neuern Zeiten. Der kleinste Erdtheil hat sich zum mächtigsten emporgeschwungen; er ist es, der mit seinen zahlreichsten Völkergeschlechtern in leiblicher wie in geistiger Hinsicht so viele andere überwältigt, sie beherrscht hat, sie europäisirte, wie er selbst einst wenn schon nur theilweise, orientalisirt worden war. Europa ist das Centrum der civilisirten und cultivirten Welt. Von ihm ging eine merkwürdige rückstrahlende Wirkung aus nach allen Enden des Erdballs.

Sieht der Hindu in der Erde überhaupt eine Lotosblume, die sich aus dem Ocean emporhob, so darf der Occidentale die ganze alte Welt einem Fruchtbaume, oder einem mächtigen Gewächse mit drei hundertblätterigen, reichen Wunderblumen in verschiedenem Zustande der Entwickelung und Entfaltung vergleichen. Asien die größte, die schönste, am prunkvollsten ausgestattet, abgeblüht, zum Theil schon entblättert: Europa, seit Jahrhunderten in voller Pracht aufgegangen, doch schon hier und da Samen reifend und ausstoßend für andre Zonen und Zeiten — und Afrika, eine noch unaufgeschlossene Lotosknospe, die vom Rande aus sich aufzublättern beginnt. Es ist das historische Element die reichste Mitgift für die Physik Europas. Dieses konnte und sollte sich hier herrlicher und wohlthätiger entfalten, als in Asien und Afrika, die von der Natur glänzender ausgestattet wurden. Die Natur tritt in Europa nicht in so großer Fülle und Mannigfaltigkeit der Erscheinungen auf. Der Boden ist dem Raume nach weit kleiner, die Formen der horizontalen Ausdehnung nach auch beschränkter, die Extremitäten mehr zusammengerückt, die Contraste geringer. An Klimacontrasten ist kein Vergleich mit Asien und Afrika, ebenso wenig an wilder Sterilität wie an schwellender Fruchtbarkeit des Bodens, darum auch nicht an üppiger Fülle der Vegetation, wie an Gedrängtheit der Thierwelt, welche beide dort, in kolossaler Größe, noch häufig die Herrschaft des Bodens der Menschenwelt streitig machen. Keine Wüsteneien wie die Sahara, keine Steppen wie in der Bucharei, keine undurchdringlichen Waldungen der Tropen wie am Amazonasstrom; keine Gewürze, keine Palmen, keine Antilopen- und Gazellenschaaren, keine Prachtschaaren von Papageien und Kolibris, oder seltsame Affen-Heerden, auch keine Juwelen- und Goldländer. Ueberhaupt keine Paradiese, eben so wenig wie absolute Wüsteneien.

Die räumliche Beschränkung Europas hat ihm bei der geringern Verschiedenartigkeit seiner Theile, bei den verminderten Naturcontrasten, zu einer größern Einheit der Gesammtverhältnisse seines Ganzen verholfen. Europa ist kein Land der überraschenden Wunder. Andere Erdtheile setzen durch das Außerordentliche ihrer Naturerscheinungen in immer neues Erstaunen. Das hatten schon die Alten bemerkt. Herodot III. 106, wo er von den köstlichen Producten Arabiens und Indiens berichtet, sagt: *αἱ δ' ἐσχατιαὶ κως τῆς οἰκουμένης τὰ κάλλιστα ἔλαχον*, die Enden der Erde haben die schönsten Güter zugetheilt erhalten. Plinius Ausspruch (VIII. 17 — nach Aristoteles Histor. Animal. VIII. 28) „semper novi aliquid Africam afferre“ ist Sprüchwort geblieben bis heute, und sein Ausspruch (VII. 2): Praecipue India Aethiopumque tractus miraculis scatent ist heute noch so wahr wie zu seiner Zeit. Von den Wundern der indischen Welt sind die Geschichtschreiber Alexanders voll. Was würde Plinius erst über die polaren Enden der Erde, was über die amerikanische Welt zu sagen gehabt haben, wenn sie schon entdeckt gewesen wären! Wir sind schon von Jugend auf, durch das Herkommen mit solchen Mirabilia mundi aus der Ferne, wie sie das Mittelalter nannte, vertraut; mit der ungeheuren Gebirgskette des Himalaya, von der man zu Anfang unsers Jahrhunderts noch keine Ahnung hatte, mit Asiens noch ungemessenen Hochländern und seinen zahlreichen Völkerschaaren und Sprachsystemen und kolossalen Stromsystemen, mit seiner indischen Welt, der gewürzreichen Fülle des Südens, wie mit seiner eisigen sibirischen Polarwelt. Afrika ist durch seine Undurchdringlichkeit, durch seine Sandwüsten, durch seine Tage voller Gluth, auf welche Nächte folgen, in denen doch ganze Brigaden, wie in Algerien, erfrieren, durch den unerschöpflichen Erguß seiner äthiopischen Völkerschaften, durch seine dattelreichen Palmenhaine und die Paradiesesstellen in Mitten seiner Einöden ausgezeichnet. Amerika hat seine Cordilleren, seine glühenden und stets thätigen Vulkanreihen, seine weiten Prairien und Savannen, seine gewaltigen Erdbebenregionen, seine Urwaldungen, seine temporären Süßwassermeere, die Fülle seiner Vegetation, die Fruchtbarkeit des Bodens, die Schiffbarkeit und Stromverbindung seiner fernsten Theile und kolossalen Stromsysteme, den Reiz seiner Kolibrischaaren, den Metallreichthum seiner Gebilde. Australien zeigt die abnormen Formen seiner Pflanzenwelt, seiner Thiergeschlechter, selbst der Menschengestalt auf unterster Stufe, seinen Goldreichthum. Die Polarwelt hat andre Wunder der Eisbildungen, den ewigen Erdfrost bis in große Tiefen, aus denen doch kochendheiße Quellen und Fontänen emporsprudeln, wie auf Island, die feuerspeienden Berge Erebus und Terror in der Nähe [illegible] Südpols aufzuweisen. Von allen diesen und vielen andern w[illegible]vollen Naturwirkungen und

Erscheinungen der außereuropäischen Welt finden sich nur schwache Analogieen im Gebiete der europäischen, wo statt der Contraste eher eine gewisse Harmonie der Formen und Erscheinungen hervortritt. Europa liegt außerhalb der Polarwelt und außerhalb der Tropenwelt. Pole und Tropen könnten der Erscheinung nach immerhin zwei ganz verschiedenen planetarischen Welten angehören, so contrastiren sie gegen einander. Denn der Bewohner Grönlands aus seinem polaren amerikanischen Norden in das tropische Peru, in das üppige Brasilien versetzt, würde dort eher in einer andern Welt oder im Monde zu sein wähnen, als auf seiner Erde, oder gar in seinem eignen Erdtheile Amerika, der ihn geboren und ernährt hat. So verschieden ist die polare Natur Amerikas von der tropischen Natur Amerikas, obgleich in einem und demselben kolossalen Erdindividuum ausgebreitet. Ebenso würde es dem asiatischen Tungusen und Jakuten in Malakka oder Ceylon ergehn, wenn er plötzlich aus seinen Mooseinöden, den Tundri, mit den Schneeflächen und Rennthierheerden, in die duftenden Zimmetwälder und Kokospalmenhaine mit den Papageien- und Affenschaaren jener Eilande versetzt würde.

In Europa ist dies ganz anders. Die Nordenden und Südenden sind zwar verschieden genug, aber sie bilden doch keine absoluten Gegensätze. Der Mensch kann sich beiden assimiliren. Ihre Erscheinungen bleiben einander immer noch befreundet, wie im Klima, so in allen übrigen Verhältnissen. Wir Deutsche aus der Mitte erquicken uns eben so behaglich an der nordischen Natur Norwegens wie an der südlichen Italiens. Der warme Golfstrom aus dem mexicanischen subtropischen Meere ist es, der bis in die Nähe der Polarzone seinen wärmenden Einfluß auf Europas Küstenmeere und Lufttemperatur mildernd verbreitet. Zu Lyngen (im Osten von Tromsöe, am Lyngenfiord, fast unter 70° N.B.) preist man noch das Gestade als ein gesegnetes Kornland. Derselbe Ackerbau reicht von dem Südende Europas bis zur äußersten Nordspitze des Erdtheils bis Kola unter 68° N.B., bis Archangel 64° N.B. am Weißen Meer. Bei Alten und Altengaard, 70° N.B. sind noch Wälder, reiche Fichtenwaldungen und Birkenhaine, indeß in gleichen astronomischen Breiten weiter ostwärts an der Südspitze von Nowa Zembla, an den Mündungen des Jenisei und der Kolyma schon längst kein Baum mehr wächst, nur kümmerliches Krüppelholz. Zu Altengaard auf Tromsöe blüht noch der Kirschbaum, reift noch die Erdbeere in geschützten Thälern. An der Mündung der Dwina bei Archangel (65° N.B.) liegt die Roseninsel, die durch die Fülle ihrer wilden Rosen berühmt ist.

Dagegen verschwindet am äußersten der heißen Zone ungemein genäherten Südende Europas in Spanien (37° N.B.), Sicilien (38°), Candia (35°), das Uebermaß der tropischen und subtropischen Hitze schon durch die Kühlung der Meere, durch die Seelüfte, sowie durch die Erhebung der Gestade in kühlere Luftregionen, dem flachen Tieflande des Nildelta und Algeriens gegenüber. Auf der Sierra Nevada in Granada, auf dem Aetnagipfel in Sicilien, behauptet die Schneeregion auf 10,000 bis 11,000 Fuß Höhe ihre Rechte, fast ebenso auf dem hohen Idaberge in Candia. Auf dem Südabhange des Parnaß im südlichen Griechenland erlebte ich selbst im Herbst des Jahres 1837 schon am 4. October den ersten Schneesturm im Jahre. Auf den Höhen der südlichen Pyrenäen in Catalonien traf ich im Jahr 1845 schon im August die norddeutsche Herbstblume der Wiesen, die Zeitlose (Colchicum autumnale). Aber niemals zeigt sich die Muskatnuß wie der Zimmetbaum Südasiens in Sibirien; niemals trifft dort der Elephant mit der Rennthierheerde zusammen. Die Nord- und Südenden bleiben dort in unendlichen Fernen auseinander liegen.

Noch befreundeter sind einander in klimatischer Hinsicht die Ost- und Westenden des europäischen Erdtheils. Die Capitalen im Osten und Westen können die Centralpunkte gleichartiger Civilisation in Europa sein. Paris und Moskau, Lissabon und Astrachan, Madrid und Konstantinopel zeigen große Analogien und blos untergeordnete Differenzen. Wie würde dies zwischen Calcutta mit Irkuzk oder Tobolsk, Babylon oder Peking möglich sein? So wie bei dem Klima Ausgleichungen eintreten, ebenso auch in allen Erscheinungen der organischen Welt, welche von den Bedingungen des Klimas abhängig sind. Daher konnte dieselbe Menschenrace, derselbe Menschenschlag ganz Europa bevölkern; ja derselbe Volksstamm, der germanische, vornehmlich ein Zweig desselben, der normannische, von germanischem Stamme, vom Kaukasus der Höhe Asiens eingewandert, konnte ebenso in Andalusien, Catalonien, Calabrien und Sicilien, wie in der Normandie, im nördlichsten Norwegen wie im östlichen Europa, als kriegerischer Waräger in Ruriks Reich, wie selbst auf Island der europäischen Civilisation entgegenreifen und zu hoher geistiger Blüthe sich entfalten.

Wie wäre Aehnliches möglich gewesen mit dem Sibirier in Indien, mit dem Inder in Sibirien. Schon die Mongolenrace unter Dschingiskhaniden ging überall im südlichen Asien unter. Die Großmogule im schwülen Hindostan waren keine Mongolen mehr — sie waren weichliche Hindus geworden. Die Mandschu, aus dem hohen Norden zu dem südlichen China vorgerückt, mußten ihrer nordischen Starrheit untreu, zu weichlichen Chinesen werden. Nur mittelasiatische Völkerstämme, wie die antiken blauäugigen, blonden Völker, die Persischen Stammverwandten, die Arischen Geschlechter mit indogermanischen Sprachen, konnten aus gleichartigen, analogen Klimaten auf europäischen Boden einwandern und vegetiren, wenn auch nicht gedeihen.

In der amerikanischen neuen Welt ist noch weniger denkbar, daß der Urbewohner, der Peruaner, der Mexicaner, zugleich auch in Grönland und im südlichen Chile gedeihen möchte, wie doch der Europäer, der seine Colonien in Grönland (bis 70°), durch ganz Centralamerika, und bis zum Südende Chile's und Patagoniens ausgedehnt hat.

Also der räumlichen Beschränkung der Erdgestalt und der dadurch möglich gewordenen Lage im Mittel der Temperaturen hat Europa sein glückliches Klima, die Mischung seiner Jahreszeiten, eine κρᾶσις τῶν ὡρέων, die schon Hippokrates als die geeignetste für das Menschengeschlecht rühmt, zu danken. Es ist das eine Mitgabe, die dem europäischen Erdtheil auch seine größere historische Einheit und Harmonie verschaffen sollte, welche den übrigen ganzen Erdtheilen des Planeten fehlt, oder nur einzelnen ihrer Gliederungen verliehen ist.

Einer größern Harmonie der Verhältnisse entspricht auch größere Empfänglichkeit und Entwickelungsfähigkeit der Planetenräume. Dieser Vorzug wurde charakteristische Mitgift Europas. Der räumlichen Beschränkung der klimatischen Einheit, welche Europa vor allen andern Theilen der Erde auszeichnet, ist auch eine größere Ueberschaulichkeit aller Verhältnisse, eine größere Einheit seiner belebten Productionen, der vegetativen, animalen und ethnographischen Verhältnisse zu Theil geworden. Daher hat weder die Flora noch die Fauna, bei aller Mannigfaltigkeit, so seltsam schneidende Contraste aufzuweisen, wie dies in andern Erdtheilen der Fall ist. In Asien contrastiren die sibirischen viele Hunderte von Meilen bedeckenden Teppiche des Rennthiermooses mit den indischen Bananenhainen und Kokospalmenwäldern, in Amerika die schattigen dichten Urwaldungen und Saftpflanzen mit den reiterhohen Grasungen der Savannen und Prairien im Süden und Norden. Wirklich ist es nicht blos die Nähe und die Gewöhnung an europäischen Habitus der Gewächse und Thiere, die uns unsre heimischen Formen als die gewöhmlicheren und allgemeineren erscheinen läßt, sondern es scheint wissenschaftlich vollkommen begründet, daß diese eine Mittelgruppe aller andern Organismen überhaupt bilden, die in den übrigen Erdtheilen in ihren Formen nach den verschiedensten Richtungen auseinandergehen. Man denke nur an die europäischen Obstarten und die europäischen Cerealien. Selbst in der Menschengestaltung tritt jener europäische Zug hervor. Denn daß die Bildung der Kaukasischen Race im Schädelbau, wie in der weißen Färbung der Haut, die in alle andern Formen und Färbungen übergehen können, nicht umgekehrt, in der Harmonie der Theile zum schönen Ganzen des griechischen Ideales ihren Charakter ausprägt, ist bekannt. Und eben darum ist auch diese Gestaltung der wirkliche Kanon, das Ebenmaaß für alle Uebergänge und Abweichungen in den übrigen Racenbildungen nach den verschiedensten physiognomischen Extremitäten und Excentricitäten hin. Bei dem Charakter vermittelnder Mäßigung suchen wir den Luxus der Vegetations- und Thierwelt vergeblich auf europäischem Boden. Weder in der Größe, noch in der Kleinheit der Thier- und Pflanzenformen (vom Kolibri zum Elephanten); weder in dem Gewürzreichthum der Gewächse an dem durchdringenden Aroma der Gewürze, wie Zimmet, Nelken, bis zum Pflanzengift in ganzen Giftbäumen; noch in der Energie der Thiergeschlechter — nicht in der Pracht der Bekleidungen, der Pelzwerke, noch der Gefieder, der Farben, der Seidenstoffe u. s. w., nicht in der Menge der Geschlechter, der Gattungen und unendlichen Mannigfaltigkeit der Arten, wie andre Erdtheile sie darbieten, ist Europa eminent. An solchem Naturluxus nehmen höchstens einige äußerste Enden seiner Glieder Theil, welche sich fremden Erdtheilen nähern. So konnten fremde Formen hier und da übertragen werden, die aber auf europäischem Boden doch immer Fremdlinge blieben. So wird der Eisbär, ebenso das Wallroß, nur auf Eisschollen nach Island und dem Nordcap getragen, der Walfisch nur sporadisch an das Nordwestgestade getrieben. Die Cactusform wanderte vom afrikanischen Libyen an die Südenden von Sicilien und Morea, wo sie mit den stachligen Aloeformen Amerikas die natürlichen Pallisaden der Festungswerke bilden. Ebenso siedelten sich afrikanische Affen auf dem nackten Granitfelsen von Gibraltar an. Das Kameel von Baktrien gedeiht schon in Pisa nicht mehr. Die edleren Pelzthiere des nordöstlichen Asiens wie der Zobel, streiften vor Jahrhunderten nur über den Ural herüber, sind aber schon längst wieder vom europäischen Boden verdrängt.

Nachweisen können wir es nicht auf historischem Wege, daß europäischer Einheit in Thier= und Pflanzenwelt gemäß sich auch das System der Völkergeschlechter ausbreiten und entwickeln mußte. Dazu geht unsre Kenntniß von Europa nicht tief genug in die frühern Jahrtausende zurück. Aber gewiß ist es wohl, daß das Menschengeschlecht in seinen ethnographischen Erscheinungen nicht heraustreten konnte aus dem allgemeinen Gange der Natur. Ursprünglich oder anfänglich ward es auf Erden nach dem Willen des Schöpfers, dem die Natur unterthan ist, auf eine mit dem ganzen Natursysteme harmonische Weise verbreitet und angesiedelt. Der Entwickelungsgang seiner geistigen Natur war freilich ganz andern Gesetzen als den blos irdischen unterworfen. Ein Kind des Himmelreiches zu werden, auch nur eine Stufe in der Reihe gebildeter Geister zu erschwingen, war eine ganz andre Aufgabe, als die, ein Bewohner, ein Eingebürgerter der Erde zu werden, die zunächst zur Existenz jedes menschlichen Individuums gehört. Das Menschengeschlecht in seinem Berufe als Erdenbürger mußte aber nach der genealogischen Tradition, als von gemeinsamen Stammeltern strahlig verbreitet, erst hineinwachsen in die verschiedenen Erdräume des Planeten, um ein Himmelsbürger werden zu können! Und so mußten auch die Völkerschaften, wollen wir sie nicht, wie die Alten, als überall schon vorhanden, aus dem Boden erwachsen, als Autochthonen betrachten, sich erst einbürgern in ihren Erdtheil, wie jedes Volk und jeder einzelne Mensch in sein Vaterland, um in ihm nicht unterzugehen, sondern sich über dasselbe zu erheben. Und muß nicht ebenso jede Seele sich ihres Leibes, ihrer irdischen Hülle, erst bemeistern lernen?

Diese Einbürgerung der Völker finden wir nun in den Geschichtsanfängen der Erdtheile und ihrer Länderräume entweder schon vorhergegangen oder nachgefolgt. Vorhergegangen ist sie aller Geschichte, in dem ältesten, aber auch in dem jüngsten aller bekannt gewordenen Erdtheile — in Asien und Australien. In Asien wissen wir von keiner Einwanderung der Völker überhaupt (wenn auch von einzelnen Colonisten) seit den ältesten Jahrtausenden das Geringste, etwa den sibirischen Norden ausgenommen; in Australien finden wir vor der Entdeckung und der ganz jungen Geschichte doch schon die dort Einheimischen vor, ohne von irgend einer frühern Einwanderung die geringsten Spuren zu entdecken. Oder wir sehen die Einbürgerung vor den Augen der Geschichte sich zutragen, wie in Europa die der Asiaten, Ostgothen, Avaren, Bulgaren, Magyaren, Ottomanen, Turkengeschlechter; in Afrika die der Karthager, Griechen, Römer, Vandalen, Araber, Franzosen in Algerien; in Amerika die der Europäer und des Negerstamms, der Spanier, Portugiesen, Briten, Franzosen, Deutschen.

In beiden Fällen wird das Gedeihen des einwandernden Stammes den Maßstab abgeben, in wie weit die neue Heimath zur Entwickelung des neuen Bewohners das Ihrige beitrug. Der Conflict des physikalischen und historischen Elementes tritt in mannigfachsten Erscheinungen auf. Nicht alle Völkerschaften konnten vom Anfang ihrer Verbreitung an, in allen Erdtheilen, Ländern und Klimaten gedeihen, wenn dies auch in spätern Jahrhunderten etwa durch hinzutretende Culturmittel möglich wurde. Tschuden, Finnen, Mongolenstämme im Norden, Bätiker, Vasconen, Iren, Kelten, Heloten im Süden sind nebst vielen andern auf europäischem Boden trotz ihrer Zahl untergegangen. So wenig wie der neugeborne Säugling sogleich jedem Wechsel des Lebens Trotz bieten kann, so wenig das zarte Kind dem Herangewachsenen gleichgestellt werden darf: eben so wenig könnte keineswegs jeder Völkerzweig als ein Bewohner jedwedes Erdgliedes gedacht werden. Nur in gewissen Localitäten der Erde konnten gewisse ethnographische Formen für die Dauer hervortreten. So konnte der Hindu nur in Indien ausdauern, der Iranier nur in Vorderasien, der Chinese nur im Osten des Erdtheils; der Libyer, der Aethiope nur auf afrikanischem Boden, der Negerstamm nur in der Tropenwelt, für die er selbst physisch organisirt ist.

Das Geheimniß der ursprünglichen Abstammung und Vertheilung der Völker über den Erdboden ist eins von den vielen, die uns bis jetzt unentschleiert geblieben sind. Nur gewissen damit verbundenen Localverhältnissen und Erscheinungen können wir unsere Aufmerksamkeit zuwenden.

Viele Völkerschaften sind in ihrer neuen Heimath aus dem Stande der Kindheit zu dem einer blühenden Jugend, selbst eines kräftigen Alters herangewachsen und nach einem kurzen Lebenslauf von wenigen Jahrhunderten wieder verschwunden. So die Phönicier in Vorderasien und Nordafrika, die Iberer in Spanien, die Tschuden im Norden Asiens, die Incageschlechter in Peru, die Kazikengeschlechter in Mexico oder die Azteken. Andre Völkerschaften sind nie zu diesem innern Wachsthume gediehen. Entweder sind sie namenlos abgetreten vom Schauplatz der Menschengeschichte, oder sie vegetiren nur fort mit Namen ohne Gehalt oder Gewicht für das Geschlecht: so die Vandalen in Afrika als Schelluh- oder Kabylenstämme, die Mongolen am Indus und an der Wolga, die asiatischen Hunnen Attilas in der Mitte der Donaulandschaft oder in Kaukasus-Thälern, die Kelten in dem östlichen Alpensysteme der Tauern. Dahin gehören alle einheimischen südamerikanischen Völkerstämme, auch die meisten Indianer Nordamerikas und selbst ältere Völkerreste in den Hochthälern des Kaukasus. Wieder andre Völkerschaften blühen Jahrtausende kräftig fort und tragen reichlich Früchte, wenn auch in verschiedenem Maße. Sie sind zum Theil noch im Fortschritt ihrer Entwickelung begriffen und auf jeden Fall von einer größern Bedeutung für die Weltgeschichte geworden. So chinesische, tübetische, indische, arabische, armenische Völker, Hellenen, Römer, germanische Stämme. Noch andre Völkerschaften erwachen so eben erst oder seit kurzen Jahrzehnten oder wenigen Jahrhunderten aus dem Schlummer der Kindheit, erheben sich nur erst mit geringen Kräften über ein blos vegetatives Dasein zu höhern geistigen Sphären des Lebens. Dahin gehören viele der slawischen Völkerstämme, die Negervölker, die Hottentotten, die Kafern; dahin so viele der heranreifenden Südseeinsulaner, Sandwichinsulaner, Neuseeländer u. a., aber auch sibirische, wie Jakuten, Buräten u. a.

Wir können die ersten die verschwundenen und verschwindenden, die zweiten die vegetirenden, die dritten die fortblühenden, die vierten die aufwachenden Völker nennen. Während eine Menge asiatischer, afrikanischer u. s. w. Stämme den zwei ersten Klassen angehören, finden wir dagegen, überraschend genug, in der Abtheilung der fortblühenden Völkerschaften die meisten Bewohner Europas, die seit mehr als drittehalb Jahrtausenden, oder seit zweien, oder doch wenigstens seit einem Jahrtausend eine nicht unwichtige Rolle in der höhern Entwickelungsgeschichte des Menschengeschlechts fast ununterbrochen gespielt haben. Die Völker der Griechischen, Apenninischen und Pyrenäischen Halbinsel gehören zu diesen ältesten in Europa fortblühenden, und wenn auch momentan einschlummernden, doch immer wieder neu erwachenden und erweckenden Völkergeschlechtern einer ewigen Jugend. Die nordalpinischen, germanisch-gothischen und scandinavischen, normannischen Völker des Nordens bis Island folgen ihnen in Hinsicht der Dauer ihres Wachsthums. Und nur einzelne Zweige der Völker des äußersten Ostens von Europa sind, seit wenigen Jahrhunderten erst, oder jüngst erst emporgeblühte, oder gehören in kleinen und untergeordneten Gruppen noch zu den namenlosen in der Weltgeschichte, zu den vegetirenden, wie so viele ihrer nordasiatischen Nachbarn. So einige sarmatische oder slawische Völkerzweige, dann finnische, wie die Samojeden, oder zurückgedrängte, wie illyrische, albanische, ligurische.

Die Ursachen dieser höchst eigenthümlichen Erscheinung können mancherlei sein, innerer und äußerer Art; es würde schwer sein, sie alle zu ergründen. Ursprüngliche Anlagen, Wohnort, Klima, religiöse, politische Verhältnisse, kriegerische, nachbarliche Culturzustände, besondere Hemmungen, Förderungen, besondere Völkerschicksale. Blos dem Klima, wie dies wohl früher geschah, so wichtigen Einfluß einzuräumen, oder blos die ungleiche ursprüngliche Befähigung der Völkerstämme für die einzige Ursache dieser Erscheinung anzugeben (die Carus deshalb in Tag- und Nachtvölker eintheilt) — dazu würde uns die ganze Erscheinung zu mannigfaltig vorkommen. Jedenfalls konnte zur Realisirung dieser Erscheinungen, die zu den wichtigsten für die ganze Menschengeschichte gehören, der Schauplatz, auf welchem die Entwickelungsgeschichte sich entfaltete, nicht ohne localen Einfluß bleiben und diesen mehr oder weniger gestaltend ausüben. Man hat meist übersehen, daß eben das europäische Erdindividuum sich als die allergünstigste Planetenstelle zur Realisirung derselben darbot. Auf seinem Boden fanden sich die wenigsten Hemmungen und dagegen die meisten Förderungen der fortschreitenden Entwickelung der Völker, die Civilisation konnte sich also am freiesten von den Fesseln der Naturgewalten, welche alle andern Erdtheile weit mehr als Europa beherrschen, bewegen und entfalten. Die Ansicht Heeren's, die ihn in allen seinen Schriften als Grundgedanke leitet: der Mensch könne nur das werden, wozu ihn die Umstände und die Beschaffenheit seines Landes machen, erscheint zu materiell, zu terrestrisch, weil sie der schöpferischen Kraft der geistigen Natur zu wenig Raum gestattet — die Lehre von der gänzlichen Unabhängigkeit des philosophischen Denkers von der Natur, die Plato im Theätet entwickelt hat, führt zum entgegengesetzten Extrem. In solches ist der Nihilismus der Buddhareligion in Asien, der sich von der ganzen sichtbaren Welt loszureißen sich zur höchsten Aufgabe stellt, wirklich versunken. So scheint uns die Wahrheit noch in der Mitte zu liegen. Auch in der Ethnographie muß von Körper und Geist, wie in der Psychologie von Leib und Seele, als den beiden Factoren die Rede sein. Denn allen Völkerschaften ist nicht nur eine leibliche, sondern auch geistige Mitgift geworden, die unveräußerlich, gleich elastischen Springfedern, unvertilgbar dem gesunden Menschen einwohnt. Die Tiefe der Sprache, der religiöse Glaube, der Scharfsinn der Vernunft, sind Gemeingut aller Völker, sie fehlen bei keinem der ausgezeichnetern Individuen auch unter den am rohesten gebliebenen, untersten Schichten der Menschengruppen. Die noch ganz barbarisch gebliebenen Sprachen haben doch ihre Grammatik, d. i. ihre vernünftige Grundlage, ihr geistiges Eigenthum. Auf jenen geistigen Gemeingütern beruht die gleiche Befähigung, ungleiche ursprüngliche Befähigung finden wir nicht. Aber wohl eine ungleiche Entwickelung. Sie beruht auf hinzutretenden Bedingungen, die nicht allen Menschengattungen gleichartig zu Theil wurden. Genauere Forschungen, die bei unsern beobachtenden Freunden in Australien (Adelaide) angeregt sind, bestätigen, was die heldenmüthigen Kämpfer für die Negeremancipation durch Wilberforce und Gregoire längst wußten — daß auch unter den rohesten continentalen Australiern, wie bei den Negerstämmen, Individuen zur humanen Entwickelung heranreifen, daß also auch bei ihnen gleiche Befähigung, und also auch gleiche Berechtigung stattfinde.

Der Schauplatz der Völker, ihre Heimath, ihr Wohnsitz, die Gunst oder Ungunst der Planetenstelle die sie einnehmen, wird ein bedeutendes Moment in ihrer Entwickelung abgeben. Wenn

Asien dazu organisirt war, die Wiege und die Urheimath des Menschengeschlechts und aller seiner Culturanfänge zu sein: so wurde Europa gleich bei der Erschaffung des Planeten dazu organisirt, die große Station für das zweite Stadium der Völkercultur zu werden, die gegen den Westen vorrückenden, einer frühzeitigen Entwickelung fähigen und fortdauernden Völker aufzunehmen. Es wurde dazu befähigt, nach der alten eine keineswegs gleiche, aber analoge gedeihliche neue Heimath zu bereiten. Ohne einen schon vorbereiteten Ackerboden zu finden pflegt der eingestreute Same nicht aufzugehen und zu einer reichern Ernte zu gedeihen. Der Erdtheil wie der Acker mußte dazu organisirt sein, nicht nur die Völkerschaften selbst in seinen verschiedensten Länderräumen zu beherbergen, sondern auch alle durch sie mitgebrachten Culturkeime sich zum Gewinn seiner neuen Insassen anzueignen und sie mit eigenen, ursprünglich europäischen in seinem Schooße zu entfalten. Europa gleicht einem Culturgarten, der die Gewächse so verschiedener Zonen und Arten zu herbergen und ihre Früchte zu zeitigen, ihren ganzen Wachsthum noch zu steigern, zu verschönern, zu veredeln geeignet ist.

Diese doppelte Function der Herberge und der traditionellen wie der einheimischen Keimentwickelung für das höhere Culturleben der Völker war von Anfang an die Bestimmung von Europa. Kein andrer Erdtheil war und ist, wie Europa noch heute, zu dieser doppelten Function vorbereitet, eingerichtet, organisirt. Denn die Erde ist keineswegs sich überall, in allen ihren Gliederungen, gleich, so wenig wie der vegetative oder thierische Organismus in seinen verschiedenen Gliederungen Einerleiheit der Formen oder der Functionen zeigt.

Asien hat seine Völker ausgesendet und seine einheimischen Culturkeime bis zu einer gewissen Stufe entwickelt. Es hat aber nichts Fremdes in sein Eigenthum verwandelt, keine Empfänglichkeit für das Ausländische gezeigt. Es ist in seine eigenen orientalischen, unwandelbaren Formen festgerannt. Dadurch ist es seit vielen Jahrhunderten aber auch zum Stillstand gekommen; seine abstoßende Gewalt wird noch lange Zeiten hindurch bei den Chinesen, bei den Hindu jede Culturbemühung der Europäer vereiteln. Die Asiaten sind die schwerzugänglichsten Völker der Erde. Asien hat daher in seinen Culminationen in China, Indien, Arabien, Persien den Charakter einer unbeschränkten Eigenmacht angenommen und stets Despotie ausgeübt. Es ist dadurch grandios gestaltend, aber auch vernichtend im Weltengange aufgetreten. Der Türke hat selbst den Europäer geknechtet. Der Chinese wie der Araber sind stationair auf ihren einmal errungenen nicht unbedeutenden Stufen der Entwickelung geblieben. Und der Brite in Indien selbst ist in Gefahr ein Hindostaner zu werden, seinen empfänglichern und verarbeitenden Charakter als Europäer zu verlieren. Der sich abschwächende und entnervte Zustand der Türken und des Muhamedanismus auf europäischem Grenzboden von Asien gehört zu den merkwürdigsten Erscheinungen in der Gegenwart.

Afrika hat bis jetzt nur theilweise hier und da Einheimisches entwickelt, wie in Aegypten, aber sehr weniges in das Allgemeine ausgestrahlt und nur geringes von anderweitigen Culturen sich assimilirt.

Amerika als Erdtheil hat sich alles Einheimischen, selbst seiner Völkerschaften, Sprachen und Künste entledigt — seine Indianerstämme sind fast ganz ausgestorben, seine Kaziken und Inkas in Mexico und Peru sammt ihrer Cultur untergegangen. Es hat sich ganz passiv nur dem europäischen Fremdling hingegeben. Denn das dort Entstandene ist bis jetzt erst ein durch europäischen Einfluß Gewordenes. Amerika wurde dadurch ein verjüngtes Europa. Ob es eben so geistig productiv, so erfindungsreich werden wird, so weltgestaltend, wie es massenhaft ist, das ist eine andre Frage.

Australien hatte bisher nichts eigen Entwickeltes aufzuweisen. Es konnte nur erst theilweise von außen her etwas auf- und annehmen, aber es hat sich seit der kurzen Periode in jeder Hinsicht als höchst empfänglich gezeigt. Alles ist jedoch nur erst auf diesen Erdtheil übertragen, ohne auf ihm festgewurzelt zu sein.

Europas Eigenthümlichkeit, gleich viel zu geben wie zu nehmen, eignes und fremdes Gut frei zu entwickeln und zu steigern, hat diesem kleinsten Erdtheil zu seiner historischen Größe verholfen. Griechenland und Rom hatten aufgenommen was ihnen der Orient und Aegypten geboten in Mythe, Religion, Kunst und Wissenschaft und Cultur, und von ihnen haben wir es überkommen. Wie Griechenland und Italien durch ihre Productionen für die alte Geschichte ein classischer Boden gewesen, so ist Europa zum classischgebildeten Erdindividuum für alle andern Theile der Erde geworden, die geistige Metropole, der Brennpunkt des Planeten, der Focus, der alle Lichtstrahlen sammelt und neu reflectirt. Es ist der pädagogische Erdtheil für das Menschengeschlecht, sein Weltmarkt, auf dem jede Waare ihren Preis findet, dessen Ideen und Thaten die Welt durchdringen. Er wird diesen Einfluß in sofern auch behaupten, wenn selbst der politische Einfluß seiner einzelnen Glieder Umwandlung erleiden sollte. Die weltherrschende Stellung des europäischen Erdtheils kann nun auf alle andern Planetenstellen übertragen werden. Aber sie konnte keineswegs auf gleiche Weise aus allen andern Erdtheilen hervorgehen.

Sie ist nicht blos, wenn schon allerdings zum Theil Folge christlicher Institutionen; denn diese wurden auch Westasien schon früher zu Theil als Europa. Die dominirende Stellung Europas war schon vor dem Christenthume theilweise vorhanden bei den Griechen und Römern. Sie ist nicht das Werk des Zufalls, sie ist aber auch nicht das ausschließliche Werk des menschlichen Geistes oder der specifischen Hervorragung oder der Vortrefflichkeit des Europäers vor seinen übrigen Mitmenschen. Sie ist kein Werk seines Verdienstes allein. Damit brüstet sich zwar nicht selten der eingebildete Europäer, wenn er, wie manche Franzosen, sich selbst vergötternd bei Aufzählung der Vorzüge seiner Nation vor andern Erdensöhnen (wie der gefeiertste französische Geograph) im Gefühl seiner eignen Talente mit sich selbst befriedigender Eitelkeit ausruft: Telle est la puissance de l'esprit humain! telle est l'influence de la grande Nation sur la civilisation de l'homme! — Keineswegs! Jene Erscheinung ist vielmehr das Werk einer großen göttlichen Weltordnung. Sie ist basirt auf die dazu besonders angewiesene Planetenstelle und ihre Bevölkerung. Nur diese Localität des Planeten und keine andre konnte die große Werkstätte der Verarbeitung aller Gaben der Erde und aller Gaben der Völker für die höhern geistigen Bedürfnisse des Menschengeschlechts in dem abgelaufenen Zeitraume werden. Die Zukunft kann analoge Erscheinungen dieser Art herbeiführen, die wir aber noch nicht übersehen. Aber keine andre Erdstelle war von Anfang an wie Europa zu einer solchen Werkstatt für das werdende Geschlecht in der Periode seiner heranreifenden Jugendkraft ausgerüstet. Nicht Asien, weil es die Wiege selbst war; aber auch nicht wegen des zu zahlreichen noch rohen Völkergedränges, der hin und her wogenden Nomadengeschlechter, und der in den Zeiten des Faustrechts sich gestaltenden kolossalen Reiche auf den eben so kolossalen riesigen Naturformen seiner Bodenverhältnisse. Nicht wegen der grellen Contraste seiner Naturtypen und seiner Völker. Denn einerseits war und blieb ein großer Theil Asiens für immer durch seine Steppennatur nur für Wanderhorden eingerichtet; andrerseits wucherten die Völker und Staaten dort eben so schnell und hoch auf dem üppigen Boden hervor, wie die Tropengewächse. Aber eben so wenig wie diese perenniren, versanken jene Völker, Staaten und Culturen bald wieder in Selbstzerstörung und gingen in Verwesung über, wie dies heute noch die muhamedanische Gegenwart lehrt. Immer neue Völker und neue Reiche drängten sich aus der Mitte des so productiven wuchernden Asiens in die letzten Reihen der zertretenen, unterjochten oder verdrängten Völkerschaften. — Welche Menge aufsteigender und sinkender Weltreiche und Monarchien, der Khalifate der Mongolen, der Timuriden, der Türken, Achämeniden, Abuciden, und heute noch der Afghanen, der mongolischen und mandschurischen Dynastien!

Noch weniger konnte Afrika zu einer solchen Werkstätte dienen. Gleich getheilt durch den heißen Gürtel der tropischen Sahara, machte es jede continentale Verbindung der Nord- und Südhälfte des Erdtheils bisher unmöglich und konnte zu keiner Einheit gelangen.

Aber auch Amerika konnte zu keiner solchen verarbeitenden Werkstätte bestimmt sein, weil es räumlich zu weit abliegt von der Alten Welt, zu der keine continentale Brücke hinüberführt. Der maritime Verkehr mit dem gegenseitigen Austausch leiblicher und geistiger Bedürfnisse und Gaben konnte erst die Folge einer vorangeschrittenen Civilisation des Menschengeschlechts sein, einer Erfindung und Ausbildung der Weltschifffahrt folgen. Auch darf man nicht vergessen, daß Amerika erst durch europäische Cultur für Europäer bewohnbar geworden ist. Es fehlten ihm z. B. die Cerealien und die Hausthiere der Alten Welt.

Auch Australien war wegen der völligen Zerstreutheit seiner Glieder, deren verbindende Einheit nur der Ocean ist, und wegen seiner australen Abgelegenheit, wegen seiner eignen continentalen Bedürftigkeit und Monotonie aller seiner Verhältnisse untauglich.

Es bleibt also nur Europa übrig, dem die höhere Bestimmung mit der Erschaffung des Planeten für diesen Fortschritt des Menschengeschlechts zu Theil werden konnte. Dies ist der Adel des Europäers, der Geburtsadel, den er seiner Heimath verdankt, der ihm die Liebe zum Vaterlande sicher stellt. Nur Europa in seinem continentalen Zusammenhange mit Asien konnte die Herberge der edelsten asiatischen Urstämme der Völker und Organisationen (auch im Pflanzen- und Thierreiche) werden. Europa allein konnte die verarbeitende Werkstatt aller Natur- und Völkergaben der Alten Welt bleiben, für sie selbst und gleichsam ein Magazin zur Tradition auch für die neue Welt in Amerika und Australien werden. Schon wegen der Meeresbewegungen, durch welche Asien von Amerika ganz abgeschieden, durch deren begünstigende Directionen aber Europa mit Amerika nahe verbunden erscheint.

Zu den bisher entwickelten Gründen Europäischer Herrschaft kommt die Reihe der geschichtlichen Gründe. Sie sind von den Historikern mit mehr oder weniger Klarheit entwickelt und dargelegt, oder auch zum Theil noch kaum berührt worden. Diese historischen Gründe liegen in der doppelten Art, wie Länder, Völker, Staaten zum Fortschreiten in Civilisation und Cultur gelangen: einmal durch innere Mitgift und höhere geistige Ausstattung der Völkergeschlechter, wie durch ungestörtere Entwickelung eigner Naturgaben; oder durch Befruchtung, Reibung, Verkehr des von außen her Mitgetheilten, also, kurz gesagt, durch Selbständigkeit von innen, oder durch Tradition von außen. In Folge dieser doppelartigen Wirkung und Rückwirkung verbreiten und entfalten sich Völkerwanderungen und Völkercolonien, friedlicher oder feindlicher Verkehr durch Handel, Krieg, Politik, Kunst, Wissenschaft und Religion. In Europa geschah das auf eine ganz specifisch eigenthümliche Weise.

Die langen Reihen historischer Thatsachen und Untersuchungen, die hierüber Aufschluß geben, müssen, soweit sie im Bereich der Historie hervortreten, als bekannt vorausgesetzt werden. Die mannigfachsten und wunderbarsten Umstände, Begebenheiten, Conjuncturen aller Art unterstützten sich in diesem Weltdrama gegenseitig. Auch abgesehen von allen individuellen Bestrebungen der

Europäer kam ihnen ja von selbst so Vieles zu Gute, um seit Jahrtausenden schon sie zur höhern Stufe menschlich geselliger Cultur überhaupt, in Beziehung auf Ansiedlung, Agricultur, Industrie, Kunst, Handel, Wissenschaft und religiöse Bildung zu erheben. Nicht hoch genug kann man z. B. die Begünstigung anschlagen, welche die Bespülung der Südenden Europas durch das Mittelländische Meer, das merkwürdigste Culturmeer des Planeten, zu Wege brachte. Aber nicht geringer war die Begünstigung durch die Nordsee und Ostsee, das einzige Mittelmeer des temperirten Nordens des Planeten, das eben so bedeutungsvoll wirkte für die Nordvölker seines Erdtheils, wie jenes für die Südvölker. Und um das Maß dieser speciellen maritimen Begünstigungen für Europa voll zu machen, denken wir nur daran, daß auch dem Westen seines Gestadelandes die ganze Rückwirkung der Entdeckung Amerikas fast ausschließlich zu Theil werden mußte: ein Verhältniß, das für Asien fast spurlos blieb, auf Afrika sogar nachtheilig zurückwirkte.

Solche Gesammtanlagen des Erdtheils machten es auch möglich ein politisches System von Staaten auszubilden, das den ganzen Erdtheil umfaßt und sich in seinen Colonien auch weit über die andern Erdtheile und Meere verbreiten konnte: ein System von Völkerverbindungen, wie weder Afrika noch Asien ein solches je besessen hat, und wie nur soeben ein analoges in Amerika, dem zweiten Culturerdtheile des Planeten, sich auszubilden beginnt. Es ist also klar, daß man allerdings Europa als den höchsten Eintheilungsgrund aller Hauptverhältnisse der Welt, als ihren historischen Schwer- und Mittelpunkt gelten lassen muß.

Wie in der physikalischen Geographie das Allgemeine sich in die beiden Hauptformen des rigiden und flüssigen zerlegt: so zerfällt auch die historisch politische Geographie gegenwärtig nur in die beiden Hauptabtheilungen, in die europäische Welt und die nichteuropäische Welt, in welche die fünf Erdindividuen mit ihren

Inseln und Meeren auf eine sehr ungleiche Weise getheilt sind. Denn diese europäische Welt greift in die Zustände und Angelegenheiten der vier übrigen Erdtheile auf das energischste und entschiedenste mit ein — mag man auf politischen wirklichen Besitz, oder nur auf Colonialbesitz, oder nur auf Handelsverkehr, oder auf geistigen, religiösen Cultureinfluß beider Welten Rücksicht nehmen. Eine blos räumliche, materielle, mechanische Beschränkung Europas, bei der die compendiarische Elementargeographie stehen bleibt, kann der geographischen Wissenschaft nicht genügen. Diese hat nicht nur das Leblose, sondern auch das Lebendige zur Anschauung zu bringen.

Die ganze Reihe historischer Ursachen, welche Europa in eine Herberge und Werkstätte der Culturvölker verwandelt hat, war oben nur summarisch, kurz anzudeuten. Anderwärts würden sie weiter zu erörtern sein. Aber immer würde ihrer gründlichern Entwickelung der tiefere, wahre Zusammenhang fehlen, wenn wir nicht auf den ursprünglichen Hintergrund zurückgehen, der sie alle, so und nicht anders, ganz local nach Räumen, Zeiten und Völkern gestaltet hat, nur so und nicht anders räumlich an einander schloß. Der Hintergrund der tellurischen Grundlage muß zur Betrachtung kommen. Ohne einen adäquaten, einen passenden Schauplatz jener merkwürdigen Conjuncturen ist die ganze Reihe der Begebenheiten selbst nicht denkbar; so wenig wie das Menschengeschlecht ohne die Erde. Der Schauplatz übt aber seinen gestaltenden Einfluß auf Alles aus, sei es bewußt oder unbewußt, was sich auf demselben zuträgt und bewegt.

Fassen wir, ehe wir weiter gehen, die Resultate zusammen, die wir bei unsern einleitenden Betrachtungen gewonnen und uns in der Folge stets gegenwärtig zu erhalten haben, so bestehen sie in folgenden Hauptpunkten.

1. Wir haben gefunden, daß dem Erdtheil Europa eine gewisse Harmonie seiner plastischen Gestaltung im Gegensatz der

grellen Contraste, durch welche die andern Erdtheile in sich selbst in Gegensätze zerfallen, zu Theil wurde;

2. Daß diese Harmonie und die Concentrirung seiner überschaulichern Raumverhältnisse, im Gegensatz der kolossalen Größen andrer Erdtheile, von seiner Klimatik unterstützt wird;

3. Daß diese Klimatik weniger schroffe Gegensätze an den entgegengesetzten Enden Europas darbietet, als bei irgend einem andern der großen Erdtheile oder tellurischen Individuen.

4. Es ergab sich, daß schon dadurch dem Erdtheil Europa von der Naturseite her eine größere Einheit aller seiner räumlichen Erscheinungen und Raumverhältnisse zu Theil ward, dem auch eine größere Einheit seiner Organisationen, wie der gleich anfänglichen Bevölkerungen, folgen konnte.

5. Vom historischen Standpunkte aus zeigte sich die merkwürdige Thatsache, daß von den vier Arten der Völkerentwickelungen, die wir factisch über die Erde verbreitet finden, von den verschwindenden, vegetirenden, fortblühenden und erst aufwachenden Völkern der Erde dem Erdtheil Europa und seinen Abkömmlingen verhältnißmäßig der bei weitem größern Zahl nach die fortblühenden und fruchttragenden Völkerschaften angehören.

6. Wir erinnerten daran, daß Europa, der kleinste der Erdtheile, zur Herrscherin der übrigen in der zweiten Hälfte der Zeiten geworden; daß er daher

7. mit Recht überhaupt den obersten Eintheilungsgrund in zwei Hauptabtheilungen des historisch-politischen Zustandes der Erde abgeben könne:

a. in die europäische Welt, zu der auch die europäisirte gehöre, und

b. in die nicht europäische Welt, die noch nicht zur europäischen Civilisation und zur humanen Cultur fortgeschritten sei.

8. Es zeigte sich, daß ohne einen passenden, adäquaten Schauplatz solcher eigenthümlicher historischer Erscheinungen ihre ganze

Entwickelung nicht in der geschehenen Weise denkbar sei, daß der Schauplatz aber einen gestaltenden Einfluß auf alles Planetarische ausübe, daher derselbe nach seiner Weltstellung und Plastik zu erforschen sei.

Weltstellung und Gestaltung Europas.

Unter Weltstellung verstehen wir das Verhältniß der Lage eines Erdraums zur Gesammtoberfläche des Erdballs, also die locale Stellung, das eigentlich Tellurische, in Beziehung auf den Planeten überhaupt, und zu den unmittelbaren Umgebungen.

Europa liegt nun in der Mitte der continentalen Landwelt, wie das australische Südland im Centrum der südlichen Wasserwelt. Europa steht demnach im geraden Gegensatze zu Australien, als Nordland und Südland, als Continent und Insellaud, umgeben von weiten Continenten, wie jenes nur von weiten Oceanen mit Inseln umfluthet wird.

Europa ist der continentalste Erdtheil, der Continent κατ' ἐξοχήν. Denn das gesammte trockne Land des Planeten liegt vorherrschend (wenn auch nicht ausschließlich) auf der Nordosthalbe der Erdkugel zusammengedrängt. In dieser zusammengedrängtesten, continentalsten Masse bildet Europa die Mitte. Es ist der umgebene Erdtheil, die andern sind die umgebenden — es ist daher der centrale Erdtheil. Von Asien, Afrika, Nordamerika ist Europa gänzlich umgeben mit einem Minimum scheidender Meere.

Durch den merkwürdigen Ring von Continenten eingefaßt sollte Europa allen gleich nahe stehen, allen gleich verwandt werden, mit allen in Wechselwirkung, in Austausch und Verkehr treten können. Europa ist eben darum aber auch von der weiten Einöde des Australoceans am unberührtesten geblieben. Seine Gestade werden nirgends von demselben bespült. Es steht mit ihm nur in mittelbarer Berührung. Aber Australien ist von ihm ganz umflossen, Asien zu zwei Dritteln, Afrika zu drei Vierteln, Amerika ebenso in West wie in Ost. Europa wird nur vom nördlichen atlantischen Ocean bespült, der aber schon weniger den freien, offenen, unüberschaulichen Wassermassen des äußern Oceans angehört — er kann ja durch Dampfschiffe schnell durchschifft werden — sondern vielmehr zu den noch innerhalb der großen Continente der Alten und Neuen Welt eingeschlossenen Meeren. Europa ist daher nur von den innern, nicht von den äußern Meeren des Erdballs umgeben. Hierzu kommt seine eigenthümliche Stellung zu dem Nordpol der Erde, dem es nahe gerückt erscheint, ohne jedoch unter seinem strengen Einflusse wie seine Nachbarn in Ost und West zu stehen. Afrika ist beiden Polen gänzlich entrückt, es gehört nur den Tropen und Subtropen an. Amerika und Asien in den breiten und langen canadischen und sibirischen Ländertheilen sind an den Nordpol gebunden durch ihre bis zu 80° N.B. auslaufenden Glieder. Keines der dortigen Polarvölker kann so leicht der Polarwelt und ihren hemmenden Einflüssen entgehen, als der Europäer, der ihr nur einem sehr geringen Theile nach angehört. Denn keine ewigen Eiswälle, Eisfelder, Eisbrücken umlagern den Norden Europas.

Der Ring von Continenten, welcher Europa umgiebt, ist kein mathematischer, ist kein physisch geschlossener Kreis. Afrika hängt nicht mit Brasilien zusammen, Kamtschatka nicht mit Nordwestamerika. Der Ring ist ein durchbrochener. Engere geschlossene oder halbgeschlossene Meere, die wir im Gegensatz des freien Australoceans Meeresstraßen nennen müssen: die Nordsee, die Ostsee, die Belte, die Sunde, das Kattegat, die Waigazstraße, die Cookstraße, die Straße von Gibraltar, der breitere brasilische Meeresarm zwischen Cap Augustin und Cap Palmas führt aus diesen Binnenmeeren hinaus in den Aethiopischen Ocean, wie die schmale Cook-Behringsstraße zwischen Kamtschatka und Unalaschka hinaus in den Ostocean. Das europäische Mittelländische Meer führt aber, wie sein Name schon sagt, als Binnengewässer nur zum Gegengestade Westasiens und Nordafrikas. Diese Wasserstraße suchten schon die Karthager, die Normannen, Columbus, Vasco de Gama und die neuern Polarfahrer auf, durchschifften sie. Ja es könnten noch andere gebahnt, mit Kunstmitteln durchbrochen werden, wie die von Suez und Panama. Welcher merkwürdige historische Einfluß knüpft sich durch alle diese Stellungen an Europas Entwickelung! Kein andrer Erdtheil ist ähnlich gelegen, der Nordosten Amerikas mit den Vereinsstaaten etwa ausgenommen, der überhaupt in allem die meiste Analogie mit Europa hat. Der Europäer kann an seinen Nebenländern nicht ohne Contact vorübergehen. Die Bewohner der andern Erdindividuen haben sich vor ihrer Europäisirung um ihre Nachbarerdtheile gar nicht bekümmert. Nur Theile derselben haben unter sich verwandte Verhältnisse, wie Nordostasien mit Nordamerika, Nordafrika mit Südeuropa (vom Nil zum Atlas). Also nur der Europa genäherte Erdkreis hat mit ihm verwandte Verhältnisse, der übrige nicht.

Das Verhältniß der Concentration aller Continente im nächsten Umkreis von Europa brachte diesem in den Geschichtsanfängen die größtmögliche Annäherung und den daraus hervorgehenden möglichst großen Verkehr und Austausch mit allen Continentalvölkern zu wege. So gleicht Europas Stellung der Lage des Fruchtbodens in der Mitte der Blume, zu dem alle Saftgefäße leiten, zu dem der ganze reiche Blätterschmuck mitgehört. Der Fruchtknoten kann allein den Samen des ganzen Gewächses zur Reife bringen. Dieser Zuleitung aller Frucht- und Saftgefäße entsprechen ebenso die Meeresbewegungen gegen Europa hin. Europa hat durch dies Verhältniß der Concentration der Continente aber auch an der ganzen Summe der Schicksale aller seiner Nachbarindividuen mehr Antheil nehmen müssen, als jeder der andern Erdtheile insbesondere an dem einen oder dem andern. Selbst an Nordostamerika mit Grönland, Island mußte sich bekanntlich

Scandinavien noch nicht wenig betheiligen, wie etwa das südöstliche malayische Asien an dem benachbarten Nordneuholland und Australien schon frühzeitig, aber nur einseitig sich betheiligt hat.

Das Verhältniß der Abwendung Europas vom offenen Ocean, wie der particulären Sonderung vom äußern Gestadering der Erde hinderte auf das bestimmteste in den frühesten Jahrhunderten die zu frühe Zerstreuung seiner Populationen über die zerrissenen, abgesprengten und in weitesten Fernen liegenden Glieder des Planeten. Späterhin konnte bei erfundener Weltschifffahrt und andern Culturzuständen ohne Nachtheil des einheimischen Gedeihens schon eher eine Zerstreuung eintreten. Bis zu fernen Gestaden und Eilanden hin zersplitterten sich von der Außenseite des Erdringes, der Europa umgiebt, nicht selten die Völkerschaften, schieden sich zu frühzeitig noch als rohe Massen von ihrem Muttererdtheile ab, verkümmerten und verarmten. So verbreiteten sich wahrscheinlich die Malayen nach Neuholland und Australien ohne Frucht und Gewinn für ihre Heimath, so arabische semitische Stämme an das Ostgestade Afrikas, wo sie zu Kafern herabsanken und Madagaskar bevölkerten. So die Cariben aus Nordamerika nach Südamerika über die Antillen. So zogen die Nordasiaten unstreitig schon sehr frühzeitig, wie gegen Westen nach Europa, ebenso auch gegen Osten nach dem gegenüberliegenden Nordwestamerika, von wo sie als den Mongolen verwandte Stämme, als Azteken, zu Lande gegen den Süden fortschritten. Durch dieses strahlige Auswandern der Völkerzüge zu gegenüberliegenden Gestaden wurden die Nachbarländer bevölkert. Solche Functionen sind für einen mit Völkerreichthum überfüllten kolossalen Erdtheil wie Asien von Anfang an war berechtigt und heilsam. Aber ein kleineres Europa, das seine Bevölkerungen selbst erst aus dem Wiegenlande Asien erhalten mußte, würde durch solche frühzeitige Völkerzüge nach außen immer wieder verarmt und entvölkert sein. Es würde kein Kern der Ansiedelung und stationären Cultur sich so frühzeitig haben entwickeln und festwurzeln können. Zu dieser Kernbildung und Concentration der Kräfte war die physische Umschränkung Europas aber vorbereitet. Wir kennen nur einzelne Momente solcher durch zu frühe Zerstreuung seiner Bevölkerungen auch Europa bedrohender Gefahren. Aber diese machen doch nur Ausnahmen und sind eben nur Folgen von localen Situationen, nicht Folgen der Gesammtstellung des Erdtheils.

Die europäischen Vandalen konnten in den ersten Jahrhunderten der Völkerwanderung in ihrer anfänglichen Rohheit nach Afrika übersetzen als sie das südlichste Ende der spanischen Halbinsel erreicht hatten. Sie mußten fremde Schiffe rauben zur Ueberfahrt. Durch ihre Wanderung entleerte sich Andalusien, das einzige Beispiel dieser Art für Europa. Denn der Uebergang der Normannen aus Scandinavien und Island nach Grönland und Winland ist eine Entdeckung, eine Colonisation, kein Völkerzug. Ebenso waren die Ansiedelungen der Barkäer und Griechen in der Cyrenais, die der Römer in Nova Carthago keine Völkerwanderungen, sondern Colonisationen, die den Mutterstaat nicht ärmer machten, sondern vielmehr bereichernd auf ihn zurückwirkten, wie die Ansiedelungen der Griechen in Unteritalien. Erst in spätern Jahrhunderten schüttete einmal die spanische Halbinsel, als der Atlantische Ocean durchschifft und Amerika entdeckt war, eine massenhafte Population dahin aus, und litt allerdings dadurch an Menschenverarmung bis in die Gegenwart. Wir bleiben bei den wirklich räumlich benachbarten Gegengestaden stehen, die auf die frühesten Zustände vor der Ausbildung der Weltschifffahrt, Einfluß auf Europa ausüben konnten. Die günstige historische Rückwirkung jener ältern Colonisationen auf Europa war dadurch bedingt, daß das Gegengestade der Cyrenais, der karthagischen Landschaft, der ganzen Berberei keineswegs die starre Individualität des übrigen afrikanischen Erdindividuums theilt. Dieser ganze Küstenstrich Nordafrikas ist nur sein nördliches Vorland, nur das Gegengestade Europas, gleichsam ein Inselgebiet, weil es im Rücken zwar nicht durch Wasser, aber durch große Sandmeere, die Sahara, abgeschieden ist vom centralen Afrika, dem Negerlande. Die Sahara hat Europa in den früheren Jahrhunderten seine Populationen erhalten. Hätte im Rücken des Küsten-Atlas, des phönicischen Karthago, des Vandalenreiches, der Africa christiana im fünften und sechsten Jahrhundert, der Berberei in späterer Zeit eine reichbewässerte Fruchtlandschaft sich ausgebreitet, wie in der Neuen Welt am Ohio, am Missisippi und La Plata, so würde in den Bedrängnissen der Völkerwanderung und des Mittelalters die südeuropäische Culturwelt frühzeitig dorthin ausgewandert sein, wie dazu in der Byzantiner Zeit schon der Anfang gemacht war. Auch bei einer modernen Algierischen Colonisation droht keine Gefahr für Europa, nicht einmal für Frankreich. Das Verhältniß der Weltstellung des Erdindividuums und seiner Bewohner ist also bei jeder Raumbetrachtung der Vergangenheit wie der Gegenwart, nothwendiger Theil der Untersuchung. Es ist die Berücksichtigung des planetarischen Verhältnisses in seinem größten allgemeinsten Zusammenhange, aus dem erst jedesmal das individuelle Verhältniß des besondern Theiles hervorleuchten kann.

Die durchbrechenden Meeresstraßen heben bis auf einen gewissen Grad jene Abgeschiedenheit vom äußern offenen Gewässer der freien Oceane wieder auf. Sie sollte keine absolute sein. Wäre diese Abgeschiedenheit vollständig eingetreten, so würde sie Europa in eine für das Ganze höchst nachtheilige Isolirung versetzt haben. Die mittelbare Communication mit den offenen Oceanen gab Europas Stellung unendliche Vorzüge vor den unmittelbar offen vom großen Weltmeer bespülten Gestaden. Denn die mehr oder weniger engen Meeresstraßen gleichen uferreichen Kanälen, sind gleichsam gewiesene Wege, die das noch unbehülfliche Völkergeschlecht von Ufer zu Ufer, von Vorgebirge zu Vorgebirge, von Insel zu Insel, von Volk zu Volk, von einem Gestadelande zum andern führen mußten. Man denke nur an die Anfänge der Phönicierfahrten und aller Küstenschifferei. Die freien Weltmeere breiten sich in unermeßlicher Einöde aus, sie scheuchen die unerfahrenen Völker im Zustande der Kindheit zurück. Nur gewaltsame Begebenheiten schleudern die Völker auch im Zustande der Rohheit unaufhaltsam weit fort in die Oceane. Erst die fortgeschrittene Cultur weiß auch das Weltmeer sich anzueignen. Die engen Meeresstraßen dagegen locken auf friedliche Weise die Phantasie auch der noch wenig gebildeten Völker hinüber zu den sichtbaren und sonst wohl merkbaren Gegenständen der Nachbarschaft. So gingen die Phönicier nach Cypern, dem Archipel, Sicilien und Karthago bis Gades, die Kleinasiaten nach Thracien und dem Pontus, die Griechen nach Troja, dem Peloponnes, Unteritalien, Barka, Cyrenais. Kühne Ueberschritte erweitern die Grenzen der Heimath, des ganzen Continents, um das Doppelte und Vielfache. Eine wichtige Rolle übernahmen sehr frühzeitig die Gestade des Mittelländischen Meeres, des Schwarzen Meeres, der Nord- und Ostsee, der Kanal zwischen Frankreich und Britannien. Selbst die nordwestlichste peninsulare und insulare Gliederung Europas in dem nördlichen Becken des Atlantischen Oceans von Schottland bis zu den Faröern, Island und Grönland hinüber, wandelte dieses breite Weltmeer in engere Meeresstraßen mit erreichbaren Gegengestaden um. In dieses Verhältniß der eigenthümlichen Vertheilung von Wasser und Land, nach Distanzen, Form und Ausbreitung (an der die compendiarische Geographie meist gedankenlos vorübergeht), ist eine unerschöpfliche Fülle von anregenden Naturkräften für Europa in besonders günstiger Weise niedergelegt. Ohne solche Vortheile hätten die Süd- und Westenden Europas einen ganz andern Gang der Entwickelung nehmen müssen. Wie würde Griechenland in alter Zeit ohne die Gegengestade der Aegypter, Phönicier, Kleinasiens und seines Archipels im Aegeischen und Jonischen Meere verarmt geblieben sein. Wie wenig würde sich Italien ohne die Gegengestade Südgriechenlands, Siciliens, Karthagos, England und Scandinavien ohne die Gegengestade nach allen Seiten hin haben erheben können. Und dies sind nur analoge Erscheinungen im Kleinen, wie sie die Weltstellung Europas, des ganzen Erdtheils, in Beziehung auf das ganze Erdenrund darbietet. Man braucht nur an das Gegengestade Ostamerikas und an seine mächtige rückwirkende Kraft auf das gesammte Europa in der Reihe der letzten Jahrhunderte zu denken. Wie ragen dagegen die Südenden Amerikas und Afrikas hinaus in die oceanische Einsamkeit, in eine küstenleere, inselarme antarktische Hemisphäre. Welche Armuth europäischem Reichthum gegenüber!

Je bekannter diese Anordnungen erscheinen, je einfacher diese Verhältnisse aussehen, desto weniger sie, als zu gewöhnlicher Art, deshalb auch nur beachtet zu werden pflegen, um desto wichtiger und folgenreicher treten sie bei näherer Betrachtung hervor, zumal da sie gleichmäßig und gleichartig durch alle Jahrtausende fortwirkten. Die Geschichten der Seefahrten sind bis jetzt viel zu einseitig bearbeitet, und nur der tastbarste, auffallendste Gesichtspunkt dabei berücksichtigt, nämlich der der neuen Entdeckung. Aber die Rückwirkung und die Folgen auf die Entdeckenden sind meistentheils mit bekannten Gemeinsätzen abgefunden worden. Eine ernste wissenschaftliche Forschung, welche diese Wechselbeziehungen darzulegen verstünde, fehlt uns; sie würde die wichtigsten Aufschlüsse zur Geschichte des Menschengeschlechtes darbieten; zur Geschichte Europas im Besondern lehrreiche Beiträge liefern, die selbst von den Historikern noch unberührt blieben.

Die Weltstellung Europas ist nicht blos von historischer Bedeutung, sondern hat auch einen wichtigen Einfluß auf den physikalischen Charakter des Erdtheils ausgeübt. Aus jener dreifachen Stellung Europas zu den Erdtheilen, zu den Oceanen und zu den Ländern und Binnenmeeren mit den Gegengestaden folgt nothwendig auch dessen eigenthümliche Stellung zur dritten Hauptform, welche den Erdball umgiebt, nämlich zur Atmosphäre. Denn der Zustand der Lufthülle ist nothwendig abhängig, modificirt von den Theilen des Globus, die sie umschwebt. Ueber den Oceanen wogt eine mit den Ausdünstungen der salzigen Meere erfüllte, gesättigte Atmosphäre. Es ist die feuchte Seeluft, die tiefe Wolkenlast, das hängende Meer der Seeleute. Diese setzt ihr Uebermaß von Feuchte auf den Continenten ab, sie wird dann über diesen schwebend zu einem trocknen Lufthimmel. Dieser kann über den Oceanen nie auf längere Dauer bestehen.

Zweierlei große Lufthalbkugeln umschweben also immerfort die Erde, von denen die eine vorherrschend mit dem feuchten Elemente schwanger das oceanische Klima der Erde bildet, die andre, von jenem Uebermaße der Feuchte befreit, die Werkstätte des continentalen Klimas ist. Das oceanische Klima schwebt mehr über der südwestlichen Wasserhalbkugel, das continentale Klima über der nordöstlichen Landhalbkugel der Erde. Ohne die Vermittelung der Winde würde dies in noch viel grellerm Maße der Fall sein. So werden beide Gegensätze vielfach in einander und über einander verschoben; sie gestalten sich auf tausenderlei Art wechselseitig um, mehr noch als der Proteus der Meere sich umzugestalten vermag. Immer aber wird der Hauptgegensatz in beiden Lufthalbkugeln bleiben, der in der ungleichartigen Vertheilung des Feuchten in der Luft wie auf der Erde seinen Grund hat. Das Maximum des oceanischen Klimas wird sich in der Mitte der Meeresmassen, wie das Maximum des continentalen Klimas in der Mitte der Ländermassen vorfinden. Da werden die charakteristischen Erscheinungen dieser doppelten klimatischen Gegensätze auftreten: Regenmangel und Dürre in Afrikas Sahara und Centralasiens Steppen, auf der tübetisch-mongolischen Hochterrasse und in der Gobi; Wassergüsse über den Oceanen und hängende Meere. An den Grenzgebieten der starren und flüssigen Formen werden die Minima, die Ausgleichungen dieser Doppelverhältnisse, die meisten

Wechsel und der vorherrschende Kampf der feuchten und trocknen Lüfte stattfinden. Die Küsten der Erdtheile, zumal am großen äußern Gestadegürtel des Erdballs (in Europa an den Küsten Norwegens, Schottlands, Irlands, Westfrankreichs, Portugals) werden die veränderlichsten Klimastriche der Erde sein; die Berghöhen bedingen durch Differenz der Wärmevertheilung einen gleichen Wechsel der Lüfte. Da treten die verschiedenartigsten Gestaltungen der Atmosphäre auf: Nebel, Dünste, Wolken, Wolkenmeere, Regengüsse, Gewitter, Niederschläge, Winde, Stürme, Orkane und meteorologische Erscheinungen aller Art.

Da Europa in der Mitte der Landhalbkugel liegt, so ist ihm, wenigstens in seiner breitern östlichen Hälfte, auch vorherrschend ein continentales Klima mit allen Vorzügen eines solchen, doch ohne die Nachtheile des Uebermaßes zu Theil geworden. Europa ist an die Westgrenze des Continentalklimas gerückt, wodurch es eben die Vortheile der umringenden Meereslüfte mitgenießt. Die Maxima von Durre fallen in das centrale Afrika und in das fast eben so regenlose hohe Tübet; die Maxima der Feuchte in die Sunda-Gruppe und Hinterindien, sowie in das tropische Gebiet des Amazonenstroms. Zwischen diesen Extremitäten liegen die Uebergänge. Der Ring von Ländermassen, der Europa umgiebt, würde die Trockenheit und Dürre seines vorherrschend continentalen Klimas, wie in den Nachbarerdtheilen, bis zum Verderblichen steigern können, wenn seine breiten Ländermassen ohne alle Unterbrechung geblieben wären. Dafür aber war schon durch die Ausfüllung der Einsenkung zwischen Europa und Nordafrika mit der Masse des golfreichen mittelländischen Meeres gesorgt.

Vom astronomischen Klima, das durch den mehr schiefen oder senkrechten Sonnenstand nach den Breitengraden bedingt wird, ist dieser Gegensatz des oceanischen und continentalen Klimas durchaus nicht ursprünglich abhängig, sondern wird dadurch nur modificirt. Dies zweifache Princip klimatischer Beschaffenheit hat eine große Mannichfaltigkeit auf der Erde bedingt. Das astronomische Klima einseitig aufgefaßt ist daher nur ein irreführender Eintheilungsgrund der Klimatik überhaupt geworden. Die Nachtheile der trocknen Länderbreiten von Asien und Afrika finden bei Europa nicht statt, wo mannigfaltiger Wechsel der atmosphärischen Zustände, nicht gleichmäßige Einförmigkeit, nicht die Passivität erregende Regelmäßigkeit der Aufeinanderfolge der Jahreszeiten, wie in den tropischen und polaren Erdstrichen zu den treibenden Impulsen gehören sollte. Jene Nachtheile finden nicht statt, weil die Ländermasse Europas weit kleiner ist, also vermöge ihrer geringern trocknen Oberfläche auch nicht so viel Dürre erzeugen kann, weil die durchbrechenden Meeresstraßen überall kleinere Massen oceanischen Himmels in das Innere des continentalen Ringes, d. i. in die Mitte des überall von Meerbusen durchschnittenen europäischen Erdtheils hineinführen. Daher müssen die Gestade Europas, zumal in Westen, Nordwesten und Südwesten, immer einen bedeutenden Antheil am oceanischen Klima haben, selbst sein Inneres muß theilweise den Einfluß der feuchten Seelüfte genießen; wogegen die größere Osthälfte des Erdtheils dem trocknen continentalen Klima des benachbarten Asiens und Afrikas mehr angehört als die Westhälfte. Nur aus dem Gesammtverhältniß der Weltstellung Europas im Allgemeinen ergiebt sich dieses Doppelverhältniß seiner Klimatik, ganz unabhängig von seiner astronomischen Lage, oder nach Parallelabständen vom Aequator. Bei alle dem haben wir doch die bekannte astronomische Lage Europas, seine Lage in der gemäßigten Zone, zwischen der Tropen- und Polarwelt, zwischen 35° und 70° N.B. nicht zu übersehen. Auch diese astronomische Lage gehört recht eigentlich zur Weltstellung, da sie die kosmische Stellung des Erdtheils zur Sonne bezeichnet.

Die Vorzüge der Klimatik, die aus Europas Weltstellung hervorgingen, sind groß und wichtig. Der scandinavische, d. i. der polare Norden Europas ist minder kalt, als jeder der andern Erdtheile unter gleicher Breitenlage; der Süden Europas, die drei Culturhalbinseln, obwohl dem tropischen Afrika zugewandt, ist durch seine maritime Stellung zum Mittelmeere minder glutheiß; die Nord- und Südenden des Erdtheils sind also gemäßigter als sie nach der astronomischen Lage allein, oder der Theorie nach sein würden. Die Ost- und Westenden von Mitteleuropa, wenn schon unter gleichen Breiten gelegen, haben dennoch keine Einerleiheit behalten, Einförmigkeit der Verhältnisse ist widereuropäisch. Der Osten Europas hat noch Antheil am trocknen Continental-Klima des Steppenlandes von Asien erhalten; daher gesteigerte Winterkälte wie Sommerhitze. Der batavische, britische, gallische Westen ragt in das feuchte oceanische Klima hinein. Milde Winter gestatten, daß der Lorbeerstrauch noch überall im Süden und Südwesten Englands grünen und wuchern kann. Die germanische Mitte Europas ist auch in klimatischer Hinsicht das Land der Vermittlung, der Boden der Ausgleichung geworden für den Norden und Süden, für den Osten und Westen Europas.

Hiermit haben wir vorläufig hinreichend auf die wichtigsten Verhältnisse Europas zur Gesammtoberfläche der Erde hingedeutet. Die weitere Entwickelung und Anwendung wird bei der fortlaufenden Erforschung der besondern Verhältnisse von selbst hervortreten. Wir können bei jeder speciellen Landschaft auf diese allgemeinen Regeln zurückweisen, brauchen nicht bei jedem Länderstrich wieder in die Allgemeinplätze klimatischer Beschreibung zurückzukehren, sondern nur das Besondere, das Eigenthümliche der Abweichungen vom allgemeinen Gesetze, die specielle Charakteristik, hervorzuheben.

Der Name „Europa".

Abgesehen von dem Begriff, den man heutzutage mit dem Namen Europa bezeichnet, sind zwei Fragen zu beantworten, die auf die Bestimmung europäischer Geographie seit mehr als zwei Jahrtausenden den größten Einfluß haben: Wie und seit wann kommt diese Bezeichnung des Erdtheils in Gebrauch? Wo entsteht die erste Benennung und wo ist die eigentliche Grenze des Erdtheils genauer zu suchen?

Beide Fragen sind nicht leicht zu verfolgen und die zu gebenden Antworten lassen manche Zweifel übrig. Es kann uns auf keinen Fall gleichgültig sein, wie unser Erdtheil, den wir bewohnen, zu seiner eigenthümlichen Benennung und positiven Begrenzung gekommen ist; auch hängen viele andre Betrachtungen damit auf das genaueste zusammen.

In der ältesten Zeit reichte der Blick der Völker kaum noch über die Grenzen der eignen Heimath hinaus. Die Erdkunde der alten Welt konnte nicht gleich von der ersten Unterscheidung des Verschiedenartigen und der Gegensätze zwischen Ländergebieten eine scharfe absolute Bestimmung geben; sondern erst nach und nach konnte der Begriff der Erdtheile vervollständigt und nach einer vorangeschrittenen Vervollständigung fixirt werden. So ist es mit allen geographischen Benennungen gegangen und selbst unter unsern Augen seit drei Jahrhunderten mit Amerika. Den alten asiatischen Culturvölkern, bis auf die heutigen Araber, Perser, Inder und Chinesen ist der Begriff verschiedener Erdtheile ganz fremd geblieben. Es fehlt ihnen eigentlich das Bewußtsein ihrer geographischen Weltstellung. Sie kennen höchstens nur ein Land der aufgehenden und der untergehenden Sonne, ein Morgen- und Abendland. Gegen den Aufgang der Sonne wendet sich jeder Asiate beim Gebet und jeder Muhamedaner insbesondere; dann kennt er noch zwei andre Richtungen der Erde, das Land zur Linken, Norden, und das Land zur Rechten, Süden. So ist es seit dem höchsten Alterthum in Asien gewesen und geblieben, und nur durch europäische Ansicht sind andre Vorstellungen hier und da bei den Westasiaten mitgetheilt. Daß bei dem ältesten europäischen Culturvolke, den Griechen, dieselbe Erdeintheilung ursprünglich die herrschende war, ist bekannt. Das Land der aufgehenden Sonne war ihnen Vorderasien, ἀνατολή. Dadurch bezeichnet schon Herodot das von uns so genannte Kleinasien. In den Byzantinischen Zeiten erhielt es davon in den Reichseintheilungen nach Thematen oder Provinzen den Namen τὸ Ἀνατολικόν, und dieser ist ihm in Anadoli geblieben. Den Westen nannten die alten Griechen Hesperien. Alle westlichen Südenden Europas waren unter dem weiten Namen begriffen, Italien so gut wie Spanien und die Inseln. Das Land der Hellenen lag in der Mitte der Erde zwischen dem Morgen- und Abendlande. Homer kennt noch keine Erdtheile; er nennt weder Asien noch Europa; nur die Tag- und Nachtseite der Erde, das scheidende Meer und die einzelnen Namen der Länder und Völker sind für ihn geläufige Bezeichnungen. In der Zeit zwischen Homer und Herodot scheint der Name Asia und Europa bei den Griechen in Gebrauch gekommen zu sein, denn bei Herodot finden wir ihn schon vor. Doch weiß der Vater der Geschichte selbst nicht, wann und durch wen er eingeführt ward. Seine Worte sind (IV. 45): „Von Europa weiß kein Mensch, weder ob es vom Meer umflossen, noch woher es diesen Namen bekommen, auch ist nicht bekannt, wer ihm diesen Namen beigelegt." Gleich darauf scheint Herodot sich für die Ableitung des Namens aus dem Phönicischen, von der Europa, einer Königstochter aus Tyros, zu bestimmen. Doch verwirft er diese Meinung auch wieder und läßt alles ungewiß. „Es müßte denn sein, daß das Land den Namen erhalten von der Europa aus Tyros. Vorher hatte es aber wohl gar keinen Namen, gleich den andern Erdtheilen. Aber man weiß ja auch, daß die Europa von Asien ausging, und gar nicht in das Land der Hellenen gekommen, sondern nur von Phönicien nach Kreta, und von dieser Insel nach Lykien in Kleinasien." Nach einer Mythe soll diese Europa die Schwester des Kadmos, von Kretensern geraubt und ihrer Heimath entführt sein. Auf Kreta sind Spuren ihrer Verehrung als Gottheit. Im Böotischen Theben, das Kadmos gründete, wurde die Göttin Demeter, die fruchttragende Erde, diese alte Naturgottheit, auch Demeter Europa oder Europika genannt.

So weit geht die Sage von diesem Namen, immer nur auf Personen zurück. So wenig man aber den Namen Asien von dem trojanischen Männernamen Asios herleiten kann, den Homer öfter gebraucht, so wenig kann man den europäischen Erdtheil sich nach einer phönicischen Fürstentochter genannt denken. Ganz anders ist es mit der ältesten Erwähnung bei griechischen Dichtern, wo der Name Europa einen Länderraum bezeichnet. Der Sänger des Hymnos an Apollon Pythios gebraucht V. 73. 111. 250. 251. 290 u. 291 den Namen Europa in ganz specieller Bedeutung für das Land der Hellenen im Gegensatz des Peloponnesos und der Inseln umher, also wohl Mittelgriechenland, Böotien, Thessalien, Macedonien und Thracien. Die Ausbreitung wird nicht genauer bestimmt. In Macedonien kommt eine Stadt Europa wirklich vor. Die Benennung ging wahrscheinlich von Böotien selbst aus, oder kam noch weiter her vom Thracischen Norden nach Griechenland.

Ob der Name Europa aus dem Griechischen, ob aus dem Phönicischen abzuleiten sei, ist bis jetzt noch streitig. Die sichere Etymologie würde entscheidend sein.

Die Orientalisten leiten den Namen vom hebräischen עֶרֶב her. Dann würden die Phönicier mit diesem „Abend" bedeutenden Worte das ihnen gegen Westen gelegene Land bezeichnet haben. Aus Ereb entstand leicht Europa. Die Araber gebrauchen noch jetzt El Magreb von demselben Wortstamme für das ganze Westland, und Al Garb in Portugal hat dieselbe Bedeutung. Für diese Bezeichnung, sagt man, spricht auch die Erklärung des Wortes, die schon Hesychius in seinem Lexikon giebt: „Die Gegend des Abends, die dunkle Gegend." Für diese Ableitung stimmen Bochart, Th. Hyde, Gatterer, Voß in der Alten Weltkunde p. XIV. Ukert u. a. m., überhaupt die meisten Autoren, welche den Phöniciern die älteste Benennung der Erdtheile zuschreiben. Das eigene Land sollen sie El Asi, die Mitte, genannt haben.

Wir suchen den Ursprung der Namen Asien und Europa an einer ganz andern Stelle, nämlich am Kaukasus. Beide Namen sind auf einer und derselben Localität als Naturgegensätze entstanden, und haben sich von dem wirklichen Grenzstein, der noch heute beide Erdtheile natürlich scheidet, geographisch und mythologisch nach den gegenüberliegenden Erdtheilen ausgebreitet.

Aus den Untersuchungen über Asien wissen wir, daß auch an der Ostseite des Schwarzen Meeres, dicht am Gebirge, am Nordfuße des Kaukasus, eine Landschaft liegt, die aus ältester Zeit sehr viele Ueberreste des Namens Asia aufzuweisen hat. Bisher ist diese Localität meistens übersehen. Sie liegt am Ostufer der Palus Maeotis zwischen dem Lande der Kolchier und Scythen, da, wo die Küste Indike hieß, und der Sitz einer altasiatischen Cultur- und Handelscolonie war, der Indi, Indiker, d. i. Inder. Die fest angesiedelten nennt Strabo Asische Städtebewohner, in frühester Zeit Asburgianen. Ptolemäus nennt die Einwohner Asaei, Asier. Der Meerbusen, der sie vom westlichen Europa abschied, heißt noch jetzt Asowsches Meer, ehedem das Asa-Meer. Die gothischen und scandinavischen Völker nannten jenen Fuß des Kaukasus in ihrer nordischen Heroenlehre das Asaland, Asahaimur. Es ist der Ursitz der Asen, ihrer Götter und Heroengeschlechter, und Odin zieht nach allen Sagen von da erst in den europäischen Norden ein. Von diesem Asengeschlechte, das sich vielfach in die älteste Geschichte der Völker des hohen Mittelasiens und des alten Europa verzweigt, erhielt die alte Heimath bei allen westlichen Völkern, die von da ausziehn mußten, den Namen „Land der Asen, Asia terra, Asisches Land, Ἀσία γῆ, heiliger Boden. Auch die Mosaische Völkertafel setzt dorthin die Nachkommen Japhets, und die Namen Askenas und Gomer. Sie scheinen aus den Völkern der Kimmerier und der von den Römern am Pontus genannten Asacenen deutlich hervor. Die älteste griechische Mythe knüpft an dieselbe Stelle Einwanderung in Nordgriechenland an. Ihr Deukalion, der Mann nach der großen Fluth, ist ein Sohn des Prometheus am Kaukasus, ein Enkel des Japetus. Prometheus hat die Asia zur Mutter oder zur Gemahlin. Der erhabene Kaukasus selbst hat als Ursitz der Asengeschlechter noch den Wurzellaut Asi in seiner letzten Silbe beibehalten und gilt bei allen Völkern als eine hohe, erhabene, durch frühe Göttergeschlechter geheiligte Berglandschaft. As, Asa, Asen sind bei allen Völkern heilige Namen z. B. Aesar bei den Etruskern, Asia wird sehr oft bei den ältesten scandinavischen Autoren solum divinum, Sacra terra, Asia pars mundi divina, Patria deorum genannt. In diesem Sinne eines geheiligten und immer hoch und erhaben liegenden Ursitzes zahlreicher herrschender Völkerschaften tritt überall der Name Asia in Mythen und Historien auf, selbst weit nach dem Westen hinein bis in das Mittelalter, bis zur Austrasia der Frankenvölker. Die Jonier und zumal die Milesier, das berühmte Handelsvolk Kleinasiens, das auf dem Schwarzen Meere seine zahlreichen Flotten hatte, verbreitete unstreitig zuerst den Namen des Asischen Landes, der Ἀσία γῆ, bei den Griechen, für das Ostland. Und darauf deuten auch Stellen Herodots entschieden hin.

Ist aber die entwickelte Hypothese über die Entstehung des Namens Asia richtig, so ist es sehr zu erwarten, daß man im Gegensatz des alten Ursitzes, der Heimath der Völker im Osten, auch die Erde im Westen mit einem eigenthümlichen Namen bezeichnete, und zwar zunächst bei den griechisch redenden Nachbarn. Der Name Asia bezeichnete das Land, woher die Völker kamen: der Name Europa kam zugleich in Gebrauch für das Land, wohin sie zogen, wenn sie ihr Asia, ihren hohen Kauk-Asos verließen oder verlassen mußten. Die flache weit ausgebreitete Ebene im Norden und Westen des Kaukasus mußte zuerst die Fortziehenden aufnehmen, die Landschaft welche Herodot am Nordgestade des Pontus den Kimmerischen Völkern, und nach ihrer Verdrängung den Scythischen Völkern als Wohnsitz giebt. Es ist die große Bühne der Völkerwanderungen überhaupt. Hier war eine natürliche Scheidung in dem Schicksale der Völker zum einen oder andern Welttheil: gegen den hellen Aufgang der Sonne, Asia, oder gegen das breite Flachland der untergehenden Sonne. Also ganz das Homerische πρὸς ζόφον und das πρὸς ἠῶ τ' ἠέλιόν τε. Diese weiten flachen Länder nannten nach Herodot IV, 59 die scythischen Völker Ἀπία, gewiß ein dort alteinheimischer Name, den man zu den Resten kimmerischer, altthracischer, oder nordthessalischer Appellativen rechnen muß. Auch Arkadien, Argolis und andre nördliche Landschaften führten diesen Namen der urältesten Zeit. Apia, Opia und Ops war nach Varro IV, 10 und Macrobius I, 10 die Erdgöttin. Europia, Eurupia, die weitverbreitete Apia, späterhin Εὐρώπη, Europa, wäre also die weit ausgebreitete flache Erde, der wahre natürliche Gegensatz gegen das hohe Asien. Εὐρωπία ist der alte Name bei Sophokles und Euripides, bei Andern auch Europĕta. Ganz so ist ἀπείρων, ἀπειρεσίη die weite unbegrenzte Erde bei Homer, erst später in den Provinzialnamen Ἤπειρος übergegangen.

Der Name Europa beginnt also da, wo wirklich historisch der Anfang Europas und der Europäischen Völkerschaften in ihrer Trennung von den Asiatischen zu setzen ist, am Hypanis (Kuban) und Tanais (Don). Der letztgenannte hat zu allen Zeiten als der Grenzfluß Europas gegolten.

Eine wichtige Bestätigung unserer Hypothese giebt der Zuname der Demeter, die im Böotischen Theben ihren Cultus hatte. Die ältesten Mythen sind unstreitig die ältesten wichtigsten Quellen und Urkunden der Geschichte des Menschengeschlechtes. Diese

Demeter, Dea Mater, die große Mutter der alten Götter, deren Cultus durch das ganze mittlere Westasien verbreitet war, hatte in Theben den Beinamen Demeter Europe. Ihr Cultus kam wirklich aus jenem Pontischen und Kaukasischen Europa im engern Sinne, aus dem weizenreichen Nordlande des Pontischen Gestades, von den Hyperboreischen zu den Thracischen, Thessalischen Völkern und den Hellenen, auf demselben Wege, auf dem Deukalions Geschlecht in Thessalien eingezogen war. Es ist ein Irrthum zu wähnen, dort sei im hohen Alterthum nur Barbarei, keine Spur von Cultur gewesen, und diese allein in jener Urzeit in Griechenland selbst zu suchen. Am Pontischen Gestade war uralte Ansiedelung friedlicher Völker. Die Kimmerier waren wenigstens gleichzeitig, wahrscheinlich aber schon weit früher als die Griechen ackerbautreibende und handelskundige Völker, die Städte bauten und Schifffahrt hatten. Erst als die Scythen dort einwanderten und sie verdrängten, begann jene Landschaft zu verwildern. Herodot erzählt noch von den merkwürdigen Opfergaben, welche seit alter Zeit die Hyperboreischen Jungfrauen der Artemis nach Adria, Dodona und Delos brachten. Sie opferten Bündel Weizenähren als Erstlinge ihrer Felder. Ackerbauende Völker saßen noch zu Herodots Zeit zwischen den dort herrschend gewordenen scythischen Stämmen. Und der Cultus der Demeter, die Europe genannt ward, konnte der Landschaft, dem kornreichen Ackerland, dem sie als Göttin vorstand, allerdings den Namen verleihen; oder ihr Name konnte sehr gut mit der von ihr beschützten Landschaft in dem Sprachgebrauch der Völker zusammenfallen. So wie Asia im engern Sinne oder Kaukasien seinen Namen vom hohen Sitz der Götter und Heroengeschlechter erhielt, so mußte die kornreiche weithin schauende Ebene gegen den dunkeln Untergang der Sonne selbst den Namen Europa, Europia, der weit ausgebreiteten Erde erhalten, der durch ein Appellativ der schützenden Muttererde der alten Naturgöttin noch geheiligt ward. Wirklich ist es merkwürdig, daß selbst die Bodenbeschaffenheit auf jener alten Grenze von Asien und Europa so sehr auffallend und charakteristisch verschieden ist. Im Westen am Tanais liegt eine Schicht schwarzer fruchtbarer Erde auf der ebenen Fläche, und setzt von da als der Kornboden Europas weiter fort. Dagegen im Osten ist Steppenboden, dem diese Erdschicht und damit auch die Pflanzendecke fehlt. Beide Erdtheile scheiden sich hier auf einer und derselben Erdstelle, in vielerlei Hinsicht, historisch und physisch. Die Benennung Europa ist daher uralt, sie ist physisch, historisch, ethnographisch und mythologisch begründet.

Der Gebrauch des Namens Europa ist bei den Autoren leichter nachzuweisen als sein Ursprung. Seine Einführung hat manches Eigenthümliche und ist für geographische Benennungen überhaupt lehrreich.

Schon Herodot wendet ihn auf alle Landschaften an, die Asien gegenüber auf der Westseite des Archipels und des Pontus liegen. Wo er (VII. 185) das Heer des Xerxes anführt, verzeichnet er zuerst die Asiaten, und dann die Europäer, die zum Perserheere gestoßen waren. Sein Europa dehnt sich aber viel weiter gegen Osten aus als das heutige Europa. Bestimmte Grenzen giebt er ihm aber gegen Osten nicht weil diese ihm selbst unbekannt waren. Er sagt aber entschieden (IV. 42), Europa erstrecke sich in der Länge (d. i. von West nach Ost) weit über Asien hinaus, in der Breite (von Süd nach Nord) sei es ihm aber gar nicht zu vergleichen. Das mittlere flache Asien im Norden des Kaukasus und von da ostwärts um den Kaspischen See, die Wolga rechnet Herodot also noch zu Europa. Und warum? Einmal, weil wirklich der Natur nach ein großer Theil Osteuropas, das ganze Wolgagebiet, sich zum Kaspischen See senkt, also sich gegen die Mitte des tiefern Centralasiens hinneigt; dann, weil damals die europäischen Völker am Pontus, in Thracien und Nordgriechenland von gleichem Stamme waren mit den Bewohnern jenes niedern Mittelasiens und verwandte Sprachen redeten. Damals war das große Völkerthor zwischen Kaukasus und Ural noch offen, und die europäischen Völker zogen noch fort und fort in Europa ein. Die geographische Benennung hatte einen natürlichen Zusammenhang, einen ethnographischen Ursprung, und so mußte Herodots Europa auch zum Theil mit in das flache Mittelasien hinein reichen. Erst seitdem nach den langen Jahrhunderten der Völkerwanderungen die Wanderstraße nach Europa durch europäische Cultur und Civilisation geschlossen ist — seit dem erst ist das Herodotische Europa meist auf die Westseite des Tanais beschränkt worden. Jenes Mittelasien, in dem noch zur Zeit der Römer und Byzantiner germanisch redende Völker hausten, ist dann von tatarisch-mongolisch redenden überschwemmt. Darum würde Herodot heute auch jenes tatarisch gewordene Mittelasien nicht mehr zu Europa, sondern zu Asien rechnen. Durch das ganze Mittelalter hindurch bleibt der Begriff von Europa gegen das flache nördliche centrale Asien hin eben so unbestimmt, wie zu Herodots Zeit; nur mit dem Unterschiede, daß durch die Mongoleneroberungen auf einige Jahrhunderte Europa in die Gefahr kam, in einen Theil von Asien verwandelt zu werden. Erst mit den russischen Regenten, den Eroberern der asiatischen Khanate (von Kasan und Astrachan) treten die Gesetzgeber auf, welche in politischer Hinsicht in jenen weiten Flächen die Grenzen der Völker und Staaten und beider Erdtheile näher bestimmten.

Gegen Westen hin bezeichnet schon Herodot den ganzen meerumflossenen Erdtheil bis zu den Säulen des Herakles mit dem Namen Europa. Der Name Europa wird bei Herodot und allen nachfolgenden Autoren so weit ausgedehnt, als die Nachrichten von Wohnsitzen keltischer Völker in Westen reichen, bis zu den Galliern und Keltiberern. Die Ausdehnung Europas gegen Norden ist Herodot unbekannt; er sagt (IV. 45): „Von Europa weiß offenbar niemand, weder nach Morgen noch nach Mitternacht, ob es vom Meere umflossen ist." Polybius wagt aber eben so wenig wie Herodot, die Nordgrenze Europas zu bestimmen, obwohl er an 300 Jahre später lebt. Nach ihm dehnt sich Europa aus vom Tanais bis zum Flusse Narbo am Nordostfuße der Pyrenäen. Von den Pyrenäen bis zu den Säulen des Herakles liege Iberien am Mittelländischen Meere. Das Gestade, welches aber weiter nordwärts am äußern Meere umherziehe, habe noch keinen gemeinsamen Namen, weil es erst kürzlich entdeckt worden (durch Pytheas von Massilia). Dieses namenlose Gestade, das man anfangs nur von der Meerseite kennen lernte, faßte man also damals noch nicht im Begriff von Europa zusammen. Es ist unser heutiges nordalpines Küstenland bis zur Nordsee und Ostsee. Auf dieses ist also der Name Europa erst weit später von den Geographen (Strabo, Ptolemäus) übertragen worden. Da man auch die drei südlichen Halbinseln Europas bei den Alten immer gesondert genannt, und nie unmittelbar an den Begriff von Europa geknüpft findet: so ist unter dem Europa der Alten in seiner erweiterten Bedeutung eigentlich nur das Mittelstück des Erdtheils, das große Triangelland der Keltischen, Germanischen, Thracischen und der vieldeutigen Scythischen Völkerschaften zu verstehn. Erst mit den Landkriegen der Römer in Augusts Zeitalter erweitert sich der Begriff von Europa bis zum Ostseegestade, mit der Entdeckung Britanniens wird er auch auf die nordischen Länder übergetragen; der europäische Norden erhält so aus ethnographischen Gründen den Namen. Wir haben dies weitläufiger erörtert, weil es für die Geschichte wichtig ist.

Grenzen von Europa.

Die Frage über die Begrenzung von Europa muß vom Standpunkte der Gegenwart noch ausführlich verhandelt werden.

Ueber die Meeresgrenzen von Europa findet im Allgemeinen keine Verschiedenheit der Ansichten statt. Das Mittelländische

Meer und das Atlantische Meer nebst dem Nordmeer sind seine Naturgrenzen, und alle Nachbarinseln gehören natürlich zu dem ihnen nahen Continent. Die Gruppe der Canarischen Inseln, von Madera und Portosanto, wie die Azoren, hat man wegen ihrer größern Entfernung als oceanische Inseln nicht zu Europa gerechnet. Island ward von Europäern entdeckt, als die neue Welt noch unbekannt war, und nun seit dem immer zu Europa gezogen. Physisch ist Island ein Glied nordamerikanischer Inselgruppen, wie Grönland. Die Faröer liegen auf der Grenze der europäischen Gewässer, werden aber doch zu Europa gerechnet, weil sie den Dänen unterworfen sind. Die griechischen, italischen, spanischen Inseln sind natürliche Glieder Europas. Malta, die äußerste Südklippe des neuern Europa gegen Afrika hin trägt noch heute die merkwürdigsten phönicischen Denkmale einstigen asiatischen Besitzthumes. Sie war der Vorposten der Phönicier, der Araber und der Saracenen. Dem Erdtheile Europa ward sie zuerst angeeignet, als Kaiser Karl V. im Jahre 1530 sie den Johanniter Rittern zur Vertheidigung des christlichen Europa gegen die Ungläubigen einräumte. Sicilien, früher auch den Phöniciern und Karthagern wenigstens theilweise zugehörig, erklärte schon Strabo mit Recht für ein natürliches Glied von Italien und für eine erweiterte Fortsetzung von Europa. Auch Candia wurde von der temporären Obergewalt des ägyptischen Vicekönigs Mehmed Ali wieder losgerissen und der Herrschaft der Türken in Europa vindicirt. Dennoch würde sie den Naturverhältnissen nach mehr dem Peloponnes, also dem Königreich Griechenland, angehören, als dem türkischen Reiche.

Ob die Inselgruppen Spitzbergens zu Europa gerechnet werden sollen, ist noch kein Gegenstand geographisch-politischer Discussionen geworden. Die Inselgruppe ist noch ein Gemeingut der Nordeuropäer; der Robbenschlag wird dort von Holländern, Schweden und Russen betrieben. Die Zeit könnte einst kommen, wo die Frage, welchem Lande

Volke, Erdtheile eine solche größere Inselgruppe eigentlich angehöre, den Entdeckern oder Erforschern oder den Besitzergreifern, ernstlich aufgeworfen wird. Das Element der Geschichte greift auf mannigfache Weise in das geographische Element ein. Wir sehen bei unsern Betrachtungen Spitzbergen noch nicht als zu Europa gehörig an, da sie die nördlichste Inselgruppe der arktischen maritimen Polarzone und in sofern diese als ein Naturganzes erscheint, keinem der drei Erdtheile Europa, Asien, Amerika vorzugsweise angehört. Nowaja Semlja wird von Rußland zu Europa gerechnet.

Seit Hugo Grotius berühmtem Werke Mare liberum sind es die politischen Tractaten, welche die Grenzen der Meeresgebiete, das Recht der Schifffahrt, der Fischereien, der Colonisationen u. s. w. da wo die erste Entdeckung ungewiß ist oder die Naturgrenzen fehlen, feststellen. Doch konnten solche politische Satzungen doch nicht allen Naturwirkungen entgegentreten. Die kleine Insel Neo Kameni, die im Golf von Santorin im Jahr 1705 durch Feuergewalt hervortrat, blieb natürlich dem Schooße angehörig, aus dem sie hervorstieg. Auch nahe bei S. Miguel in den Jahren 1638, 1720 und 1811—1812 aufgetauchte Inselchen wurden als Annexe der Azorengruppe betrachtet. Aber die im Mai und Juli 1831 neuentstandene Vulkaninsel Nerita oder Ferdinandea im neutralen Gewässer des mittelländischen Meeres, zwischen Sicilien, Malta, Pantellaria und Cap Karthago, hat noch jüngst gezeigt, daß nicht alle Fragen auf diesem maritimen Gebiete erledigt sind. Wäre diese Insel, welche gleichzeitig von Engländern und Franzosen entdeckt war, nicht wieder verschwunden, so hätte die politische Frage entschieden werden müssen, ob die Entdecker das erste Besitzrecht an ihr hatten, oder der Beherrscher der sicilischen Gewässer, von dem ihr der Name Ferdinandea gegeben ward, oder der wissenschaftliche Erforscher, unser Landsmann Friedrich Hoffmann. Schon hatte der Federkrieg der Politiker begonnen, als die causa litis wieder unter das Meer sank.

Die Frage nach der Landgrenze Europas im Osten ist verwickelter Natur.

Die Ostgrenzen Europas sind nur relativer, nicht absoluter Art, je nachdem man auf Völker-, Staaten- oder Naturgrenzen Rücksicht nehmen wollte. Zwar stimmt der größere Theil der griechischen und römischen Autoren darin überein, den Tanais und den Kimmerischen Bosporus als die Scheidung Europas von Asien anzusehen; aber schon Herodot (IV. 45) führt die Meinung Andrer an, die den Phasis der Kolchier zum Scheidestrome Asiens und Europas machten, und also die Nordseite des kaukasischen Gebirgslandes zum europäischen Boden rechneten. Niemals führen aber die Alten den Begriff einer Grenze Europas weiter nach dem Innern des Erdtheils hin. Es ist ganz deutlich, daß er bei ihnen nicht nur vom Gestade im äußersten Osten ausgeht, sondern allein auf dasselbe beschränkt bleibt. Denn Herodot zieht ja selbst sein Europa weit nach dem ebenen Asien gegen Osten hinein, und alle Autoren, welche die Scythen als Europas Steppenbewohner anführen, lassen sie weit gegen den Osten sich ausbreiten.

Im ganzen Mittelalter seit dem Anfange der großen Völkerwanderung, ja sogar in neuerer Zeit bis auf das achtzehnte Jahrhundert kann von keiner genaueren Grenzbestimmung des Erdtheils weder im ethnographisch-historischen noch im geographisch-politischen Sinne die Rede sein. Das Byzantinische Reich, das sich um das Schwarze Meer bis zum Euphrat und Tigris erstreckte, kannte keine Scheidegrenze zwischen Europa und Asien. Das alte Gothenreich des Hermanarich, vor der Theilung in Ost- und Westgothen, liegt zwischen Wolga und Weichsel, zwischen Kaspisee und Ural, also in Asien und Europa. Ihm folgt das Hunnenreich zwischen Altai und Rhein. Dann folgen slawische Völker, Bulgaren und Avaren, Chazaren, vom Aralsee bis zur Grenze des Reichs Karls d. Gr. an der Donau an der Mark Austria;

dann die Ungarn, Petschenegen, Uzen welche die weiten Steppenflächen vom Aral bis zur Donau mit ihren Horden und Heerden bedecken. Eine historische Grenze zwischen den Völkern und Reichen Asiens und Europas ist für diese Zeiten eine blos doctrinäre Chimäre.

Die russischen Großfürstenthümer, die sich seit dem neunten Jahrhundert im Osten Europas zu bilden anfangen, dehnen sich noch keineswegs bis zur Kama oder zur mittlern Wolga aus, sie erreichen nicht einmal das Ufer des mittlern Don. Woronesch am obern Don, Tambow, Rjäsan an der Oka und Nishnei Nowgorod an der Oka und mittlern Wolga, diese vier Orte geben die Linie von Südwesten nach Nordosten an, über welche hinaus die Herrschaft dieser europäischen Fürsten Moskoviens noch im Jahr 1300 und 1400 gegen Osten nicht reichte. Die Europäerherrschaft erreichte also noch nicht einmal die Ostgrenze des heutigen Europas. Sie reichte eben so gegen Süden niemals bis zum untern Laufe des Dnepr und Don, nie bis zur Krim oder zum Asowschen Meere, wohin die Alten die Grenze Europas legten. Am meisten verengt sich Europas Ostgrenze, und am tiefsten dringt Asien in Europa wirklich mit seinen Völkern, Herrschaften und Reichen im dreizehnten bis funfzehnten Jahrhundert ein; und erst am Ende des achtzehnten Jahrhunderts befreit sich das östliche Europa gänzlich von asiatischer Uebermacht. Es sind die Mongolen- und Türk-Tatarenhorden, die unter Batu über Süd- und Mittelrußland und die polnischen Ebenen siegreich bis zum Nordfuß der Karpathen und zum Weichsellande, selbst bis zur Oder und Katzbach bei Liegnitz vordringen, aber dauernd im ganzen Rußland zurückblieben. Die großen und kleinen Fürsten Osteuropas huldigen ihnen, und von Kiew am Dnepr über Kasan und Astrachan an der Wolga bis Samarkand und Karakorum auf der Scheitelfläche der Hohen Mongolei herrscht asiatische Obergewalt drei bis vier Jahrhunderte. Asiatische Sprachen, Gebräuche, Despotie, Religion und nomadische Lebensweise ziehen zum zweiten Mal in Europa ein und verwischen auf 300 Jahre lang auch jede Spur einer Grenze Europas und Asiens. Endlich geben der furchtbare Druck und Verzweiflung den russischen Völkern Gemeinsinn und Selbständigkeit. Erst seit dieser Zeit gestaltet sich die Ostgrenze Europas von neuem — sie wird zu einer historischen Bestimmungslinie. Iwan Wassiljewitsch I. besteigt 1461 den Thron von Moskau, wird Stifter der neuen osteuropäischen Monarchie, des Russischen Czarenreichs und kündigt den mongolisch tatarischen Oberherren Tribut und Gehorsam auf. Sein Enkel Iwan II. beendet die unaufhörlichen mehr als zweihundertjährigen Fehden mit den Mongolen- und Tatarenfürsten an der Wolga durch die Erstürmung von Kasan (1552). So wird die Herrschaft Europas bis zum Westfuße des Uralgebirgs ausgedehnt, und in Kasan drei Jahre nach der Eroberung der erste Kirchsprengel der griechischen Kirche eingerichtet, der jene verwilderte Landschaft an Europa knüpft! Seit dem wird zum erstenmal der Ural als die wahre Grenze eines europäischen Staates, einer europäischen Gesetzgebung und europäischer Herrschaft angesehen. Vorher lag derselbe fast ganz in nordischem Dunkel, seit dem tritt er erst in der Geographie wie in der Geschichte hervor. Seit dem erst wandern europäische Völkerschaften dort als Colonien, als Bergleute, als Städtegründer, als Beamte und als Verwaltungsbehörden ein! Der Ural, zumal der mittlere, europäisirt sich und wird aus einer historischen zu einer wirklich politisch anerkannten Naturgrenze des Erdtheils für die folgenden Jahrhunderte.

Auf gleiche Weise greift die europäische Geschichte und Politik auch gegen Südost über nach Asien und erweitert die Grenze Europas bis zur Wolgamündung und zum Kaspischen See. Nur wenige Jahre später ward derselbe Großfürst Iwan II. Gebieter des turkotatarischen Königreichs Astrachan. So ward die ganze Landschaft an der Wolga bis zur Mündung in den Kaspischen

See ein europäisches Stromgebiet. Auf der Westseite des Stroms bis zum obern Don begann seitdem, obwohl sehr langsam, die Festansiedelung der Europäer, der Agriculturvölker. Doch dachte vor Peters d. Gr. Feldzug nach Derbend noch niemand daran, diese Landschaften zu Europas Ländergebiet zu ziehen. Kasan und Astrachan galten als eroberte asiatische Königreiche der Moskowitischen Großfürsten, die sich seit dem erst mit dem tatarischen Titel Czar tituliren. Erst durch Peter I. wurde die Wolga bis zu ihrer Mündung ein europäischer Strom. Er war der erste, der von Moskau und Kasan eine Kriegsflotte von mehr als 200 Kriegsschiffen die Wolga bis Astrachan, und von da auf dem Kaspischen See bis zur Persergrenze nach Derbend und Ghilan segeln ließ, um die Grenze seines Reichs dort gegen Perser, Bucharen und Tataren festzustellen. Seitdem wird mit der europäischen Herrschaft auch die europäische Population und Cultur im Mündungslande der untern Wolga einheimisch. Es gehört seitdem zum russischen Europa.

Weit später, erst am Ende des achtzehnten Jahrhunderts, gewinnt Europa seine natürlichen Grenzen auch gegen den Süden wieder. Das ganze Nordgestade des Schwarzen Meeres mit seinen anliegenden weiten Ebenen stand noch am Anfange des vorigen Jahrhunderts in einem ähnlichen Verhältnisse wie zu Herodots Zeit. Scythische Nomaden gehorchten den türkisch-tatarischen Khanen und Sultanen, die soeben die Blüthezeit ihrer Eroberung überlebt hatten. Nogaiische, Taurische, Turkomanische, Tatarische, Mongolische Horden durchstreiften den Kornboden des ältesten Europa. Einzelne Festungen am Asowschen und Schwarzen Meere, wie Asow, Taganrog, Tscherkask, Kertsch, Kaffa, Perekop, Oczakow, Odessa zeigten Ruinen altgriechischer Civilisation, waren aber jetzt die Stützpunkte der asiatischen Eroberer und die Häfen ihrer Raubgeschwader. Man mußte damals ganz Südrußland zum Gebiete der türkischen Herrschaft in Asien rechnen. Peter I. konnte diese Südgrenze für Europas Staatenverhältnisse noch nicht wiedergewinnen. Erst nach vielen blutigen Fehden, welche lange Zeit hindurch sich wiederholten, gelang das in den drei sogenannten Türkenkriegen vorzüglich unter Katharina II. (1768—1774, 1783 und 1787—1791). Durch den ersten Frieden kam die Stadt Asow mit ihrem Gebiet und einige Häfen der Krim (Kertsch, Jenikaleh, Kinburn) an Rußland; der alte Tanais ward Europa wiedergegeben. Durch den zweiten Frieden wurde die ganze Taurische Halbinsel oder die Krim, durch den dritten Frieden die Küstenländer gegen Westen am Schwarzen Meer vom Dnepr bis zum Bog und Dnestr gewonnen. Weitere Eroberungen bis zu Pruth und Donau sind gefolgt. Seit dieser Zeit ist nun auch das Südostende Europas, das Pontische Gestade, dem europäischen Staaten- und Völkersysteme wieder zugefallen, und der Erdtheil hat seine Naturgrenze politisch und historisch wieder erreicht.

Aber noch blieb ein Schritt zu thun übrig zur Vollendung der Grenzgebiete Europas, die Sicherung Europas gegen den Nordfuß des Kaukasus, des alten Grenzsteins zwischen Asien und Europa. Auch dieser Schritt ist seit dem Anfange des achtzehnten Jahrhunderts geschehen, und Europa steht in Hinsicht seiner Naturvölker und Staatengrenzen nach außen vollkommen selbständig und gesichert da. Ohne die Beherrschung des Nordkaukasus würden immer so viele Thore asiatischen wanderlustigen Völkern geöffnet sein, als Thäler und Pässe aus Hochasien durch das kaukasische Alpenland nach Osteuropa führen. Ohne die europäische Beherrschung jener Eingänge von Asien nach Europa könnte dieses immer wieder in ein mittelasiatisches Länder- und Völkergebiet umgewandelt werden. Das lehrt das colossale Uebergewicht von Asien, der Geschichtsgang seit Jahrtausenden. Die Grenzbestimmung des Erdtheils mußte daher mit der politischen und humanern Ausbildung seiner Staaten und Völker sich nothwendig in der neuesten Zeit wieder erweitern, Europa mußte zu seiner Sicherheit und zur Erhaltung seiner Selbständigkeit nothwendig die alte Ausdehnung gewinnen. Schon seit 1555, seit der Eroberung des Astrachanischen Reichs, trat Rußland mit den kaukasischen Bewohnern bald in feindliche, bald in freundliche Berührungen. Weit wichtiger wurden diese durch Peters I. Kriegszug gegen Persien, wo er von Astrachan aus den Weg durch den Ostpaß des Kaukasus bahnte, und Derbend, den kaukasischen Wasserpaß, das eiserne Thor, eroberte. Seit 1760 wurde am Nordfuß des Kaukasus die Festung Mosdok am Terek von den Russen erbaut, und diese ist das Centrum dortiger Landwehr des Reichs, der Schlüssel zur Hauptpassage des Wladi-Kawkas. Dieser Hauptpaß, die einzige fortdauernd gangbare Communication durch die Mitte des Hochgebirges hat den Russen den Weg zur Beherrschung von Georgien am Südabhange des Kaukasus gebahnt. Im Jahr 1783 begab sich der Fürst Irakli (Heraklius) von Georgien unter russischen Schutz. Und dieses herrliche Land fiel nach seinem Tode durch Vermächtniß an das russische Reich. Seit 1800 ward dieses Georgien unter dem Namen Grusinien als russische Provinz dem Großen Reiche einverleibt, und ein eigenes russisches Gouvernement am Südabhange des Kaukasus daraus gebildet. So wurde der russische Besitz am Nordfuße der Gebirgskette durch diese Besitznahme am Südfuß ungemein gesichert. Durch die Eroberung von Anapa 1807 am Westende des Kaukasus im Küstenlande am Schwarzen Meere, erhielt die russisch kaukasische Grenzmark Europas ihren Abschluß.

Der Erdtheil wäre demnach gegen den Süden und Osten hin in seinen historischen und politischen Begrenzungen vollkommen ausgebildet zu nennen. Denn die Bevölkerung jenseit des Ural und die politische Ohnmacht der dortigen Nationen hat zu keiner Zeit Europa mit Gefahren bedroht. Bekanntlich beherrscht auch dahinwärts Rußland seit mehreren Jahrhunderten Nordasien oder die sibirischen Landschaften im weitesten Sinne. Der Kosaken-

Hetman Jermak Timofejek 1578, floh mit einem Haufen Empörer am Don über das Uralgebirge und fand durch die Eroberung des weitanliegenden Landstrichs im westlichen Sibirien bei Iwan II. Begnadigung. Unter Peter d. Gr. ward 1696 die Eroberung Nordasiens durch die Besitznahme der Halbinsel Kamtschatka vollendet.

Europas historisch politische Grenzen sind also gegenwärtig in jeder Hinsicht übergreifende zu nennen. So waren einst die Grenzen Asiens gegen Europa übergreifende, und sind es in Afrika durch die Oberherrschaft der Araber und Türken in Egypten und der ganzen Berberei noch bis heute.

So hat die geschichtliche Entwickelung über die Ostgrenze von Europa entschieden. Wie entscheidet aber die russische Administration, wie vor Allem die Natur?

In der politischen Begrenzung des europäischen Rußland gegen Osten herrscht bei den Geographen und Statistikern wie bei den Kartenzeichnern die größte Willkür. Fast auf jeder Karte findet man sie anders angegeben. Wirklich ist die mehrmals veränderte Begrenzung der russischen Gouvernementseintheilung zum Theil von diesen Wechseln schuld gewesen. Die russische Staatspraxis legt auf die Grenzlinie zwischen beiden Erdtheilen wenig Wichtigkeit [1]). Ihre Provinzialgrenzen sind nur nach dem Bedürfniß ihrer Verwaltungen gezogen. Indeß ist es doch in jeder Hinsicht ein Verstoß gegen die Geschichte, die Statistik des Reichs und die Naturverhältnisse, die Landschaften im Westen des Ural noch nach Asien hinüber zu ziehen und von Europa abzulösen.

[1]) A. v. Humboldt Central-Asien bei Mahlmann 1844 Th. I. S. 241 Note: Im russischen Canzleistyl ist nie von europäischen und asiatischen Provinzen die Rede. Aber auf dem Rücken des Ural im District von Nijnei-Tagilks auf der Wasserscheide zwischen den Gebieten der Tschussawaja liest man auf einem alten Fichtenstamme (Pinus sylvestris) mit großen Buchstaben nach West das Wort Europa, nach Ost das Wort Asien.

Die gegenwärtig vom russischen Gouvernement festgestellte oder vielmehr nur angenommene Grenze zwischen Europa und Asien ist im Allgemeinen sehr leicht zu merken. Sie zieht vom Karischen Meerbusen im Osten der Waigatzstraße am Küstenflusse Kara, das Uralgebirge aufwärts, und streicht auf diesem südwärts bis zum Jaik oder Uralflusse bis Orskaja (vom 69° bis 51° N.B.). Von der Festung Orskaja folgt sie dem rechten Ufer des Uralflusses bis zu seiner Mündung in den Kaspischen See bei Gurjew (von 51° bis 46° N.B.). Also eine ziemlich gerade Strecke vom Nordmeer bis zum Nordufer des Kaspischen Sees, von 23 Breitengraden oder 345 Meilen. Aber nur an wenigen Stellen ist diese Grenzlinie in ihren Einzelnheiten topographisch genau bestimmt. Im nördlichen Drittel scheidet sie das asiatische Gouvernement Tobolsk von den europäischen Archangelsk im Norden und Wologda im Süden. Hier zieht die Grenze auf der größten Höhe des wenig bekannten Bergrückens fort. Im südlichen Drittel der Linie ist der Uralfluß (ehedem Jaik, der erst durch Ukas den jetzigen Namen erhalten hat) die Grenze. An beiden Stellen ist diese der Natur überlassen. Das mittlere Drittel hat mit dem Fortschritt der Europäisirung die meisten Veränderungen erlitten. So wie die Flußgrenze von der untern Wolga zum untern Uralfluß zurückverlegt ward, eben so ist auch die Berggrenze vom Westfuße des Uralgebirges an seinen Ostfuß zurückgeschoben worden. Diese Erweiterung Europas war im Hergange der Geschichte gegründet. Der südwestliche Theil des Uralgebirgs war früher von einzelnen russischen Ansiedlern bewohnt, schon vor der Unterjochung Sibiriens. Wie in den nordamerikanischen Wildnissen waren auch diese gleichzeitigen Anpflanzungen in den nordeuropäischen Wildnissen unbedeutend zu nennen, und ohne Grenzbestimmung stellte sich die Grenze der russischen Herrschaft von selbst da auf dem Ural fest, wo die Schwierigkeiten beim Aufsteigen des waldigen Berggürtels anfingen. Der Bergbau im metallreichen Ural begann, die Bevölkerung mehrte sich, der Besitz und der Gewerbfleiß verlangten genauere Grenzscheidung und Sicherung gegen die östlichen Gebirgsbewohner. Die zerstreuten Punkte der Gewässer, die Wasserscheidelinie, die man auf Landkarten als eine naturgemäße Grenze zu betrachten sich gewöhnt hat, ist aber genauer genommen oft eine sehr schwierig zu bestimmende, künstliche, ganz unausgemittelte Grenzlinie. Hier war sie überdem zur Grenzbestimmung ganz unpassend, und man fand es am zweckmäßigsten, die politische Grenze Sibiriens, also auch Europas, anfänglich an den Westfuß des waldigen Ural zu verlegen. So blieb es bis zur Bezähmung der Baschkiren, welche, soweit die Geschichte zurückgeht, als die Ursassen des südlichen Ural bekannt sind. Das merkwürdige kriegerische Grenzvolk Osteuropas von finnischem Sprachstamm, saß schon in der Mitte des dreizehnten Jahrhunderts am südlichen Ural und blieb dort als das kräftigste der meist ohnmächtigen finnischen Geschlechter zürück, als die Magyaren, vielleicht seine einstigen Stammgenossen, schon längst die Karpathenkette überstiegen hatten. Als der Minorit Ruysbroeck 1253 auf seiner Mission zum Mongolenkaiser durch ihr Land am Jaik zog, nannten sie es Jugrien, Ungrien, sich selbst Ungren (Ungern sagt Ruysbroeck); Pascatir (Baschkir, vom Honigsammeln) heißen sie bei Andern. Erst als der Ural den Russen unterworfen war, und im achtzehnten Jahrhundert die russische Gouvernements-Eintheilung eingerichtet ward, mußte das Volk wie so manche andre dem civilisirten Europa ausweichen. Die Baschkiren, ein Jäger- und Hirtenvolk auf der Mittelstufe zwischen Nomaden und angesiedelten Völkern, streifen in der Sommerhälfte auf Bergen, in Wäldern und an Flüssen als Hirten umher und haben nur Lager von Filzhütten. In der Winterhälfte des Jahres wohnen sie in festen Holzhütten und Dörfern (Aul) beisammen. Diese Auls, oder die Wohnsitze des Volks, wurden nun auf die Ostseite des Ural versetzt, hinter alle zum Ural gehörigen Höhen und hinter alle fruchtreichen und korntragenden Ebenen und Thäler, die zum Unterhalt der civilisirten Bergbewohner nothwendig wurden. Ueberall waren Bergwerke, Schmelzen, Hüttenwerke und Ansiedlungen aller Art im erzreichen Ural entstanden. So wurde die europäische Verwaltung auf dem Gebirgsboden des Ural ein Bedürfniß. Die Statthalterschaften Perm und Orenburg wurden organisirt, griffen von der Westseite zur Ostseite des Ural hinüber und erhielten ihre Feststellung. So erhielt Europa seine Staatenbegrenzung gegen Asien über den Ural hinaus. Sie ist durch die Gouvernementsbegrenzung Rußlands erst genauer bestimmt worden.

Auf eine Naturgrenze Europas gegen Asien hat erst in den siebziger Jahren des vorigen Jahrhunderts der große Naturforscher des europäischen und sibirischen Nordens, Pallas, aufmerksam gemacht. Seine geologischen und physikalischen Bestimmungen sind von allen nachfolgenden Beobachtern bestätigt und seit dem ziemlich allgemein angenommen worden. Sie fallen zum Theil mit der politischen Grenze zusammen, sind aber auch zum Theil davon verschieden. Der nördliche Theil der Naturgrenze läuft natürlich auf dem hohen Scheiderücken des Ural, und zwar vom Nordende am Eismeer südwärts bis zur Quelle des Uralflusses in Osten und des Bielajaflusses (zur Wolga) gegen Westen. Diese Naturgrenze zieht etwa in 77° O.L. von Ferro mit geringer westlicher Abweichung von Norden nach Süden von 69° bis 55° N.B. an das quellenreiche Hochgebirge des Südural. Sie liegt also im Westen der Gouvernementsgrenzen. Von da auf dem Wasserscheiderücken zwischen Uralfluß in Südosten und Wolga in Westen zieht die Fortsetzung der Naturgrenze gegen die europäische Seite hinüber zur Wolga. Von den Quellen des Ural und der Bielaja gegen Südwesten bis zur Samaraquelle steigt sie vom hohen Waldgebirge des Ural hinab zu dessen waldigem Südwestfuße. Von der Samaraquelle nordwestlich von Orenburg hört alle hohe Gebirgsnatur auf. Von hier (sagt Pallas) zieht sich der flache, nackte Landrücken des Obstschei Syrt (Gemeingebirgs) gegen Südwesten bis zur Wolga, und wird zwischen Saratow und Kamyschin von diesem Strome durchbrochen, nördlich von 50° N.B. Dieser Obstschei Syrt bildet nun die Naturgrenze zwischen dem europäischen und asiatischen Boden. Denn gegen Süden und Südosten fällt er steil ab zum tiefen Steppengrunde Asiens, gegen Norden und Nordwesten aber bleibt die Landhöhe überall um 500—600 Fuß erhaben über diesen tiefen Steppen eines alten Meerbodens, der eine ganz andere Geologie, Flora und Bevölkerung hat. Auf dem rechten Ufer der Wolga dicht am Flusse streicht der Obstschei Syrt gegen Süden bis zum Ursprung des Sarpaflusses unter 48° N.B. hinab. Derselbe Landrücken, immer als erhabene Plateaufläche, wendet sich von der Sarpaquelle plötzlich im rechten Winkel als ein hoher Erdabsatz gegen Westen zum untern Don und zum Asowschen Meer. So bildet der Obstschei Syrt auch theilweise die Naturgrenze Europas gegen Süden; an seinem Fuße liegt das tiefe Sandthal des Manitsch, der Rest einer alten vertrockneten Meeresstraße zwischen Kaspischem See und Schwarzem Meer.

Der Obstschei Syrt ist kein festanstehendes Gebirge zu nennen, weder seiner Höhe (nirgends über 600 Fuß), noch seinen Bestandtheilen nach. Er ist aus jüngern Schutttrümmern aufgeschwemmt und besteht aus tertiären Schichten von Sandstein, Mergel- und Kreidelagern. Dennoch bildet er die wahre Naturgrenze zwischen Asien und Europa. Er war in frühern Zeiten der Damm oder Rand eines Binnenmeeres, das die anliegende Niederung Asiens bedeckte, und übt seinen Einfluß bis heute fort. Als dieses Binnenmeer zurücktrat, blieb in Westen der Spiegel des schwarzen Meeres, in Osten der Kaspische und Aral See als letzte Spuren des alten Meeresstandes zurück. Der trockengelegte Meeresboden trat nun als der asiatische Steppenboden im Süden und Osten des Obstschei Syrt zwischen Ural und

Kaukasus hervor, mit Meersand und Kiesschutt, mit Salzfülle, Salzseen überdeckt, ohne Quellen, ohne Erddecke, und vom Graswuchs abgesehen ohne Vegetation. Ueberall ist der Abfall der Höhen gegen jenen alten Meeresstrand mit Muschellagern und Seeproducten einer jüngern Zeit überdeckt, und ihr Fuß liegt nackt, wie von Meereswellen zertrümmert. Der trocken gewordene Seeboden bildet die große kaspisch-aralische Erdsenke, welche bedeutend unter dem Meeresspiegel liegt. Allgem. Erdk. S. 139 ff. Die tiefere Lage bedingt ein anderes Klima. Daher ist hier auch eine andere Vegetation, eine andere Fauna, andere Lebensart für den einzelnen Menschen und für ganze Völker nothwendig. Auf asiatischer Seite zwang der Steppenboden zum Hirten- und Wanderleben, auf der europäischen Seite breitet sich dagegen im Rücken des Obstschei Syrt gegen Westen und Norden, und im mittlern Stromgebiet der Wolga auf der ganzen Westseite des Ural eine weite Hügellandschaft mit fruchtbarer und quellenreicher Erddecke aus. Dieser um 500 bis 600, oder doch überall 400 Fuß erhabner liegende Boden mit Waldreichthum und eine wahre Kornkammer lud zur festen Ansiedelung der Völker, zum Ackerbauleben, zu festen Wohnsitzen, zum Städtebau ein, schuf feste Völker- und Ländergrenzen. Der Steppenboden bis zum Obstschei Syrt und zur mittlern Wolga ward die große Bühne der Völkerwanderungen, ihr Tummelplatz. Der europäische Boden zwang überall das Nomadenleben der Eingewanderten zu einem Fortschritt der Civilisation.

So fällt die Naturgrenze Europas mit einer Völkergrenze, einer Grenze der Lebensweise, der Civilisation zusammen.

Horizontale Ausbreitung und Gliederung von Europa.

Die materielle Uebermacht des Bodens von Afrika und Asien gestattete den hebenden plutonischen Gewalten nur Aufblähungen, Emporschwellungen großer Theile der Erdrinde zu breiten Plateaumassen. Die durchbrechenden individualisirenden Kräfte konnten das Ganze dieser Massen noch nicht gestaltend durchbringen. Auch das breitere Osteuropa blieb noch eine Masse mit Nordwestasiens Continent. Amerika wurde in seiner ganzen Ausdehnung von der Süd- bis zur Nordspitze, von der größten Vulkanreihe wirklich durchbrochen. Sein Continent wurde in eine große Cordillere mit entgegengesetzten Abdachungen nach Osten und Westen verwandelt, aber dennoch in einer und derselben ungeheuren Erdspalte von Süden nach Norden zusammengehalten. In den australischen Inselgruppen traten dieselben hebenden Kräfte aus der Meerestiefe an tausend Punkten, aber unverbunden, nicht in einer normalen Linie der Erdspalte, hervor. Es entstand an dem damals noch überall nachgiebigen Boden der maritimen Seite der Erdrinde die ungezählte Inselwelt.

In Europa wiederholten die plutonischen Kräfte in untergeordnetem Maßstabe ihre schon abgeschwächte hebende Gewalt, und zwar nach verschiedenen Spaltungsrichtungen, concentrirt auf individuelle Localitäten. So hoben sie die 300 Meilen lange Uralkette in ihrer meridianen Erdspalte als Mauerscheide zwischen Asien und Europa hervor und überschütteten die europäische Seite mit ihrer Trümmerwelt. Die plutonischen Kräfte wiederholten sich in ihren Wirkungen, in oft unterbrochenen Absätzen nach den verschiedensten Richtungen, zu verschiedenen Zeiten, auf den Linien vieler Erdspalten, und auf kürzeren Strecken, ja an einzelnen Punkten in West-, Nord- und Südeuropa. Das Uebergewicht der Masse wurde in Europa durch die Form überwunden. Die Gestaltung durchdrang mehr die ganze Masse, als in andern Erdtheilen; sie wurde nach allen Seiten hin mehr plastisch ausgebildet. Das Compacte der rigiden Massen wurde zurückgedrängt. Das centrale Europa hatte sich längst beruhigt, wie die ältern Schichten seiner Gebirgslagen beweisen, als die Uralkette in Osten hervorstieg. Nur an den äußern Vorländern, nicht im Innern des

Erdtheils, blieben die Spuren fortwirkender plutonischer Thätigkeit zurück. Diese Manifestationen des Vulkanismus traten nur auf den Naturgrenzen des Erdtheils hervor, in respectvoller Ferne von seiner gesicherten Mitte. So im griechischen Archipel, am Ostende der Krim auf der Halbinsel Taman, am Aetna auf Sicilien, und am Vesuv an dem Südende Italiens; im noch fernern Westen und Norden auf den Canarien, Azoren, Faröern, auf Island und Jan Mayen Insel zwischen Island, dem Nordcap und Spitzbergen.

Der zusammenhängende Theil der Länderräume von Europa, oder der Stamm des Erdtheils bildet ein großes rechtwinkliges Dreieck von ungleichen Seiten [1]). Der rechte Winkel liegt gegen das Nordende des Kaspischen Sees, die beiden spitzen Winkel gegen Nord und West gerichtet, die beiden Katheten gegen Ost und Süd gekehrt bilden die continentale Seite von Astrachan oder Gurjew bis zum Karischen Golf, und die mediterrane von Astrachan

[1]) Als geometrische Figur, nur im Sinne der Alten, eines Polybius, Eratosthenes, Strabo und Plinius, genommen. Mathematische Begriffe kann man ja überhaupt auf die Physik zur Vergleichung und Verständlichmachung nur mit Vorbehalt übertragen Polybius II. 14 verglich Italien mit einem Triangel, dessen Spitze nach Süden gekehrt; Eratosthenes schon richtiger Indien mit einem Rhombus; Plinius IV. 5 giebt dem Peloponnes (früher Apia genannt) die Form eines Platanusblattes mit fünf tiefen Einschnitten; die spätere Zeit die eines Maulbeerblattes, daher Morea. Strabo vergleicht die Ausbreitung der ganzen bekannten Erde mit einem Konigsmantel, einer Chlamys; den Pontus Euxinus mit einem scythischen Bogen (vom Bosporus über Thracien und die Krim bis zum Phasis der Bogen, die Südküste Asiens die Senne); das Nilland mit einem Delta, Sicilien, die Trinakria, mit einem Triangel, Libya wegen ihrer Oasen mit einem Tigerfell. Strabo V. 210 weiß sehr wohl das Ungeometrische dieser nur dem geometrischen genäherten Verhältnisse zu unterscheiden und bemerkt schon bei den drei Seiten Siciliens, daß diese stets als krumme Linien zu betrachten seien. In demselben Sinne ist auch unser Dreieck von Europa, wie das Oval von Afrika, das Viereck von Asien, das doppelte Dreieck von Amerika zu verstehen.

bis Bayonne. Die Hypotenuse, gegen Nordwest gerichtet, die oceanische Seite, zwischen beiden, vom Karischen Golf oder der Waigatzstraße bis Bayonne ist mehr unterbrochen durch tief eindringendes Meer.

Dieses Dreieck schließt die größere Masse des continentalen Hauptstammes von Europa ein und umfaßt ein Areal von 95000 bis 100000 □Meilen. Außerhalb desselben liegen die Halbinseln Spanien, Italien, Griechenland, Scandinavien, über 50000 □Meilen. Wenn die ganze Oberfläche Europas etwa 150000 □Meilen in runder Summe beträgt, so nimmt der continentale Stamm davon ⅔ ein. Die größte Ausdehnung dieses Stammes von seiner Krone (Cap St. Vincent) bis zur innersten Wurzel in Asien (Uralquelle) beträgt 750 Meilen, die größte Längenausdehnung Europas von West nach Ost.

Die Breite Europas von Nord nach Süd ist sehr verschieden, je nachdem sich Europa immer mehr von Asien entfernt. In 4—5 großen Absätzen verengt sich Europa von Osten nach Westen mehr und mehr, und hat in demselben Verhältniß verschiedene immer abnehmende Breiten.

Von 360	zu	300		240		150		150		100 M. Breite.
Von Waigatz zum Kaspischen See	1	von Archangel zur Dneprmündung	2	von Riga bis Constantinopel	3	von der Odermündung bis Triest	4	von Texel bis Marseille oder Cette	5	von Asturien bis Gibraltar od. St. Vincent.

Diese vier bis fünf Absätze zeigen am Stamme des Erdtheils die Tendenz zur Gliederung von Ost gegen West. Die größte Breite des ununterbrochenen Erdtheils zeigt sich in Osten, sodann in Mitteleuropa, etwa um den 50° Parallel, der von der Bretagne über Paris die Mitte von Deutschland, Galizien und Rußland durchschneidet bis zum Wolgadurchbruch bei Kamyschin. Nimmt man aber die Breitenausdehnung der Glieder hinzu vom Nordcap bis Cap Matapan, so ist das Maximum der Breite Europas 510 Meilen von Nord nach Süd. Dieses Maximum der Breite Europas ist aber kein Continuum, sondern eine durch Binnenmeere unterbrochene Linie. Sie fällt mit dem Meridian von Warschau zusammen unter 40° O.L. von Ferro.

Die beiden Maxima der Längen- und Breitenausdehnungen Europas durchschneiden sich als Parallelen (50° Br.) und Meridiane (40° L.) in einem Punkte, der zwischen den drei Städten Krakau, Warschau und Lemberg liegt. Um diese drei Städte ist also die größere Masse des continentalen Bodens von Europa rings umher am gleichmäßigsten gelagert. Sie liegen im Maximum der Annäherung seiner größten Länderbreite von allen Weltgegenden aus, also im continentalen Centrum Europas; aber keineswegs in dem physikalischen Centrum, und noch weniger in dem, was wir das ethnographische, die Culturmitte von Europa nennen müssen. Wollte man die beiden Durchschnitte nach den runden Summen ihrer Ausdehnungen von 500 und 600 Meilen quadriren, so erhielte man einen quadratischen Länderraum von 500×600 = 300,000 □Meilen. Dieser aber ist keineswegs blos mit Ländermasse erfüllt, denn überall sind tiefe Meeresbuchten in denselben eingedrungen. Diese haben aber das feste Land um mehr als ein Drittel, fast bis zur Hälfte zurückgedrängt, so daß dem Stamme von Europa nur an 100,000 □Meilen übrig bleiben. Durch jene gegen West fortschreitende Breitenverengung in vier bis fünf Intervallen ist Europa auch von Ost nach West in vier bis fünf natürliche Quartiere mit ganz verschiedenen Gestaltungen und Naturverhältnissen getheilt. In diese greifen nun die bekannten politischen Länderabtheilungen Europas sehr verschiedenartig und in einander übergreifend ein. Bei ihren Detailbeschreibungen sind aber stets die natürlichen Grundlagen festzuhalten, denn sie reguliren die allgemeinen Gesetze aller Erscheinungen. Allen gemeinsam ist aber die fortschreitende Progression ihrer physikalischen Grundlagen und Verhältnisse, mit ihrer zunehmenden Entfernung gegen West vom Orient oder von dem breiten Zusammenhange mit Asien. Diese Analogie der occidentalen Verhältnisse läßt sich gewissermaßen auch den Zahlen nach in immer stärkerm Maße ausdrücken bis zum Atlantischen subtropischen Ocean, wie 150, 300, 450, 525, 700, womit in Spanien und Portugal die größte Differenz vom uralischen Osten in Hinsicht der Klimatik, der Naturproducte und ethnographischen Erscheinungen hervortritt.

Den größten geographischen Breiten stehen die größten geographischen Längen entgegen; sie üben einen eben so großen Einfluß aus. Dies hob schon Herodot bei Asia minor hervor, wo er von dem Isthmos, d. i. von dem engen Halse der Halbinseln oder der Gliederungen sprach, die jedesmal eine besondere Bedeutung haben. Sechs bis sieben solcher Hauptverengungen Europas haben etwa folgende Maße, und ihnen entsprechen jedesmal eigenthümliche Entwickelungen.

1) Der Pyrenäenhals oder Isthmus zwischen Spanien und Frankreich . . . . = 50 Meilen,
2) zwischen Genua und Antwerpen . . = 110 »
3) zwischen Venedig und Hamburg oder Lübeck
4) zwischen Triest und Stettin . . . . } = 130—150 M.

Also bis dahin ein stetiges Wachsen der Breite.

5) Zwischen Odessa und Königsberg . . = 150 Meilen,
6) zwischen Asow und Petersburg . . . = 210 »
7) zwischen Taganrog und Archangel . . = 250 »

Diese wiederholte immer fortschreitende Annäherung entgegengesetzter Meeresgestade am Stamme des Erdtheils, von Osten gegen Westen hin, durch sein ganzes Binnenland, ist einzig in ihrer Art zu nennen bei Europa. Daraus entwickelten sich viele eigenthümliche Verhältnisse für diesen Erdtheil, die sich nur in Amerika auf eine analoge Weise wiederholen, aber in entgegengesetzter Richtung, nämlich von Nord nach Süd. Dieselbe Erscheinung tritt aber recht ausgezeichnet und auffallend an den Verknüpfungen der Glieder des Erdtheils mit ihrem Stamme hervor.

Die Gliederung ist bei Europa ausgezeichnet. Durch ein- und ausspringende Meere, Buchten und Meeresarme aller Art ist Europas Küste in viele größere und kleinere Glieder getheilt. Der Erdtheil zerspaltet sich dadurch immer mehr, je weiter er sich von seinem breiten Zusammenhange mit Asien entfernt, wie ein Blatt von der breiten Wurzel zur Spitze hin. Diese Gliederung findet gegen Nord, West und Süd statt. Gegen den Norden schließen die Glieder des Erdtheils fast gänzlich zwei eigenthümliche mittelländische Meere, die Nordsee und Ostsee ein. Gegen Süden theilen diese Glieder das große mittelländische Meer der Alten Welt in seine 4—5 Hauptquartiere: die sardinische balearische See, die sicilische See, die adriatische See, den Archipelagus, das schwarze Meer mit der Asowschen See. Neun Halbinseln von geringerer oder größerer Bedeutung bilden die Hauptglieder von Europa.

1. Die Halbinsel Kola im Norden des Weißen Meeres, auch Halbinsel der Lappen genannt, unter dem Polarkreise gegen Osten gekehrt, 1700 bis 2000 □M. groß.

2. Die große Scandinavische Halbinsel, in großem Bogen 60 bis 70 Meilen breit um die Ostsee gelagert, etwa $\frac{1}{10}$ von ganz Europa, 14000 bis 16000 □Meilen.

3. Die dänische Halbinsel gegen den Norden zwischen Ostsee und Nordsee gestellt, ein flacher Landrücken, nur 55 Meilen lang, 15 bis 20 breit, $\frac{1}{160}$ von Europa. 625 □M.

4. Die Halbinsel Nordholland, die kleinste gegen die Nordsee gewendete, flaches Tiefland, überall abgeschnitten vom Continent durch tiefe Buchten und Rheinarme, meist ein Deltaland. 425 □M.

5. Die Normandie und Bretagne zwischen Rouen und Nantes, gegen Westen zum Ocean gekehrt, ein klippiges Granitland voll trefflicher Häfen. 775 □M.

6. Die Pyrenäische Halbinsel, ein terrassenförmig aufsteigendes Hochland, $\frac{1}{18}$ von Europa, 100 bis 120 Meilen lang und breit. 10000 □M.

7. Die Apenninen-Halbinsel, $\frac{1}{38}$ von Europa, von Venedig bis Genua an südwärts, 135 Meilen lang von Nordwesten gegen Südosten, 25 Meilen mittlerer Breite. 2600 □M.

8. Die Balkan-Halbinsel, von der Donaumündung bis nach Istrien, 150 Meilen lang, von der Donaumündung bis zum Südcap Moreas. 9000—10000 □M.

9. Die Taurische Halbinsel gegen das Schwarze Meer, die einzige dem Osten angehörige. 450 □M.

Alle Halbinseln zusammen haben 42000 □M. Flächeninhalt. Nehmen wir nun die runde Summe von 150000 □M. für Europas Areal, so fanden wir oben für den Stamm des Erdtheils $\frac{2}{3}$, ein Areal von 100000 □M. Die Summe der halbgetrennten Glieder hat ein Areal von 42000 □M.; die Summe der ganz getrennten Glieder oder der von Europa getrennten, aber zum Erdtheil gehörigen Inseln beträgt 8000 □M.; beides zusammen also 50000 □M. So wäre also das Verhältniß der Verzweigungen oder Glieder und Inseln von Europa zum Stamme wie $\frac{1}{3}$ zu $\frac{2}{3}$, oder wie 1 zu 2. In Asien ist dies noch nicht wie 1 zu 4, in Amerika nicht wie 1 zu 10, in Afrika und Australien nicht wie 1 zu 100, denn da fehlt dies Verhältniß ganz. Also ist Europa wesentlich verschieden von allen übrigen Erdindividuen. Denn die Inseln Europas machen etwa $\frac{1}{20}$ des Erdtheils selbst aus.

Eine nothwendige Folge dieser eigenthümlichen Gliederung Europas war, daß die Küstenumsäumung des Erdtheils sich zu außerordentlicher Länge, zu einer Küstenkrümmung von 5400 Meilen ausdehnen mußte, die für den zugehörigen Länderraum (150000 □M.) verhältnißmäßig die längste ist, die wir unter allen Erdtheilen vorfinden. Die Küstenentwickelung Europas, das Developpement seines Gestades, ist also das ausgebildetste der Erde, weil nirgends gleich viel Ländertheile eines Continentes von gleich viel Meerestheilen bespült werden. So konnte sich hier das Maximum der Berührung, Durchdringung und Wechselwirkung der Landwelt und der Seewelt in allen Naturproducten und Entwickelungen kund thun. Das verkürzteste Gestade würde das Areal Europas erhalten haben, wenn es im Kreise oder im Quadrat eine compacte Masse gebildet hätte. Die Peripherie eines Kreises von derselben Ländergröße würde nur 1373 Meilen Gestade erhalten, das Vierseit nahe an 1450 Meilen. Das ausgestreckteste Gestade würde dasselbe Areal bei völliger Zerspaltung in lauter Inseln erhalten haben. Dächte man sich Europas Areal in 15 zugerundeten Inseln (etwa von der Größe Spaniens zu 10000 □M.) zerlegt, so würde für jede der Inseln ein Gestade von 354½ Küstenmeilen, für alle 15 eine Küstenkrümmung von 15 × 355, oder von 5000 bis 6000 Meilen, oder noch mehr herauskommen. Auf die erste Art ist das ungegliederte Afrika durch Verkürzung der Gestade verarmt; auf die zweite Art die Sundisch-australische Inselwelt zersplittert und ohne Zusammenhang geblieben. Zwischen beiden Extremen stehen die continentalen Formen von Asien, Amerika, Europa, aber dieses letzte mit gesteigerter Gestadebildung. Europas Landgrenze gegen Asien macht nur etwa den elften Theil seiner Wassergrenzen aus, etwa 400 gegen 4525 Meilen.

Die Wassergrenze Europas zerfällt in das Nordgestade gegen den Nordocean vom Uralfluß im Osten der Waigatzstraße bis zum Nordcap Norwegens, 570 Meilen. Sie ist von Samojeden, Nordrussen, Lappen, Finnen bewohnt, mit Sümpfen, Krüppelwald, noch nackten Klippen bedeckt, am wenigsten zugänglich geworden. Das Westgestade gegen den Atlantischen Ocean reicht vom Nordcap bei Hammerfest bis Cadiz oder zur Straße von Gibraltar, 2385 Meilen. Die Westküste wird von Scandinaviern, Britten, Franzosen, Norddeutschen, Spaniern, Portugiesen, alles Weltschiffer, bewohnt, und ist von mannigfaltigster Gestaltung: das Westgestade Norwegens und Schwedens, vom Nordcap bis Lindesnäs am Kattegat, und zur Ostsee am Oeresund bei Helsingborg und Helsingör; hafenreiche Schären- und Klippenküste, 615 Meilen. Das Ostseegestade, ringsum mit fruchtbarem Hügellande, 1100 Meilen. Das Nordseegestade von Nordjütland bis Calais und dem Canal, von da bis Brest über 300 Meilen, mit der verschiedenartigsten Gestaltung und Hafenreichthum. Die Atlantische Westküste Europas gegen den offenen Ocean von Brest bis Cadiz und Gibraltar, 405 Meilen. Dieses Gestade von mehr als 2400 Küstenmeilen ist das reichste an Hafenbildungen, an oceanischen Anfuhrten, Zuströmungen, Ebben und Fluthen. Es ist das günstigste zur Verbindung mit transatlantischen Welten.

Ganz anders ist der Charakter des Südgestades von Europa, das vom Anfang der Entwickelung des Erdtheils ihn nicht in die weite Ferne verlocken, sondern seine Südenden erst durch die Erforschung und Erkenntniß der Nähe bereichern sollte. Das Südgestade ist ganz dem mittelländischen Meere zugewendet, dem in seiner Art einzigen Centralmeere der Alten Welt, das in gleicher Berührung, wie mit Europa, so auch mit Afrika und Asien steht. Es ist das continentale, das Cultur-Meer des Planeten. Die Vertheilung seiner Gestade war nicht gleichgültig in der Organisation des Planeten, wie nichts gleichgültig ist. Selbst durch Zahlen wie durch Formen läßt sich hier der Beweis führen.

Spanien, Italien, Griechenland, die gewichtigsten Culturländer der Alten Welt, erhielten den wichtigsten Antheil an dieser Küstenentwickelung. Von den Säulen des Herakles bis zum Fuße des Kaukasus, von der Meerenge Gibraltars bis zur Mündung vom Tanais, Kuban und Phasis dehnt sich eine Küstenentwickelung von fast 1600 (1570) Meilen. Das ganze Nordgestade dieses Meeres ist voll aus- und einspringender Meere, Golfe, Buchten und Halbinseln: die reichste Entfaltung auf kurzer Distanz. Das ganze Gegengestade von Afrika und Asien ist viel weniger entwickelt, nimmt auch der Zahl nach einen geringern Antheil, höchstens 1400 Meilen. Das asiatische Gestade, noch mehr gegliedert als das afrikanische, ist doch das kürzeste, vom Kaukasus bis zum Hellespont 310 Meilen, von da bis Pelusium 450 Meilen, zusammen 760 Meilen. Das afrikanische oder libysche, wenn schon auf fast gleicher Distanz wie das europäische, doch nur 645 Meilen. Die Vertheilung der Gestade im Mittelländischen Meere ist also nach Zahl, wie nach Form, auf europäischer Seite die begünstigtere. Dies Verhältniß war eine entschiedene wichtige Mitgift der Natur für den Erdtheil Europa, die viele reicher scheinende Mitgaben anderer Erdtheile überboten hat. Der Mangel an Ebben und Fluthen und großen, die Weltschiffer von selbst forttragenden Strömungen, die den Atlantischen Ocean auszeichnen, ist den Südenden Europas reichlich durch die mildere Natur des Mittelmeeres, und durch das große so leicht erreichbare Gegengestade Afrikas und Westasiens ersetzt. Läge hier Nordafrika in amerikanischer Weltferne, so würde das Mittelländische Meer nicht so frühzeitig im Leben der Alten Welt die Erfindung der Küstenschifffahrt und der Ueberfahrten der Meeresgassen gefördert haben, wie dies bei Phöniciern, Karern, Hellenen, Karthagern der Fall war. So aber wirkte die Erdnähe des nordafrikanischen Gegengestades schon frühzeitig durch das milde, leichter beherrschbare Culturmeer, das Mare mediterraneum, günstig auf die südeuropäische Civilisation zurück. Die minder entwickelte, minder bereicherte Natur des afrikanischen Gegengestades hat Europas Selbstgestaltung an seinen Südenden gesichert. Hätten sich, wie der ägyptische Nil, noch ein paar ähnliche Stromsysteme durch fruchtreiche Thalstufen aus dem Innern Libyens, Numidiens oder des Atlassystems gegen den Norden in die Buchten der Syrten und der Cyrenais, oder Iberien gegenüber, zum Mittelländischen Meere ergossen: der schwarze Negerstamm würde nicht der Sklave des weißen Europäers geworden sein. Vielleicht hätte sich der energische Volksstamm der braunen afrikanischen Berbern in seiner Uebergewalt über Südeuropa ergossen, wie der arabische und der türkische über das libysche Nordafrika. Das Schicksal Europas, der Gang seiner Cultur, die Entwickelung des Menschengeschlechts, der Gang der Weltgeschichte würde ein andrer geworden sein. Das lag nicht in dem Rathschluß des Schöpfers, dem gemäß die Welt, der Planet, der Erdtheil erschaffen ward. Denn der Herr, sagt Psalm 104, setzte auch den Bergen, wie den Meeren, ihre Grenzen. Am Rande der erwähnten Gefahr stand der Erdtheil, als die Karthager die Römerwelt bedrohten. Er litt eine Zeit lang unter der Gewalt der Araber in Hesperien. Er leidet noch, doch nur theilweise, unter der verdunkelnden Despotie des Halbmondes. Doch seine Civilisation war schon festgegründet, festgewurzelt, als jene Gefahren auf ihn eindrangen. Europas humanere Entwickelung sollte sich aus seinem eignen Schooße, aus den Stämmen der Hellenen, Kelten, Germanen, nicht der Libyer, Semiten, Numidier; erst durch Läuterung aus Asien, nicht durch unmittelbare Uebertragung von Asien nach Europa; ebenso wenig durch Uebertragung von Karthagos Cultur auf Italien erheben.

Die nördlichen Mittelmeere Ostsee und Nordsee liegen ganz innerhalb der europäischen Gliederungen und förderten eben so ihre Entwickelungen. Das Nordgestade Europas gegen das Eismeer macht von den Wassergrenzen nur den geringsten Theil aus, von den 4500 Meilen nur etwa $\frac{1}{[illegible]}$ der Zahl wie der maritimen Thätigkeit nach; denn fast nur der einzige Seehafen von Bedeutung, Archangel, ist ihm zugewandt. Das Südgestade gegen das centrale Culturmeer macht von der Wassergrenze mehr als $\frac{1}{3}$ aus. Daher sein Uebergewicht für die Alte Weltgeschichte und für das Mittelalter. Das Westgestade, das Atlantische (an 2400 Meilen) enthält fast $\frac{2}{3}$ Wassergrenzen von der europäischen Seite, die zur Weltverbindung mit transatlantischen Welten berufen wurde. Dieses Westgestade hat sein Uebergewicht in der Neuen Weltgeschichte der drei letzten Jahrhunderte geltend gemacht.

Aber zu Europas Continent gehören nicht blos die Glieder des Continents, sondern auch seine Nachbar-Inseln. Sie erweitern nicht nur seinen Länderraum um mehr als 8000 □Meilen Areal, sondern sie verlängern auch seine Küstenentwickelung noch um nahe an 1500 Längenmeilen, so daß die Gestadeentwickelung dadurch zu fast 6000 Längenmeilen anwächst und die Küstenumsäumung des dreifach größern Afrika fast um das Doppelte überbietet. Europa ist durch seinen Inselreichthum in den günstigsten Umlagerungen an allen Seiten ausgezeichnet. Afrika und Südamerika fehlen solche Bereicherungen und Erweiterungen ihrer Continente ganz; Südostasien hat sie im Uebermaß. Die Küstenentwickelung der Nachbarinseln Europas ist fast gleich groß mit der mediterranen Gestadeentwickelung Südeuropas. Denn Europas Nachbarinseln sind verhältnißmäßig gegen ihr Continent sehr groß. England und Schottland (3342 □M.) und Irland (1514 □M.) nehmen mit ihrem 830 Meilen langen Küstensaume allein schon über die Hälfte jener Summe ein (England und Schottland 590, Irland 240 Küstenmeilen), Island (1405 □M.) und die Faröer (25 □M.) haben an Küstensaum 270 Meilen. Seeland, Fünen u. s. w. (212 □M.) an Küstensaum 100 Meilen. Sicilien (588 □M.), Sardinien (430 □M.), Corsica (178 □M.) haben an Küstensaum 215 Meilen. Candia (200 □M.) an

Küstensaum 75 Meilen. Die größern Inseln haben zusammen 1490 Meilen Küstensaum. Hierzu treten noch die kleinen Inseln, deren Umfang schwerer zu bestimmen ist. In Summa kommen auf die Inseln 1500 Küstenmeilen. Die europäischen Küsten sind mit den zugänglichsten Gestaden und den reichsten Hafenorten ausgestattet. Doch sind auch diese sehr verschiedenartig vertheilt. Norwegen und Schweden hat die trefflichsten Häfen, deren Eingänge aber durch die Schärennatur beschwerlich verbarricadirt sind. Englands Gestade hat die zahlreichsten, tiefsten, weitesten, oceanischen Häfen und ist dadurch schon zur Herrschaft der Meere berufen, zumal durch seine 100 Meilen lange Südküste. Am Gegengestade Frankreichs im Canal ist an natürlichen Häfen gänzlicher Mangel. Nur an der Westküste hat Frankreich wie Spanien und Portugal zahlreichere Hafenbildungen. Am ganzen mediterranen Südgestade Europas sind sie überall sporadisch vertheilt mit zwischen liegenden Intervallen, zumal in allen innern Golfen.

Das Gestade Europas, des kleinsten Erdtheils, oder die europäische Küstenentwickelung (mit den Inseln 6000 M.) ist dem größten Kreise der Erde gleich, ja sie ragt noch mehrere hundert Meilen darüber hinaus. Europas Küstenlandschaften lagern sich also so gut wie um den ganzen Planeten. Der Flächenausdehnung nach liegen sie aber auf etwa $\frac{1}{60}$ der ganzen Planetenoberfläche beisammen, also auf dem möglich kleinsten Raume concentrirt, ohne doch völlig in Inseln zerrissen zu sein. Hieraus ergiebt sich, daß jeder aliquote Theil von Europa auf der Wagschale der Weltpolitik schwerer wiegen müsse, als ein gleich großer in andern Welttheilen: in physikalischer Hinsicht aus dem oben genannten Grunde, in historischer, weil Europa das Civilisations-Centrum der Erde geworden war. Durch die primitiven Anordnungen des Erdbaus bei der Welterschaffung ward das eine zur Bedingung von dem andern.

Die europäischen Meere.

Europa wird zwar größtentheils von Meeren begrenzt und eingeschlossen; dagegen schließt es aber auch mit seinen Gliedern und Nachbarerdtheilen einige Meerestheile ganz, andere nur halb oder theilweise ein. Und diese sind mit den Küstenmeeren recht eigentlich, im engern Sinne, zu den europäischen Meereswassern zu rechnen. Es sind die individualisirten Meere, deren Grenzen der Schiffer sehr genau unterscheidet, ganz verschieden von den offenen freien Oceanen.

Ganz eingeschlossene sind das Mittelländische Meer mit drei bis vier Durchbrüchen, den beiden Bosporen bei Jenikale und Constantinopel, mit dem Hellespont, den beiden Straßen von Messina und Malta und dem einen Ausbruch an der Straße von Gibraltar, mit sanften Küstenströmungen rings umher von Westen nach Osten und von Osten nach Westen zurück. Die Ostsee mit den drei Durchbrüchen der Belte und dem Sund. Die Nordsee mit drei verschiedenen Straßen, Durchbrüchen und Eingängen: durch die Shetland-See von Norden, den Kanal zwischen Frankreich und England von Westen, das Kattegat von Osten.

Zu den nur zum Theil eingeschlossenen Meeren gehören das Weiße Meer mit breitem Eingang von Norden und Nordosten, wegen furchtbarer Nordoststürme, Eisbebrückung während der einen Hälfte des Jahres schwer zugänglich, von niedern Torfmooren oder flachen Klippen umgeben. Die norwegische See, das freieste dieser nur zum Theil geschlossenen Meere, zwischen Schottland, Island, den Faröern, Drontheim und Norwegen; überall mit dem Wall von Schärenufern umsäumt, 4000 bis 5000 Fuß tief nach Mulgrave's Messung, um Island gegen Grönland hin 6000 bis 7000 Fuß nach Roß Messung. Die Irische See zwischen Britannien und Ostirland, eine Meeresstraße mit zwei

Eingängen, dem Nordkanal und St. Georgskanal von Süden, mit den regellosesten gefährlichsten Bewegungen. Der Canal La Manche, zwischen Dover und Calais, Folkstone und Boulogne in seiner größten Verengung nur wenige Meilen breit und von größter Seichtigkeit, die an einzelnen Untiefen zur Ebbezeit nur 14 bis 20 Fuß beträgt. Sein breiteres, tieferes Westende ist allen großen Fluthen und Strömungen des Atlantischen Oceans ausgesetzt. Die Fluthen steigen hier bis zu 40 Fuß auf, und tragen dann, mit größter Schnelligkeit, bei günstigen Winden die Schiffe auf ihrem hohen Rücken hinein; bei ungünstigen und widerstreitenden, bei sich durchkreuzenden hohen Fluthen und Strömungen liegt hier, am Eingangsthor zu Europa, die Pforte der Schiffbrüche. Der Canal ist ein untermeerisches Thal, das sich von Ost gegen West senkt, von weniger als 100 Fuß zu mittlerer Tiefe von 150, 174 200, im Westen höchstens bis 300 Fuß, dann aber plötzlich in die Tiefe des Oceans zu Tausenden abstürzt. So weit es reicht, nennen die Schiffer das Meer noch europäischen Boden. Könnte das Wasser 150 Fuß sinken, so wäre die Landbrücke zwischen Frankreich und England trocken gelegt, und England zur Halbinsel geworden. Der Aquitanische Golf zwischen Frankreich und Spanien mit dem innersten Golf von Biscaya oder dem Biscayischen Meer. Den Aufstau oceanischen Wogendranges vom gegen Osten rückkehrenden Golfstrome her wälzt seine Trichterform gegen den Westen fortwährend zurück. Dadurch ist er in fortwährender Aufregung, schleudert die polaren Eismassen, die vom Norden herabkommen, weit in den Ocean nach den Azoren zurück, und schützt so Westeuropa vor Eisbelagerung. Er hat als Küstenmeer die höchsten oceanischen Wogen.

Der Flächenraum der Meere ist nicht genau zu bestimmen. Es kommt auch weniger auf ihren Inhalt nach Quadratmeilen an als bei Länderflächen. Wichtiger ist die Kenntniß vom Umfang ihrer Gestade, von ihrer Hafenbeschaffenheit, ihren Bewegungen,

Fluthenzeiten, Strömungen, Tiefen und den auf ihnen vorherrschenden Windsystemen. Die drei Binnenmeere verdienen besondere Beachtung.

Das Mittelländische Meer hält in runden Summen beiläufig 40000 □M., das Adria-Meer davon ⅛ oder 5000 □M., das Schwarze Meer ⅕ oder 8000 □M. Die Tiefe beträgt bei Genua 886 Fuß, bei Nizza 1800, am Berge Carmel 450 Fuß. Die mittlere Tiefe ist unbekannt.

Die Nordsee hält 15000 □M. Davon sind 2800—3000 □M., also über ⅕, in ihrer Mitte mit Sandbänken belagert, die aber keineswegs die Schifffahrt hindern, sondern nur zur Vorsicht ermahnen. Sie sind die Trümmer der Nachbargestade von England, Norwegen, den Niederlanden, welche die zusammentreibenden Flutheneingänge von Nordwesten seit Jahrtausenden hier zusammentrieben. Sie sind die Nebelbänke, weil ihre Erhöhungen wärmer sind als die größere Meerestiefe; darum der Sammelplatz der Fischbrut, das Gebiet der großen Fischereien. Das flache Nordseethal senkt sich von Süd nach Nord von 100 Fuß zwischen Holland und England, dem Texel und der Themsemündung, zu 160, zu 240 Fuß Tiefe bis in die Breite der Spitze von Jütland, zu 720 Fuß an der schottischen Küste, zu 1000 Fuß und mehr jenseits zwischen Nordspitze von Schottland und Bergen.

Die Ostsee, 7000 □M. groß, hat eine mittlere Tiefe von 300 Fuß, ihre größte Tiefe bei Bornholm beträgt 480 Fuß. Sie hat die meisten Zuflüsse von süßen Wassern, und ist daher eine fast süße See mit flußartiger Strömung in ihrer Mitte gegen Süd und dann gegen West, zumal nach den Belten hin; am stärksten zur Zeit der Schneeschmelze und der treibenden Eisschollen, die in vorhistorischen Zeiten wahrscheinlich auf ihren breiten Rücken uns die Rollblöcke aus dem höhern scandinavischen Norden bis in die Mitte der Marken ablagerten. Sie verstopfen auch heute öfters die westlichen Ausgänge. In der andern Hälfte der Jahreszeit ebbet und fluthet die Ostsee nach den herrschenden Winden durch die Belte und den Sund herein. Der Finnische Meerbusen ist mehr ein breiter vielbewegter Fluß, die Fortsetzung des Newa-Systems gegen Westen, die Hälfte des Jahres mit Eis bedeckt.

Alle drei Binnenmeere enthalten an 75,000 □M. Also etwa die Hälfte des Raumes, den das nach seiner Länge und Breite quadrirte Europa bedecken würde, wenn er mit Ländern erfüllt wäre, nehmen die europäischen Gewässer im engern Sinne ein. Die Wasserfläche der europäischen Binnenmeere verhält sich also zu der Landfläche Europas wie 1 zu 2.

Die Größenverhältnisse des Erdtheils nach seinem Stamm, seiner Gliederung, Insulirung, Küstenentwickelung, nach seinen Gestadelandschaften, Binnengewässern und Gegengestaden geben eine sichere Grundlage zur physikalischen und politischen vergleichenden Geographie der Länder Europas. Von solchen physischen Verhältnissen war die Geschichte der Verbindungen nach außen, der Schifffahrten, der Weltentdeckungen, der ganzen maritimen Ausbildung des continentalen Europa direct und indirect in hohem Grade abhängig. Auch alle Senkungen des europäischen Binnenlandes und die Richtungen aller Stufenlandschaften und Stromsysteme stehen damit in nothwendiger Verbindung. Diese Verhältnisse sind in der compendiarischen Geographie meistentheils ganz übersehen oder nur oberflächlich berücksichtigt. Weiter verfolgt, als es hier geschehen kann, sind sie aber, um ein vollkommneres orographisches System von Europa zu erhalten, unentbehrlich. Leider fehlen noch die meisten Vorarbeiten, um hier zu einem bestimmten Canon der Gestaltung zu gelangen; bloße tabellarische Aufzählungen der Größen reichen nicht hin, wenn sie nicht auf positiven Messungen beruhen, und wie aus ihrem Naturzusammenhange gerissen sind, um daraus Verhältnisse zu entwickeln. Die blos arithmetische Aufzählung der Dinge, die bloße Zahlenstatistik ist auch in der Geographie, der Verhältnißlehre und der vergleichenden Erdkunde nicht ohne Nachtheil vorangeeilt.

Wir gehen nun von den äußern Umgebungen zu den innern Gestaltungen von Europa über.

Plastische Gestaltung oder verticale Gliederung.

Die eigenthümlichen horizontalen Dimensionen, durch welche sich Europa vor den übrigen beiden Continenten der Alten Welt auszeichnet, haben wir kennen gelernt. Ganz von ihr abhängig ist seine plastische Gestaltung nach Höhen und Tiefen. Denn die große Zerspaltung und Gliederung Europas bewirkte natürlich, daß auch keine große geschlossene Massenerhebung eine überwiegende Bildung in dem Erdtheile erlangen konnte. Europa hat kein Hochland vom ersten Range, weder an Höhe noch an Umfang. Diese isolirende, jeden Menschen- und Völkerverkehr so sehr hemmende Naturform erscheint zurückgedrängt, auf verhältnißmäßig für den Erdtheil sehr kleine Localitäten beschränkt. Dies ist der Hauptunterschied in der verticalen Gliederung Europas von der in Afrika und Asien. Er bedingt daher auch das Wesen der ganzen Plastik des Erdtheils und ist für das Ganze seiner Entwickelungsgeschichte noch viel wichtiger und einflußreicher gewesen als selbst die klimatische Verschiedenheit Europas. Denn klimatische Verschiedenheit bleibt für Culturvölker kein unübersteigliches Hinderniß mehr. Die kolossalen Plateaubildungen sind aber nur sehr schwer zu überwindende, hemmende Naturformen, ebenso wie die kolossalen Gebirgsketten.

Statt der großen trennenden Massen und natürlichen Scheidungen in den andern Erdtheilen der Alten Welt zeichnet Europa ein merkwürdiges Durcheinander- und Ineinandergreifen aller Naturformen seiner Erdoberfläche aus. Es finden daher auf seinem Boden weniger die großen und grellen Gegensätze andrer Erdtheile, vielmehr bei größter Mannigfaltigkeit seiner Naturformen zugleich die vortheilhafteste Ausgleichung ihrer Differenzen statt. Wie wir oben die in einander greifende Vertheilung von Stamm und Gliedern, von Land und Meer sich entwickeln sahen, so erscheint in Europa auch eine Zerspaltung und Differenzirung, und wiederum eine Wiedervereinigung und Combination aller vertikalen Naturformen, und der daraus hervorgehenden Natureinflüsse.

Europas Oberflächenbildung geht nicht von einer einzigen, auch nicht von ein paar Hauptmassen aus, welche eine Scheidewand für alle seine Länder, Völker und Staaten abgäben, von denen herab alle Stufenländer gleichmäßig, wie bei Asien, nach den verschiedenen Himmelsstrichen sich senkten, sondern hängt von der mannigfaltigen Gruppirung seiner zusammenhängenden wie seiner isolirten Gebirgsglieder, die sich unendlich vielfach verzweigen, ab. Diese Gruppirungen sind alle nur auf kleinere Räume beschränkt und konnten deshalb ganz verschiedene, aber selbständige Systeme bilden. Deshalb wurden sie nicht blos in Thälern, Ebenen und Stromgebieten, sondern auch für Lüfte, Gewässer, Pflanzen, Thiere, auch für Menschen nach allen Richtungen durchbrechbar und mehr communicativ. Europa erhielt nicht die Armuth an Höhenlandschaften zur Mitgift wie Australien. Aber es haben sich hier auch nicht große und geschlossene Scheidewände, wie in Afrika und Asien in Gestalt von breiten Plateaus durch die Mitten zwischen die tiefen Landschaften gelagert, es treten keine von einander absolut getrennten Tiefländer, wie die sechs vorherrschenden in Asien auf. Auch durchstreicht nicht wie in Amerika ein einziger großer, gewaltiger, undurchbrochner Hochgebirgszug den ganzen Erdtheil, wie dort von Nord nach Süd, etwa hier von West nach Ost. Eine solche Staunen erregende und allerdings Wunder enthaltende Naturform würde den ganzen Erdtheil in zwei Hälften geschieden haben, wie Ost- und Westseite Amerikas durch die Cordilleren getrennt sind. Das Völker- und Staateninteresse beider

Hälften ist eben so geschieden, wie der Lauf der Ströme und die klimatische Welt, wie die Productionen aus dem Thier- und Pflanzenreiche, wie die Industrie und der Menschenverkehr. Alles zerfällt in ein Diesseit und Jenseit, das in geringen, oft gar keinen gegenseitigen Verband trat. Erst der Fortschritt der Cultur versucht eine Vermittelung anzubahnen. Auch Europa würde durch eine solche Naturform in seinen entschiedenen Norden und Süden vertheilt sein.

Zwar haben die Hypothesen früherer Landkartenfabrikanten auch die Idee solcher Gegensätze in Europa angeregt, und sie in den Köpfen zu fixiren beigetragen. Sie durchzogen noch bis zu Anfang unsers Jahrhunderts ganz Europa vom Westende Spaniens über die Pyrenäen, Alpen, Karpathen, und sogar bis zum Ural mit solchen gezeichneten Gebirgsketten. Diese existiren aber durchaus nicht in jenem dammartigen Zusammenhange, wie ihre Zeichnung sie darstellte. Wenn das centrale Asien durch das Maximum der Contraste in einem Kreise von mäßigem Umfange charakterisirt ist, so wird dieses Phänomen der Annäherung der Contraste durch die ganze Mitte Europas auf viele Punkte in der Richtung seiner großen zusammenhängenden Längenachse von West nach Ost, die eben so viele Erhebungen wie Unterbrechungen darbietet, vertheilt.

Das mittlere und westliche Europa ist ausgezeichnet durch die überwiegende Form seiner Gebirgslandschaften mit zwischen geschobenen kleinern und größern Ebenen, das breitere Osteuropa durch seine weiten reich bewässerten Ebenen und Hügelland, ohne alle Gebirgsbildung in ihrer Mitte. Dieser größte Contrast der physikalischen Dimensionen, der aber viel Uebergänge darbietet, wird in der Richtung einer großen Gebirgsdiagonale ausgeglichen, die den ganzen Erdtheil von Südost nach Nordwest durchsetzt. Jenes westliche und mittlere Europa ist in einem gegen andre Erdtheile verhältnißmäßig weit kleinern Raume (60,000 bis

70,000 □M.) mit vielerlei Gruppen beiderlei Gestalten besetzt, mit Plattformen niederer Art, mit Gebirgsländern und Gebirgsketten, mit Gebirgsgruppen höherer und niederer Art. Ohne die kolossalen Größen der andern Erdtheile zu erreichen, sind sie insgesammt in mittlern und kleinern Dimensionen modellirt und vielartiger zusammengestellt, ohne daß ihnen darum das Erhabene der Alpenlandschaften etwa fehlte. Das Imposante ist ja nicht an die absoluten, sondern an die relativen Höhenverhältnisse geknüpft. Keine kolossale Hauptform gestaltet den ganzen Erdtheil, wohl aber eine jede untergeordnete Naturform die ihr zugehörige Landschaft auf eine eigenthümliche Weise. Der 300 Meilen lange Ural, so wie der weite Wolgalauf bleiben auf der asiatischen Ostgrenze Europas zurück. Durch diese vielfachen Gruppirungen mußte sich eine sehr große Anzahl von Landströmen ihre Thäler auch viel mannigfaltiger hindurchspülen. Die selbständigen minder kolossalen Stufenländer zu den Meeresgestaden sind daher zahlreicher, die Richtungen nach den Himmelsgegenden sind wechselnder, die Quellengebiete liegen einander näher, die Verzweigungen sind in einander greifender. Europa hat für seine kleineren Raumverhältnisse der Zahl nach verhältnißmäßig mehr Stromsysteme erhalten als Afrika und Asien. Ihre Erdräume sind kleiner, aber auch für menschliche Kräfte überschaubarer, beherrschbarer, culturfähiger. Die Quellengebiete selbst entgegengesetzter, weit auseinander gehender Hauptströme Europas liegen einander weit benachbarter. Daher konnten auch ihre entgegengesetzten Mündungsländer in gegenseitige Verbindung treten. Die Mitte Europas ist, wie seine Gestade, eine Landschaft voll der bewohnbarsten, ineinander greifenden, verschwisterten, reich bewässerten Thalformen, welche den Mitten von Afrika und Asien fehlen. Scheidende Wüsteneien, welche in beiden Nachbarerdtheilen noch sehr große Räume einnehmen, fehlen in Europa gänzlich und es ist der einzige Erdtheil, wo dies der Fall ist. Die undurchdringlichen

Urwaldungen, welche in Amerika noch den völkerhemmenden Einfluß, wie jene Wüsteneien von Afrika, die Steppen von Asien ausüben, und im temperirten Europa zur alten Germanenzeit größeren Umfang hatten, konnten völlig verschwinden, oder doch überall mehr gelichtet und zugänglich gemacht werden, während dies in den tropischen Urwaldungen unmöglich war. Wo sich solche und ähnliche Naturformen, wenn auch nur im kleinsten Maßstabe, in Europa hier und da auf beschränktestem Raume zeigen, da üben sie immerfort, wenn auch in sehr beschränktem Umfange, ihre hemmende Gewalt aus. So einzelne Sandeinöden der Marken, die Strecken der Lüneburger Heiden, die der Dünenhügel, der Landes do Bourdeaux, zwischen Garonne und Adour am Meeresufer hin. So die Sumpf- und Waldwildnisse Litthauens, in denen das Elennthier und der Auerochs noch ihre Asyle finden konnten, als letzte Reste von Geschlechtern früherer Jahrtausende. Ebenso die Klippen und Sumpfstrecken Finnlands, nackte Felsstrecken des Hämus, der dalmatischen und epirotischen Küstenstriche. Aber wie beschränkt sind diese traurigen Räume gegen die unendlich weiten sibirischen und nordamerikanischen Tundren der Polarwelt, gegen die ermüdenden Steppenflächen der Kirgisen- und Bucharenländer Centralasiens, gegen den Heideboden am Südende Afrikas, und die ganz durren patagonischen Steinwüsten am Südende Amerikas, die noch ödern, lebensarmen Kiesflächen Australiens. Man denke an die gluthheißen Sandwüsten der Sahara, die nur mehr unterbrochenen analogen Sandstriche Arabiens, Syriens, Persiens und selbst Indiens am Indusrande. Nicht weniger ausgebreitet und dadurch völkerhemmend sind die völlig undurchgehbaren tropischen Waldsumpfreviere Südamerikas am Amazonas und Orinoco, wo ganze Menschenstämme zur Ueberschwemmungszeit nur etwa wie Affenheerden und Vogelschaaren auf Bäumen nisten können.

Alles zusammengefaßt, so findet in Europa auf einem weit

kleinern Raume beisammen eine concentrirtere Intensität aller harmonisch zusammenwirkenden Kräfte, eine mehr allseitig entwickelte Individualität der Erdlocalitäten, eine größere Differenz in der Oberflächenbildung des Planeten, als in den kolossaler ausgebreiteten Gestaltungen anderer Erdtheile statt. In diesem Mikrokosmus liegt ein ganz eigenthümlicher Charakter. Europa ist für seine kleineren Räume vielfach entschädigt worden von der Vorsehung durch die Vervielfachung der Formen, ihre innere Steigerung, durch ihren harmonischen Zusammenhang. Kein Theil der Erdrinde ist so zu sagen aufgeschlossener, aufgedeckter, aufgesprungener, durchfurchter, und doch dabei überschaulicher geblieben, zur Betrachtung und Erforschung für den Menschen und für seine Bedürfnisse eingerichteteter, als Europa. Kein Land der Erde ist dem Areal nach reichhaltiger an rein geognostischen Naturverhältnissen und ihren allseitigsten Combinationen, als die große Mitte von ganz Europa. Daher konnten nur auf solchem Erdboden ursprünglich die Elemente der Naturforschung bei besonnenen Völkern zunächst sich ausbilden. Die Mineralogie und die Geographie, wie der Bergbau und die Constructionslehre der Erdrinde gingen aus dem Studium dieser Naturverhältnisse des Planeten in Mitteleuropa hervor. Sie konnten von da erst auf die übrigen Erdtheile übertragen werden. Denn hier zeigten sich alle Arten der Mineralien in ihren wesentlichen Repräsentanten; hier lagerten sich alle Formationen der Ur- und Transitions-Zeit, der Flötz-, Diluvial- und Alluvialbildungen in ihren genetischen Folgerungen und Gliederungen so sichtbar neben und über einander auf, wie in keinem der andern Erdtheile. Das europäische Alpengebirge mit seinen Umgebungen wird immer der classische Boden bleiben für das Studium im Bau der Erdrinde, weil kein anderer, wie dieser, reichgestaltet, reichgegliedert und aufgedeckt ist. Zu solchem Studium waren von Anfang an die Cordilleren zu hoch, Centralasien zu lang und breit und zu unübersteiglich. In den Alpen war es dem menschlichen Geiste in der gegebenen Ueberschaulichkeit der Massen und Formen planetarischer Bestandtheile zuerst möglich, sich in die Gesetze dieser Anordnungen zu vertiefen, und so eine Naturwissenschaft zu gewinnen, die zu einem Allgemeingut der Völker werden sollte. Europa bot den Schlüssel zum wissenschaftlichen Verständniß der übrigen Erdtheile. Wie mit der Erdrinde, so verhält es sich mit ihrem Pflanzenkleide, da der Europäer der Mittelgruppe des Gewächsreichs gleichsam im Schooße saß, um sie erforschen zu können, indeß der Mensch in den Tropen von der Vegetation überwuchert wird, in den nackten Polargegenden von ihr entblößt bleibt. Und so mit allem Uebrigen.

Auf einem solchen Boden unterstützt überall die locale Landesnatur auch die locale und individuelle Entwickelung der Bewohner. Daher konnte kein andrer Erdtheil so reich an verschiedenartigen Erscheinungen in der fortschreitenden Menschen-, Völker- und Staatengeschichte sich zeigen als Europa. Durch seine andauernd progressive Civilisation, durch seine klimatische Einheit, seine fortblühenden fruchttragenden Völkergeschlechter, durch die rastlose Energie und den Erfindungsgeist seiner Populationen war es im Stande, das gute Erbtheil der Vorgeschichte in sich aufzunehmen und die Productionen aller andern Erdtheile der Jetztwelt sich zu assimiliren, auf seinem eignen Bereiche heimathlich zu machen. In den andern Erdtheilen zeigen sich andre gleich merkwürdige anthropologische Erscheinungen. Aber in ihnen sind die Geschlechter der Menschen und Völker immer weit mehr dominirt worden von den Naturgewalten ihrer irdischen Grundlagen. So in allen Ländern des überreichen Orients. Da treten die Völker mehr in großen Massen als in kleinern Gruppen, wie in Europa, hervor, wo sie zählbar, überschaulich geblieben. Jene Massenanhäufungen der Völker zeigen gleichartigere Culturen und Charaktere unter vielen Millionen. So die Chinesen, die Tataren, die Hindu, die Perser, der Araber, der Negerstamm. Die geistige Natur der Menschengeschlechter ward in Europa weniger gefesselt, gehemmt, dirigirt. Sie konnte sich unabhängiger, von ihrer Erdstellung freier, universeller, und doch zugleich individueller, mannigfaltiger, humaner entwickeln, als in Afrika und Asien. Daher treten im weit kleinern europäischen Bereiche doch weit mehr verschiedenartige Völker und Staaten, als selbständige historische Personen, mit den ausgebildetsten Völkerculturen und Characteren in dem großen Drama der Weltgeschichte hervor, als in andern Erdtheilen. Jede hat eigenthümliche Culturentwickelung, mit besonderer Literatur und Civilisation. Also, bei geringem geographischem Umfang doch die größte ethnographische Mannigfaltigkeit. Auch hier entscheidet nicht die absolute Masse, Größe oder Zahl, sondern die relative. Ausgezeichnete Individuen haben sich überall, unter allen Völkern und zu allen Zeiten zu einer höhern Stufe der Entwickelung aufgeschwungen, aber in Europa die größte Anzahl an Völkern und Individuen. Die Völker im Orient haben sich nur im Generellen zu gewissen Stufen der Cultur ausgebildet. In Europa folgt im vielgestaltigen Boden der Erdoberfläche überall ein andres Volk dem andern, eine andre Specialgeschichte der andern. Nicht wie in Asien und Afrika, auf viele hundert Meilen Wegs hin, findet sich in Europa die Einerleiheit der Natur vor. Das türkisch-tatarisch-mongolische Einerlei von der untern Wolga bis zur chinesischen Grenze, das Einerlei der chinesischen Völkerschaften durch 300 Millionen Menschen, das des arabischen Lebens vom Atlas bis an den Indus u. s. w. sind europäischem Genius fremd. Asien hat 24 große Völkergruppen mit verschiedenen Stammsprachen, die aber nur in ein Dutzend Staatensysteme zusammentreten, von denen die Hälfte etwa productiv, gestaltend genannt werden kann. Afrika hat 4 bis 5 solcher differenter Sprach- und Völkergruppen, konnte sich nur zu wenigen Staatensystemen erheben. Europa zeigt mehr als 50 von einander mehr oder weniger unabhängiger selbständiger Staatensysteme, Staatenindividuen größerer und kleinerer Art, von eignem, wenn auch sehr verschiedenem politischen Gewicht. Und diese Staatensysteme sind unter zwölf große Völkergruppen mit ganz verschiedenen Stammsprachen und vielen Töchtersprachen vertheilt, die alle historisch productiv geworden sind. Dort im Orient stehen die Völker in größern Massen beisammen, und darum auch in größern Contrasten einander entgegen. Die sinnlich verfeinerte aber stationär gewordene Civilisation der Chinesen, meist nur als Industrie erscheinend, mit dem höchsten Egoismus und der höchsten Selbstverleugnung steht neben der phantastisch religiösen Ausbildung der Hindu mit ihrer metaphysischen ungebundenen Speculation und Selbstgenügsamkeit ihrer Tausendgötterwelt. Der einsiedlerisch, klösterlich lebende Tübetaner in der Mystik seines Buddhismus, neben den rastlos umherschweifenden Horden der mongolischen oder tatarischen zahllosen Völkerstämme in ihrem Hirtenleben. Das Jagd- und Raubleben so vieler asiatischen Völkerschaften in den Wüsten und Steppen wogt zwischen und um ihre Culturmittelpunkte und grandiose Städteansiedlungen — wie das der Beduinen, der Wahabis und andrer Araber um Mekka, Medina und Bagdad, das der noch rohern Usbeken um Bochara und Samarkand, wie der Kurden um Babylons und Ninive's Ruinen in Vorderasien. Immer sind es generelle Zustände vieler Hunderttausende und Millionen, die in diesen Gestalten hervorragen; nicht die individuellen Entwickelungen ihrer Heroen, sondern die Lebenseinrichtungen ihrer Massen gaben den Ausschlag in der Völker- und Staatengeschichte Asiens. Wie verschieden, wenn ein europäisches Element in sie eingriff, wie das einmal im Alterthume in der Individualität Alexanders d. Gr. sich zeigte.

Die Historie der Bevölkerungen Asiens wird ganz bedingt durch die geographische Natur ihrer Heimathländer. Nicht in demselben Maße die von Europa. In Europas Völkerschaften konnte, bei der mehr freiern physischen Grundlage der Heimath auch ein freieres Princip zur Gestaltung von historisch-charakteristischen Individualitäten sich erheben, ohne in beschränkende Einerleiheit abzuirren, oder in die Unbestimmtheit der Universalität oder des Kosmopolitismus auszuarten. Ueberall konnten die hervorragenden Individuen, sei es in den einzelnen Heroen der Zeit, oder in den Corporationen, oder den Nationalitäten der Völker freier und gestaltender hervortreten. Asien war auch deshalb, als Wiege des Menschengeschlechts, für dessen anfängliche generelle Ausbildung, für alle folgenden Stufen der Entwickelung bestimmt. Europa erhielt dagegen alle Anlagen zur Förderung der personellen, der individuellen Entwickelung seiner zahlreichen Völker, und der vollendetsten Ausbildung ihrer Individualitäten. Was Aegypter, Phönicier, Araber, Griechen und Römer für die universelle Entwickelung ihrer Völker und Zeiten waren, das sollte Europas Gesammtbevölkerung für ihre Zeiten werden durch ihre individualisirtere und zugleich höher gesteigerte, humanere, nach Nationalitäten vielseitigere Entfaltung menschlicher Kräfte nach innen wie nach außen, durch sein Colonisationssystem, leiblicher wie geistiger Art. Von dem einen Erdtheile sollte sich geistiges Leben über alle andern Theile des Erdballs nach Zeit und Gelegenheit verbreiten.

West- und Ost-Europa.

Gehen wir nun auf die Natur des Bodens und seiner specifischen plastischen Gestaltung selbst über.

Ziehen wir von Europas Gesammtoberfläche von 155000 bis 160000 □M. das gleichförmigere flache Osteuropa, 73000 □M., auch die nordischen Gliederungen Scandinavien und England, 16000 □M., zusammen an 90000 □M. ab, so bleiben für das continentale Westeuropa noch 60000 bis 70000 □M. übrig, die der Größe nach etwa der Vorderindischen Halbinsel zwischen

Ganges und Indus gleichen. Auf diesen an sich geringen Erdraum ist die größere Fülle der Oberflächengestaltung Europas beschränkt. Wir können sie das gebirgige Westeuropa im Gegensatz des flachen Osteuropas, die große Nordwesthalbinsel der Alten Welt, vorzugsweise die alte Culturwelt Europas nennen. Im Westen ist der Sitz alteuropäischer Völker und Cultur in Sprache, Sitte und antiker Civilisation. Den Gegensatz bildet das flache Osteuropa bis zum Ural und zu den Kaspischen Steppen, das von slawisch redenden Völkern bewohnt und beherrscht ist, die Sarmatia (Scythia) der Alten. Diese Sarmatia ist die continentale Vermittelung zwischen Orient und Occident; nicht blos räumlich, sondern auch physikalisch, klimatisch, hinsichtlich seiner organischen Productionen, seiner Geschichte, seiner Bevölkerungen. Und darum auch von jeher hier das Uebergewicht slawischer Völkerherrschaft bis heute, im großen, über das Ganze verbreiteten russischen Zarenreiche. Auf dem Uebergange zwischen dem flachen Osten und dem Gebirgslande Westeuropas haben der preußische Staat und der österreichische Staat mit ihren verschiedenartigen Gruppen von Bevölkerungen ihre Stellung genommen. Ihre geographische Stellung berief beide zur Vermittelung zwischen Osten und Westen, wie zwischen Norden und Suden von Mitteleuropa, und diese Stellung ward eine Bedingung zur Entwickelung ihres eignen politischen Lebens. Die am meisten gegen den Westen in Mitteleuropa vorgeschobene zusammenhängende slawische Völkerinsel ist die burgartig ringsum von einem Bergkranze umgebene Landschaft der Tschechen. Sie überschreitet am weitesten die Naturgrenzen der Sarmatia der Alten und hat dadurch eine besondre historische Bedeutung für Mitteleuropa erhalten. Das flache Osteuropa stößt gegen Osten an die große asiatische Bühne der Völkerwanderungen. Hier zwischen dem Kaspischen See, dem Nordfuße des Kaukasus, dem Südfuße des Ural und dem untern Laufe der Wolga lag das enge Eingangsthor aus den Heimathsitzen dieser Völkerzüge Centralasiens nach Europa. Wenn in frühesten Zeiten das Mittelländische Meer die Verknüpfung der Ideen und des Verkehrs zwischen Orient und Occident, durch Phönicier, Karer, Kreter, Jonier u. a. bildete; im Mittelalter der continentale Erguß der Völkerfluthen durch dieses kaukasische Völkerthor im Tieflande eindrang: so übt dasselbe gegenwärtig umgekehrt, vom Occident auf den Orient hin sein überleitendes Amt. Immer hat die Plastik des Bodens auch ihren Antheil an den Gestaltungen des Völkerlebens.

Die Gebirgs-Diagonale.

Das flache Osteuropa reicht vom Kaspischen See und dem Nordfuße des Kaukasus bis zu den Flachufern der Ostsee und Nordsee. Seine Südgrenze wird durch den nördlichen Küstenrand des Schwarzen Meeres, und, wo dieser fehlt, durch die Gebirgslinie von Südost nach Nordwest bezeichnet.

Wir nennen diese Linie die große Gebirgsdiagonale von Mitteleuropa. Sie ist nicht, wie andre Cordilleren, eine unüberwindliche Naturform für den Verkehr der Völker, sondern ihr Zusammenhang muß in der That erst gesucht werden. Dieser ist es auch nicht, der sie charakterisirt, sondern ihre vielfach gestörte und doch immer wieder zum vorherrschenden Gesetz zurückkehrende Normaldirection. Viele Passagen führen über sie hinweg, viele Durchbrüche und Einsenkungen unterbrechen sie und führen hindurch. Aber ihre untergeordneten parallelen Gliederungen schaaren sich immer wieder zusammen; sie bilden keine zusammenhängende Gebirgskette, aber eine gemeinsame, gleicher Normaldirection folgende Erhebungslinie.

Diese Gebirgsdiagonale durchschneidet die Parallelen und Meridiane von Südosten nach Nordwesten, in einer großen Längenerstreckung von 450 M. ganz Mitteleuropa. Ein Drittel davon liegt noch in Asien, der Kaukasus auf dem kaukasischen Isthmus, von Baku bis Taman, von Osten nach Westen an 150 Meilen; zwei Drittel in Europa, vom östlichen Vorgebirge der Krim bei Kertsch an der Asowschen Straße von Jenikale bis zu den äußersten westlichen niederdeutschen Vorhöhen in Westfalen, von Osnabrück an der Hase, Ibbenbühren zur Ems gegen Lingen im Norden von Münster, eine Längenausdehnung von 300 Meilen. In dieser Linie bildet die hohe Tatra des langen Karpathenzuges die Mitte, so daß wir die Westseite dieser Gebirgsdiagonale die Deutsche, die östliche die Sarmatische oder die Slawische nennen können. Diese Gebirgsdiagonale scheidet auf das bestimmteste die beiden Hauptformen Europas. Ihr im Nordosten liegt überall das flache Tiefland, im Südwesten das Gebirgsland Europas. Ihr äußerstes Westglied stößt nicht unmittelbar an das Meer, es sinkt mit unbedeutenden Hügeln um Osnabrück, Lingen, Münster an der Ems, und zu Wesel, an der Lippe, in die flachen Moore der Niederlande ab, mit kaum merklicher Abdachung nach Geldern, Oberyssel, Brabant, auf dem Westufer der Ems, bis nach Holland hinein zur Zuydersee. Dort am Sudwestende der Diagonale breitet sich ein triangulärer, aber jetzt trockengelegter Meerbusen aus: die Ebene von Paderborn mit Lippstadt bis Münster, mit der Senner Heide. Immer breiter werdend legt sich dieser trockengelegte Horizontalboden, einst ein altes Moorbett, bis zum Delta der Rheinarme aus. Von hier an breitet sich ein andres größtes Niederland aus — es ist das größte des Westens, aber doch dem Areal nach viel beschränkter als das große Tiefland Nordosteuropas. Es hat eine ganz verschiedene Lage, eine ganz verschiedene Natur. Das Tiefland der Niederlande, zu dem auch in kleinerem Antheil Nordfrankreich, die Picardie gehört, hat den Strömungen des Rheinsystems und der Nordsee seine Bildung zu verdanken. Im Osten stößt die Gebirgsdiagonale auch nicht unmittelbar an das Meer, so wenig wie in Westeuropa. Auch hier hat sich ein ebenes Vorland in Gestalt eines trockengelegten Meerbusens vorgelagert, der in einer gewissen Umkreisung in das innere Gebirgsland eindringt, aber noch durch das krimisch-tatarische Steppenland mit dem südlichen russischen Tieflande zusammenhängt. Der Dniestr fließt hier von Nordwesten gegen Südosten aus den Karpathen hervor. An der letzten Gebirgswand bricht er in den Granitklippen und Stromschnellen von Raschkow bis Nowo Dubossary durch. Hier treten die letzten Glieder der Gebirgsdiagonale, die bisher auf dem Westufer des Dniestr lagen, auf sein Ostufer, verlieren aber ihre Bedeutung. Es beginnt die große Lücke oder Unterbrechung der Diagonale durch die Taurische Küstensteppe. Die Gebirgslinie am Südende der Krim ist nur der Repräsentant einer ehemaligen Fortsetzung dieser Diagonale vor dem Einbruch des Schwarzen Meeres, nur ein steiler Küstenabfall. Die kaukasische Diagonale zieht auf den Höhen der Wasserscheide vom Schwarzen zum Kaspischen Meere. Ganz anders die Europäische Gebirgsdiagonale. Sie ist keine absolute, sondern eine durchbrochene Wasserscheide der westeuropäischen Stromsysteme. Drei Ströme durchbrechen diese Gebirgsdiagonale: der Dniestr im Osten gegen Süden, die Elbe und Weser in der Mitte gegen Norden. Die zwei größten Stromsysteme Westeuropas, Donau und Rhein, umspülen nur ihre Ost- und Westenden, ohne sie zu berühren oder zu durchbrechen.

Das Oestliche Tiefland.

Das große Oestliche Tiefland breitet sich zwischen drei Gebirgsmauern aus, die seine Grenzsteine bilden: Kaukasus, Ural, Karpathen.

Der Kaukasus.

Dieses Gebirge hat man wohl eben so gut zu Asien wie zu Europa gerechnet, und die Natur hat es allerdings auf die Grenze beider Erdtheile, auf die Schwelle von Asien und Europa gestellt.

Sein Alpengebirgsland ist die Wiege der europäischen Völker, sein Fuß ist bedeckt mit den Stationen ihres Ueberganges nach Europa. Noch heute ist der Kaukasus bis in seine größten Höhen und unzugänglichsten Schluchten von Völkern des europäischen oder kaukasischen Völkerstammes bewohnt. Von seinem Nordfuße ziehen von den gothisch-germanischen Völkern an alle später einwandernden Bewohner Europas herbei. Im Kaukasus selbst sitzen noch heute Zweige der Gothen und vieler andrer europäischer Eindringlinge, und Völkerschaften mit germanischen und slawischen Sprachen, den beiden Hauptsprachen Europas. Seit der dunkelsten Urzeit knüpfen die Gomer (Kimmerier) in der Mosaischen Völkertafel, Japhet und die Japhetiten der Hebräer, der Japetos des Hesiod, die Mythe des Prometheus, und die Sage von Deukalions Einwanderung vom Kaukasus nach Thessalien dieses Gebirge an die Geschichte Europas. Auch die Gebirgsnatur des Kaukasus tritt am Westende Hochasiens eigenthümlich auf. Es ist das erste der durch eine europäische Bildung charakteristisch ausgezeichneten Alpengebirgsländer, eine Form, die nur Europa im vollen Sinne des Wortes zukommt, d. h. eine Landschaft breit und lang, mit einem ganzen System von Alpenhöhen, Gebirgsketten erfüllt, die zu Schneehöhen aufsteigen, ohne bloße Randgebirge zu sein und Plateaus auf ihren Rücken zu tragen.

Zwischen dem Kaspischen Meer in Osten und dem Schwarzen und Asowschen Meer in Westen zieht sich die Kaukasische Landenge hin. Sie wird in Süden durch den Nordrand Irans und Armeniens natürlich, gegen Morgen und Abend von den anliegenden Binnenmeeren begrenzt. Gegen Norden bezeichnet der untere Lauf der Ströme, des Don gegen Nordwesten, der Wolga gegen Südosten, die Grenze dieser Landenge, von 40 bis 47° N.Br., von 55 bis 67° O.L., wenn man die äußersten Vorgebirge der Abscheron Halbinsel bei Baku in Osten, und die westlichste Halbinsel Taman am Ausflusse des Asowschen Meeres in das Schwarze

Meer als natürliche Grenzbestimmungen ansieht. Die südliche Hälfte dieses großen Isthmus, der hier Nordwestasien mit Südosteuropa als Landbrücke verbindet, ist mit einem Alpengebirgslande erfüllt. Die nördliche Hälfte ist Tiefland, Kaukasisches Steppenland ohne alle Vorhöhen. Der größte Contrast der Naturformen zwischen tief und hoch tritt an der Grenze zweier Erdtheile auf. Die scharfe Naturgrenze beider Formen bezeichnet der Lauf zweier Flüsse, des Terek gegen Südosten, des Kuban gegen Nordwesten. Beide fließen in derselben Normaldirection, nur in entgegengesetzter Senkung, der Terek zum Kaspischen, der Kuban zum Schwarzen Meere. Die größte Diagonale der Kaukasischen Landenge durchsetzt auch die größte Hochgebirgskette, den eigentlichen Hohen Kaukasus von Südost gegen Nordwest.[1]) Er steigt zur Region des ewigen Schnees auf, obwohl in gleicher Breite mit den schneearmen Pyrenäen. Nur von diesem Hohen Kaukasus im engern Sinne, der nördlichsten und höchsten der vielen Parallelketten des Kaukasischen Alpenlandes, soll hier die Rede sein, weil das südlicher liegende System der Kaukasischen Gebirgsketten und Plateaus mehr der asiatischen Geographie angehört.

Dieser nördlichste Gebirgsgrat, in welchem die Riesengipfel liegen, überragt aber Europa von Meer zu Meer, in Morgen und Abend, und im Süden und Norden. Durch die Längenthäler der vier Gebirgsströme Phas (Phasis), Kur (Koros), Terek (Diri), Kuban (Hypanis) begrenzt, stellt er sich als e i n großes Kettengebirge dar. In gerader Richtung von Osten nach Westen pflegt man die Breite der Kaukasus-Landenge in 19 bis 20 Tagen auf den nördlich anliegenden Steppen zu durchreisen, wenn man jeden Tag 5 Meilen zurücklegt. Die Diagonale aber mißt 150

[1]) Die ganze Gebirgsausbreitung hieß früher bei den Persern auch Tauristan, von Taurus (Hochgebirg), bei den jetzigen Kaukasiern Taulistan, und zumal die östliche Hälfte Daghestan (von Tau bei den Mongolen, Tagh bei den Turku: Gebirge) oder Schab Dagh, d. i. Königsberg

Meilen. Die Normalrichtung des Streichens macht mit dem Meridian einen Winkel von 45°. Gegen Osten zwischen Schamachie in Süden bis Tarku in Norden, längs dem Westufer des Kaspischen Sees, hat das Gebirge eine Breite von 50 Meilen. Gegen Westen zum Schwarzen Meer zieht es sich weit mehr zusammen, z. B. zwischen Iskurieh und Georgiewsk, und darin ist eine merkwürdige Conformität mit dem europäischen Alpengebirge, dessen Breite eben so von West gegen Ost bedeutend wächst. Das ganze Kaukasische Gebirgsland nimmt ein Areal von etwa 4000 □Meilen ein, die Hohe Kaukasuskette etwa 2300 □Meilen. Gegen die Mitte, wo Elburs und Kasbeg am höchsten aufsteigen, scheint die Kette an Breite am geringsten zu sein, nur 13 bis 16 Meilen vom Nord- zum Südabfall: ein allgemeines Constructionsgesetz der Hochgebirgsketten, daß, wo sie am höchsten aufsteigen, sie auch am schmalsten sich zusammenziehn, und wo sie am breitesten gelagert sind, auch von ihrer Höhe herabsinken. Gegen Westen ist der Kaukasus eine Küstenkette des Schwarzen Meeres mit gewaltigem Steilabfall, rauh und unzugänglich. Von den höchsten Gipfelerhebungen ist der Kasbeg im Osten zu 14400 Fuß, der Elburs zu 16854 Fuß Meereshöhe gemessen.

Schon in weiter Ferne, von Alexandrowsk am mittlern Kuban unter 57° 30′ O.L., zeigt sich die Gebirgskette des Hochkaukasus, wie die Tiroler Alpenkette in Süd von Augsburg, oder von den Horizontalebenen bei München. Schon von Tscherkask am Don, dem Centralsitz der Donischen Kosaken, erblickte Pallas 50 Meilen weit den hohen Schneegipfel des Elburs; selbst von Sarepta aus soll man ihn erblicken können. Am südlichen Fuße liegt Mingrelien und Imereti, die Landschaft der alten Kolchier. Den Schneefeldern des Elburs entspringt der Kaukasische Rhein, Rioni, zum Phas (Phasis). Am steilen Westfuß, an wilden, unersteiglichen Felswänden, liegt der einzige gute Hafenort Iskurieh, die alte Dioskurias, wo die Dii Curii (Castor und Pollux) ihren einheimischen Heroencultus hatten, wo zur Griechen- und Römerzeit der größte Marktort Kaukasischer Gebirgsvölker war. Von den Nordgehängen entspringt der Kuban, der mit seiner eisigen Fluth wild und reißend nach Taman zur Asowschen Meerenge eilt. Auf nördlichen Voralpen wohnt das merkwürdige Volk der Osseten.

Der Kasbeg, an dessen Südhange Georgien, das alte Iberien, gelagert ist, liegt nicht auf der Wasserscheide, sondern etwas nördlicher. An seinem Südfuße liegen die Quellbäche des Terek, der gegen Norden in einem wildtiefen Alpenthal, voll Steingründe und Felsschluchten abfließt. Die Thonschiefer- und Porphyrfelsen des Kasbeg sind voll Höhlen, die Abhänge mit Schneefeldern und Gletschern bedeckt, die zumal gegen Norden häufig in furchtbaren Lawinen abstürzen, das Terekthal mit seinen Dorfschaften und Castellen zerstören und mit Fels- und Schneeschutt zudämmen.

Beide Riesengipfel, Elburs und Kasbeg, nehmen in einer Entfernung von etwa 25 Meilen unter sich abstehend das mittlere Viertel des Hohen Kaukasus ein. Wir nennen es das Mittlere Hochgebirge des Kaukasus. Die Alpen zwischen Montblanc und Glockner bilden eine Parallele. Das Maximum der Gipfelerhebung in dieser Mitte trifft mit dem Minimum der Gesammterhebung zusammen. Gerade hier ist die Kette am schmalsten und am meisten zerrissen, zerspalten durch Tiefthäler, daher am durchgehbarsten. Daher hier die größte Zugänglichkeit und die beste, ja die einzige Querstraße über das Gebirge von Norden nach Süden am Ostfuße des Kasbeg. Diesem mittlern Viertel des Hohen Kaukasus entspringen alle Hauptströme. Gegen Norden die drei großen Steppenströme in merkwürdiger Regelmäßigkeit: Terek und Kuban nach Osten und Westen, zwischen beiden die Kuma auf dem Gehänge der nördlichsten Vorgebirge des mittlern Kaukasus, auf der Gruppe des Besch-Tau. Alle drei fallen gegen Norden in wilden Wasserstürzen nieder, wenden sich dann aber plötzlich am Nordfuße in rechten Winkeln gegen Ost und West, sobald sie nämlich den flachen Steppenboden berühren, und fließen dann, in fast unmerklichem Gefälle, nach entgegengesetzten Meerestiefen. Zwischen Kuban und Kuma zieht die Wasserscheide zwischen Schwarzem und Kaspischem Meere, die bei Abasinsk noch 1525 Fuß über dem Schwarzen Meere liegt. Die westliche Abdachung der Steppenflächen ist, am Nordfuße des Gebirgszuges, länger und sanfter; an der Wendung bei Kawkaskaja ist das Niveau des Kuban noch 1053 Fuß über dem Schwarzen Meere. Die östliche Abdachung am Terek hin ist etwas kürzer, aber anfangs steiler: denn die russische Feste Mosdok (unter 61° 40′ OL.) liegt nur noch 21 Fuß über dem Schwarzen Meere. Dann fehlt der Steppe gegen den Kaspischen See fast alles Gefälle. Diese zunächst anliegenden Steppen heißen die Kaukasische Steppe. Einzelne Thäler führen Einzelnamen: An der Kuma die Kumanische, gegen Nordosten zur Wolga die Astrachanische, gegen Nordwesten zum Schwarzen und Asowschen Meere und Kuban die Kubanische Steppe. Vom mittleren Hochkaukasus streckt sich zum Kaspischen Meere der breite Ostflügel, zum Pontus der schmale Westflügel hin. Die Schiffer der Griechen und Römer nannten die dunkle Steilwand von dieser Seite das Keraunische Vorgebirge; jetzt wenig besucht von europäischen Schiffern. Der Westflügel ist größtentheils von den Abassen bewohnt, lange Zeit der türkischen Herrschaft unterworfen, damals für die Christen ganz unnahbar. Auch den Ostflügel machten lange Zeit wilde Gebirgsvölker Reisenden fast unzugänglich. Unsre Kenntniß des Kaukasus ist von der Nordseite ausgegangen. Der Besch-Tau (tatarischer Name, deutsch die Fünf-Berge) bildet eine Berggruppe, die 15 Meilen in gerader Linie nordwärts zum hohen Elburs vorspringt; ein Bergrevier von mittlerer Höhe (4000 Fuß), gleichsam die Voralpen. Auf ihm ist Reichthum an Quellen, Bächen und Flüssen, und das trefflichste Weideland wie auf den Schweizer

Voralpen; ein Vorzug, der im Hohen Kaukasus auf weit kleinere Räume beschränkt ist, als in den Alpen. In der Gruppe des Besch-Tau scheinen die einzigen weidereichen Voralpen der Nordseite zu sein. Gegen Ost und West liegen mehr steile Abfälle und sumpfige Waldstriche am Nordfuße des Kaukasus dicht an den Steppenflächen.

Schon bei den Alten war diese Localität des Besch-Tau berühmt. Ptolemäus nennt sie τὰ Ἱππικά, Agathemerus Hippici montes, das pferdereiche Vorgebirge. Noch heute werden auf diesen Berggruppen die besten Racen der Kaukasischen Pferde von Abassen und Tscherkessen gezogen. Auf diesen weidereichen Vorhöhen finden wir durch das ganze Mittelalter die temporären Standquartiere und Hauptlager der Wandervölker. Von da aus breitete sich für ihre zahlreichen Reiterschaaren ein weites Land der Beute und der Eroberung aus. Früher trug der Besch-Tau die Hauptlager der Scythen- und Sarmatenhorden; später die der Gothen, Hunnen, Alanen, Magyaren, Tataren, Turken- und Mongolenvölker. Noch heute erblickt man Ruinen von Residenzen alter Nomadenfürsten, im Nordosten des Besch-Tau, in den versumpften Niederungen der Kuma. Näher am Nordfuße des Besch-Tau, an der Kuma, ist Georgiewsk, 1771 von den Russen zur Residenz des Militär-Gouverneurs von Kaukasien und Astrachan erbaut. Im Besch-Tau selbst, etwas gegen Süden, liegt Konstantinogorsk, eine Hauptfestung. Es ist überhaupt der Hauptansiedelungspunkt der russischen Colonieen und die große Burg der russischen Herrschaft im Kaukasus geworden.

Die nächsten Umgebungen des Besch-Tau sind durch große Fruchtbarkeit, durch Mineralbrunnen und Bäder ausgezeichnet. Die große Wichtigkeit seiner Verhältnisse wird noch dadurch erhöht, daß diese Localität den Nordausgang der Hauptstraße über den Kaukasus beherrscht.

Die Gruppe des Besch-Tau besteht nicht aus Urgebirgsmassen, wie der Hohe Kaukasus, sondern aus Trachytmassen vulkanischer und basaltischer Natur, dieselben, aus denen das Siebengebirge am Rhein besteht. Daher steigen auch die Formen der Fünf-Berge so kegelartig, domartig und als isolirte steile Erhebungsmassen, wie die des rheinischen Siebengebirgs, mit abgestumpften Kegeln und gesonderten Kuppen, wie die Kuppen des böhmischen Mittelgebirges an der Elbe um Teplitz und Lowositz, auf. Südwärts vom Besch-Tau haben sich lange Ketten hoher Kalksteingebirge dem Hauptzuge des Elburs und Kasbeg vorgelagert; ganz wie an der Nordseite der Schweizer und Tiroler Uralpen die breiten Kalksteinalpen vorliegen. Diese kalkigen Vorgebirgsketten sind nackter und öder als das Hauptgebirge. Die Landschaften zwischen den Südufern der Flüsse und der Hohen Kaukasuskette heißen seit Jahrhunderten die Kabarden. Die Große Kabarda erstreckt sich im Westen der Terekquelle zum obern Kuban, die Kleine Kabarda vom Terek ostwärts im Süden von Mosdok. Beide Kabarden oder Kabardeien sind von dem Nordabfalle des Kaukasus, von langen Thälern, Klippen und Gebirgsströmen durchzogen und schwer zugänglich, von einem Gemisch zahlreicher Völkerstämme bewohnt, das man meistentheils unter dem gemeinschaftlichen Namen der Tscherkessen (Cirkassier) zusammenfaßt.

Größter Wasserreichthum, wegen der weiten und hohen Schneefelder des Elburs, zeichnet den Nordwestabhang des Kaukasus aus, zerstörende Wildbäche stürzen in ungezählten Steilschluchten von den Höhen zu den Steppen. Dieser Wasserreichthum ernährt die dichten Wälder am schattigen Nordabhange des Kaukasus gegen Europa — es sind vorzüglich Erlen, Ulmen, Eschen, Eichen, Buchenwaldungen, die jene Gegenden ganz undurchdringlich machen. Hier, an der Schwelle von Europa beginnt jene charakteristische Form des Hochwalds, welche Mitteleuropa so eigenthümlich auszeichnet. Eiche und Buche sind die Hauptrepräsentanten mitteleuropäischer Waldung. Die deutsche Eiche (Quercus robur), die deutsche Buche (Fagus silvatica) beschatten die Heimath germanisch redender Völker am nördlichen Kaukasus. Die Eiche ist den Abassen oder Osseten so heilig wie den alten Deutschen. Vor jedem Kriegszuge versammelt sich das Heer unter dem Schatten der heiligen Eiche des Ortes. Das Schwert, in den Eichstamm gestoßen, ist Weihe des Kriegszuges und Zeichen des Aufbruchs. Weiter östlich vom Kaukasus, auf dem Ostufer der Wolga und des Kaspischen Sees zeigt sich die Buche so wenig als die Eiche. Die Bergkette des Ural ist ihre östliche Grenze. Dem Nordostabhange des Kaukasus gegen den Kaspischen See, der mehr dem Innern Asiens zugewendet liegt, fehlt überhaupt Waldreichthum. Der Südabfall des Kaukasus gegen Georgistan ist allmählicher, terrassenförmiger, senkt sich nicht so plötzlich in gleiche Tiefe, ist daher minder wild, viel breiter, als der Nordabfall. Vom Fuße des mittlern hohen Schneekammes hält der Nordabfall nur 7 Stunden Breite, der Südabfall 14 Stunden. Der Südabhang ist daher weit milder, vegetationsreicher, der Cultur fähiger, bebauter, bewohnter. Dichte Hochwaldung wird zwar vermißt, wie sie auch dem südlichen Griechenland, Italien und Spanien abgeht — dagegen treten andre Waldbäume auf, wie die Kastanie, die Pinie, die Wallnuß, die immergrüne Eiche, die Korkeiche u. a. Nur zwei Hauptpässe durchsetzen den ganzen Kaukasus, dessen Zug außerdem als eine geschlossene Gebirgsmauer anzusehen ist: der Paß von Derbent oder die Albanische Pforte der Alten, am Ostende der Kaukasuskette längs dem Kaspischen See hin, die Straße nach Persien, und der Paß von Wladi Kawkas oder die Kaukasische Pforte, durch die Mitte hindurch, die Straße nach Georgien, die Tiflisstraße. Er hat keinen alten Namen; denn dieser Hohe Kaukasus blieb den Alten unbekannt. Kein historisch bekanntes Volk hat seine Mitte überstiegen, bis die Mongolen im dreizehnten Jahrhundert ihn übersetzten.

Der 70 Meilen lange Paß von Derbent hat seinen Namen von der Stadt Derbent, welche beherrschend in seiner Mitte liegt. Er ist nicht eigentlich Gebirgspassage, sondern ein Küstendefilé am Nordeingange von Persien. Dieser Küstenweg (ähnlich dem von Nizza nach Marseille um den Südfuß der Seealpen) zieht von Norden gegen Süden am Ostfuße des Kaukasus längs dem Kaspischen See hin und bietet die einzig mögliche Communication zwischen dem untern Kurthale und dem nördlich anliegenden Steppenlande des Terek, zwischen Kur-Delta und Terek-Delta (zwischen 39 und 44° N.Br.). An seinen Ausgängen liegen flache Sumpflandschaften. Hunderte von wilden Bergwassern, gegen Ost abstürzend, machen ihn im Herbst und Frühling, bei Regenzeit und Schneeschmelze, ganz ungangbar. Die engste Stelle liegt unter 41° 52′ N.Br. bei der Küstenstadt Derbent, der alten Nordgrenzfeste des Perserreichs. Hier führten die alten Perserkönige eine gewaltige Grenzmauer von den Berggipfeln die Felsgehänge herab bis zum Meere. Die berühmte Kaukasusmauer schloß das Perserreich gegen Nord und verrannte den Küstenweg. Unter den Sassanidenkönigen im dritten und vierten Jahrhundert erhielt sie ihre Vollendung. Sie ist ein Seitenstück zur Chinesischen Mauer und vollendet nun gegen Ost, was das Hochgebirge des Kaukasus gegen West ohne alle Vermauerung gethan hat. Der Einfall der Nordvölker in Persien sollte dadurch abgehalten werden, und es gelang auch bis zum siebenten oder achten Jahrhundert. Er blieb geschlossen in diesen Jahrhunderten der Völkerwanderung; darum mußte sich der vorüberströmende Völkerocean nach Europa ergießen. Die Wiedereröffnung dieses Völkerthores für die Europäer geschah durch Peters d. Gr. Feldzug nach Derbent und Nordpersien (1721—1723). Derbent ist seitdem im Besitz Rußlands, die Hauptstadt der russischen Provinz Daghestan. Noch jetzt sind dort Ueberreste der Kaukasusmauer in doppelten Wänden, vom Gebirge herabsteigend, wie zwei Hauptarme, zwischen welche die Stadt Derbent erbaut ward, zu sehen. Beide Mauerarme stießen zur Küste und liefen als Hafendämme noch eine Strecke in den Kaspischen See; dazwischen ward ein künstlicher Hafen als Schifferstation angelegt. Von den Eisenthoren, welche die beiden Mauern verschlossen, erhielt die Stadt den Namen Dur oder Der, türkisch das Thor, das eiserne Thor; bei den Arabern zur Zeit des Chalifats Bab al Abawi, Porta portarum. Sie blieb zur Chalifenzeit die Grenze der Araberherrschaft gegen Norden, und gewann religiöse Bedeutung als Grenze der Gläubigen gegen die Ungläubigen — daher Mohamed Derbent genannt, die Große Thür der Gläubigen. Vom Norden dieses Thors, so ist die allgemeine Sage des Orients, wird den Muselmännern in Asien der Untergang kommen.

Am Nordausgange des Küstenpasses liegt die russische Festung Tarki. Den Südeingang bei Schamachie haben die Russen den Persern entrissen, aber die ganze Landschaft ist dort verödet. Die Städte sind in Schutthaufen verwandelt, und die Einwohner ausgewandert. Das Grenzgebiet der Russen und Perser ist hier, wie überall zwischen Persern und Türken, auf mehrere Tagereisen weit in Wüstenei verwandelt. Dieser Küstenbesitz des Derbent-Passes ist den Russen erst gesichert seit der Besetzung von Georgistan und der Anlage des zweiten, des Mittelpasses.

Die Kaukasische Pforte Wladi Kawkas (d. i. Beherrscher des Kaukasus), der Paß nach Tiflis, hat diesen neuen russischen Namen von der Gebirgsfeste am Nordeingange des Passes, die im Jahre 1785 erbaut ward. Die für Wagen fahrbare Alpenstraße ward unter der Regierung Alexanders I. in fünf Jahren gebahnt, ein Seitenstück der Simplonstraße. Viele Felsen mußten weggesprengt, viele Klippen und Hügel geebnet, viele Brücken gebaut werden. Festungen, Dörfer, Castelle, Posten, Commandos sind dort angelegt. Eine völlige Festungslinie ist über den Kaukasus gezogen; unter ihrem Schutz bewegt sich jede Woche eine Karawane, von einer Militärcolonne gedeckt, über den Kaukasus. Von

Mosdok bis Tiflis wird dieser Weg in neun bis zehn angestrengten Tagemärschen zurückgelegt, wozu noch einige Rast- und Quarantaine-Tage zu rechnen sind. In drei Wochen, läßt sich annehmen, ist regelmäßig heutzutage der Kaukasus überstiegen. Von Mosdok aus erreicht die Karawane nach 36 Stunden Wegs über Voralpen am dritten Tage die ersten wilden Felsschluchten des Wladi Kawkas; seine Felshöhen sind mit communicirenden Castellen besetzt; in der tiefen Schlucht ist eine Stadt entstanden. Darin liegt ein Regiment als Garnison. Diese Stelle am Nordfuße des Hochgebirgs ist der Schlüssel der ganzen Passage. Am Ende der vierten Tagereise, 5 bis 6 Meilen weiter, durch die wildesten Felsschluchten, die überall mit Burgen und Verschanzungen gegen die Raubüberfälle der Kaukasier besetzt sind, erreicht man durch eine gesprengte Felsgallerie die Festung Dariel. Sie liegt auf der wildesten Höhe; die enge Felsschlucht hat hier keine hundert Fuß Breite mehr — ein quadratischer Mauerthurm von außerordentlicher Mächtigkeit scheint altrömisches Mauerwerk; wahrscheinlich aus Leo's I. oder Justinian's Zeit, eine Verschanzung der alten Iberischen Pforte, die einzige Spur von Gebirgsvertheidigung in dem mittlern Hochkamm des Gebirgs. Dieses Dariel (von Dar Thor) war früherhin die nördlichste Grenzfeste Georgiens, und bedeutender als jetzt, wie mehrere Ruinen, Aquaducte u. a. zeigen. Der Alpenpaß führt im tiefen Terekthale durch wilde Felswände immer höher in das Gebirg zum Fuße des Kasbeg nach Stepan Zminda. Dieses Kaukasische Alpendorf liegt 4955 Fuß über dem Meere. Hier wird noch Korn und Gerste gebaut; zu Anfang Septembers ist die Erntezeit. Auf dieser Höhe zeigt sich überall die wildeste Alpennatur. Den Terek schließen Steilgründe mit senkrechten Porphyrwänden, voll herabgestürzter Felsblöcke, voll Steinschutt ein. Die Gebirgswasser stürzen in Cascaden zur Tiefe. Die Waldung des tiefern Kaukasus wird sparsam, die Berghöhen werden waldleer. Städte und Dörfer hören ganz auf. Aber überall zerstreute Burgen, Hütten, Steinhäuser. Bis zu diesen Felshöhen wurden die Kaukasusvölker durch die rundum am Fuße des Gebirgs sich mehr und mehr anhäufenden Völkermassen hinaufgedrängt. Auf schwer zugänglichen Gipfeln der hohen Alpengebirge und in den Hochthälern der Alpen ist meistens der Friede einheimisch, hier dagegen Jagd, Krieg, Fehde und Raub, Haupterwerb das Kriegshandwerk, Beute und Sklavenfang. Die Wohnungen jeder Familie, jedes ritterlichen Geschlechtes, sind isolirte Felsburgen, jede hat ihren Steinthurm zur Warte, und ein Burgverließ mit unterirdischen Ausgängen. Die Steinhäuser von Felsquadern aufgebaut, mit Terrassen und Schutzmauern aller Art weitläufig umzogen. Alle liegen auf schwer zugänglichen Posten gleich den deutschen Ritterburgen, jede ist für sehr zahlreiche Familien eingerichtet. Diese Wohnungen sind fast allen, auch den verschiedensten Völkern des Hohen Kaukasus gemeinsam; ihre Architektur ging aus dem allgemeinen gleichartigen Bedürfniß hervor. Sie reichen aufwärts, zerstreut zwischen den wildesten Felszinken, bis in die Region des ewigen Schnees. So wohnt das merkwürdige Volk der Osseten hinauf bis zu den Schneefeldern des Kasbeg in einer Höhe von 9886 Fuß. Diese Osseten, mit schöner Gesichtsbildung, mit einer deutschen Gebirgssprache, die dem indisch-germanischen Sprachstamme angehört, nennen sich selbst Iran, ihr Land Iranistan: der älteste im persischen Hochlande einheimische Name — Iran. Es sind die Jasen, Asen, Asan der alten slawischen Chronisten (daher der jetzige Name), die Alanen des Mittelalters.

Doch vergessen wir über der interessanten Völkerwelt des Gebirges nicht seine Pflanzengewandung, wie sie auf dem Paßübergange uns entgegentritt! In fünf verschiedenen Gradationen oder Pflanzenzonen nimmt die Vegetation von der nackten Schneegrenze gegen die Tiefthäler auf dem Kasbeg zu. Die oberste Zone bedeckt der ewige Schnee bis 9886 Fuß herab. Die zweite Zone reicht 900 bis 1000 Fuß tiefer. Unmittelbar unter der Schneegrenze wachsen nur Lichenen und Moose, dann aber nehmen Gräser den Hauptrang unter den Gewächsen ein; sie bilden den schönsten Teppich, und dazwischen fängt die schönste Alpenflora sich zu zeigen an. Bei 2100 Fuß unter der Schneegrenze in der dritten Zone setzen die ersten holzigen Pflanzen ein, aber nur niedres Krüppelgebüsch, wie Eriken, Pinus Mughus, Rhododendren, Vaccinien, Rubusarten, noch kein Baum. Dazwischen der üppigste Wiesenteppich mit aromatischen Kräutern. In der vierten Zone, bei 4620 Fuß unter der Schneegrenze, zeigen sich die ersten kleinen Birkengehölze, Gebüsch und niedere Waldung mit Alpenweiden. Mit der fünften Zone, 7200 Fuß tiefer als der ewige Schnee, beginnen die Kaukasischen Hochwälder. Der Hohe Kasbeg mit seinen Schneefeldern, Gletschern und unzugänglichen Ossetenburgen bleibt im Westen der gebahnten Alpenstraße liegen. Sie läuft gerade südwärts weiter, und setzt bei dem Passe zum Steinernen Kreuz über die Wasserscheide des Kaukasus (Kaischaur, daher die Kaischaurische Pforte). Hier ist die Culmination der Passage: rings umher starrt nacktes, zerrissenes Felsgebirg. Von da läuft die Straße im Thale des Flusses Aragwi (Araxes) hin; über Anamur nach Tiflis zum Kurstrom. Bis Anamur hinab sind 6 Meilen gefahrvoller steiler Felsweg. Bei Anamur erscheint das erste Buschwerk, die erste Waldung: Ahorn, Kastanien, bald Platanen und südliche Pflanzenformen. Tiefer hinab fangen die Obstwälder an, Aepfel, Birnen, Kirschen. Bei der Festung Ragaspiri zeigen sich die ersten Weinberge, die am Nordfuße fehlen. Von da beginnt die ächt asiatische Culturlandschaft Grusinien (Georgistan), das Albanien und Iberien der Alten, das Pompejus für die Römerwelt entdeckte, als er die Mithridatischen Kriege beendigt hatte.

Alle andern Gebirgspfade über die Kaukasushöhen sind so gut wie ungangbar, nur den Gebirgsbewohnern und Raubvölkern bekannt.

Wir haben nur die wichtigsten Verhältnisse im Bau des Kaukasischen Gebirgs berühren können. Einige Bemerkungen über die Bewohner der europäischen Seite desselben fügen wir hinzu.

Für die Geschichte der Menschheit, zumal der europäischen Völkerwelt und für die Geschichte der Sprachen, bieten die Bewohner des Kaukasus ein unerschöpfliches Feld der Betrachtung und Untersuchung dar. Ueberall in die Hochgebirge, gleichsam in die Zertrümmerungen und Ruinen der alten Planetenrinde hinein, haben sich auch die Ruinen der alten Völker der Erde gerettet. Wenn man Urvölkern nachforschen will, so wird man ihren frühesten Anfängen in den Hochgebirgen zunächst auf die Spur kommen. Aber besonders ist dies der Fall mit dem Kaukasischen Lande, das zwischen zwei Meeren, zwischen einem Plateau- und Tieflande, und auf der Schwelle zweier Erdtheile, zwei verschiedenen Völkerwelten angehört; das zugleich die rettende Gebirgsinsel für so viele Wandervölker werden mußte, die auf dem Völkerstrome von Asien nach Europa gedrängt und getragen, Schiffbruch litten und historisch untergingen, und nur in schwachen Resten übrig blieben. Neben diesen gestrandeten Völkerüberresten mußte der Kaukasus seine Urvölker, oder doch seine Aboriginer haben, die von der gemeinsamen Wiege des Menschengeschlechts in Hochasien ausgingen. Es mußten diese sehr frühzeitig Besitz nehmen, ehe Europa bevölkert werden konnte, wie dies auch die alte Tradition bestimmt andeutet. Aber diesen Aboriginern folgten auf doppelten Wegen immer neue Völkerzüge von der Süd- und Nordseite des Kaspischen Sees. Immer mußten sie sich nach den verschiedensten Schicksalen wieder am Kaukasus begegnen. Die zwei großen Völkersteige nach Europa, der Kleinasiatische im Süden des Kaukasus nach Thracien und Griechenland, und der Sarmatische zwischen Ural und Kaukasus über Wolga und Don: immer führten sie zum Fuße dieses welthistorischen Gebirges hin. So drängten sich unzählige nachrückende Völkerschaften zwischen die Aboriginer des Kaukasus auf friedlichem und auf feindlichem Wege in ganzen Massen, Stämmen, Zweigen, Colonieen ein. Daher denn unter den Urvölkern auch so viele versprengte und gemischte Völker auf dem kleinsten Raume beisammen, wie sonst in keinem andern Theile der Erde. Zu dieser ethnographischen Eigenthümlichkeit des Kaukasus kommt die, daß er zwischen großen Weltmonarchieen gelegen — der persischen, parthischen, römischen, byzantinischen, arabischen, mongolischen, türkischen, russischen — niemals ganz unterjocht worden ist; daß daher die Bewohner des Kaukasus durchaus nicht der allgemeinen Abschleifung unterworfen waren, welche die fortschreitende Cultur der Jahrtausende sonst überall ausübt. Also Mannigfaltigkeit, Ursprünglichkeit in allen ethnographischen Erscheinungen bietet der Kaukasus dar, wie kein andres Hochgebirge der Erde. Schon den Alten war diese Natur der Kaukasuslandschaft nicht entgangen; man braucht z. B. nur Strabo's Beschreibung der dortigen Gebirgsvölker etwas genauer anzusehen. Der König Mithridates am Pontus sprach einige zwanzig Sprachen der Kaukasischen Gebirgsvölker, die er in sein Interesse zu ziehen suchte. Die Römer brauchten zum Handel von Dioscurias 70, nach Plinius VI. 5. sogar 130 Dolmetscher, und Andre sprachen in runden Summen von 300 Völkern des Kaukasus. Der arabische Geograph Ebn Haukal im zehnten Jahrhundert behauptet, auf der einen Gebirgsabtheilung über Derbent, welche er unter dem Namen Abeib beschreibt, würden allein 70 verschiedene Sprachen gesprochen. So unbestimmt, übertrieben und unzuverlässig diese Angaben auch sein mögen, so bleibt die Hauptsache doch immer gewiß. Wenigstens sieben ganz verschiedene Sprachstämme, die in 80 verschiedene Schwester- und Töchtersprachen und Dialekte vertheilt sind, lassen sich noch heute im Bezirke der Kaukasischen Völker nachweisen. Diese zerspalten sich aber, wie die geschiedenen Thäler, die sie bewohnen, in unzählige Stämme und kleinere Völkerschaften mit den verschiedensten

Sitten, bürgerlichen und kriegerischen Einrichtungen. Sie gehören den verschiedensten Körperbildungen und Religionen an und haben ihre eignen noch wenig entwirrten Geschichten. Sie sind körperlich verschieden, von der schönsten Idealform des Circassiers und Georgiers bis zur rohen Mongolenbildung. Man findet Heiden, Feuerdiener, Juden, Christen, Mohamedaner. Das Studium dieser Kaukasischen Völker und ihrer Sprachen ist von je her ein wichtiger Gegenstand der Untersuchung gewesen. Viele Reisende, ganze Gesellschaften und verschiedne Akademien der Gelehrten haben sich damit beschäftigt. Aber immer bleiben noch Beobachtungen und gründliche Forschungen wünschenswerth.

Der Ural.

Der Kaukasus ist noch ganz asiatisches Gebirge; er liegt auf der Grenze der asiatischen und europäischen Civilisation. Zwischen zwei Erdtheilen, zwischen zwei Meeren auf einem Isthmus ist er eine Gebirgswelt für sich.

Der **Ural** liegt auch auf der Grenze beider Erdtheile, gegen Ost wie jener gegen Süd. Aber er ist schon weit mehr der europäischen Civilisation näher gerückt, schon zum Theil in ein europäisches Gebirgsland verwandelt. Ehedem war der Ural die Scheidewand zwischen Europa und Asien, so hemmend zwischen beiden wie das Atlantische Meer zwischen Europa und Amerika. In die nie überstiegenen Montes Rhipaei (*τὸ Ῥιπαῖον ὄρος*) versetzte Aristoteles die Heimath der Bären, Hippokrates die Scythen, die Alexandriner die Hyperboräer. Aber Niemand kannte jene Berge, sie blieben in Fabel und Wolken gehüllt für das ganze Alterthum. Sie blieben der ruhige ungestörte Sitz ihrer Aboriginer, der finnischen und sarmatischen Völker, der Biarmier und Jugrier im Norden, der Wogulen und Wotjäken, Tschumaschen in der Mitte, der Baschkiren im Süden; überall im südlichen und östlichen Theile bedeckt von den Denkmälern der

Tschuden, des verschwundenen bergbaukundigen Volkes, von dem aber alle Vorgeschichte nichts zu sagen weiß. Bei dem sibirischen Zuge des Kosakenhetman Jermak Timofega wurde der Ural 1580 zuerst von Europäern überstiegen und in den europäischen Horizont gerückt.

Der Ural streicht von Süd nach Nord in einer Länge von 300 Meilen, und findet in den Klippen der Waigatzstraße und der Doppelinsel Nowaja Semlja noch eine größere maritime Fortsetzung. Als Meridiangebirge ist es das größte in Europa. Denn mit der maritimen Fortsetzung ist seine Ausdehnung der ganzen Breite Europas gleich vom Peloponnes bis zum Nordcap.

A. v. Humboldt führt vier große zusammengehörige Meridianketten derselben Normaldirection auf: Ghats, Soliman, Bolor und Ural. Ihre Axen laufen unter sich parallel; sie sind nicht zusammenhängend, also auch keine Verlängerungen von einander. Aber diese parallelen Gebirgsaxen sind, je weiter nach Norden, desto mehr westwärts von einander abgerückt. Sie alterniren durch Ungleichheit der Zwischenräume, bilden aber doch ein großes System der Meridianketten, welches die ganze alte Welt von der Südspitze Ceylons bis Nowaja Semlja in derselben Richtung und Ausdehnung durchsetzt, wie die Cordilleren Süd- und Nordamerika. Aber die Meridiankette der alten Welt ist durch große Ebenen, von Sind, Bochara, die Kaspische Senkung, Waigatz unterbrochen. Der Ural ist das nördlichste Glied dieses Systems, das wiederholt aufgerissenen Erdspalten in derselben Normalrichtung seine Emporhebung verdankt.

Gegen Süden fällt der Ural nach gewöhnlicher Annahme (auch der Eingeborenen) mit den Vorhöhen des Baschkiren-Urals in die Steppen der untern Wolga, des mittlern Jaik (Uralfluß) und seines östlichen Nebenflusses Emba. Genauere Untersuchungen zeigen, daß sein Gebirgszug sich bis gegen die Nähe des Aralsees und seines Nordufers fortsetzt. Bis dahin hält seine Gebirgsnatur, die Zusammensetzung seiner Gebirgsarten gleichmäßig an, wenn seine Höhe auch unbedeutend wird. Ob die Plateauhöhe des Truchmenen-Isthmus zwischen Aral und Kaspi See ihm noch zuzurechnen sei, bleibt zweifelhaft. A. v. Humboldt ist geneigt, diese sonst für isolirt gehaltene Erhebungsmasse mit zum Systeme des Ural zu rechnen. Seine Gründe ruhen auf geognostischen und hypsometrischen Betrachtungen. Am Südabhange des Truchmenen-Isthmus gegen die Chiwasteppe im Mündungslande des Oxus findet sich nämlich eine den Gebirgsarten des Ural geognostisch gleichartige kleine Gebirgsinsel. Dies läßt auf eine analoge Bildung der Erhebung des Truchmenen-Isthmus zurückschließen. Bei einer russischen Militärexpedition 1826 maßen Duhamel und Anjou die Erhebungen des Plateaus, das sie Ust-Urt nennen (zwischen $41\frac{1}{2}$ und $48\frac{1}{2}^{\circ}$ N.Br.) im Minimum 510, im Maximum 672, in mittlerer Erhebung 588 Fuß über dem Meere. Diese mittlere Erhebung liegt im Meridian von $54\frac{1}{2}^{\circ}$ O.L. von Paris und trifft genau mit der großen Centralaxe oder Streckungslinie des ganzen Uralzuges zusammen: ein zweiter Grund für A. v. Humboldt, das Uralsystem in seiner Meridianerhebung schon mit dem Ust-Urt beginnen zu lassen. Er gehört mit dem Uralsystem aber zu den jüngsten Erhebungen der Erdrinde. Vor seinem und der Uralkette Hervortreten mochten die Aralischen und Kaspischen Meere, wie die sibirischen und Osteuropäischen Wassermeere, nur eine Meeresfläche bilden. Seit der Emporrichtung der Meridiankette des Ural wurde Sibirien erst von Osteuropa geschieden. Zu gleicher Zeit mag auch der Kaspische und der Aral-See in seine Grenzen zurückgewiesen, Osteuropa und Westsibirien von seinen stehenden Wassern befreit sein, die auf der Westseite des Ural reichere Alluvionen zurückließen als auf der Ostseite. Es ist sogar wahrscheinlich, daß mit der Erhebung des Ust-Urt und der Uralkette, und der Intumescenz dieses ganzen Bodens das Einsinken der Aralischen und Kaspischen Depressionen in Wechselwirkung steht. In die historische Zeit reicht diese Begebenheit nicht hinein; sie gehört der frühern vorhistorischen Zeit an, aus welcher die zahllosen Gerippe der untergegangenen Thierwelt, welche in allen Erdspalten des Uralsystems zerstreut liegen, neben den ausgesprützten Sublimationen der Goldkörner herrühren. Die chinesischen Annalen von 2000 bis 2500 Jahren reden noch von einem bittern Meere in Westsibirien.

Geographisch beginnen wir die Erhebung der Uralkette mit 50° N.Br. (oder 50½) mit dem Guberlinsk Ural bei Orsk und Orenburg an den Quellen des Ilek und Tobol.

Der Ural tritt als völlig isolirtes Gebirgssystem des Nordens hervor, selbstständig, mit keinem andern in Verbindung, fern von der Centralmasse des hohen Asiens, 40 Meilen vom Nordende des Kaspischen Sees, 170 Meilen nordöstlich vom Kaukasus, 200 Meilen abgerückt vom westlichen Altai, und eben so weit entfernt vom Ostende der Karpathen. Nur diejenigen Stellen, die bergmännisch betrieben auf einer oder zwei Straßen besucht werden, und im eigentlichen Sinne Uralisches Erzgebirge heißen, waren bisher einigermaßen genauer untersucht. Der bei weitem größere Theil war Terra incognita. Auf der ersten russischen Landkarte vom Jahr 1546, auf welcher die Gebirgskette des Ural angedeutet ist, stehen die Worte: Montes dicti Cingulus terrae, Uebersetzung des russischen Weliko kamenoi Poyas, d. i. der Große Felsgürtel, die allgemeine Bezeichnung großer Gebirgsketten bei Asiaten. Vielleicht hat davon auch der Ural seinen Namen. Ur im Kirgisischen heißt Gürtel. Ural in tatarischen Sprachen Gebirgskette, wird von allen tatarischen Völkern so genannt, seitdem Dschingischan und Timur ihre Heereslager an den Südabhängen dieser Gebirge aufschlugen. Den griechischen Namen Ῥιπαῖον ὄρος glaubt man in der Sprache der Ostiaken wiederzufinden: bei ihnen heißt ryp das Gebirge. Die Baschkiren nennen das Gebirge Syrt. Doch ist der Name Ural bei den Eingebornen nur für einzelne Ketten in Gebrauch. Von den Europäern ist er erst auf das ganze System übertragen.

Von der Länge des Gebirges war schon die Rede. Seine Breite ist sehr verschieden und nur im südlichen Drittel bedeutend, mit allen Vorbergen in Osten und Westen 25 Meilen (unter 54° N.Br.), gegen die Mitte im Quellgebirge der Ufa und Tschussowaja nur 7 Meilen. Sie schwillt weiter im Norden wieder zu 15 Meilen an. Die Höhe des Ural bleibt mittler Art. Der Kamm des Gebirgszugs hat im Durchschnitt 1200 bis 1500 Fuß, seine bedeutendern Gipfel 3600 Fuß, seine höchsten nicht einmal 6400, wiewohl man sie früher bis 8000 Fuß schätzte. Sehr merkwürdig ist es, daß alle diese Gipfel in solchen hohen nordischen Breiten doch keinen ewigen Schnee tragen, sondern nur an der Schattenseite im Sommer einige Schneeflecken zeigen. Die Schneegrenze sinkt hier nicht bis zu 4000 Fuß herab. Der Schneemangel auf so hohen Gipfeln liegt in dem Trockenklima, unter dessen Einfluß sie stehen, und in den heftigen Stürmen und Orkanen, denen sie ausgesetzt sind.

Interessant ist der Gegensatz der beiden Seitenabfälle des langen Uralzuges. Der Ostabfall, fast ohne Vorberge, fällt unmittelbar zum sibirischen Steppenboden und seiner tiefliegenden Ebene ab. Tobolsk liegt nur 110 Fuß über dem Meere. Die Westseite ist ein breites, weithin bedecktes Hügelland und welliger Boden, ein fruchtbarer Acker- und Waldboden. Jene Ostseite ist nackte Steppenfläche mit Tausenden von salzigen Seen durchsetzt, die auf der Westseite gänzlich fehlen.

Zwischen zwei großen Thalsenkungen erhebt sich der Zug des Ural, Tobol mit Obi gegen Norden, Kama mit Wolga gegen Süden. Beide Flußpaare sind die östlichen und westlichen Gebirgsbegleiter des Uralsystems in entgegengesetzten Richtungen. Ihnen fallen fast alle übrigen Seitenflüsse der uralischen Gebirgshänge zu; sie sind die Auslader zum Nordeismeerbecken und zum Kaspischen

See. Der Obi in Osten bleibt in weiterm Abstande vom Ural in der Ebene von Tobolsk zurück, sonst aber hat er viele Analogie mit der westlichen Wolga. Für diese, die von West gegen Ost bis Kasan direct gegen den Ural ihre Wasser wälzt, als wollte sie ein Uraldurchbrecher sein und nach Asien hineinströmen, wurde der Ural durch die Erhebung seines Felsgürtels zum Fluthendamm.

Der Ural zerfällt in drei natürliche Abtheilungen, die aber keine Unterbrechungen seines Zusammenhanges bezeichnen sollen, in eine südliche, mittlere, nördliche Abtheilung. Der südliche Ural liegt zwischen 50 und 55° N.Br., der mittlere zwischen 55 und 61°, der nördliche von 61 bis 69 oder 70° zum Nordeismeere. Der Ural im engern Sinne nimmt ein Areal von 7000 bis 8000 □Meilen Bergland ein; mit den bewaldeten Vorbergen 20000 □Meilen. Das ganze System besteht aus vielen neben einander streichenden Ketten, in denen Parallelismus oder geringere Divergenz vorherrscht, deren Kammlinie und einzelne Gipfelpunkte sehr ungleiche Höhe haben. Im äußersten Norden über den Polarkreis hinaus senkt sich der Ural in zerrissenen Kalkklippen zu Niederungen der Waigatzstraße und des Eismeers hinab, ohne Waldung, ohne Erddecke, blos mit Lichenen und Moosen überzogen. Die Meeresufer liegen nur noch voll Trümmer und isolirte Klippen, und eben so nordwärts die Doppelinsel Nowaja Semlja, die schon Pallas die marine Fortsetzung des Gebirgszuges nannte.

Um bei einer Specialbeschreibung einer so großen Naturform zur Klarheit der charakteristischen Verhältnisse zu gelangen, muß man die verschiedenen Richtungselemente unterscheiden, denen das Gebirgssystem seine plastische Gestaltung verdankt. Bei jedem Kettengebirge sind es vorzüglich fünf verschiedene, die in den gewöhnlichen Beschreibungen der Geographen meist verwechselt werden.

1. Die longitudinale Axe der ganzen Kette, die vorherr-

schende Emporhebung des ganzen Systems — nach ihrer mittlern Erhebung — hier der Meridian $54\frac{1}{2}^{\circ}$ O.L. von Paris. Diese hat A. v. Humboldt die Centralaxe des Systems genannt.

2. Die Kammlinie (ligne de faîte), welche durch die Maxima der Höhe hinzieht; auch die Gipfellinie, welche die culminirenden Hochgipfel mit einander in Verbindung setzt. Sie fällt hier mit der longitudinalen Axe des ganzen Systems zusammen.

3. Die Streichungslinie der Schichtenspaltung, aus denen das System besteht[1], die Aufrichtung ihrer Schichtentafeln, das geognostische Streichen. Es giebt auch ungeschichtete, d. i. massige Bergzüge. Dem Streichen der Schichten nach den Weltgegenden ist das Abfallen der Schichten unter bestimmten Winkeln gegen den Horizont entgegengesetzt. Bei horizontalen Flözen findet weder Streichen noch Fallen statt.

4. Die Linie der Wasserscheide (divortia aquarum) durchsetzt oft sehr willkürlich alle jene Linien und ist ganz unabhängig von ihnen, meist diagonaler Richtung.

5. Die Grenzlinie der Gebirgsformationen. Besteht das ganze System nur aus einer Masse, so fällt diese Linie ganz weg. Aber wohl alle Gebirgssysteme bestehen aus verschiedenen Gebirgsformationen oder Gebirgsarten; das Uralsystem aus sehr vielen. Da wo zwei Gebirgsformationen an einander stoßen, wird diese Grenzlinie eintreten. Diese kann conform mit den vorigen, oder abweichend, oder widersinnig sein.

Alle diese Erhebungselemente können unter sich zusammenfallen, oder doch correspondirende Verhältnisse zeigen; sie können vielfach auch aus einander gehen, sich sogar mannigfach durchkreuzen. Bei dem Uralsysteme zeigt sich das Charakteristische, daß vier Richtungselemente ziemlich in eine Normallinie zusammenfallen oder unter sich parallel sind. Nur die Linie der Wasserscheide fällt weder mit der Centralaxe noch mit der Gipfellinie zusammen; sie folgt nur theilweise dem Streichen der Schichten und der Grenzlinie der Gebirgsformationen. Sie weicht mehr oder weniger ab und durchschlängelt sie. Der Ural gehört zu den einförmigsten Gebirgssystemen der Erde.

Der Süd-Ural von 50 bis 55½° N.Br., dehnt sich vom Ilek im Suden bis zur Quelle der Ufa, und wird von Ilek und Jaik in Süden, von Tobol und Ui in Osten, von Bielaja und Ufa in Westen umflossen. Alle Anhöhen außerhalb dieser Flußläufe sind unbedeutend. Südlich vom Ilek und südöstlich von Orsk fällt alles in flachen nackten Steppenboden ab, gegen Westen von Orenburg am westlichen Uralflusse zum mittlern Wolgalauf. Hier tritt die Verflachung des Obstschei Syrt ein. Da erheben sich nur flache Landrücken, aus denen die Samara entspringt, die gegen Nordwesten zur Wolga geht, jüngere Flözschichten, horizontale Mergel- und Kreidelager. Nur diese Südwestseite des Ural, die europäische, ist mit Ortschaften bedeckt; doch dem größten Theile nach noch Waldgebirge. Die asiatische Seite des Südural ist ohne Ortschaften, Steppenboden, Nomadenland. Kirgisen der Kleinen und Großen Horde nomadisiren am Fuße in den Steppen. Die Baschkiren sind größtentheils durch die fortschreitende Civilisation auf die Ostseite des Ural zurückgedrängt — hier leben sie noch auf den waldigen Randhöhen des Süd-Ural als Jäger-, Reiter- und Hirtenvolk, verdrängt und verkümmert, auf halbem Uebergange zur Festsiedelung. Dies ist der Baschkiren-Ural der Gegenwart. Die südliche und westliche Seite heißt der Guberlinskische und Orenburgische Ural.

Der mittlere Ural streckt sich von 55½ bis 61° N.Br., von den Quellen der Bielaja, der Ai und der Ufa (dreier westlich zur Kama gehender Flüsse) nördlich bis zur Quelle der Soswa in Nordosten, und der Petschora in Nordwesten. Auf dem Uebergange vom südlichen zum mittlern Ural liegt die Gruppe von fünf und mehr gleich hohen Bergen, die unter dem Namen Ural Tau einen bedeutenden Gebirgsknoten bilden, mit vielen Höhen, Thälern, Durchbrüchen, unter 55 und $55\frac{1}{2}^{0}$ N.Br. In diesen Thälern liegen die berühmten Grubenstädte Minsk gegen den Südostabhang, Slatust in Nordwesten am Durchbruche des Aiflusses gegen Nordwesten.

Von diesem Gebirgsknoten gegen Süden findet eine Gabelung der Ketten in zwei und bald in drei wenig divergirende Ketten statt, die sich gegen die Quellen des Jlek wieder zusammenschnüren. Sie ziehen parallel mit den Thälern des Tobol, Ural, der Sakmara und obern Bielaja. Sie haben ihre eignen Namen, die uns hier nicht weiter interessiren, sind aber merkwürdig durch das parallele Streichen ihrer großen Längenthäler von Nord nach Süd. Diese Parallelketten sind weit aus einander gerückt, daher die große Breite des Süd-Ural. Im Norden des Ural Tau ändert sich der Gebirgszug durch Concentration der Parallelzüge in einen dichter zusammengedrängten Hauptzug. Die Gliederung in Parallelketten bleibt vorherrschend, eben so der Parallelismus, aber die breiten Längenthäler schrumpfen in engere Längenspalten und Schluchten zusammen. Alle Längenthäler und Längenschluchten ziehen auf der Grenze ihrer verschiedenen Gebirgsarten, aus denen die Ketten bestehen. In den Spalten fließen die längsten Gebirgsflüsse in der Meridianrichtung von Süden nach Norden oder umgekehrt, brechen durch kurze, enge Querthäler durch die Ketten hindurch, zum Tobol nach Osten oder zur Kama nach Westen. Der Uralfluß gegen Süden bleibt im größten Längenthale, und durchbricht erst bei Orsk und Guberlinsk in vielfach unterbrochenem Querthale alle gegen Süden schon sehr geschwächte Längenketten bis Orenburg; ebenso die Sakmara rechts und der Jlek links.

Dem Parallelismus der neben einander streichenden Meridianketten, welche die reiche Gliederung des ganzen Zuges bilden, entspricht die Natur ihrer Bestandtheile. Die Gebirgsarten wechseln mannigfaltig in der Richtung von West nach Ost, aber sie bleiben sich völlig gleich und einförmig in der Richtung von Süd nach Nord, in der Spaltungsrichtung. Die Hauptgebirgsart der Centralaxe von Süd nach Nord ist Gneiß und Granit; an ihre Mittelzüge lehnen sich Schiefergebirgsketten der verschiedensten Art zu beiden Seiten, aber nur in schmalen Zügen, und steil an der östlichen Seite, breiter und mit sanften Abfällen an der westlichen an; Kalkstein- und Sandsteinflöze überdecken in weiten waldigen Vorbergen und Vorhügeln die westliche europäische Seite in immer mehr sich senkenden sanften Neigungen bis zu horizontal gelagerten Schichten. Alle diese Gebirgsarten sind von vielen plutonischen Massen, von Dioriten (Grünstein), Porphyren, Trachyten, Erzgängen, zumal kupfererz- und magneteisensteinhaltigen Massen durchdrungen, durchbrochen. Bei ihrem Hervordrängen in geschmolzenen, gluhenden Zuständen sind sie mannigfaltig metamorphosirt und durch Dämpfegewalt zersprengt, verschoben, zertrümmert. Dies sind die metamorphen Gesteine und die Erzlager, durch welche das Uralsystem vor so vielen andern Gebirgszügen der Erde so sehr ausgezeichnet ist.

Zwei Extreme in der Zusammensetzung der Gebirgsarten treten als geognostische Charaktere des Ural hervor: größte Einförmigkeit des Felsgebäudes im großen Ganzen von Süd nach Nord, von Orsk bis Bogoslowsk, und größte Mannigfaltigkeit in den untergeordneten Einlagerungen, oder mineralogische Mannigfaltigkeit der Mineralspecies. Wohl kein Gebirgssystem zeigt einen so großen Reichthum von schönen Mineralien in krystallisirtem und derbem Zustande wie der Ural. Diese Erzlagerstätten, die A. v. Humboldt Metall-Eruptionen genannt hat, begründen durch ihren Reichthum den Namen des Uralischen Erzgebirges.

Die Plateauhöhe des Uralrückens ist so unbedeutend, und bietet so wenig Hemmung für den Verkehr, daß der Reisende die Gebirgshöhe gar nicht wahrnimmt. Auf der Heerstraße nach Jekaterinburg könnte man an der Existenz einer Kette zweifeln, denn sie geht über die größte Depression. Ebenso in den Pässen über Blagodat und Serbonansk, und dem Paß von Katchkanar im Parallel von Werchoturie. Nur hier und da zackige Contouren auf der Wasserscheide. Eine mächtige Fichte zeigt auf einer Seite Europa, auf der andern Asien in die Rinde geschnitten. Ebenso sind auf einer Felsklippe, die Alexander I. bestieg, auf den Rücken entgegengesetzter Felsschichten die Namen beider Erdtheile angebracht.

So war hier durch die Naturplastik die Uranlage vorbereitet zur dereinstigen Verbindung zweier Erdtheile und ihrer so lange Jahrtausende hindurch geschieden gebliebenen Völker-Interessen; vorbereitet durch milde Formen der Gebirgshöhen, durch die gesellige Entwickelung und das Ineinandergreifen des beiderseitigen Flußnetzes; durch den Mineralreichthum der Gebirgsadern. Erst die Industrie der fortgeschrittenen Civilisation sollte durch Bergbau und Hüttenwesen diese Naturgaben und Naturschätze zu Tage fördern.

Der Nord-Ural von 60 oder 61° N.Br. zieht von den Quellen der Kama und Petschora nordwärts. Schon der Mittel-Ural ist auf seinem Rücken unwirthbar, der Nord-Ural aber fast unzugänglich, nur an seinen Seitengehängen besucht, ein weitläufiger felsiger Bergzug, von den Russen der Wüste Ural genannt, im Gegensatz des Wald-Ural und des Erz-Ural. Von 63° N.Br. an vertheilt er sich in mehrere Zweige, die nur noch nackte Gipfel haben. Der Zug ist immer von tiefhängenden Wolken belagert, welche die feuchten West- und die eisigen Nordwinde herbeiführen, daher sehr wasserreich. Der Fuß, großentheils mit Sümpfen und Morästen bedeckt, ist nur im Winter zugänglich. Bei Obdorsk über 4000 Fuß hohe Gipfel, alle andern niedriger herabgesunken. Auf den Höhen nur Krüppelholz, Buschwerk, Torfboden zwischen gewaltigen Felsblöcken und abgestürzten Trümmermassen. Der Ost- und Westabhang mit Waldwildnissen von niedern Tannen,

Fichten, Zirbelkiefern, Lärchen bedeckt; von Laubhölzern dringt nur Birke und Traubenkirsche (Prunus Padus) so weit gegen Norden vor. Die Seitenflüsse haben zu wenig Gefälle, um die Waldsümpfe von dem Ueberfluß ihrer Wasser zu befreien. Die Flüsse sind wegen ihrer vielen Klippen zu gefährlich zu beschiffen. Nordwärts des Soswa konnte kein Europäer vordringen. Der Zugang muß beschwerlich durch Flöße, Brücken und lange Balkenwege gebahnt werden. Die Bäume versinken und verfaulen in sich, und Waldbrände im Sommer vermehren die chaotische Wildniß dieser Urwälder. In ihnen finden Bären, Wölfe, Elenthiere ihre Asyle. Die zahlreichsten Schwärme von Eichhornarten machen das Hauptwild aus. Rennthiere ziehen auf den freien Torf- und Moosebenen herum. Russische Lappländer auf der Westseite, Samojeden auf der Ostseite wandern mit gezähmten Rennthieren umher. Nur im Sommer streifen russische Jägerparteien durch diese Wildnisse nordwärts von den Petschoraquellen bis zum Ob und zu den Waigatz-Inseln, und treiben Jagd, Robbenschlag und Fischfang. Aber feste Ansiedelungen fehlen. In den letzten Jahrzehnten hat man an der Ostseite auch weit in den Nord-Ural hinauf jene Goldlager verbreitet gefunden. Und so ist der Anfang zur Gewinnung durch Goldseifen und zur Bewirthschaftung auch des Nord-Ural gemacht. Die Gegend von Petropawlowsk bis gegen 61° N.Br. ist schon in Betrieb.

Die Colonisation des Mittel-Ural hat die Urbevölkerung desselben seit dem letzten Jahrhundert verdrängt. In den Nord-Ural sind die wenigen Ueberreste der Finnischen Völkerstämme zurückgewichen, die vor drei Jahrhunderten den ganzen Ural in Besitz hatten: Tscheremissen und Wotjäken an der europäischen Westseite, beide längs der Kama aufwärts bis zum Nord-Ural. Syrjänen und Wilschyden zwischen der Kama und ihrem rechten Zufluß, der Wiätka. Die Wogulen auf der Ostseite behielten ihre Waldsitze nur auf der nördlichen Grenze des Mittel-Ural und

Nord-Ural von Werchoturie nordwärts. Die Tscheremissen und Wotjäken haben sich mit andern finnischen Stämmen und Russen vermischt und sind meist zur griechischen Kirche bekehrt, treiben Ackerbau, Viehzucht und Pelzjagd. Die Syrjänen stehen auf der Uebergangsstufe vom Jagdleben zum Ackerbauleben. Sie verbinden ihre Winterjagd mit Sommerackerbau. Unter ihnen ist immer noch ein Rest heidnischer Familien. Die Wogulen haben sich immer nördlicher und tiefer in die Einsamkeit ihrer Waldwildnisse zurückgezogen, leben in vereinzelten Familien, wie in Dörfern, von der Jagd und Holzarbeit.

Der Mittel-Ural verflacht sich auf der Grenze zum Nord-Ural auf der westlichen Seite um die Quellen der Kama und Petschora zu Hügelland, das sich in niedern Landrücken, die zugleich Wasserscheiden sind, weit gegen Norden und zumal gegen Westen verbreitet. Wenn der Süd-Ural gegen Südwesten den Landrücken des Obstschei Syrt zur Wolga aussendet, so der Mittel-Ural gegen Nordwest die beiden nördlichen und westlichen Landrücken, welche von den Russen Uwalli genannt werden. 1) Die nördlichen Uwalli gegen Nordnordwest, zwischen Petschora und Ostarm der Dwina, scheiden diese beiden Nordströme und ihre Stromsysteme; weniger durch Höhen als durch Waldrücken. Aber diese Uwalli verschwinden nicht so bald im nordwestrussischen Niederlande, wie man früher glaubte. Erst 1843 haben Graf Kayserling und Capitain v. Krusenstern zum erstenmal die Petschora beschifft und aufgenommen. Es zeigte sich, daß der Ural hier von 63° N.Br. noch einen niedrigern Zweig auf dem linken Ufer der Petschora aussendet, der früher ganz unbekannt war — die Timankette auf dem Westufer der Petschora; ihr rechts zieht der Ural gegen Nordost. 2) Der westliche Landrücken scheidet die Dwina vom Kama- und Wolga-System, streicht mehrere hundert Meilen weit gegen West und Südwest und trennt zugleich Nord- und Mittelrußland. Eine merkwürdige

Naturgrenze; kein Gebirgszug, viele Senkungen und Bergzüge untergeordneter Art. Sie lassen sich bis zum Weißen See (Bielo Osero) im Parallel von 60°, im Süden der Onega und nordöstlich von Nowgorod verfolgen. Erst weiter gegen Südwesten, im Süden des Ilmensees und an den Quellen der Wolga erhebt sich das Waldai-Plateau, das mit jenem in weitem südlichen Bogen als Wasserscheiderücken durch Höhenzüge zusammenhängt, aber nicht als Bergkette. Die hiernach sich richtenden Nord- und Südsenkungen der Plateaustufen Mittelrußlands bestimmen einen großen Theil der Stromsysteme von Osteuropa.

Die größte Bedeutung hat das Uralsystem für Europa durch Entsendung seines Wasserreichthums zu dem kolossalsten Wassersysteme Osteuropas, durch seinen Metallüberfluß und durch seinen Waldreichthum. Ohne diese Naturgaben des Uralischen Gebirgszuges würde die osteuropäische Civilisation keine so raschen Fortschritte haben machen können, als sie seit anderthalb Jahrhunderten wirklich gemacht hat. Sie würde mit viel größerer Schwierigkeit über den Ural hinaus nach Nordasien haben eindringen und auch dort Fuß fassen können, wie dies am Altai der Fall ist. Das Uralische Erzgebirge hat hier eine höchst merkwürdige Rolle der Vermittelung zwischen beiden Erdtheilen gespielt, deren Gegensatz sich im Kaukasus zeigte, der durch Selbständigkeit seiner Völker, durch seine Erzarmuth, wie seine schroffe Naturgestalt, noch eine Scheidewand beider Erdtheile bildet. Die Urbewohner des Ural sind gänzlich verschwunden, spätere Bewohner beschränkt und zurückgedrängt. Die jetzigen Beherrscher und Anbauer des Ural sind Russen und Deutsche, deutsche Berg- und Hüttenleute, die sich aber naturalisirt haben, so daß sie meist slawische Sprache angenommen, die deutsche oft ganz vergessen haben. Nur die Frauen haben die deutsche Muttersprache in ihren Familien erhalten. Die Deutschen sind es, welche den Bergbau dort in den letzten Jahrhunderten nur wieder belebt, aber nicht zuerst eingeführt haben. Schon eine Nation der Vorwelt hatte den Bergbau im Ural, zumal an der asiatischen Seite, betrieben. Das zeigen alte Gruben in großer Anzahl. In ihnen hat man nicht selten Gebeine von Menschen und Thieren, Kleidungsstücke aus Fellen, Holzgeräth, Leitersprossen, Hämmer und andre Werkzeuge gefunden. Da sie oft in Erze verkiest und zu Stein verhärtet sind, müssen sie uralt sein. Die Russen nennen das verschwundene, unbekannte Volk Tschuden. In allen nördlichen Gegenden (von Werchoturie an), wo heutzutage noch wichtige Bergwerke betrieben werden, findet sich keine Spur dieser alten Tschudenschürfen, aber südwärts. Hier ist alles mit antiken Gruben, Schürfen, Halden bedeckt; sie sind überall Fingerzeige für die neuern Bergarbeiten geworden. Aber die meisten sind mit Wassern gefüllt, versoffen — viele Jahrhunderte müssen sie in Verfall gewesen sein. Von der verschwundenen Nation der Tschuden weiß die Geschichte nichts. Ihre Monumente, ihre gleichartigen Grabstätten reichen vom Ural an der ganzen südsibirischen Grenze auch bis zu den Plateauhöhen des Altai. Sie waren kunstreich, Metallarbeiter, hatten merkwürdigen Todtencultus, Grabmale mit schönen Jaspisblöcken bedeckt; schmückten die Leichen mit Waffen, Hausgeräth, Goldgeschmeide, Goldplatten und Goldketten. Reiter und Roß begruben sie selbander.

Die erste Spur von der Wiederaufnahme des Bergbaus im Ural seit der Tschudenzeit findet sich in der Mitte des siebzehnten Jahrhunderts, zumal gegen das Jahr 1700. Es sind Fremde, die überall erst die Einheimischen auf die Schätze ihres Geburtslandes aufmerksam zu machen pflegen. Hier waren es zwei Deutsche, Fritsch und Herold, die den Ural bereisten, und dem Zar Alexei Michailowitsch den Eisen- und Kupferreichthum des Ural verkündeten. Erst Peter I. brachte durch Bergleute aus Deutschland den Bergbau in Aufnahme. Vorzüglich seit dem achtzehnten Jahrhundert ist dort eine neue Welt entstanden. Von den deutschen Bergstädten Goslar und Freiberg und von Böhmen gingen die bergmännischen Entdeckungen im Ural aus. Deutsche Hüttenmänner gossen im Ural die ersten Kanonen für die sibirischen Grenzlinien.

Der Ueberfluß an Holz und an Bergwassern erleichterte die Anlagen ungemein. Der große Erzreichthum lockte bald viele an den Ural. Der Ahnherr einer der reichsten russischen Familien, der Demidoffs, Nikita Demidoff, ging von Tula als gemeiner Eisenschmied in den Ural. Er gründete dort 1699 das älteste Eisenhüttenwerk Newiansk, und erhielt von Peter d. Gr. dies Werk mit Wald und Boden zum Geschenk. Bald legte er noch zehn andre Eisenhüttenwerke auf eigne Kosten an; zu ihrer Bearbeitung verwandte er viele Roskolniken, die damals durch Glaubenszwang gedrückt in Menge nach Sibirien auswanderten. Seine Söhne und Enkel legten viele neue Werke an, zogen viele Deutsche in ihre Dienste. Diese betrieben den Bergbau gründlicher und wissenschaftlicher. Sie brachten auch die Gold- und Silberbergwerke im Ural und weiter im Altai, bis Nertschinsk, in Aufnahme. Viele andre folgten ihnen nach. Anfänglich standen die Uralischen Bergwerke unter Tobolsk; aber die Bergbaulust nahm überhand, die Bevölkerung des Ural wuchs sehr schnell. Zu Anfang des achtzehnten Jahrhunderts wurde Katharinenburg mitten im Ural erbaut; es wurde bald Sitz des russisch-sibirischen Oberbergamts. Schon 1723 mußte diese Bergstadt Unter-Bergämter gründen. Der ganze Mittel-Ural wurde seit dem mit kleinern und größern Städten, Ortschaften, Berg- und Hüttenwerken überdeckt. Der Gesammtertrag des Uralischen Bergbaus an rohen Producten betrug 1766 schon 6 Mill. Rubel, 1782 7 Mill. Rubel. Schon damals war das Uralgebirge das metallreichste in ganz Europa. Seitdem ist der Ertrag durch Vervollkommnung des Bergbaues, durch rationelle Bewirthschaftung und große Entdeckungen neuer Adern um Vieles gestiegen. Im Jahr 1820 zählte man außer den großen Berg- und Hüttenwerken der Krone und vielen kleinern, welche für die Armee und Flotte fast alle Metallbedürfnisse liefern, noch 99 große Eisenwerke und 35 große Kupferwerke in Privatbesitz. Der Gesammtgewinn aller wurde auf 45 Mill. Rubel angeschlagen. Die Zahl der Berg- und Hüttenleute an den Privatwerken betrug 120000, an den Werken der Krone 33000, zusammen über 150000. Noch weit größer würde der Ertrag und das Gewerbe sein, wenn die große Entfernung nicht den Transport und Absatz der Producte erschwerte.

Erst seit einigen Jahrzehnten ist auch der Ost-Ural ein Eldorado für Osteuropa geworden. Früher wurde nur an wenigen Bächen im Norden von Katharinenburg Gold gewaschen: an der Pyschma, einem Zubache des Iset, bei Beresow, seit 1754. In derselben Gegend entdeckte man 1814 an der Beresowka, einem andern Zuflusse des Iset, ein Uralisches Peru: ein Erzlager unter der Rasendecke selbst mit bedeutenden Goldklumpen, bald in Sandschichten in Trümmern von Thon- und Schiefergebirge, oder mit Granitsand, oder nur von einer rothen Lehmschicht von 12 bis 18 Fuß Mächtigkeit bedeckt. Dies Lager hielt man damals anfänglich für den Niederschlag einer von Osten herbeigeführten Ueberschwemmung. Späterhin erwies es sich in Verbindung mit andern Vorkommnissen als ein Erzeugniß vulkanischer und plutonischer Wirksamkeit. Der leichte Gewinn des Sandwaschens, im Gegensatz des mühsamen Grubenbaues zog sogleich in den Jahren 1815 und 1816 mehrere tausend Arbeiter herbei. Das erste Jahr hatte man schon 200 Pfund Goldkörner ausgewaschen. Alles vorkommende Gold ist gediegen. 600 Centner Sand gaben erst etwa ein Loth Gold. Das Gold ist ursprünglich in Schwefelkies enthalten, der im Quarzgang ansteht — er verwittert zu Eisenocher, und die feinen, staubartig darin vertheilten Goldkörnchen werden frei. Nadelknopfgroße Stückchen sind schon nicht häufig; pfundschwere Stücke sind nur als äußerste Seltenheit gefunden. Bald zeigte sich, daß fast die ganze Ostseite des Ural, eine Strecke von 150 Meilen Länge, vom obern Werchoturiefluß, der Tura südwärts, bis zum obern Jaik, von Bogoslowsk bis zur Polkowschen Grube am Ui mit einer Decke von goldreichem Flugsand überlagert war. Auf dieser Strecke wurden 1824 von 18000 bis 20000 Menschen eine Million Ducaten an Goldwerth ausgewaschen und die größten Massen gediegenen Goldes, die je bekannt wurden, gefunden, alle auf einem Haufen in einer Grube zu Slatust, 49 Goldklumpen, von denen der schwerste 8 Pfund reines Gold hielt. Von 1827 bis 1841 betrug der Gewinn des gewaschenen Goldes im Ural 80 Millionen Thaler. Leider kein reiner Gewinn für das Ganze; denn dieser leichte Goldgewinn brachte den übrigen Hüttenwerken großen Nachtheil. Viele Private ließen ihre soliden Eisen- und Kupfergruben und Hüttenwerke fallen, um den für den Augenblick viel bequemeren und gewinnreichern Goldwäschen nachzugehen. Die Goldausbeute der zehn folgenden Jahre übertraf die von ganz Brasilien. Mit dem Golde kommt auch Magneteisensand in großer Menge vor. Außer den ganzen Magnetbergen kommt dieser Magneteisensand auch in den zahlreich zerstörten Dioriten (Grünsteinen) der Ostkette vor. Also zweierlei Eruptionsverhältnissen verdankt das Goldlager sein Hervortreten, seine Zertrümmerung, seine Verbreitung.

Die Goldwäschen haben am Ural wie in Peru zu der Entdeckung des Platin geführt. Seit 1822 wurde dieses Metall am Ural gefunden, das früher nur auf einer gewissen Höhe der Cordilleren von Quito und Peru vorgekommen war. Die erste Platina-Mine wurde im Goldsand-Revier des Gouvernements Perm ausgebeutet. Aus 40 Centnern Sand wusch man nur 3⅓ Loth Platin. Doch auch in größerer Menge und selbst mitunter in sehr großen Stücken, bis handgroß, kam es vor. Danach fand man Diamanten und andre Eruptionsproducte: Palladium, Osmium, Iridium. Früher war Platin das kostbarste Metall; bald hatte es durch die Menge seines Ertrags ein Drittel seines Werthes verloren. Da es meist auf Kronwerken erzielt wurde, so vermünzte man es, um seinen Werth zu erhalten. Die allgemeinere Anwendung dieses Metalls für die Technik, Physik und Mechanik hat aber die Aufhebung des Platingeldes veranlaßt.

Gegen das Vorkommen der gediegenen edlen Metallmassen tritt freilich der Gewinn an edlen Steinen, was den Nutzen betrifft, in den Hintergrund. Aber auch diese Production des Mineralreichs ist überraschend. Der hohe Norden scheint die ganze Pracht seiner Bildungen in den Schooß der Erde verborgen zu haben, während diese Pracht in der Tropenwelt sich in dem Luxus der Pflanzen- und Thierwelt zeigt. Die Uralischen Schleifereien verarbeiten die Prachtgesteine für die Paläste und Museen und Kunstwerke in kolossalstem Maßstabe: Marmor, Malachit, Avanturin, Porphyr, Jaspis u. s. w. Der Ural liefert die schönsten weißen Topase, gelbe, blaue, meerblaue, seladongrüne Berylle, die größten und schönsten Amethyste.

Zu dem Erzreichthum kommt der Waldreichthum des Ural, ohne den die Schmelzungen in den Hüttenwerken und die Verarbeitung in den Maschinenwerken nicht stattfinden könnten. Die meisten Berg- und Hüttenwerke liegen in schwer zugänglichen Waldrevieren. Obwohl viele davon gelichtet und die nahen Umgebungen der Schmelzhütten schon ziemlich waldfrei geworden sind, so schätzt man doch daß noch neun Zehntel des Ural mit mächtiger Waldung bedeckt sind. Während im übrigen Europa, wenige Landschaften abgerechnet, Holzmangel eingetreten, und selbst das flache Rußland in seinen Wäldern der mittlern Landstriche sehr gelichtet erscheint, ist der Ural noch im Ueberflusse, ungeachtet fast keine Sorge für den Nachwuchs stattfindet. Die Hüttenwerke verzehren außer den großen Waldstrecken in ihrer unmittelbaren Umgebung auch noch alljährlich aus weiterer Ferne an 8 Millionen Centner Holzkohlen, zu deren Gewinnung ungeheure Waldungen gehören. Leider gehen aber viele jährlich durch Stürme und Waldbrand und noch weit mehr durch Verfaulen auf der Wurzel verloren. Es gehört das feuchte und kühlere nordische Klima dazu, um diese alljährlichen Verluste durch Vegetationskraft zu ersetzen. Die Steinkohlenlager am Süd-Ural und in Südrußland liegen zu fern ab und sind noch zu unbedeutend. Die Torflager im Ural und zu seinen Seiten hat man kaum erst zu benutzen angefangen.

Der Nord-Ural und Mittel-Ural tragen vorherrschend nur Nadelwald: Tannen, Fichten, Kiefern, die sogenannte sibirische Ceder (Pinus Cembra, Zirbelkiefer), Lärchen. Der Lärchenbaum liefert in der Nähe des Meeres und schiffbarer Flüsse die schönsten Mastbäume; er ist wie die Tanne und Kiefer durch ganz Nordrußland verbreitet. Unter den Laubhölzern dringt nur die nordische Birke (Betula pubescens) bis unter den Polarkreis und zur Waigatzstraße als Einzelbaum, zwischen dem Nadelholz vor; begleitet vom Traubenkirschbaum (Prunus Padus), der das einzige nordische Baumobst, die erbsengroße schwarze Steinkirsche von fadem Geschmack bietet, die bei uns nicht beachtet wird. Die Eberesche (Sorbus aucuparia) mit ihren schönen rothen Früchten geht eben so hoch hinauf. Die deutsche Birke, Weißbirke (Betula alba) ersetzt jene nordische Birke erst vom Mittel-Ural an, und ihre Zone reicht südwärts bis zum Kaukasus, westwärts durch ganz Europa und Scandinavien bis zum Nordcap. Sie ist der Schmuckbaum von ganz Mittelrußland, und bildet die schönsten Laubwälder. Birkengehölz niederer Art findet sich selbst noch an begünstigten Stellen des sonst baumlosen Steppenlandes bei Orenburg. Die Traubenkirsche und die Eberesche reichen nicht auf die Ostseite des Ural hinüber. Die deutsche Eiche, der Schmuck Mitteleuropas, nimmt schon am Fuße des Ural, bei Kasan an der Wolga sehr ab; sie steigt den Ural gar nicht hinauf, sie fehlt ganz Asien, bis wieder ihre Repräsentanten an der Grenze von China und auf den Hochbergen des Himalayasystems auftreten. Auf den wärmern Vorbergen des südlichen und mittlern Ural machen außer den Nadelhölzern Eichen, Ulmen, Linden, Ahorn, die Hauptwaldungen aus, meist gemischt mit Nadelholz, aber auch selbständige Wälder bildend. Der Ahorn (Acer Pseudoplatanus) steigt am höchsten. Die Linde, die im ganzen Westen Europas nur vereinzelt oder in Gruppen sporadisch zwischen andern Bäumen sich zeigt, tritt im mittlern und östlichen Rußland bis zu den westlichen Vorbergen des Ural in selbständigen Wäldern auf. Diese Lindenwälder beginnen aber erst etwa im Osten von Moskau an der Wolga. An den Ufern der Ural-Flüsse, Seen und Sümpfe sind Weiden, Pappeln, Schilfe, Riedgräser vorherrschend. Die Obstcultur fehlt dem ganzen Uralsystem; selbst am Fuße des Süd-Ural ist jeder Versuch zu Anpflanzung von Obstbäumen mißlungen. Die kalten Winter und die trocknen Sommer haben keine Aepfel-, Birn-, Kirschbäume aufkommen lassen. Der Weinbau nähert sich nirgends dem Gebiete des Ural — die nördliche Weingrenze bleibt fern von ihm zurück, zieht über Astrachan, Saratow, Woronesch gegen Westen. Dagegen gedeiht im heißen Steppenboden am Südfuße des Ural die Cultur der rankenden Sommergewächse, der Gurken, Melonen und zumal Wassermelonen, die eines heißen Sonnenstrahls bedürfen und dem Winter nicht ausgesetzt sind. Gemüse gering, Weizen, Roggen, Gerste, Hafer, Hirse, Buchweizen zugeführt aus den Vorebenen der europäischen Seite. Alles das muß der Erz-Ural mit seinen Mineralien bezahlen.

Der Wasserreichthum des Ural macht es möglich, daß an Ort und Stelle überall durch Aufdämmung und Aufstauung seiner Bergwasser die größten Wasserbassins gewonnen werden. Ohne ihre künstlichen Abflüsse wäre Schmelz- und Hüttenarbeit unmöglich. Viele Hunderte von Kunstteichen sind allein zu den Waschheerden und Stoßheerden der Goldseifen, zur Abführung der ungeheuren Sandmassen nothwendig. Der Wasserreichthum der Gewässer ist dadurch von größter Wichtigkeit, daß diese fast alle von ihrem obern Laufe an, viele von der Quelle an schiffbar sind. Die kolossalen Stromsysteme Osteuropas setzen durch ihre Schiffbarkeit und Kanalverbindung den Ural in directen Verkehr mit allen Meeresgestaden von Europa. Die Marine von Archangel am Weißen Meere, die Flotte im Süden auf dem Schwarzen Meere, der Finnische Meerbusen mit den Häfen von Petersburg, Kronstadt, Riga und allen Handelsorten der Ostsee erhalten dadurch direct ihre Bedürfnisse in Massen, an Holz, Eisen, Kupfer und allem was damit in Verbindung steht. Das russische Reich könnte ohne den Ural seine kolossale Macht nicht entwickeln; es wäre ihm unmöglich, ohne denselben seine gegenwärtige politische Stellung in Beziehung auf Asien wie auf Europa, im Osten und Westen, wie im Süden gegen Armenien und Transkaukasien, wie im Norden gegen Scandinavien zu behaupten.

Dies ist die geographische Bedeutung des Uralsystems in seinen charakteristischen Verhältnissen für das System der Alten Welt.

Die Karpathen.

Die Karpathen bilden den dritten Grenzstein des europäischen Tieflandes. Das Hochgebirge der Karpathen im engern Sinne nimmt jedoch nur einen sehr kleinen Raum von der großen Gebirgscurve ein, welche man Karpathen im weitern Sinne nennt und welche einen Theil der Gebirgsdiagonale von Europa bildet. Die hohen Karpathen stehen in der Mitte dieser Diagonale, und theilen sie in den östlichen Gebirgsflügel und den westlichen zwischen 37° 10′ und 49°, und liegen selbst in der Normaldirection des langen Zuges. Diese Direction fällt zusammen mit der großen Linie der Wasserscheidung, zwischen der Donau im Süden und den Zuflüssen des Baltischen Meeres im Norden. Aber die Karpathen unterbrechen diese Linie der Wasserscheidung und wechseln die Verhältnisse ganz merkwürdig. Verfolgen wir die Ausdehnung der Gebirgsdiagonale genauer. An der Grenze der Moldau und Galiziens steigen die ersten Vorberge aus Vorstufen des mittlern Dniestr, aus der welligen und flachen Ebene der Moldau und der russischen Ukraine auf. Wir nennen diese östlichen Vorberge das niedrige Bergland der Bukowina. Die nächsten Städte an diesen Vorbergen sind Chotin am Dniestr, Czernowitz am Pruth und Sereth am Sereth. Die Siebenbürgischen Gebirge bilden eine besondere Abzweigung der östlichen Karpathen. Der westliche Karpathenzug dehnt sich gegen Deutschland als Wasserscheide und Sprach- und Völkergrenze aus. Bei den Sudeten treten andre Bergsysteme auf. Die ganze Ausdehnung ist 100 Meilen. Dieses ganze waldige Karpathische Bergland bedeckt ein Areal von 800—1000 □Meilen.

Die Anwohner nennen die Centralkarpathen: Tatra, Karpa, Krapat. Tatra oder Tatri ist der gewöhnliche Ausdruck, der schon seit dem 10. Jahrh. zur Zeit Otto's des Großen in mehreren Urkunden vorkommt: montes tatri. Auch finden wir den Namen Karpis als eines Nordzuflusses der Donau bei Herodot. Krapat ist ein alter Völkername, der auf das Gebirge übergetragen wird. Mit der Einwanderung eines slawischen Volkes von der Nord- auf die Südseite der Donau ist auch der Name gewandert und so entstanden die Völkernamen: Kroat, Kroatien, Karantanien, Kärnten. So hat sich dieser Name der Völker zersplittert zwischen Völkern, Ländern, Bergen.

Die Tatra, ein isolirtes Gebirgssystem, liegt tiefer im Continente Europas als jedes andre Gebirge. Von der Ostseite bis zum taurischen Gestade am Schwarzen Meere, ostwärts bis zum hohen Kaukasus ist es überall von niedern Gebirgszügen umgeben, und ist in diesen weiten Ebenen und durch seine insularische Lage ein Anziehungspunkt für den Wechsel der Atmosphäre. Von Osten brechen sich die Wolkenschichten, die Windsysteme an diesem Vorgebirge; die ganze atmosphärische Thätigkeit der obern Luftschichten wird vom Ural und Kaukasus zuerst hier wieder näher bestimmt. Die Anwohner sehen es als eine Wettersäule an, so wie der Kaukasus eine im östlichen Asien ist. Der Einfluß dieser Gebirgssysteme auf Europa ist darum für die Winde-, Wolken- und Gewitterbildung sehr wichtig.

Die Tatra besteht aus einem einzigen 6—7 Meilen langen und 3 Meilen breiten Gebirgsstocke, der sich als ein Massengebirge erhebt, nirgends sichtbar in große Glieder getheilt, nicht tief eingesenkt. Der gemeinsame Gebirgsgrat steigt überall bis 6500 Fuß absoluter Höhe auf. Ueber diesem Gebirgskamme ragen höhere Spitzen, einzelne Gipfel empor. Das Minimum der Einsenkung der Pässe oder das Maximum der Gesammterhebung giebt der Tatra den Charakter des Hochgebirgs, nicht die partielle Erhebung einzelner Gipfel, nicht das nur etwa 20 □M. betragende Areal.

Das Gebirge trägt nach seiner mineralogischen Zusammensetzung im vollkommenen Gegensatz zu dem Ural den Charakter der Armuth. Die Hauptmasse ist heller Granit, gleichfarbig hellgrauer Feldspath, im Nordosten mit Gneuß überlagert. Solche gleichartige Gebirgsmassen trotzen der Verwitterung und sind geschlossener als die zusammengesetzten, welche durch Regen u. s. w. leichter zerstört werden. Davon hängt auch die Oberflächenbildung ab. Kalksteine sind wie gemauert, Granit wie Kegel. Wo beide zusammentreffen, geht die Zerstörung schnell vor sich, es entstehen Thäler und Schluchten u. s. w. Die Mannigfaltigkeit der innern Constructionsverhältnisse bedingt die Entwickelung und Mannigfaltigkeit der Oberfläche. Wo Einartigkeit der Gebirgsmassen ist, ist auch im Aeußern Einartigkeit in der Form. Die Tatra ist das einförmigste Gebirge Europas und steigt zugleich auch aus der einförmigsten Ebene auf. Die Granitmassen sind da nicht einmal wie gewöhnlich in Granitbänke gesondert, es fehlt ihnen die Schichtung. Daher sind die karpathischen Gipfel geschlossene Formen: Säulen, thurmartige, schroffe, unzersplitterte

Felsen: daher die eigenthümlichen Namen dieser Gipfel: Thurm, Nase, Spitze. Die Seitenflächen sind meist schroffe Granitwände. Da die Tatra weniger Zerstörung erlitten hat als andre Gebirge, so fehlen an ihrem Fuße die Schuttberge, Schuttkegel, wie solche die Alpengebirge umlagern.

Die weite Ebene, aus welcher sich die Tatra steil emporhebt, wahrscheinlich trockengelegter Seeboden, 1800—2000 Fuß über dem Ocean, wird durch die Centralkarpathen in eine nördliche und eine südliche Hälfte geschieden. Jede sendet ihre Wasser entgegengesetzten Meeren zu. Arva- und Neumarkter Ebene sind die beiden nördlichen. Arva liegt 1538 F. über dem Meere, Neumarkt 1753 F. Im Westen zwischen beiden liegt der Sumpf Bari, 1959 F. über dem Meere. Hier ist die Wasserscheide zwischen der Weichsel und Donau, nicht also auf dem Hochgebirge. Die Neumarkter Ebene ist die einzige der vier Hauptebenen, die nicht in Ungarn, sondern in Galizien liegt. Ihre Nordseite ist vom Waldgebirge Magura begrenzt, das sich bis nach Krakau erstreckt. An der Stelle, wo die Flüsse das Gebirge in rechtem Winkel bei den Städten Lechnitz und Lublo durchbrechen, heißt es Bakagura. An der Nordseite dieses Durchbruchs tritt der Donajec bei Sandec in die weite polnische Ebene. Diese nördlichen Vorkarpathen bilden hier keine politische Grenze wie ihre Arme in Westen und Osten, auch keine natürliche Wasserscheide, aber eine klimatisch-vegetative Naturscheide; auf der Nordseite beginnt die Flora der obern Weichselebene, an welcher Ungarn so wenig Antheil hat, als die Alpenflora der Tatra. Die Wasserscheide springt hier merkwürdig von diesen Vorbergen über die Vorebene zur hohen Tatra hinüber, von da in die südliche Karpathenebene, und auf dieser wieder auf die südlichen Vorkarpathen: alles in sonderbarem Zickzacklaufe. Die Theorie, daß die Wasserscheide immer mit den Gebirgszügen vereint sei, kann kaum irgendwo deutlicher widerlegt werden.

Die beiden südlichen Ebenen am Tatra sind die Liptauer und die Käsmarker Ebene. Käsmark liegt vollkommen in der Ebene und ist doch eine hohe Bergstadt, 1850 F. Auf der Wasserscheide entspringen Bodrog und Waag. Der Bodrog fließt nach Osten durch das Zipser Comitat und umkreist in großem Bogen die höchste Steigung der Tatra; gegen Südwest durchbricht die Waag die anliegende Gebirgskette des Fatra, dessen höchster Gipfel bei Thurocz 5200 F. Dieser Theil heißt der große Fatra. An der Südseite der Waag zieht das Hochgebirge Granowa hin, 5000 F. hoch.

Merkwürdig ist die Unterbrechung des ganzen Karpathenzuges zwischen 38—39° O.L. von der Bodrogquelle nach Südosten zur Quelle des Hernad. Dieser fließt zum Theiß, wohin sich die Bodrogebene senkt. Die Quelle des Hernad liegt 1860 F. hoch. Eine große Einsenkung, gleichsam ein tiefer Kanal, setzt sich gleichmäßig zu der ungarischen Ebene fort. In dieser liegen die Städte Leutschau, Kaschau und Tokay, Kaschau nur 530 F. hoch, Tokay 215 F. Südwärts von Tokay zur Theiß und Donau breiten sich die großen Ebenen des niedern Ungarn aus. Die Cultur des Mais, Reis, der Baumwolle, des Zuckerrohrs deutet auf das heiße Klima der Niederung. Dort erzeugen sich heiße Winde, die gegen Norden getrieben das Hernadthal durchstreichen. Die berühmten Tokayer Weine, die reiche Vegetation der südöstlichen Karpathen sind von jenen Südwinden bedingt. Ungarische Patrioten haben schon lange Vorschläge gemacht, um eine Kanalverbindung zwischen der Donau und Weichsel zu Stande zu bringen.

Die Centralkarpathen bestehen aus zwei Hauptmassen, aus einer westlichen, dem Liptauer Gebirge, und einer östlichen kreisrunden, der Tatra im eigentlichen Sinne, jener Hochgebirgsinsel, die unmittelbar aus vier tief eingeschnittenen Thälern emporsteigt. In diesem ganzen Zuge giebt es keine Querthäler, sondern nur Schluchten und Felsspalten. In den Schluchten liegen trichterförmige Gebirgskessel, die mit den hohen Gebirgsgipfeln correspondiren. Die Zahl dieser Trichterabstürze nimmt nach Osten zu, je wilder das Gebirge aufsteigt. Sie sind größtentheils von Alpenseen erfüllt, welche zu den Eigenthümlichkeiten der Karpathen gehören. Das Riesengebirge bietet annähernd eine Analogie. Das Volk nennt sie Meeraugen, weil es sie mit dem Meere in Verbindung glaubt. Die eiskalten Seewasser nehmen die schmelzenden Schneemassen der Hochgebirge auf, ihre Abläufe sind die zerstörenden Gebirgsströme der Karpathen. Der tiefste Thalschlund des Bodrogthales reicht bis 4400 F. hinab, bis zur Grenze der Tannenwaldungen. Alle andern Karpathenschluchten erheben sich über die Waldregion. In diesem Schlunde liegt der Bodroger Fischsee 4510 F. hoch. Er hat treffliche Forellen in Menge, alle höheren Karpathenseen haben dergleichen nicht mehr. Der Alpensee am Raskowa liegt 5132 F. hoch, der Raskowa-Gipfel steigt noch 1500 F. höher auf. In ähnlichen Höhen liegen die andern Karpathenseen, an oder über der Grenze des Holzwuchses. Die Gipfel sind meist wie in viele Säulen zertrümmert. Nach dem Innern stufen sich diese Gipfelsäulen in viele Gruppen von Trichterseen hinab, auf fast senkrechten Wänden. Den weitesten Vorsprung gegen Südwesten bildet der isolirte Kriwan, er steigt 7538 F. hoch. Es verbindet ihn nur ein schmaler Felsgrat mit der Hauptmasse der Karpathen, und zwei Trichterseen scheiden ihn von denselben zu beiden Seiten des Grates. Seine Nordseite ist eine unersteigliche Granitwand, die Südseite fällt sanfter gegen die Ebene ab. Er hat eine mildere Natur, wird von milderer Luft umweht, darum ist er am meisten bewachsen, hat die größte Vegetation und ist der zugänglichste aller Karpathengipfel, darum auch der am häufigsten geschilderte.

Die Hauptgruppe breitet sich weiter gegen Osten aus, sie

ist kälter, wild aufstarrend, hat weniger gesonderte Gipfel, die oft namenlos sind, und durch hohe wilde Schluchten von einander geschieden werden. Es fehlt völlig die gewohnte Anordnung der Gipfel, Rücken u. s. w. Doch kann man fünf Hauptgruppen unterscheiden: die wildeste, höchste heißt die Lomnitzer Gruppe, die östlichste die Käsmarker Karpathen. In der Lomnitzer Gruppe sind die höchsten Seen, die sogenannten fünf Seen, 6121 F.; sie liegen unter der Eisthaler Spitze in der kältesten Region der Karpathen. Von den letzten Gipfeln steigen wahre Gletscher nach den Seen, und bilden Eisthäler. Die höchste darüber aufsteigende Spitze ist der Eisthurm 8000 F.; die grüne Seespitze 7700 F. und die Lomnitzer Spitze 7942 F. Im tiefsten Abgrund zwischen diesen Spitzen liegt 800 Fuß tiefer als die fünf Seen der furchtbare Trichtersee, 5269 F.

Die nordöstliche Gruppe der Käsmarker Karpathen hat in ihrer Mitte den grünen See, 4695 F. Die Käsmarker Spitze darüber liegt 7300 F., mehrere Seen in der Nähe liegen in gleichem Niveau. Andre Spitzen sind: der Karfunkelthurm 7200 F., die weiße Seespitze 6700 F.

Das äußerste Nordostende dieser Gruppen bildet die Zipser Voralpe, die einzige, welche der Tatra vorgelagert ist. Sie bildet den Uebergang zur benachbarten Magura. Beim Zusammenfluß der Voralpen mit der Tatra ist ein Einschnitt, dem das weiße Wasser zum Bodrog entfließt: es ist das erste Querthal in der Kette, das überstiegen werden kann, die einzige Passage. Der Nordabhang heißt Javorinathal. Die Höhe dieses Passes ist ein convexer Rücken mit Alpenflora, 5379 F. Der Charakter der Tatra verschwindet, es beginnen die hohen bewachsenen Bergebenen, die man dort Polana (Ebene) nennt.

Merkwürdig sind die klimatischen und Vegetations-Verhältnisse der Tatra für ganz Europa. Die Karpathen zeigen in ihrer Gruppirung einen großen Contrast. Die scharfen Granitklippen sind ganz nackt, die Zipser Voralpen mit einer reichen Moosdecke überzogen. Die Abhänge haben am Ostende der Karpathen eine reiche Flora; sie überraschen durch eigenthümlichen Luxus der Vegetation. Der Fuß der Hochgebirge ist reich bewässert und darum mit der schönsten Hochwaldung bedeckt. Die Buchen sind die Hauptrepräsentanten des Laubholzes. Die Rauhheit der Hochgipfel vereinigt die Flora Helvetiens mit der von Lappland. Aber die ostkarpathische Flora ist schöner als die nordhelvetische, sie steht der Flora des Südabhanges der Alpen — Savoyen und Piemont — am nächsten, sie ist sogar der pyrenäischen verwandt. Man kann also sagen: die Pflanzenwelt des südlichen Europa rückt hier am weitesten ein in das nördliche Europa. Den Grund hiervon erkannten wir schon in der Bildung des Bodens, in der tiefen Einsenkung des Hernadthales. Dic Nordwinde bringen im ganzen Norden der Karpathen Vegetationsarmuth hervor.

Die Tatra zerfällt nach vegetativen Verhältnissen in sechs Regionen. Die erste, die heiße des Tieflands, bis 1000 F., breitet sich über das ebene südliche Ungarn aus, ihre Klimamarke ist der Weinbau, der nicht bis zum Fuße der Tatra, sondern nur bis zu der Höhe von 902 F. aufsteigt. Von der Stadt Kaschau bis südwärts nach Tokay, wächst der Tokayer auf einem günstigen Vulkanboden. Die zweite Region ist die untere Waldregion, die Zone des Laubholzes; sie steigt bis 3100 F., bis wohin die Buchen gedeihen. Aber die Waldungen der zahmen Kastanien wie am Kaukasus finden sich hier nicht. Die dritte Region ist die obere Waldregion der Tannen, Pinus Abies, bis 4600 F.; aber schon bei 4200 F. verschwinden die hohen Tannen und von da an erscheinen sie nur sparsam. Die vierte Region ist die der Krummholzwaldung zwischen 4600 und 5600 F. Das niedere Krummholz, Pinus montana, Pinus Mughus, Pinus Pumilio ist harzig, elastisch und widersteht allen Stürmen und Wettern: es hat die zähe Gemsennatur unter den alpinen Pflanzen. Es ist einheimisch im trockenen continentalen Klima, und scheut die Feuchte; da der oceanische Himmel den Westen Europas beherrscht, so verschwindet es da. Also müssen wir das Krummholz eine merkwürdige Grenze des continentalen Osteuropas nennen. Auf dem Riesengebirge senkt es sich tiefer als auf der Tatra, nämlich bis 3890 F. Im Osten auf dem Kaukasus wuchert die Lebenskraft höher hinauf bis 7500 F. Wir haben also eine von Ost nach West sinkende Zone des Krummholzes von 7000 bis 3800 F. Die fünfte Region der Karpathen, zwischen 5600 und 6500 F., ist die Alpenregion. Sie fällt theils innerhalb, theils oberhalb der Krummholzwaldgrenze und ist der alpinischen Region Helvetiens ähnlich. Schweizer Alpenwiesen sucht man jedoch vergeblich. Natürlich fehlen auch Alpenheerden und Alpenwirthschaft.

Die sechste Region ist die der nackten Hochgipfel. Ueber 6500 F. sind diese Gipfel dürftig, fast nackte Granitflächen. Nur Steinflechten finden sich vor. Die Karpathengipfel sind weit ärmer als die Schweizeralpen, wo man drei- bis viermal mehr Species findet als auf den Karpathen. Die Lomnitzer Spitze hat davon noch am meisten. Die stürmischen Entladungen der Atmosphäre reißen das dünne Pflanzenkleid auf der Tatra immer von neuem hinweg.

Niederer Karpathenzug. Der lange Zug der Niedern Karpathen, ein niederes Mittelgebirge, zeigt ganz andre Verhältnisse, größere Ausbreitung, aber nichts Ausgezeichnetes.

Von Norden gegen Süden ist die Breite sehr verschieden. In weiten Hügeln fällt das Gebirge ab; kein hoher Gebirgskamm, hingegen eine Menge Unterbrechungen und viele Uebergänge sind von Ungarn nach Galizien. Meistens erheben sich die Höhen bis 3000 F. Der höchste Bergrücken heißt Beschid, 3594 F. hoch, 41° O.L., zwischen den Quellen des Stry und der nördlichen Quelle der Theiß. Gegen Nordwesten fließt von dieser Stelle der Sanfluß ab. Der Weg von der ungarischen Festung Munkacs 1392 F, nach Stry 1740 F., führt über diese Höhe. Die Paßhöhe beträgt 2052 F. Weiter gegen Osten liegt die Berghöhe Czarkagora, auf ihr die nördliche Quelle der Theiß unter 42° O.L., 2298 F. über dem Meere, bei dem Dorfe Körös Mezö. Die weiße Theiß, die östlichste Quelle auf dem Grenzgebirge zwischen Ungarn und Siebenbürgen, 2088 F.

Auf dem Flügel, welcher der Tatra im Westen liegt, senken sich die Hügel noch mehr. Sie heißen gegen Deutschland das Mährische Gesenke, und übersteigen nirgends die Waldgrenze. Alle Kuppen sind vielmehr mit Wald bedeckt. Die Gebirgsarten zeigen im Innern einen geognostischen Zusammenhang, und darum kann man diesen Karpathenzug ein System nennen.

In einer Breite von 10 Meilen findet man verschiedene jüngere Gebirgsschichten, die wie Blätter über einander liegen: Sandstein, Thonschiefer, Kalk, Mergel. Diese weichen, zerstörbaren Massen werden von den Gebirgshöhen durchbrochen und als Schutthaufen über die Ebene ausgebreitet. Alle Anlagerungen dieser Erd- und Steinarten streichen von Nordwest gegen Südost, alle sind unter einander parallel, alle hängen mit sanft abhangendem Niveau gegen Galizien, steil gegen Ungarn.

Im Ganzen sind die Karpathen arm an Metall. Nur der Eisenvorrath Galiziens scheint unerschöpflich zu sein. In der Tiefe unter dem Thonschiefer ist das große Salzmagazin Europas unmittelbar am Nordfuße des Karpathenzuges ausgebreitet: Steinsalzmassen, die mit einer mächtigen Flötzdecke bedeckt sind, eine schmale aber lange Zone, die auch auf den Südfuß der Karpathen hinüber steigt, und dem Südostrande der ungarischen Ebene sich vorgelagert hat. Der berühmtere Theil ist das galizische Steinsalzgebirge von Wieliczka 765 F. und Bochnia. Die größte Tiefe der Salzgruben beträgt 936 F., also 170 F. unter dem Spiegel der Ostsee. Doch ist es nur der reichste Theil eines Salzflözes, welches sich zum obern Dniestr, Pruth und Sereth über 70 Meilen ausdehnt. Auf dieser ganzen Strecke liegt die Salzmasse 700—800 F. tief unter der Oberfläche. Dieser Salzbank correspondirt eine südliche. Beide sind Producte einerlei Meerniederschlages. Als sich diese Steinsalzbank absetzte, wurden viele Reste von Thieren, Gerippe, Knochen, Blätter, Zweige, Früchte, Baumstämme mit eingewickelt. In dieser ganzen Salzzone sind unzählige Salzquellen; in der Bukowina 49.

Die Karpathen sind schwer zugänglich. Der Nordfuß spielt in den ältesten Zeiten der Völkerwanderung für Mitteleuropa eine ähnliche Rolle wie der Ostfuß des Kaukasus für Asien. Als die Zuglinie der Völker durch das Donauthal ging, füllten sich die Thäler mit verschiedenen Völkern. Viele sind von spätern Nationen verschlungen und nahmen Sitte und Sprache der Beherrscher an. Von den Hunnen, Ost- und Westgothen, Alanen, Jazygen, Petschenegern sind in manchem Thalgrunde Reste sitzen geblieben. Die römischen Colonieen des Trajanischen Daciens scheinen nicht bis in das Gebirge vorgeschoben zu sein. Die Nachkommen derselben aber, die Walachen, sind Insassen der Karpathen geworden.

Unter Karl d. Gr. zogen viele Deutsche in die nördlichen Grenzgebirge ein. Sie fanden wahrscheinlich gothische Landsleute. Im 9ten Jahrhundert drangen die Magyaren in Pannonien ein: sie kamen die große Völkerstraße am Dniester aufwärts, setzten über die Höhe des Beschid und nannten das erste Lager Munkacs. Sie siedelten sich aber nur in den warmen Ebenen an, nicht im Waldgebirge und in der Tatra. Bis heute ward die ungarische Sprache im Waldgebirge nicht herrschend.

Im 12ten Jahrhundert wurden deutsche Colonisten nach Ungarn berufen und begünstigt. König Geisa II. siedelte seit 1143 die Sachsen in Siebenbürgen neben Szellern an. Die Deutschen behielten Verfassung, Sitte und Vorrechte. Früher schon war die Tatra von Deutschen bevölkert. Diese Gegend war schon, als die ersten ungarischen Könige sie in Schutz nahmen, von Deutschen bewohnt. Sie erhielten früh Privilegien; unter Stephan dem Heiligen um 1078 wurden sie in Urkunden die Sachsen genannt. Am Ende des 12ten Jahrhunderts war der ganze Karpathenzug von Preßburg bis Siebenbürgen von Deutschen besetzt. Sie gehörten zu den thätigsten Unterthanen der ungarischen Könige, legten Städte und Bergwerke an. Um die Tatra lagen im 13ten Jahrhundert außer den Bergstädten noch 24 königliche deutsche Freistädte. Später wurden die Deutschen unterdrückt, dagegen slawische Bewohner begünstigt. Der Bergbau nahm ab. Die Reformation führte für die Deutschen neue und große Bedrängnisse herbei. Sie traten immer mehr vor den Slawen, die sich in alle Verhältnisse fügen, zurück.

Viele Gegenden, die am Ende des 16ten Jahrhunderts im Besitz von Deutschen waren, sind jetzt slawisch; die slawische Sprache erhielt das Uebergewicht. Nur an der Tatra hat sich eine Population von 30000 Deutschen erhalten. Leutschau, Käsmark sind ihre Hauptstädte. Im Ganzen sind 16 deutsche Ortschaften übrig geblieben, weit mehr in Siebenbürgen, wo günstigere Verhältnisse walteten.

Das Tiefland Europas mit seinen Wassersystemen.

Zwischen den drei nun betrachteten Grenzsteinen und Gebirgswällen dehnt sich das größte östliche Tiefland aus. In dem weiten Raume von mehr als 100000 □Meilen herrscht Ebene, welliges Land, hier und da Hügelbildung vor. Die einzige gemeinsame mittlere Erhebung von bedeutendem Umfange, aber geringer Höhe, ist das Plateau der Wolgahöhe, etwa 1000 Fuß über dem Meere, ohne allen Charakter der Gebirgsbildung. Dies bringt die einzige Abwechslung in die verticalen Dimensionen des russischen Osteuropa, welches durch dies Centralplateau seine vier sehr sanften Abdachungen erhält: gegen Norden zum Nord- und Weißen Meere; gegen Süden zum Asowschen und Schwarzen Meere; gegen Osten zum Kaspischen See nach Asien hinein; gegen Westen zum Finnischen Meerbusen und zur Ostsee. Diesen vier Senkungen folgen die Stufenländer der vielen und zum Theil sehr großen Landströme Osteuropas mit allen ihren Verzweigungen. Dieser jüngere Boden Osteuropas konnte überall von Wasserspülungen durchzogen werden, weil ihm nirgends hemmende Gebirgsgruppen im Wege stehen. Sie mildern die zu große Einförmigkeit einer vollkommenen Ebene.

Die europäische Tieflandschaft, obwohl der asiatischen so dicht angrenzend, ist doch völlig von ihr verschieden. Die asiatische Seite ist nicht Hügelland, sondern vollkommen gleichartige Fläche, nur mit Sand, Kies, Geröll, mit den jüngsten tertiären Schuttmassen und Alluvionen überzogen. Weite Salzsteppen ohne übergelagerte fruchtbare Erddecke dehnen sich aus, von Steppengräsern, dürren Binsen, Salzkräutern und trocknem Holzgestrüpp bewachsen, nur für Kameelweide, Schaf- und Ziegenweide tauglich, ohne Quellenreichthum, ohne grünen Rasenteppich, ohne europäische Wiesengründe. An vielen Stellen wird das asiatische Tiefland geradezu Wüstenei, meist nur geeignet zum temporären Aufenthalt der Nomadenvölker. An wenigen sporadischen Stellen nur ist Ackerbau möglich, wie z. B. bei Astrachan, nur auf schmalen von Flußschlamm aufgeschwemmten Localitäten, wo hie und da Thonstriche sich abgelagert haben; oder wo durch künstliche Bewässerung der Steppenboden seines Salzgehaltes entledigt ist. Auf solchem Boden können zwischen den wandernden Nomadenvölkern nur hier und da Colonieen in festen Ansiedelungen mit beschränktem Anbau des Landes gedeihen.

Den großen Gegensatz bildet dagegen der europäische Theil des Tieflandes. Das wellige Hügelland des ehedem sarmatischen, jetzt russisch-polnischen Osteuropas ist überall um eine Stufe der

Entwickelungsfähigkeit höher gestellt. Auf der Westseite der Wolga und des Obstschei Syrt bis Zarizyn beginnt überall der reiche europäische Fruchtboden. Wahres Steppenland zeigt sich da nur noch etwa dicht am Nordsaume des Asowschen und Schwarzen Meeres und in den Taurischen Flächen. Es reicht nicht über die Normaldirection der hier linienhaft gewordenen Gebirgsdiagonale hinaus, die durch ein sehr niederes Granitplateau in derselben Linie der Dniestr-Katarakten repräsentirt wird, und für eine eingesunkene Felsbank zwischen dem Dniestr und der Krim von Pallas angesehen werden konnte. Der europäische Fruchtboden hat eine 400 bis 800 Fuß hohe aufgelagerte Erddecke erhalten; ein mannigfaltiger Wechsel junger und weicher Erdarten im Tertiärgebilde mit Diluvium und Alluvium; Thon-, Sand-, Mergel-, Lehm-, Kalk-, Gypsschichten, Flözbildungen oder aufgeschwemmtes Land, leicht verwitternd, in Erde zerfallend, zum reichen Ackerboden qualificirt, wo die Cultur mächtig wurde. Mit solchem Fruchtboden ist der größte Theil des welligen Osteuropa überdeckt; wo der Anbau noch fehlt, da ist doch das Land mit reichem Gras- und Pflanzenwuchs überzogen, und könnte cultivirt werden. Nur dem äußersten Ende Nordeuropas, dem arktischen Boden, fehlt diese Decke weicher Erdarten. Das ganze übrige Rußland, Polen, Galizien sind berühmt durch den reichen Ertrag ihres Bodens. Selbst die höher gelegenen Ebenen, wie die Ukraine, Podolien, Galizien und Lodomirien sind Kornkammern von Europa.

Die zweite Bedingung der großen Fruchtbarkeit dieses Ackerbodens ist Bewässerung. Osteuropa verbirgt in dem welligen Hügellande seiner Oberflächen einen sehr reichen Wasserschatz. Der Schichtenwechsel und die Natur der Lagerungsverhältnisse ist die bedingende Ursache des Quellenreichthums. In dem angrenzenden sibirischen Asien, im dürren Nordafrika fehlt diese Form des reichbewässerten, wechselnden Hügellandes großentheils.

An den Südenden Australiens und den Gestadeländern Afrikas treten zwar analoge Hügelbildungen auf, aber innerhalb der Tropen fehlt das befruchtende Princip des Wasserreichthums. Nur im Süden und Osten Asiens, in Indien und China, unter den Wasser zuführenden Schangebirgsketten, zumal aber in den reichbewässerten Niederländern Nord- und Südamerikas, zeigen sich die analogen Bildungen der Fruchtländer. Und wo sie noch unbebaut sind, in den Prairien und Savannenbildungen, auch da können noch viele Millionen der Culturvölker zu Ansiedelungen die günstigsten Anlagen der Natur vorfinden. In dem fruchtbaren oceanischen Klima Amerikas sind aber die südlichen tropischen Savannen im Uebermaße mit strömenden Wassern, und wegen der ungeheuren alljährlichen Ueberschwemmungen mit stagnirenden Sümpfen gefüllt, die einen fruchtbaren Schlammboden erzeugen, sich aber noch nicht entwässern konnten. Was in dieser Hinsicht den asiatischen Steppenfluren fehlt, das haben die amerikanischen Savannen zu viel. Südasien gehört den Tropen an, und hat ganz verschiedene vegetative Bildungen. Im temperirten Osteuropa ist dagegen die allerglücklichste Ausgleichung und harmonische Entwickelung der Naturgaben für Völkercultur zu Stande gebracht. Ein glückliches Gemisch von sanften Hebungen und welligen Oberflächen mit milden Senkungen ist offenbar durch allmähliche Anschwellungen und lange Perioden vorfluthiger maritimer Niederschläge und Schlammabsätze, in ungleichzeitigen Perioden verschiedener über dies flache Tiefland einst ausgebreiteter Meeresstände entstanden. Die chemisch und mineralogisch verschiedenartigen Flöz- und Erdschichten sind nach und nach übereinander niedergeschlagen, und zuletzt nach Abzug der Wasser als Landrücken erschienen. Die Osteuropäer sind daher weder, wie ihre asiatischen Nachbarn, Nomaden geblieben, noch brauchten sie, wie die Indianerstämme Amerikas in den Savannen und sumpfigen Urwaldungen, auf der niedern Stufe der Jäger-, Fischer-

und Hirtenvölker zu verharren. Sie erhoben sich sehr frühzeitig, schon zur alten Scythenzeit, als Herodot Südrußland auf der Westseite der Wolga bereiste und beschrieb, zu der Stufe der ackerbauenden Völker (Σκύθαι ἀροτῆρες). Nur wenige und kleinere Länderstrecken sind sumpfige Urwaldungen zu nennen, oder amerikanischen Savannen im temperirten Amerika zu vergleichen: etwa die litthauischen Sumpfgegenden von Minsk und Pinsk um die Quellen von Beresina, Przypec, Bug, Memel und Düna. In jenen Sümpfen ist aber auch Holzreichthum noch für ferne Jahrhunderte aufbewahrt, der sonst mehr und mehr durch den Fortschritt der Agricultur schwindet.

Den Quellenreichthum Osteuropas in seinen Schichtenbildungen verdankt der Erdtheil seiner besondern klimatischen Stellung. Denn die Möglichkeit der Quellenbildung hängt großentheils von den atmosphärischen Wassern ab. Allerdings giebt es auch eine Quellenbildung auf chemischem Wege, durch Verwandtschaftsverhältnisse der Gebirgs- und Gasarten, welche Wasser zu erzeugen im Stande sind unabhängig von den atmosphärischen Niederschlägen; aber ihre Zahl bleibt gegen die Bewässerungen der Erdoberfläche gering. Ihr Ursprung ist noch sehr problematisch und wenig erforscht, vielleicht doch auch abhängig von äußern atmosphärischen Bedingungen.

Osteuropa liegt auf dem Uebergange des continentalen trocknen Klimas der Alten Welt zum feuchten Atlantischen Klima der Westwelt. Das ganze mittlere und nordwestliche Asien hat ein trocknes Continentalklima, geschärfte Kälte im Winter (wie wir durch die kalten und trocknen Ostwinde auch daran Antheil nehmen), gesteigerte Hitze im Sommer, beides bei größtentheils blauem Himmel. Denn über dem größten der Continente und seinen Steppenflächen und Hochländern muß auch die trockenste Atmosphäre schweben. Und diese reicht in die ganz regenlose Zone der Erde hinein, die sich zwischen der temperirten Zone mit wechselndem

Niederschlag und der Zone der tropischen Regengusse hinlagert. Ganz Persien, Tübet, die Bucharei, Mesopotamien, Syrien, Nordägypten, die kaspischen Steppen haben nie eine Regenzeit. An einer solchen regenlosen Zone würde auch Rußland Theil nehmen müssen, weil es in demselben Strich des continentalen Trockenklimas liegt, wenn es nicht eben den Uebergang zum Atlantischen oceanischen Klima bildete, das sich durch Regenfülle auszeichnet, wenn es nicht außerdem noch dem Nordmeere zugekehrt wäre.

Nordwesteuropa nimmt noch einigen Antheil an der Regenfülle des Atlantischen Meerbeckens. Dazu tragen die vorherrschenden Westwinde bei, welche die Temperaturen verschiedener Klimate mischen. Diese Westwinde, sagt A. v. Humboldt, sind die Rückströmungen (den vorherrschenden Ostwestpassaten entgegen), die in allen mittlern Breiten die Wintertemperaturen der Westküsten der Continente mildern, also Wärme mit der Feuchte bringen. Die Faröer, die auf dem Wege dieser Rückströmungen liegen, haben nie starken Eisfrost, obwohl Thorshavn noch 30 Meilen nördlicher als Petersburg liegt, wo die Newa alljährlich bis in die Mitte Aprils mit Eis belegt ist. Diese Westwinde jagen die schweren, tiefhängenden Regenwolken wie aufsaugende Schwämme mit Wasserdunst erfüllt über die Meeresflächen hin, und treiben sie zwischen flachen Küstenländern der Nordsee und Ostsee hinein, bis tief nach den Ebenen Mittelrußlands. Denn hier ist keine Bergwand, die ihren Zug hemmte. Auf diesem Wege können sie sich nur nach und nach durch ihre eigene Schwere und elektrische Erschütterung entladen. So verbreitet sich die befruchtende Feuchtigkeit in einer gewissen abnehmenden Progression, von den Küstenländern der Continente nach dem flachen Innern zu. Irland hat daher, an der Westseite des maritimen Europa gelegen, das feuchteste Klima; es ist immerfort von Nebeln und Regenwolken eingehüllt. Ganz vom Ocean umgeben ist diese Insel mit einem nassen Schwamm verglichen, der in das Meer getaucht ist; sie hat daher auch ein Uebermaß von Regentagen (200). Englands Westküsten haben mehr Regen als seine Ostküsten, denn an den Bergwänden der Westküste müssen die Wolken länger verweilen als an der flachen Ostküste. Nach vieljährigen Messungen fallen in England jährlich 35 bis 36 Zoll Regen; die Westküste hat 170 bis 175, die Ostküste 150 Regentage. Weniger Regentage hat Dänemark und weiterhin das östliche Europa in abnehmender Progression gegen Südost, bis in der Ukraine, Podolien, und endlich in der Krim schon Regenmangel eintritt. Zuweilen vergehen Jahre ohne Regen. Weiter nordwärts haben die Wälder Litthauens noch Regenfülle, denn das Laubdach der Wälder übt großen Einfluß aus auf den Regenniederschlag. Im Osten des Baltischen Meeres lagern sich die Regenwolken zunächst an der Wolgahöhe, und geben dieser Plateaubildung einen Theil ihres Wasserschatzes ab. Noch weiter im Osten bildet der Ural eine wahre Wolkenscheide, an seiner breiten Westwand entladet sich die Atmosphäre ihres tiefhängenden Regenschatzes. Die schweren Regenwolken können den Ural nicht mehr übersteigen. Auf der Ostseite des Ural und der Wolga ist alle Feuchtigkeit dem Steppenhimmel entzogen. Zu Orenburg in der Kirgisensteppe verstreichen zuweilen Jahre ohne Regen, die Flüsse trocknen im Sommer auf und werden zu stillstehenden Lachen. Der ausgetrocknete Erdboden platzt in die eigenthümlichen Spalten, die Avrachs oder Baltas auf, die das Land nach allen Richtungen hin durchziehen. Mittelrußland, oder die Mitte von Osteuropa, liegt daher auf dem wahren Uebergange der beiden großen Himmelsräume, die wir in klimatischer Hinsicht das große continentale und oceanische Klima der nördlichen Halbkugel genannt haben.

Mit dem dreifachen Phänomen, welches das flache Tiefland Osteuropas charakterisirt: mannigfaltige Schichtung eines überall nur niedern Fruchtbodens für Agricultur, reiche Bewässerung durch zahlreiche Quellen und Flußbildungen, reichlicher atmosphärischer Niederschlag, und mit der Stellung Osteuropas auf der Grenze des Ueberganges zwischen dem continentalen Klima Asiens und dem Küsten- und Inselklima Westeuropas, steht das ganze Klima Osteuropas im genauesten Zusammenhange. Zu allen Zeiten wußte man aus Erfahrung, daß die Winterstrenge in Europa gegen Osten zunehme, nicht blos gegen Norden. Schon Herodot (IV. 28) führt an, daß der Taurische Bosporus am Ausgange der Mäotis sich mit Eis belege, daß acht Monate bei den Skythen eine unerträgliche Kälte herrsche, daß selbst das Meer gefriere, und der ganze Taurische Bosporus so gefriere, daß die Skythen mit ihren Wagen auf dem Eise hinüber fahren zu den Küstenanwohnern von Sindike (am Phasis). Der Taurische Bosporus liegt aber unter 45° Br., also in gleichem Parallel mit dem Golf von Venedig, der Lombardei, Mailand, Turin, und dem Weinlande von Bordeaux, wo sich die Wasser niemals mit Eis bebrücken, und die Kälte nur kaum den Nullpunkt der Scala erreicht. Von Petersburg (60° Br.) ist uns bekannt, wie alljährlich dort das Eis der Newa erst aufbricht, wenn in Berlin (52° Br.) schon längst die Saaten, das junge Laub und die Obstblüthen in Entwickelung stehen; in Bergen in Norwegen, mit Petersburg unter gleichem Parallel, friert der Hafen nie zu. Zwischen dem Taurischen Bosporus und der Krim oder Südrußland und dem um 15 Breitengrade nördlichern Petersburg und seinen beeisten Seen und dem alljährlich zugefrorenen Hafen von Kronstadt liegt Moskau in der Mitte. Moskau, 4½ Grad südlicher als Petersburg, hat allerdings heißere Sommer (1°,7 wärmer), aber auch kältere Winter (2°,1 kälter) als Petersburg. In noch höherm Grade gesteigert ist in beider Hinsicht Astrachan an der Mündung der Wolga, in gleicher Breite mit dem Taurischen Bosporus. In Astrachan wird die Sommerhitze so groß wie nie in Petersburg oder Moskau und der Provence. Aber die Winterkälte ist so gesteigert, daß die Weinrebe alljährlich erfrieren würde, wenn man sie nicht für die Winterzeit sehr tief in die Erde eingrübe. Die Kälte erreicht 25 und 30 Grad wie in Moskau. Die Weinberge um Bordeaux unter gleicher Breite mit Astrachan brauchen nie gegen Winterkälte geschützt zu werden. Von Olivencultur kann eben so wenig wie von Weinbau im Großen in der Kaspischen Niederung um Astrachan, am Asowschen Meere und in Südrußland die Rede sein. Derselbe mächtige Einfluß des Continentalklimas ist vorherrschend auf alle Erzeugnisse der Pflanzen- und Thierwelt der asiatischen Seite des uralischen, kaspischen, pontischen Südosteuropa. Ueber diese Seite wehen die trocknen Ostwinde und Nordostwinde aus Asien, ohne hemmende Gebirgswand, und führen mit den continentalen Ostwinden die geschärfte Winterkälte weit durch die Mitte des flachen Europa bis zu unsern Ebenen, bis Berlin. Diese continentalen Ostwinde bringen mit ihren scharfen Lüften zugleich heitern Himmel, Trockenheit, und über den ganzen von ihnen temporär beherrschten Länderstrich stärkere Lichtentwickelung des Sonnenstrahls, die den Organismen stärkend wird, z. B. die Färbung der Blumen erhöht.

Die Westwinde üben den entgegengesetzten Einfluß auf das Klima von Europa aus. Durch die continentalen Winde wird die polare Kälte weit gegen den Süden, bis zu den kaspischen und pontischen Gestaden herab verbreitet. Nicht nur die nordischen Waldbäume, auch die andern Gewächse des Nordens, dringen daher dort tiefer landein, als irgendwo. Selbst die Polarthiere folgen diesem Zuge, und es ist nichts ungewöhnliches, daß selbst Rennthiere sich bis in die Steppe von Orenburg, d. i. bis in die Breite von Berlin verirren. Auf der Westseite des Ural, in dem schon mehr litoralen Theile des nördlichen Rußlands, rücken die Rennthierheerden nie weiter gegen Süden vor, als bis zur Petschoraquelle (60°). Am Weißen Meere bleiben sie stets im Norden des Onega- und Ladoga-Sees zurück (65°). Durch die oceanischen Winde, hier die Westwinde, wird nun ebenso die südliche Wärme und die temperirte Zone auf der ganzen Westseite (der gegliederten Seite Nordeuropas) weiter nach dem Norden zu verbreitet, als man dies nach der geographischen Breite erwarten könnte. Das Asowsche Meer belegt sich auch heute noch, wie zu Herodots Zeit, fast jedes Jahr mit festem Eis, das Ostseegestade bei Königsberg und Danzig nur in seltenen sehr kalten Wintern, obwohl über zehn Grad nördlicher gelegen, der Canal zwischen England und Frankreich niemals. Aber noch viel weiter nach Norden bleibt die ganze Westküste des südlichen Norwegens bis Bergen und selbst Drontheim frei. Die Hafenzugänge von Bergen (61° Br. wie Petersburg) belegen sich nie mit Eis, selbst das Hardangerfiord zwischen hohen Gletschern nicht. Dieser merkwürdige Wärmeeinfluß geht noch weiter nördlich nach Finnmarken. Zu diesem negativen Einfluß der feuchten Westwinde, und ihrer die Polarkälte, wie den hellen Sonnenstrahl abschwächenden Einwirkung durch Nebel und Wolken, kommt noch ein andrer positiver Einfluß von Westen her, der Europa charakterisirt. Es ist die Wirkung der warmen oceanischen Rückströmung der Wasser wie der Lüfte von dem amerikanischen Golfstrom und den Azoren, die sich auf die Westküsten von Irland und Schottland wirft, und den Faröern, Orkneys und der ganzen norwegischen Westküste bis zum Nordcap, ja bis gegen Spitzbergen, eine wärmere Temperatur mittheilt: eine merkwürdige diagonale Richtung oder Schiefe der physikalischen Klimatik des europäischen Ostens gegen die Breitenkreise, eine Durchbrechung, Durchkreuzung des astronomischen Klimas, wie das die Theorie der solaren, directen, mathematischen Wärmevertheilung nach dem Sonnenlaufe zu fordern scheint.

Die Faröer unter 61 bis $62\frac{1}{2}°$ NBr., also nördlicher als das noch litorale Petersburg, haben ein ächt insulares Klima: die mittlere Winterkälte ist noch über dem Gefrierpunkte, + 0°, 9. Die Sonnenwärme übersteigt kaum 12 bis 13 Grad. Aber im

Winter belegen sich die kleinen Seen, Teiche und Wasserstellen der Inseln nicht einmal mit Eis. Daher finden die Schafheerden, von denen die Inselgruppe den Namen führt, den ganzen Winter ihre Nahrung und können auf den niedern Faröern sogar im Freien überwintern: das Faröer-Klima bildet den grellsten Gegensatz mit dem continentalen Klima im Innern Nordrußlands, an den Quellen der Petschora, wo nur Rennthierheerden und Pelzthiere hausen und den Winter aushalten können.

Die Orkneys und die Shetlands Inseln unter 58 bis 59° NBr. gaben durch zweijährige Beobachtung dieselben Resultate. Die Sommerwärme steigt nicht höher als unsere Fruhlingstemperatur, nicht über 12 Grad. Aber der Winter zeigt fast nie Eisfrost, seine mittlere Temperatur ist + 4°.

Nordschottland und Südwestnorwegen, die diesen Inselgruppen benachbarten Küstenländer, nehmen Antheil an denselben milden Wintern. Daher das milde Klima von Edinburg und seinen grünen Umgebungen; daher die milde Lage von Bergen in Norwegen und seinen benachbarten Fiorden, in denen die Seehunde in den schützenden Wassern, die sich niemals mit Eis belegen, ihre Winterasyle finden; daher die schönen Waldungen von Laubholz an den Küsten von Bergen, die im Innern des continentalen Rußland erst in viel südlicheren Parallelen gedeihen.

Irland zwischen 52 und 55° N.Br., den Parallelen von Berlin und Königsberg, gelegen, hat so milde Winter, daß es auf seinem flachen, sumpfigen Boden nur selten zu Eisfrost kommt. Ich erstaunte über die schönen Baumalleen und die Vegetation um Londonderry, den nördlichsten Hafenort Irlands. An der Küste von Glenarm unter 55° gedeiht noch die Myrte im Freien in schönstem Wuchse, wie im Süden Mittelitaliens und Portugals. Die Kälte im Januar sinkt in Dublin im Mittel nur bis + 4°, nicht unter 0°. Die Sommerwärme dagegen steigt selten bis 16°. Die mittlere Winterkälte ist in Irland nicht größer als in der Lombardei.

Durch ganz England und Schottland gedeihen südliche Laubhölzer. Der Taxus, das Nadelholz der südlichern Breiten, steht dort in Prachtentwickelung auf allen Grabstätten. Das saftige, frische Grün des englischen Rasens ist bekannt genug. An den Südküsten und Westküsten, im Parallel von Berlin, zeigt sich der mildernde Einfluß des oceanischen Klimas im höchsten Grade. Cornwallis und Devonshire sind berühmt durch den Luxus ihrer immergrünen Gewächse. Nicht nur die mitteleuropäischen Obstarten in ihren edelsten Sorten gedeihen in weitläufigen Obstalleen — der gefeierte Cider wird hier gewonnen — nein, alle Küsten sind mit Myrten- und Lorbeergebüschen geschmückt, die im Freien gedeihen. Citronengebüsche, wenn sie schon keine reifen Früchte bringen, sind allgemein. Die schöne Fuchsia coccinea (in Chile einheimisch), selbst Oleander (in Syrien und Griechenland zu Hause) ist hier völlig acclimatisirt und verwildert. Sogar Agaven und Japanische Camellien hat man im Freien blühen sehen. Die Küstenorte sind durch die Milde ihrer Winter der Aufenthalt für Brustleidende geworden, wenn diese Madera und Malta nicht mehr erreichen können. Salcombe bei Plymouth nennt man das Montpellier des Nordens. Penzance, Marazion weiter im Westen, das Nizza Englands, ebenso Plymouth, Gosport u. a.

Auch die Bretagne und Normandie gegenüber nimmt Antheil an dieser Milde, zumal Cherbourg, wogegen Paris weiter landein schon weniger litorales Klima hat.

Das Phänomen der westlichen Wärme Nordwesteuropas erhält durch den von Südwest herbeigeführten warmen Strom oceanischer Wasser selbst einen Einfluß bis über den Polarkreis hinaus, bis Spitzbergen. Denn es wird dadurch die große Bucht des eisfreien Nordmeeres bedingt, welche das Nordcap Europas umkränzt und immer eisfrei erhält, obwohl in gleichen polaren Breiten die Küsten von Grönland und Island alljährlich von Eis umlagert werden, weil der warme oceanische Golfstrom von Südwesten her dort keinen Einfluß mehr ausübt. Und so belegt sich auch im Osten des Nordcaps die Kuste von Kola, die Bucht des Weißen Meers bei Archangel, obwohl viel südlicher, und die Waigatzstraße alljährlich mit Eisbrücken. Denn auf diese wirkt direct der kalte Polarstrom und führt die Eisschollen auf der amerikanischen wie auf der asiatischen Seite gegen Süd, während die warme atlantische Strömung die Spitzbergische Eisbarriere mit jedem Jahre von neuem einreißt und das Nordcap von Europa gegen Eisbelagerung sichert.

Wir haben noch die Progression des Continentalklimas, oder die Abnahme der Wärme des Jahres von West gegen Ost im Innern des europäischen Continents in seinen Hauptthatsachen in Beziehung auf Osteuropa nachzuweisen.

Schon in der Nordsee an den Ostgestaden Englands, den Küsten Hollands, Frieslands, Schleswigs und Jütlands ist der Einfluß jener Begünstigungen geschwächt. Die Mündungen der Elbe und Weser belegen sich schon in kalten Wintern mit Eis und hemmen die Schifffahrt. Ihnen kommt kein Zweig des warmen rückströmenden Wassers mehr zu gut. Das Baltische Meer, der Bottnische und Finnische Meerbusen sind fast ganz unter die Macht des Polarklimas gestellt. Aber auch landeinwärts tritt dieselbe Erscheinung hervor. Von Frankreich und Nordwestdeutschland an nimmt die Jahreswärme der Binnenländer ab, je weiter der alte Continent an Breite zunimmt. Berlins Jahreswärme (8°,6) ist schon um mehr als einen Grad geringer als die von Amsterdam (9°,8), das doch mit ihm unter gleichem Parallel liegt. Ebenso ist Kasans Jahreswärme (2°,2) viermal geringer als die von Kopenhagen (8°,2) unter demselben Parallel. Noch deutlicher spricht die Nordgrenze des Weinbaus, die von dieser Wärmevertheilung abhängig ist. Sie zieht vom Rheinthal bei Bonn und Cöln gegen Südost schief durch die Mitte Europas über Frankfurt, Würzburg, Naumburg, südwärts der Marken über

Dresden, Melnik durch Böhmen nach Ungarn, weit im Südosten der Karpathen fort, und erreicht das Schwarze Meer nur an der Küste, an den Katarakten des Dniestr und der Krim Südgestadesaum. Ganz Osteuropa liegt also außerhalb der Zone des Weinbaus, von einzelnen durch Localverhältnisse bedingten Ausnahmen abgesehen.

Die geographische Darstellung dieser gekrümmten Ab- und Zunahme der Wärme hat bestimmte Curven nachgewiesen, die auf viele Tausende von Beobachtungen basirt sind. A. v. Humboldt, der ihren gesetzmäßigen Zusammenhang zuerst nachwies, hat sie Isothermen genannt, weil die Orte gleicher mittler Jahreswärme durch Linien verbunden sind. Sie bezeichnen das physische Klima der Länder und modificiren das astronomische Klima. Sie ziehen nicht unter sich parallel, sondern bilden viele Sinuositäten und Inflexionen. Ihre Maxima und Minima bilden convexe und concave Scheitel. Aber auf die Curven dieser Isothermen haben nicht nur die Windsysteme, das oceanische und continentale Klima Einfluß; auch die Form oder Configuration der Länder, ihre Weltstellung, die Gebirgsketten, die Plateaubildungen und ihre verschiedenen Höhen u. a. m. übt darauf den mächtigsten Einfluß. Man hat secundäre und tertiäre Perturbationsursachen der normalen Klimate aufgestellt und zu den Isothermen noch Isotheren, Linien gleicher Sommerwärme, und Isochimenen, Linien gleicher Winterkälte hinzugefügt. Hier war es unsre Aufgabe nur, auf die allgemeine Charakteristik des normalen Klimas von Osteuropa hinzuweisen. Die Perturbationen ergeben sich aus den einzelnen geographischen Localitäten. Aber die größte erleidet das Ostklima von Europa durch die Nähe des Polarkreises und des Eismeeres gegen Nordosten. Eisbrücken bleiben den größten Theil des Jahres auf dem Eismeere gelagert — sie verlassen die Nordostseite von Spitzbergen und von Nova Semlja auch zur Sommerzeit nicht. Die sumpfigen, flachen Torf- und

Moosebenen des Weißen Meeres, der Mesen und Petschora, und des norduralischen Niederlandes bleiben selbst unter der Moosdecke den ganzen Sommer hindurch subterrestre Eiskrusten. Die Norwinde, die Eislüfte, die Schneeschauer bringen hier tief ins Land und verstärken die Kälte weit über den Polarkreis gegen Süden hinaus. Sie drängen die Isothermen gegen Südosten nach Innerasien zu. Hier also stoßen Polarklima und Continentalklima in dem mitteluralischen Ländergebiete zusammen und erhöhen durch verdoppelte Steigerung der Winterkälte und trockne Lüfte die Unwirthbarkeit des angrenzenden Sibiriens. Jekaterinenburg, Tobolsk, Werchoturie und Archangel unter 57, 58, 59 und 65° N.Br. kann man hier als die Südgrenze des polaren Klimas ansehen. An ihrer Nordseite streift die Linie des permanenten Eisfrostes hin.

Wir wenden uns zu den großen Wassersystemen des Tieflandes.

Den vier Hauptsenkungen des Tieflandes folgt der Lauf der großen Stromsysteme und ihrer untergeordneten Zuflüsse. Gegen Norden strömen Dwina, Petschora, gegen Osten ist das kolossale System der Wolga gerichtet; gegen Süden fließen Don, Dniepr, Bug und Dniestr; gegen Westen Newa, Düna, Memel, Weichsel: ein Dutzend großer Stromsysteme, alle wasserreich, von ihren Mündungen bis zu ihren obersten Quellen schiffbar; dadurch verschieden von den Stromsystemen Westeuropas. Denn diese entspringen nicht auf welligem Hügellande wie die in Osteuropa, sondern auf Hochgebirgen, 5000 und 10000 Fuß über dem Meere, stürzen also herab, wo jene nur fließen. Sie werden daher nirgends von ihren Quellen an schiffbar, sondern erst in ihrem mittlern Laufe. Daher ward Osteuropa schon durch die Natur seiner sanften Thalbildungen ein Land natürlicher Wassercommunicationen und konnte durch Kunst und Nachhülfe der Menschen das ausgezeichnetste Kanalland der Erde werden.

Das centrale mäßige Plateauland der Wolgahöhe ist das Mutterland aller Flüsse Osteuropas. Die natürliche Abtheilungen andrer Stufenländer der Erde nach oberm, mittlerm, unterm Laufe der Ströme, gehen hier nicht in schroffen Contrasten, wie bei Donau, Rhein und andern Wasserströmen des Erdtheils, in einander über, sondern haben nur sanfte, öfter fast unmerkliche Uebergänge. Die Wasserfälle und Katarakten im obern Laufe fehlen; wo sie auftreten, ist es nur im untern Laufe der Ströme nahe ihren Mündungen, wie am Dniestr, Dniepr u. a. In Westeuropa fehlen die Stromschnellen meist im Mündungslande der Ströme, und kommen nur in ihrem obern und mittlern Laufe vor.

Das Wassergebiet der Wolga verbindet Europa und Asien. Der Strom durchläuft eine Strecke von 437 Meilen, reiht sich also an die kolossalen Wassersysteme Amerikas und Asiens. Die Donau durchläuft nur 381, der Rhein nur 175 Meilen Länge. Der Flächeninhalt des Stromgebietes der Wolga ist 30154 □Meilen, der Flächeninhalt des Nils beträgt 32600 □Meilen. Weit größer ist das Gebiet der amerikanischen und asiatischen Ströme. Das Wassergebiet der Donau beträgt 14422, das des Rheins 3898 □Meilen. Das Gebiet jener großen Ströme beträgt also das Doppelte des der Donau, das Achtfache des Rheingebietes. Die Wolga ist also das kolossalste Wassersystem Europas. Die Quellen liegen im Gouvernement Twer 57° 4′ N.Br. auf der Waldai-Wolgahöhe. Sie entwickeln sich aus drei kleinen Seen, deren einer Wolga heißt, beim Dorfe Wolgino-Wergowi. Diese kleine Wolga nimmt bald den Ausfluß des Seliger-Sees auf, dann strömt sie zwischen hohen Ufern hin, bis Ostaschkow hat sie ein Gefälle von 370 F., das stärkste Gefälle auf so kurzem Wege. Nun beginnt bei Rschew-Wladimirow der mittlere Lauf und zugleich die Schiffbarkeit. Er geht bis Saratow und Kamyschin, das 112 F. tiefer als die Ostsee liegt. Innerhalb dieser

Strecke hat die Wolga nur ein Gefälle von 914 F., nimmt 12 wasserreiche Zuflüsse auf, die unterhalb ganz fehlen, und hat eine zweifache Normaldirection. In der ersten Hälfte fließt der Strom von Westen gegen Osten, bis zur Mündung der Kama, die wegen ihrer Größe die kleine Wolga heißt. In der zweiten Hälfte wird die Wolga durch die Kama gegen Süden geworfen; sie folgt der mittleren Richtung beider Ströme im Parallelogramm der Kräfte. Unterhalb Kasan bei der Kamamündung hat die Wolga eine Breite von 2400 F., und so fließt sie majestätisch gegen den Süden. Der Unterlauf beginnt unterhalb des Samara, der vom Ural kommt. Unterhalb Saratow verläßt die Wolga die letzten Hügel und hat nur auf der rechten Seite ein Steilufer; auch dieses verläßt sie bald und wendet sich zum Kaspischen See bei der Stadt Zarizyn. Bei Astrachan ergießt sie sich in 8 Hauptarmen, die zusammen 65 Mündungen haben und 70 Schilfinseln bilden. Merkwürdig sind die Anschwellungen der Wolga, durch die verschiedenen Klimate, die der Strom durchläuft, veranlaßt. Bei Zarizyn steigt das Wasser bis 20 F. über das Sommerbett. Der Fischreichthum des Stromes ist berühmt.

Erst seit der untere Lauf in russischen Besitz kam, konnte die Wolga für die Schifffahrt wichtig werden: es geschah seit 1554. Früher herrschten hier Mongolen und Tataren; noch sind viele Trümmer ihrer Residenzen zu sehen, wie die von Bolgar südlich von Kasan, der alte Sitz des Bulgarenreichs. Erst seit Peter dem Großen hat die Europäisirung des mittlern und untern Wolgagebietes begonnen, besonders seitdem er nach Persien zog. Damals wurde der Strom Transportstrom eines großen Heeres; er trug zum ersten Mal eine europäische Flotte von 270 Fahrzeugen. Der Ural gab das Holz zu diesen Schiffen, Kasan ward der Zimmerplatz der Flotte; das Heer ward in Moskau eingeschifft. Jetzt ist der Strom eine Hauptquelle von Rußlands Reichthum.

Der obere Lauf und seine Zuflüsse führen über den Wasserscheiderücken zu den Gewässern des Nordmeeres. Mit Peter dem Großen fängt die Entwickelung des großen Kanalsystems in Osteuropa an, des größten der Erde. Seine Nachfolger vervollkommneten es bis auf die neueste Zeit. Kein anderer Erdtheil hat Aehnliches aufzuweisen. Die Wolga hat durch ihre Naturlage und die Hülfe der Kunst zwei Wasserfahrten gegen den nördlichen Ocean erhalten, drei zur Ostsee und zwei gegen Süden und Südwesten zum Schwarzen Meere. Im Osten fehlt alle Communication durch Kunst, aber die natürliche führt bis mitten ins persische Reich, und wenn die alte Mündung des Oxus nicht versandet wäre, so ginge die Schifffahrt bis zum hohen Indien.

Wir betrachten diese wichtigen Wasserverbindungen noch genauer. Die erste östliche Straße, der Katharinenkanal, seit 1807—1816 angefangen und vollendet, ist 3 Meilen lang und verbindet die Kama mit der Witschegda, einem östlichen Zuflusse der Dwina. Er beginnt bei der Stadt Tscherdyn und setzt durch die Moräste des flachen Landrückens; auf diesem Kanal schifft man von Kasan bis Archangel. Der zweite ist der Kubinskikanal. Ein linker Wolgazufluß, der aus dem Bielosee herkommt, wird durch einen Kanal aufgefangen, der quer gegen Norden den Uwalli durchschneidet und in den Kubinskoi See tritt. Dieser fließt durch den Suchona bei der Stadt Wologda aus und fällt in die Dwina.

Die südöstliche Fahrt führt durch die Upa, bei der Stadt Tula vorüber, geht über die flache Landhöhe, die als Wasserscheide das Dongebiet von dem der Wolga scheidet, durch den Johannissee, in welchem die Quelle des Don liegt.

Die zweite südliche Fahrt führt aus einem linken Nebenflusse der Oka, welcher Tschistka heißt, zu einem linken Nebenflusse des Dniepr, der Desna.

Noch wichtiger sind die drei westlichen Wasserfahrten zum

baltischen Meere, auf denen von vielen tausend Schiffen Holz, Getreide, Metalle u. s. w. verführt werden. So ist der Umsatz der Waaren im Innern befördert und der asiatische Handel mit den Europäern erleichtert. Diese drei Kanalsysteme sind folgende.

Der Marienkanal, führt aus der Wolga zum Scheksna nach dem Bielo-See; aus diesem über die Wasserscheide zum Flusse Wytegra, dieser strömt zum Onegasee; aus diesem nach Petersburg durch den Ladogasee.

Die mittlere Wasserfahrt geht durch den Tichwinakanal zum Ladogasee. Die Fahrt ist kürzer; sie geht aus der Wolga durch die Mologa. Von hier durchschneidet der Kanal gegen Nordwest die Landhöhe, setzt in den Fluß Tichwina und ergießt sich bei der Stadt Tichwin in den Ladogasee.

Die älteste und berühmteste Verbindung ist das System des Nischnei-Wolotschokkanals. Dieser ist schon seit mehr als 100 Jahren, seit Peter dem Großen, im Gange, wurde aber immer mehr vervollkommnet und im Jahr 1802 vollendet. Es ist ein sehr complicirtes System, dessen Mitte der Ilmensee bildet. Die Communication wird aus der Wolga durch den Twerzafluß bewirkt. Aus diesem geht ein Doppelkanal gegen Westen und Norden; gegen Westen zum Flusse Zna, gegen Nordosten zum Flusse Msta. Der wichtigere ist der letztere geworden. Die Stadt Nischnei-Wolotschok liegt an der Verbindung beider Kanalsysteme; um diese Stadt befindet sich ein merkwürdiger Schleusenbau, der das ganze System in Verbindung setzt, nöthig, um die vielen kleinen Seen auf der Wasserscheide zu erhöhen und schiffbar zu machen. Aus dem Msta geht die Fahrt in den Ilmensee, dessen Abfluß, die Wolchow, zum Ladogasee führt, dieser durch die Newa nach Petersburg. Mehrere Nebenzweige dieses Kanalsystems gehen in die Nachbarschaft; der merkwürdigste ist der von Nowgorod; er soll den gefährlichen Ilmensee entbehrlich machen.

Die zweite Hauptsenkung des östlichen Tieflandes geht gegen das Schwarze Meer, das mit seinem Stromgebiet tief in das Innere Rußlands, Ungarns und Deutschlands hineinreicht. Zwischen Kuban und der Donau ergießen sich sechs der größten Flüsse in dieses Meer zwischen 47 und 55° O.L.: Kuban, Don, Dniepr, Bog, Dniestr und Donau. Nirgends in Europa wiederholt sich dieses Verhältniß auf so kleinem Raume, was schon Herodot bemerkte. Diese Flüsse schwellen im Frühjahr plötzlich das Meeresniveau und geben der nördlichen Hälfte ein Uebermaß von Wasser. Dagegen haben die südlichen Gestade nur unbedeutende Zuflüsse, daher der große Wechsel des Niveaus, was die Schifffahrt gefährlich macht.

Der Don ist der östlichste europäische Zufluß des Schwarzen Meeres. Bis auf die neueste Zeit ist er Grenze zwischen europäischer und asiatischer Lebensweise der Völker. Sein Name ist noch der alte (Tanais). Seine Länge beträgt 143 Meilen; das Stromgebiet ist etwas geringer als das des Dniepr. Der obere Lauf führt uns zum Johannissee unter 54° N.B. Der See wird von weiten Morästen genährt, liegt auf einem niedern Torfboden und ist höchstens 20 Fuß tief. Das größere Gefälle des Don geht bis zur Stadt Woronesch. Die niedern Hügel zu beiden Seiten bilden reiche Eisensteinlager von Tula bis Woronesch; darum in diesem Striche die Fabrik der Eisen- und Stahlwaaren des russischen Reichs. Bei Woronesch wird der Don schiffbar für größere Barken. Der Mittellauf und zugleich der russische Süden beginnt. Auf der rechten Seite drängen Kreide- und Kalksteingebirge den Don gegen Südosten, als ginge sein Lauf zum Kaspischen See; aber plötzlich, in der Annäherung zur Wolga, wendet er sich gegen Süden zum Asowschen Meere. Dies ist eine merkwürdige Normaldirection der südrussischen Ströme gegen Südost; plötzlich kehren sie aber in denselben Parallelen um und gehen durch die Niederung: alles Folge der eigenen Beschaffenheit des Bodens.

Der untere Lauf des Don beträgt 30 Meilen. Von der Einmündung des Donetz fließt der Don nur in Niederung mit wenig Gefälle. Oberhalb der Stadt Tscherkask nimmt er den Manitschfluß auf, den letzten Ueberrest einer Verbindung zwischen dem Schwarzen und Kaspischen Meere. Im 8. und 9. Jahrhundert war die Kanalverbindung zwischen beiden Meeren noch schiffbar. Von Tscherkask hat der Don auf 20 Meilen nur 8 F. Gefälle. Er überschwemmt hier das Land wie der Nil sein Delta. Seine Wasser schwellen 12—15 F.

Der Hauptzufluß des Don ist der Donetz, sein Parallelstrom, der mit dem Kreidegebirge gegen Südosten seinen Lauf hat. Er ergießt sich bei Tscherkask. Das ganze Land zwischen Donetz, Don und Wolga ist ein Steppenland, die Heimath der donischen Kosakenstämme; weite Hochebenen mit tiefeingeschnittenen Flußufern, ohne Waldung, Aecker, nur mit Gras überwachsen; alle Ortschaften sind an den tiefen Einschnitten der Bäche und Flüsse, so daß das Weideland wie eine große Einöde aussieht. Die Erweiterung seiner Mündung ist ein weites negatives Delta, ein Liman, wie die Russen sagen. Ob dieses Wort mit λίμνη zusammenhängt und im Lemaner See wiederkehrt? — Alle Flüsse Rußlands, die ins Schwarze Meer einmünden, zeigen eine solche Limanbildung. Der Liman des Don heißt das Asowsche Meer, ist sehr seicht und trägt nur Schiffe, die 12. F. tief gehen.

Der Dniepr (Borysthenes) ist nächst der Donau der größte Zufluß des Schwarzen Meeres, der drittgrößte Strom in Europa. Sein Quellengebiet liegt dem der Düna und Wolga nahe. Sein Stromgebiet hat an Flächeninhalt gegen 10000 □Meilen; seine Lauflänge beträgt 230 Meilen. Der directe Abstand der Quelle von der Mündung ist 134 Meilen; die Krümmungen verlängern seinen Lauf um etwa 100 Meilen. Der

Dniepr gleicht meist seinen Nachbarflüssen; das Gefälle ist gering wie bei der Wolga und dem Don. Doch bietet er auch eigenthümliche Verhältnisse. Sein oberer Lauf bis Smolensk ist kurz; dessen ungeachtet aber wasserreich. Bis Dorogobusch fließt der Dniepr gegen Süden, dann wendet er sich plötzlich gegen Südwest nach Orscha. Sein Thal geht hier parallel mit der Landhöhe. Bei Orscha richtet er seinen Lauf eben so plötzlich wieder gegen Süden, und nun beginnt die reiche Kornkammer Mittelrußlands in weiter Ebene. Mit der Wendung gegen Süden beginnt die Schifffahrt. Der mittlere Lauf nimmt drei Viertheile des ganzen Stromes ein und geht durch die Gegend unterhalb Smolensk bis zu den Porogi oder Fällen, die unterhalb der Samara beginnen und bis zur Stadt Alexandrowsk reichen. Die Normaldirection ist hier doppelt, einmal gegen Süden bis Kiew; dies ist der Lauf durch Weißrußland; von da an geht sie nach Südost durch Kleinrußland oder die Ukraine. Mit der Wendung gegen Südost, wo der Zufluß Roß oder Ruß einmündet, beginnt ein merkwürdiges Granitbett des Stroms. Bald engt sich dieser zusammen und durchbricht die niedere Granitplatte, die im südlichen Rußland von Westen gegen Osten in einer Breite von 12—16 Meilen von den Karpathen bis zum Asowschen Meere sich hinzieht, nicht in kürzester Linie, sondern in einem Zickzack. Dieser Durchbruch unterscheidet den Dniepr charakteristisch von der Wolga. Mit dem Eintritt in dieses Felsbett beginnt des Stromes gefährliche Schifffahrt; die Klippenfahrt über Felsbänke war schon zur Zeit Herodots bekannt. Kein anderer Strom mündet innerhalb dieser Platte in den Dniepr; alle oberhalb.

Die nördlichen Zuflüsse sind von der linken Seite der Soscha, parallel mit dem Dniepr, die Desna, an deren Mündung die älteste Hauptstadt Mittelrußlands, Kiew, zur Zeit Wladimirs des Großen (988) gegründet wurde. Die rechten Zuflüsse, welche den Dniepr von Smolensk bis Kiew verstärken, sind Ableiter großer Sumpfe und Moräste Lithauens und Niederpolens. Ihre geringen Gefälle machen die Kanalverbindungen möglich, welche zur Düna, Memel und Weichsel reichen. Der nördlichste ist die berühmte Berezina, welche oberhalb Borissow entspringt. Seit 1801 verbindet ein Kanal die Berezina mit der Düna; so geht die Schifffahrt aus dem Dniepr bis in den Hafen von Riga. Der zweite Hauptstrom ist der Pripet, der wasserreichste Zufluß des Dniepr von Westen. Er scheidet Lithauen von Wolhynien; von seiner Einmündung oberhalb Kiew fängt die Ukraine an. Er hat über 20 wasserreiche Zuflüsse; die meisten sind bis zu ihrer Quelle schiffbar; sie werden genährt aus den Niederungen des mittleren Lithauens, in deren Mitte die Stadt Minsk liegt. Diese Morastgegenden sind mit Urwaldungen Lithauens bedeckt, der Aufenthalt der Elennthiere und noch vor einem Jahrhundert der Auerochsen. In diesen Waldungen nordwärts des Pripet lebt der letzte Ueberrest des alten lithauischen Volkes, dessen preußischer Zweig im Norden des Memel ausgestorben ist. Zwei linke Zuflüsse des Pripet bilden die Wasserverbindung mit dem Memel und der Weichsel; dadurch wurden zwei große Wasserverbindungen zwischen dem Schwarzen Meere und der Ostsee hergestellt. Die nördliche, der Oginskische Kanal, führt aus dem Pripet durch die Jasiolda zum Schtschara, einem Zufluß des Memel. Die südliche Wasserstraße, der Königskanal (vom letzten König von Polen), ist angelegt um die lithauischen Moräste auszutrocknen. Spät erst ward er schiffbar gemacht und in einen Zufluß des Bug bei Dobrin eingeleitet.

In der südrussischen Granitplatte bildet der Dniepr 13 Katarakten. Schon aus dem 10. Jahrhundert haben wir vom Kaiser Konstantin Porphyrogeneta eine Beschreibung. Daraus ergiebt sich, daß die Namen nicht slawischen Ursprunges sind, sondern aus germanischer Sprache entstanden, wie man in neuerer Zeit gefunden, was sehr merkwürdig ist. Das Gesammtgefälle dieser

Katarakten beträgt 116 F., hinreichend um eine Menge von Strudeln hervorzurufen. Seit 1780 machte man Versuche, diese Klippen zu sprengen. Das Dniepr-Gebiet hat historische Bedeutsamkeit. Der Strom war von je her die Verbindung zwischen Süd- und Nordeuropa, im 9. und 10. Jahrhundert die Handelsstraße der Normannen und später der Hansa nach der Levante. Zur Zeit der Mongoleneinfälle ins südliche Rußland fielen die entscheidendsten Gefechte dort vor, weil da die großen Heerstraßen sich begegnen; der unterste Katarakt erhielt den Namen Tatarenfurt. Am Dniepr bildete sich ferner ein eigener Militärstaat aus. Das um die Fälle wohnende Volk nannte sich Saporoger und wurde von den andern Völkern Kosaken genannt. Mit diesem Namen wollte man sie als bewaffnete Räuber bezeichnen. Anfangs waren die Kosaken ohne Oberherrn, nachher bildete sich eine Republik aus, an deren Spitze der Attaman (Hetman) stand. Seit 1576 traten sie auf polnische, seit 1666 auf russische Seite und begannen ihre Kämpfe mit den Türken und Tataren. Seit dem bildeten sie eine Vormauer gegen die südlichen feindlichen Völker. Gegen Osten überstiegen sie mitten im 16. Jahrhundert den Ural und wurden die Eroberer Sibiriens. Da in den letzten Türkenkriegen des vorigen Jahrhunderts sich die westlichen Kosaken gegen Rußland treulos zeigten, ward der Kosakenstaat 1775 aufgehoben. Ein großer Theil siedelte sich an der Wolga und am Don an. Im Jahr 1792 erwarben sich die Kosaken neue Verdienste um Rußland im Kriege gegen die Türken; die Ueberreste der Saporoger wurden unter dem Namen Tschernomorsken am Schwarzen Meere angesiedelt, wo sie ein Eigenthumsland von 1700 □Meilen erhielten und als Grenzbewacher des russischen Kaukasus betrachtet wurden. Erst nach Auflösung der Saporoger begünstigte die russische Politik die donischen Kosaken und es bildete sich eine Republik wie vorher am Dniepr. Aber die neuere Politik hat sie in russische Milizen verwandelt, ihre Statuten und Rechte wurden ungültig.

Der untere Lauf des Dniepr führt dessen Wasser 40 Meilen unterhalb der Katarakten zum Schwarzen Meere; er ergießt sich in 3—18 Stunden breiter Mündung, hat aber nur 6—7 F. Tiefe. Der Dniepr hat daher bei allem Wasserreichthum wegen der Katarakten und der seichten Mündung wenig Flußschifffahrt; jedoch wurde viel zu deren Verbesserung gethan. Aber den größten Gewinn zieht man doch daraus, daß große Flöße, besonders aus Lithauen, ihn befahren und so den Russen am Schwarzen Meere Bauholz für die Schiffe liefern.

In den Dniepr-Liman ergießt sich der Bog, der viel unbedeutender und nur durch seine Mündung wichtig ist. Er hat einen breiten Liman, tiefer als der Dniepr. Hier ist darum der Sitz der russischen Admiralität der Stadt Nikolajew. Die Lage Nikolajews war schon den Alten wichtig, man fand in neuerer Zeit die Ruinen von Olbia auf, das griechische Olbiopolis.

Der Dniestr ist nächst der Donau der westlichste Zufluß des Schwarzen Meeres; sein direkter Lauf beträgt 81 Meilen, die Krümmungen vermehren ihn um ein Sechstel! Das Stromgebiet ist daher gering, ein schmales Band von 1500 □Meilen. Nirgends hat der Dniestr große Zuströme und seine Normaldirection gegen Südosten bleibt dieselbe, daher Einförmigkeit und geringer Einfluß auf benachbarte Gegenden. Stry liegt in der Nähe seines Südufers auf einer Höhe von 1740 F., Lemberg auf seiner Nordseite in einer Meereshöhe von 960 F. Diese sehr fruchtbare Strecke des Stromgebiets ist mit einer mächtigen Schicht von Lehm- und Thonboden bedeckt. Weiter abwärts tritt der Dniestr aus dieser fruchtbaren Ebene in die Granitregion, und wendet sich plötzlich gegen Südosten. Bei der Stadt Jampol durchbricht er mit Strudeln die Bergklippen, und bei Neu-Dubossari strömt er über zwei Granitschwellen, die letzte Hemmung des Stromes. Unterhalb dieses Ortes tritt er in den flachen Steppenboden von Bessarabien ein. Er strömt dann an

Bender und Akjerman vorbei und endet in einem Liman, auf dem bei hohem Wasserstande kleine Flottillen fahren können. Im mittlern Laufe ist die Wassertiefe zu gering; im Frühlinge und zur Regenzeit ist er fast von seiner Quelle an schiffbar.

Vorzüglich wichtig ist der Dniestr geworden, weil unweit seiner Mündung Odessa liegt, der Stapelplatz für den ganzen Handel am Schwarzen Meere, eine Großstadt raschesten Wachsthums. Vor 70 Jahren standen hier nur einzelne Fischerhütten. Eine kleine türkische Festung Gatschibai, 1795 erobert, ward die Grundlage der Stadt. Seit 1796 begann der Bau von Odessa. Schnell siedelten sich hier Colonisten an, Russen, Polen, Griechen, Armenier, Deutsche, Franzosen, Engländer. 1817 ward Odessa ein Freihafen und 1818 lagen schon 60 reich beladene Schiffe in demselben. Jetzt ist die Stadt im Besitz eines bedeutenden Handels. Getreide, Fischerei und Salz machen die Hauptquelle ihres Reichthums aus. Das ganze Land rings umher ist durch Landhäuser und schöne Gärten geschmückt.

Die weite Nordabdachung des östlichen Tieflandes ist für das Ganze unwichtiger als die Südabdachung. Sie ist arm an Produkten, und dann ist die Hälfte des Jahres der nordische Winter dort herrschend. Von 60° N.Br. ist dann Alles mit Eis und Schnee bedeckt, und alle Verbindung mit andern Culturländern aufgehoben. So vortheilhaft die Lage des südlichen Rußland zu den Culturländern ist, so unvortheilhaft die Lage Nordrußlands gegen das Eismeer hin. Der einzige bedeutende Strom ist da die Dwina, aber der größte Theil ihres Gebietes ist rauh und unwirthbar. Bedeutend ist die Lage von Archangel, weil es der Zugang zur nordischen Fischerei ist. Ein zweiter Fluß ist die Petschora, aber unwichtiger als die Dwina.

Wichtiger sind die Ströme und Landschaften nach dem Ostseegestade hin. Die Stromgebiete nehmen von allen russischen Stromgebieten den geringsten Flächenraum ein, sind aber von hoher Bedeutung für die russische Monarchie, weil sie dieselbe mit dem übrigen Europa verbinden.

Der Ostsee schicken drei Wassersysteme ihr Wasser zu: das der Düna; die große Seengruppe, die im finnischen Meerbusen sich auslabet durch die Newa; das System des Memel oder Niemen. Den Uebergang zu Westeuropa bildet das Gebiet der Weichsel.

Die Quelle der Düna liegt unter 57° N.Br. wie die der Wolga. Ihr Lauf beträgt 150 Meilen, ihre Hauptdirektion geht von Südost gegen Nordwest. Sie hat keine großen, aber viele kleine wasserreiche Zuflüsse, sie selbst ist auch sehr wasserreich und fast bis an die Quelle schiffbar. Größere Barken gehen bis Saraz. Doch erscheint eine Menge von Klippen und Granitblöcken bei Drissa. Unterhalb Dünaburg wird sie frei von solchen Hemmungen, aber nun beginnen die Versandungen des untern Laufs.

Der Meerbusen von Riga wird durch die Küsten von Kurland, Esthland und Liefland gebildet; es liegt ihm die Insel Oesel vor. Der Strom geht bei Riga vorbei und ergießt sich bei Dünamünde in den Busen. Die großen Schiffe fahren bis in die Mitte der Stadt Riga. Diese Handelsstadt ersten Ranges war ein Hauptglied der Hansa. Erst seit der Gründung Petersburgs ist sie nur zweite Handelsstadt der russischen Ostseeprovinzen.

Der finnische Busen schneidet zwischen Finnland und Esthland ein; gegen Osten liegt Ingermannland. Seine Länge beträgt 40—50 Meilen von Ost nach West, die Breite 5—10 Meilen. Die Tiefe ist ungleich: an der Südküste 12—30 F., an der finnischen Seite über 300 F. Die östliche Bucht heißt Meerbusen von Kronstadt oder von Petersburg. Der finnische Busen ist hafenreich: Narwa, Rewal und Baltisch Port liegen an der Südküste; an der Nordküste Wiborg, Sweaborg; zwischen den Schären und zu äußerst Abo. Dem Westende liegen die tausend

Alandsinseln, gegen Südost in einem Halbkreise der Peipus-, Ilmen-, Ladoga- und Onega-See vor. Zwischen ihnen eine Menge kleiner Seengruppen, die zum obern Gebiete der Düna, des Dniepr, der Wolga und Narwa gehören. Auf der Scheide der Wolgahöhe findet diese Naturform der Seengruppen ihre Grenze gegen Süden und Osten.

Im Norden des Meerbusens, in Finnland selbst, liegt eine einzige große Seengruppe, die aus mehrern tausend Seen, die unter einander verbunden sind, ein Netz bildet. Sie liegen alle in klippigen Granitboden. Diese Form zackiger Beckenbildung geht durch den polaren Norden fort bis nach Amerika. Man kann ein Drittel von Finnland auf Morast- oder Seeboden, zwei Drittel auf Granitklippen, wenige hundert bis tausend Fuß hoch rechnen. Die Hauptabzugskanäle sind sudlich, gegen Südost der Wuoxen, der den Wasserfall von Imatra bildet, und der Kymenefluß, der bei Sweaborg sich in den Meerbusen ergießt.

Die Narwa, der schiffbare Ausfluß des Peipus-Sees, ergießt sich bei Narwa in den finnischen Meerbusen. Die Newa ist der Ausfluß einer großen Seengruppe. In ihrem unausgebildeten Wassersysteme bildet sie das Gegenstück zum Lorenzstrome. Der ganze in eine Granitplatte eingetiefte Lauf vom Ladoga bis zum finnischen Busen beträgt nur 8½ Meile, aber die Mündung ist sehr breit, und der ganze finnische Busen ist nur eine Erweiterung des Newagebietes. Die beiden Hauptseen, welche die Newa nähren, sind der Onegasee im Gouvernement Olonez, und der Ladogasee mit 300 □Meilen Oberfläche und 70 Zuflüssen. Beide sind für große Schiffe fahrbar, aber gefahrvoll; stürmisch, voll klippiger Inseln und Vorberge. Am Südufer des Ladoga legte man einen Kanal an um die Gefahr zu vermindern; er wurde 1732 beendigt, tritt bei Schlüsselburg in die Newa, und vermittelt die Schifffahrt und Handelsverbindung des mittleren Rußland mit der Ostsee. Ihre größte Bedeutung erhielt die Newa durch die Gründung von Petersburg. Früher gehörte das Ostseegestade zu Schweden. Peter der Große eroberte 1703 das Fort Nyenschanz an der Newamündung und die kleine Insel Retusari. An der Stelle von Nyenschanz gründete er Petersburg, und an der von Retusari den Hafen von Petersburg, Kronstadt.

Der Niemen oder Memel, ein Parallelstrom der Düna, in seinem obern Laufe ein russischer Strom, im untern ein preußischer. In seinem obern Laufe ist er wie die Düna von der Quelle an schiffbar und steht mit dem Dniepr und dem Schwarzen Meere in Verbindung. Das Hauptproduct des Transports ist Holz aus den lithauischen Waldungen. Der mittlere Lauf ist von der Natur wenig begünstigt. Bei Grodno bis 55° N.Br. bei Kowno wendet er sich nordwärts. Oberhalb Kowno sind viele Stromhemmungen, und alle Versuche sie zu überwinden waren vergeblich. Bis zu den Katarakten gehen von der Mündung an die großen Schiffe; von da werden große Holzflöße gebildet. Die Verbindung des untern und obern Laufs ist also unterbrochen. Unterhalb des Wiliazuflusses tritt der Niemen auf preußisches Gebiet, durchströmt den Tilsiter Kreis, einen fruchtbaren Landstrich. Er fließt an Tilsit vorbei; unterhalb beginnt die Stromscheidung. Der nördliche Arm heißt Ruß, der südliche Gilge. Zwischen beiden liegt das Delta des Memelstromes, ein Areal von 50 □Meilen. Die Gilge ergießt sich bei Gilge in das Kurische Haff. Vor der Mündung ist ein schiffbarer Kanal längs der Küste gegen Süden mittelst des Flusses Nemonin, und dieser Kanal führt zum kleinen Deinafluß bei der Stadt Tapiau. Von da geht eine ähnliche Verbindung gegen Königsberg durch den Pregelfluß in das frische Haff. Der Ruß fließt bei der Stadt Ruß vorüber, dem Stapelort der Holzflöße. Der Niemen ergießt sich in einen Liman oder in ein Haff. Die Haffe sind Stromerweiterungen, negative Deltas (Haff = Bai, Bucht) und haben eigenthümliche Bildung. Vor ihnen liegen Dünenreihen, die man Nehrungen nennt. Ihre gleichartige Bildung verdanken sie dem horizontalen Seeboden und dem nach gewissen Gesetzen gehenden Wellenschlage.

Das Kurische Haff hat eine Länge von 15 Meilen und ist durch eine Nehrung von der Ostsee abgeschlossen. An der Nordspitze der Nehrung ist die flußartige Mündung des Haffs, wo die Tiefe des Wassers etwa 18 Fuß beträgt. Diese Lücke bildet das große Hafenbassin von Memel, das mehrere hundert Schiffe faßt. Jedoch müssen Schiffe, die über 18 F. tief gehen, auf der Rhede der Ostsee bleiben.

Das Stromgebiet der Weichsel (slaw. Wisła) bildet den natürlichen Uebergang aus dem flachen Osteuropa zu dem mehr beengten Theile des Welttheils. Die westliche Hälfte von Europa beginnt mit dem Stromgebiet der Oder. Die Weichsel steht auf der Grenze zwischen Ost- und Westeuropa, und war von je her eine Scheide der Slawen in Osten, der Germanen in Westen.

Der directe Abstand der Weichselquelle von ihrer Mündung beträgt 72 Meilen, die Stromentwickelung 125—130 Meilen. Die Krümmungen betragen also 50 Meilen oder mehr als $\frac{2}{3}$ des directen Laufes, daher die reiche Bewässerung ihres Stromgebietes. Das Weichselgebiet mit 3578 □Meilen Flächeninhalt gehört zu den fruchtbarsten, getreidereichsten Fluren Europas, ohne von öden Landstrecken unterbrochen zu werden.

Die Weichsel tritt aus keinem Hochgebirge hervor, sondern aus einer Einsenkung zwischen den Karpathen und Sudeten, aus einem niedern Waldgebirge, das zur großen Gebirgsdiagonale gehört. Drei Weichselbäche bilden den Fluß. Die Weichsel fließt da etwa 5 Meilen gegen Norden; dann geht sie in rechtem Winkel gegen Osten und tritt in die Hochebene von Schlesien und das südliche Polen. Ihr Thal hört auf schmal zu sein, es wird eine breite flache Mulde und endlich ein wirklicher Thalboden.

Sie verliert ihren raschen Lauf und erhält eine langsame und träge Bewegung. Zwischen dem obern und mittlern Weichsel- und Odergebiet ist eine aus der Ebene hervorragende Insel, ein breites Kalksteinplateau, die große Naturgrenze gegen das nördliche Tiefland. Es sendet gegen Norden die Quellen der Prosna und Warthe, gegen Osten die der Pilica, die sich oberhalb Warschau in die Weichsel ergießt. Auf dem Rücken liegen viele Dörfer und Städte. Tarnowitz 956 F. über dem Meere. Südwärts liegt Beuthen. Die Landstraße über diesen Rücken zeigt die größte Erhebung beim Dorfe Bobronik, 1047 F. über dem Meere.

An der Süd- und Ostseite dieser Plateauhöhen breiten sich die mächtigen Lehmlager der polnischen Ebene aus. Sie enthalten eine Menge von Trümmern, Kies, Felsblöcken, Geschieben, die mit dem Lehm abgelagert wurden, und deren Heimath weit im Norden zu suchen ist. Da wo dieses Lehmlager beginnt, wird die Weichsel für größere Schiffe fahrbar. Ihr mittlerer Lauf reicht von Krakau bis zur Stromspaltung unterhalb Marienburg in Westpreußen, drei Viertel des Ganzen.

Im ersten Drittheil des Mittellaufes treten südliche Bäche von den Karpathen zur Weichsel und verdoppeln ihre Mächtigkeit. Der bedeutendste ist der San, der als schiffbar hinzukommt; er ist breit, tief und treibt die Weichsel gegen Nordwesten.

Im zweiten Drittheil ist der Hauptzufluß von der Linken die Pilica, welche wasserarm und nicht schiffbar ist. Von der rechten Seite kommt der Bug. Seine Quellen liegen in der Nähe von Lemberg, er ist lange ein Parallelstrom des San und der mittleren Weichsel; dann wendet er sich plötzlich westwärts, und wie der Pripet seine Wasser zum Dniepr führt, so entleert der Bug die Sumpfwaldungen Lithauens gegen die Weichsel. Ihre Trockenlegung verdankt die Ebene des nördlichen Polens dem Weichseldurchbruch im letzten Drittheil ihres Mittellaufes.

Der in die Weichsel bei Modlin einmündende Bug wirft die

Wasser der Weihsel gegen Nordwest ihrer Durchbruchsarbeit entgegen. Eine lache Landhöhe umzieht das flache Südgestade der Ostsee in enem Kranze. Dies ist die preußische Grenzhöhe gegen Polen, ie westliche Fortsetzung der Waldaihöhe. Der Höhenzug hat nehrere Meilen Breite, aber nur geringe Höhe zwischen 400 nd 500 F. absolute Erhebung, größtentheils nur 300 F. über de Ostsee. Er trägt auf seinem Rücken eine unzählige Menge kleinerer oder größerer Seen, von denen mehrere eine doppelte Ergießung gegen Norden und Süden haben. Sie sind meist von Nordn gegen Süden lang gestreckt. Der größte ist der Löwentinsee, der Spirdingsee, der Johannisburger See. Alle Flüsse südwärts gehen zur Weichsel, nordwärts zur Ostsee. Man kann zwei Diretionen dieses Höhenzuges unterscheiden: die eine von West gege Ost von Thorn und Culm ostwärts bis zur ostpreußisch-lithauischen Grenze bis zum Oletzkoer Kreis; die zweite Direction geht nordwärts und endet am untern Niemen zwischen Tilsit und Insterburg in niedern Vorhöhen.

Die Weichsl, welche vielleicht früher durch Netze und Warthe zur Oder abflos, durchbricht diesen Höhenzug unterhalb Thorn und beginnt damit ihren Unterlauf. Sie wendet sich in einem Knie gegen Norden in einem Bogen zwischen Schulitz und Fordon. In eine breiten Strom voll Inseln und in einem Schlangenlauf ewässert die Weichsel die Ebene und strömt an Culm, Grauden u. s. w. vorbei. Beim Eintritt in den Danziger Regierungsbezirl spaltet sie sich in einen westlichen und östlichen Arm; der östlice, die Nogat, ist kürzer, schmaler, aber nicht minder wasserrich und schiffbar, und hat stärkeres Gefälle. Zwischen den biden Armen breitet sich das Delta aus, das sich in eine große Nhrung von 12 bis 13 Meilen Länge verlängert. Der geschlossene Meereswinkel heißt das Putziger Wik. Die westlichen Ufer habn niedrige Landhöhen, die nördlichste Vorhöhe trägt einen Leuchtthurm. Alle diese Hügel sind unbedeutend.

Das ganze Land dieses Weichselgebietes zeigt an vielen Stellen Spuren alter Meeresbedeckung: die Hügel sind ein aufgeschwemmter Trümmerboden; alles Werk einer großen Fluth.

Die Fruchtbarkeit der Weichselniederungen ist erst eine Folge dieses Anbaus seit dem 13. Jahrhundert, seit der deutsche Ritterorden von diesen Gegenden Besitz nahm, und die Residenz des Großmeisters von Venedig nach Marienburg verlegt wurde. Früher waren sie mit Sumpfwaldung bedeckt. Viele Niederungen gehörten noch zum Gebiete des Oceans. Die Seeschiffe gingen damals auf den wasserreichen Flüssen aufwärts bis Culm. Nach der Landessage ging die Schifffahrt einst noch weit tiefer nach Polen, und zwar durch den Goplosee bei der Stadt Kruszwice und so zum Warthefluß. Die Entwässerung der Weichselniederungen wurde also erst durch Kunst herbeigeführt. Die Weichsel war die Linie der Kriegsoperationen des deutschen Ordens. Erst seit dieser Zeit erhielt die Weichsel historisches Interesse. Schlösser und Städte erhoben sich: Culm, Thorn, Elbing, Danzig. Die Mündung des Stromes war wichtig durch den großen Waarenzug, der durch Nowgorod nach Asien ging. Schon 1288 kamen Weichseldämme zu Stande, die in einer Strecke von 20 Meilen den Strom entlang gehen, ein Riesenwerk für die damalige Zeit.

Die Westhälfte Europas.

Die Westhälfte beginnt mit den Quellen der Weichsel und Oder, 35—36° O.L., oder mit der Verengung Europas durch den innersten Winkel der Ostsee und des Adriatischen Meeres. Für das westliche Gebirgsland — so dürfen wir uns im Gegensatz zur Osthälfte ausdrücken — bleibt ein Drittel des Areals von Europa übrig, 50000 □Meilen, welcher Theil die mannigfaltigste Oberfläche zeigt durch seine Gliederung und Zerspaltung. Die Gebirge liegen hier nicht an der Grenze, sondern sie beherrschen die Mitte; das große Alpensystem macht den Kern des ganzen

Gebirgssystems aus. Im Osten und Westen liegen die Karpathen und Pyrenäen, im Norden und Süden die französischen, italiänischen und illyrischen Gebirge. Sie stehen in systematischem Zusammenhange mit dem Kern, aber oft ist dieser Zusammenhang geographisch unterbrochen. Auch in diesem Theile Europas finden wir Ebenen und Tiefland, aber in untergeordneten Verhältnissen und nicht in der Mitte, sondern an den Umsäumungen. Den größten Raum nimmt die westliche Fortsetzung des Tieflandes von Osteuropa längs der Ost- und Nordsee ein. Alles andre Tiefland verhält sich zum Gebirgslande wie 1 : 10.

Bei unserer Betrachtung folgen wir wieder den drei Hauptformen des Bodens (Gebirgsland, Stufenland, Tiefland), nur in umgekehrter Richtung, nicht von außen nach der Mitte, sondern von dieser nach außen zu.

Drei Hauptgebirgsbildungen ziehen von Ost nach West und scheiden das nördliche vom südlichen Europa: Alpen, Pyrenäen, Hämus. Genau genommen laufen sie jedoch nicht durch die Mitte des Erdtheils. Der Alpenzug springt gegen Norden vor, Pyrenäen und Hämus liegen ungefähr in gleicher Breite. Sie haben verschiedene Normaldirection, zwei von Südost gegen Nordwest, die Alpen von Südwest gegen Nordost.

Diese drei Gebirgsbildungen sind durchaus nicht bloße Gebirgsketten, die kammartig durch die Länder ziehen, sondern drei Gebirgssysteme. Sie füllen große Länderbreiten, haben eine große Ländererstreckung und bestehen aus vielen Nebenzügen. Jedes dieser Systeme hat seine eigene Conformation und erhält seine Naturgrenze durch die Eigenthümlichkeit seines Baues und seiner geologischen Systeme. Die Ausläufer dieser Systeme bilden eine Menge untergeordneter Gebirgszüge; um sie herum sind viele kleine Gebirgslandschaften gelagert, mannigfach gruppirt und gestaltet. Alle diese sind untergeordnet und unterscheiden sich von den Hauptgebirgen. Zwischen diesen Ketten- und Massengebirgen liegen die niedern Hochebenen, theils auf der Nordseite, theils im Süden der drei großen Gebirgssysteme.

Die Alpen.

Das mittlere System, das der Alpen durchläuft zwar nur ein großes Drittel des Erdtheils, aber in solcher Mächtigkeit an Breite, Höhe und Länge, daß es hinreichend ist, ihm seinen Hauptcharakter aufzudrücken. Von seiner Gestaltung ist die Oberflächenbildung des ganzen mittlern Europa abhängig. Alle Neigungen der Stromthäler gehen von ihm als dem ersten Grunde aus, alle niedern Gebirgsbildungen umlagern es in angemessenen Entfernungen wie Trabanten. Das Alpengebirge ist von dem bedeutendsten Einflusse gewesen auf das Völkersystem und Staatensystem von ganz Europa, wie auf die Culturgeschichte des Erdtheils.

Das Alpengebirge theilt Europa in seine großen natürlichen Provinzen. Es scheidet seinen Lufthimmel, seine großen Klimate, in einen Norden und Süden, Westen und Osten: Deutschland, Italien, Frankreich und Ungarn. Es scheidet seine Stromgebiete und Stufenländer: Rhone-, Rhein-, Po-, Donau-Gebiet. Es scheidet ebenso durch seine Hauptmassen die Stämme, die Sprachen der Völker, die Staaten und politischen Reiche. Auch der Fauna und Flora von Europa setzt es ihre natürlichen Grenzen. Diese Scheidung ist aber keine absolute Trennung und Isolirung, weder des Südens vom Norden, noch des Westens vom Osten. Denn überall führen theils zu den Seiten, theils mitten hindurch, Stromthäler, Thalschluchten, Pässe, und die verschiedensten Arten natürlicher und künstlicher Communicationen. Es vereint das Maximum der Erhebungen mit dem Maximum der Passagen. Das imposante System des Alpengebirgs ist also dennoch kein isolirender Natur-Typus für seinen Erdtheil geworden; es ist kein wildes, öde aufstarrendes, unwirthliches, kaltes Polarland in der Mitte der gemäßigten Zone, wie die hohe Wüste Kobi auf dem Plateau der

Mongolei — nein, ein verhältnißmäßig gegen den Continent sehr breiter Gürtel voll der größten Naturschönheiten, voll isolirter Gipfel, communicirender, fruchtbarer, reich bewässerter Tiefthäler. Dieser Gebirgsgürtel wird an Schönheit, Fülle und Mannigfaltigkeit der Naturgaben, zumal an Bewohnbarkeit und Culturfähigkeit für veredeltere Menschengeschlechter von keinem andern der Erde übertroffen. Das Alpenland schließt in seinem Innern mehrere Millionen Menschen ein, die sich zu selbständigen Völkerschaften und Staatensystemen ausbildeten. Sein Inneres gehört daher in Bezug auf Menschengeschichte recht eigentlich dem classischen Boden der Europäischen Historie an. Ueber ihn sind alle Gaben reichlich vertheilt, welche für die höhere Entwickelung der Völker ein Bedürfniß sind.

Es gleicht zwar nicht an Größe, Umfang und Reichthum der Verhältnisse dem kolossalen indischen Alpengebirgslande; aber ist dafür auch wirthbarer für Völkerschaften und Culturstaaten. Es ist auch weit zugänglicher als jenes. Denn das asiatische lehnt sich nur als Südrand an das gewaltige Hochland, das es (gleichsam wie eine Karyatide) auf seinen Schultern trägt. Das indische Alpengebirgsland ist daher nur von Süden her nahbar, bewohnt, besucht. Von Norden her ist es unzugänglich, eine polare Wüste, und von keiner lieblichen Landschaft begrenzt. Das europäische Alpenland hat dagegen zwei Abdachungen; es hat zwei Culturseiten, die eine italische gegen Süden, die andre germanische gegen Norden. Es besitzt daher doppelte Reichthümer der Naturverhältnisse, welche dem indischen fehlen. In dieser Hinsicht steht ihm das doppelseitige kaukasische Alpengebirgsland auf der Schwelle von Asien und Europa schon näher, das aber sonst in jeder Hinsicht an Natur- und Culturverhältnissen ärmer erscheint als das europäische Alpenland.

Der Gürtel des europäischen Alpengebirgslandes lagert sich gerade in der Mitte zwischen Aequator und Nordpol, nämlich von 44 bis 48° N.B. (eine glückliche klimatische Stellung in der wärmern Hälfte der temperirten Zone) und zwischen 23 und 35° O.L. von Ferro. Er nimmt also eine Breite von 30 bis 60, und eine Länge von 150 bis 180 Meilen ein, einen Flächenraum von 6000 □Meilen. Unendlich größer ist das Land der Alpen nach dem Gesichtshorizont, den sie beherrschen. Aus weiter Entfernung ist die Erhebung des Alpengebirgslandes sichtbar. Von der Nordseite aus Deutschland kommend erblickt man zuerst die Alpenkette auf der Nordseite der Donau, im Würtembergischen auf den Höhen von Engen nördlich von Hohentwiel sieht man vom Montblanc bis zu den Höhen von St. Gallen. Von den höchsten Gipfeln der Rauhen Alp erblickt man ebenfalls die hohe Alpenkette. Von Frankreich her zeigt sich zuerst der Montblanc um die Quellen der Saône auf dem Plateau von Langres zwischen Chaumont und Dijon. Weiter in Osten von den hohen Ebenen Baierns, von der Umgegend Münchens, sieht man das Westende der Alpen nicht, wohl aber die ganze Kette vom Bodensee an bis in die österreichischen Ebenen. Auf der Südseite zeigt sich der größte Ueberblick des Alpengebirges von den hohen Thürmen Mailands und Venedigs. Vom Dom in Mailand sieht man mit einem Blick vom Monte Viso bis zum Bernina, und vom Marcusthurme in Venedig übersieht man die ganze Tiroler Alpenkette, vom Ortles bis zu den Julisch-Dalmatischen Kalkalpen.

Gegen Westen hin trennt das tiefliegende Rhonethal (bei Lyon 443 Fuß) das südliche Frankreich mit seinen niedrigen Bergzügen vollkommen vom Alpengebirge. Mit dem Mont Ventoux unter 44° 10′ 27″ N.Br. und 22° 56′ 34″ O.L. geht das Alpengebirge zu Ende. Dieser Hochgipfel liegt im Nordosten von Avignon und Carpentras zwischen der Ouvèze im Norden und der Nesque im Süden, also zwischen Isère im Norden und Durance im Süden, und der Rhone im Westen. Der Gipfel hat noch die bedeutende Höhe von 6227 F. Von ihm erblickt man den Golf von Marseille und den Mont Canigou, einen der höchsten Gipfel der Pyrenäen. Zwischen den Alpen und Pyrenäen breitet sich eine weite Niederung aus, und ein eigentlicher Zusammenhang der Gebirgskette existirt nicht. Die zwischenliegende Niederung von Languedoc würde sich auch weiter gegen Norden verbreiten, wenn sich nicht auf dem Nordwestufer der Rhone die Gebirge von Auvergne und die Cevennen inselartig erhöben, und zwischen der mittlern Rhone und obern Loire weiter nordwärts zögen.

Gegen Osten hin senkt sich gegen Ungarn hin die Breite des Alpengebirgslandes, gegen das südliche und westliche Donauufer in das flache Hügelland zwischen Wien und Preßburg und dem Neusiedlersee hinab. Schon mit dem Berge und Passe Semmering auf der Grenze von Steiermark und Oesterreich 3122' verliert das Gebirge seinen Alpencharakter. Mit dem Neusiedlersee zwischen der Leytha im Norden und der Raab im Süden beginnt die ebene Fläche der Oedenburger Landschaft. Die Donau bildet hier ein sehr merkwürdiges Stufenland. Wien liegt nur 410 F. über dem Meere, also niedriger als Lyon. Preßburg liegt schon 100 F. tiefer, und damit in gleichem Niveau liegt die Oedenburger Ebene zwischen 34° und 35° O.L. Mit ihr beginnt die obere ungarische Ebene, im Süden durch den Bakonywald begrenzt, der von Südwest gegen Nordost zum Donauwinkel oberhalb Ofen und Pesth zieht, und als der äußerste Ausläufer des Alpenzuges betrachtet werden kann. An seinem Südfuße liegt der Platten- oder Balatonsee ausgestreckt von Südwest gegen Nordost. Der Bakonyer Wald ist es unstreitig, der den Lauf der Donau von Preßburg gegen Ofen weit gegen den Osten zurückdrängt; denn von Ofen an wendet sich die Donau plötzlich gegen den Süden und durchströmt nun die untere ungarische Ebene, das größte Niederland des mittleren Europa. Ofen und Pesth liegen nur 215 F. über dem Meere. Die Ebene zieht sich südwärts der Donau bis zum Donaufluß fort als eine breite Fläche, die nach Serbien, Slavonien und Kroatien reicht. Zwischen Mur und Drau erheben sich zwar kleine Bergzüge als äußerste Ausläufer der steiermärkischen Alpen, aber sie sinken alle in der Nähe des Plattensees in die Ebene hinab, auch sind es nirgends hohe, oder auch nur zusammenhängende Gebirgszüge, sondern kegelartig aufsteigende, isolirte niedrige Gipfel, im Umfang von 1—2 Stunden völlig abfallend, wahrscheinlich vulkanischen Ursprungs. Noch weiter gegen Südosten setzt sich allerdings ein südlicher Zweig der östlichen Alpen fort, aber er nimmt eine ganz andere Wendung in dem Streichen seiner Hauptmassen an. In Krain, im Norden der Halbinsel Istria's, zwischen dem Golf von Triest, von Fiume (oder St. Veit) und dem Saufluß hängt die Kette der Julier Alpen durch ein sehr schmales Gebirgsglied zwischen Zenggh und Karlstadt mit den illyrischen Gebirgszügen zusammen. Dieses illyrische Küstengebirge führt den Namen der dinarischen Kalkalpen oder der dalmatischen Küstenkette, und muß, so wie die Kette der Apenninen, mit denen sie parallelen Strich gegen Südosten hat, als ganz verschieden vom Alpengebirgszuge betrachtet werden. Aber beide, die dalmatische wie die Apenninenkette zeichnet dieselbe analoge Verbindung mit dem Alpensystem aus, indem beide mit dem Südabfall der Alpenkette einen spitzen Winkel bilden, der gegen Südwest offen liegt. Der westliche Winkel sendet die Gewässer des Pothals zum adriatischen Meere, der östliche aber sendet die Gewässer der Drau und Sau zur untern Donau.

Dem sehr steilen Abfalle der Alpen gegen Süden zum Mittelländischen Meer, der Lombardischen Ebene und dem Adriatischen Meeresspiegel sind sehr fruchtbare Flächen und Ebenen vorgelagert. Hier läßt sich eine streng scheidende Grenzlinie zwischen dem Bereiche des Alpenlandes und des Flachlandes ziehen. Sie läuft von Westen nach Osten durch die Südspitze der Seenreihe, die südlich absolut weit tiefer liegen als die Seenreihe am Nordsaume des Alpengebirges.

Der Abfall der Alpen gegen Norden ist nämlich weniger schroff und steil als der gegen Süden, setzt auch nur in eine geringere Tiefe hinab, weil dem Nordfuße des ganzen Alpengebirges ein erhobenes Plateau vorgelagert ist. Dennoch ist auch hier der Fuß der nördlichen Alpenkette eben so bestimmt durch die Reihe der nördlichen Alpenseen bezeichnet. Der Süd- und Ostwinkel des Genfersees, die Osthälfte des Zürchersees, das Ostende des Bodensees bei Bregenz, das Südende des Chiemsees in Baiern, und der Königs-, Atten- und Traunsee im Oesterreichischen liegen alle innerhalb der erhabenen vordern Alpengebirge; dagegen ragen ihre nördlichen Enden schon überall in die freie offene niedere Landschaft der niederen Thalgebiete oder des vorliegenden Plateaulandes.

Der Zug des ganzen Alpengebirgslandes geht von Westen nach Osten, die Hauptketten genauer von Westsüdwest nach Ostnordost. In dieser Richtung streichen zugleich die längsten Thäler des Alpengürtels von der Isère und dem Chamounythal und dem Rhonethal an, durch das obere Rheinthal in Graubünden, durch das Innthal und Salzachthal in Graubünden, Tirol und Salzburg, und von da weiter ostwärts bis zu den Thälern der Ems, Mur und obern Drau in Steiermark und Kärnten. Selbst das mittlere Drauthal und das Sauthal haben noch immer die Normaldirection gegen Osten, doch mit einiger Neigung gegen Südosten. Diese Längenthäler, die in der Hauptrichtung der Alpen streichen, werden öfter durch mehrere in gleicher Richtung streichende Parallelketten gegenseitig von einander geschieden und durch zahlreichere, aber bei weitem kürzere Querthäler durchsetzt und mit einander verbunden. Diese Querthäler durchschneiden und durchbrechen oft in sehr engen Fels- und Bergschluchten jene parallelen Gebirgsketten, oder sie setzen nur als erhaben bleibende Einsenkungen, als Sättel, Bergjoche, Jochpässe oder Felsspalten über die Rücken der Hochgebirgsketten hinweg, und machen es so möglich, dies Alpengebirgsland nach allen Richtungen zu durchsetzen. Sie bringen den Norden und Süden mit einander in die mannigfaltigste Verbindung, wie die Längenthäler den Osten und Westen. Die Pässe setzen insgesammt über die Wasserscheiderücken der verschiedenen Stromgebiete hinweg, also auch über die Hauptwasserscheide, die ihre Wasser gegen Süden zum Mittelländischen Meere und gegen Norden zum Ocean sendet. In tausendfältigen Windungen zieht diese über das ganze Alpengebirge hin, aber ohne eine sogenannte Centralkette zu bezeichnen; sie springt vielmehr von einer Hauptkette durch viele untergeordnete Mittelglieder, sehr oft in diagonaler Richtung zu einer andern Hauptkette über, ja sie verläßt zuweilen gänzlich den centralen Gebirgskamm der Alpen, um sich auf Seitenhöhen in weit geringerer absoluter Erhebung fortzusetzen. Viele Hochgebirgsgipfel liegen innerhalb der Hauptwasserscheide, z. B. die Berner Oberalpen, Schreckhorn, Finsteraarhorn, St. Gotthard; aber dagegen liegen auch viele andre hohe Alpenhörner und selbst die höchsten, wie Montblanc, Montrosa, Ortles, Großglockner u. a. außerhalb der Wasserscheide, bald im Norden, bald im Süden derselben. Dieselbe tritt sogar am Ostrande des Genfersees gänzlich aus der Hauptmasse des Alpengebietes hinaus; sie verläßt die Riesenhöhe der Montblancgruppe und setzt in ihrer Nähe über niedere Höhen hinüber zum Juragebirge, wo sie dann nordwärts nach Frankreich fortläuft. Ebenso verläßt sie im Osten Graubündens zwischen Rhein- und Innquelle das hohe Alpengebirge und zieht nordwärts durch Tirol, Baiern zum Ostende des Bodensees und durch Südschwaben zur Donauquelle. Dagegen bleibt die untergeordnete Wasserscheidelinie, welche die Stromgebiete des Mittelländischen Meeres speciell scheidet, die Scheide zwischen Po, Rhone und den venetianischen Strömen, und den Gewässern der Donau mehr innerhalb des Hauptzuges.

Mit den regellosen Windungen dieses Wassertheilers, der bald gegen den Norden, bald gegen den Süden sich neigt, steht der geregelte Bau des Alpengebirges in keinem speciellen Zusammenhange. Der gegenwärtige Zug dieses Wassertheilers scheint durchaus von keinen allgemeinen Gesetzen der Gebirgsconstruction, sondern nur von sehr localen Verhältnissen abzuhängen, die neuern Ursprunges sein möchten. Auf solche Annahme leitet besonders die Construction der Thäler auf der Nordseite der Alpen, die Stromgebiete der Rhone, des Rheins und der Donau. Die Normaldirection dieser tiefsten und größten Ströme ist nicht durch die Haupterstreckung der Alpen bezeichnet (nur ihre Zuflüsse werden regelmäßig von den Alpenarmen begleitet), und die Grenzen ihrer Stromgebiete sind stellenweise nur sehr unbedeutend zu nennen, ja zuweilen verschwinden sie gänzlich. Dagegen sind im Bau des Alpengebirges eine gewisse Regelmäßigkeit der äußern Verhältnisse und ein großartiger Parallelismus seiner gleichmäßig streichenden Felsenglieder nicht zu verkennen, freilich nur im Allgemeinen, wo wie bei allen Naturbildungen keine rein mathematischen Linien vorkommen, wo also die vorherrschende Regel nur zum Anhaltepunkte für die Ausnahmen dient.

Man pflegt die Mittelzone des Alpenlandes die Kette der Uralpen zu nennen, d. h. solche Massen, welche in den größten Tiefen und Höhen aus Grundgebirgen bestehen, die niemals auf andre Massen aufgelagert erscheinen. Diese bilden die Längenachse des ganzen Alpengürtels, eine imaginäre Linie vom Gipfel des Montblanc gegen Nordosten zum Gipfel des hohen Glockner gezogen, würde der Repräsentant der Mittelzone sein. Zu beiden Seiten dieser sich in verschiedener Breite ausdehnenden Zone, oder an beide Seiten dieser Uralpen legen sich zwei andre Bergzonen an, Schiefergebirgs- und Kalksteinmassen, secundärer Gebirgsart. Sie erheben sich zu fast nicht geringeren Höhen als die Uralpen. Diese zwei Zonen nennen wir die nördlichen und südlichen Kalkalpen. Sie begleiten in der größesten Ausdehnung jene Uralpen vom äußersten Westen bis zum äußersten Osten, und ragen noch darüber hinaus.

Es unterscheiden sich beide Zonen gleich anfangs darin, daß die nördlichen Kalkalpen schon vom Westen aus mit dem Thale der Rhone und Isère beginnen und in den Oedenburger Ebenen gegen die Donau ihr Ende erreichen; daß aber die südlichen Kalkalpen erst viel weiter in Osten anfangen. Sie beginnen nämlich ungefähr unter 26° O.L. am Ostufer des Ortasees im Norden von Vercelli und im Südosten des Simplon; sie setzen von da über die Südspitzen des Langen, Luganer und Comer Sees, werden von da immer breiter, setzen südwärts von den Donauebenen zwischen der Drau, Sau und Kulpa fort, bilden den ganzen Zug zwischen den Julischen, Krainischen und Dalmatischen Alpen, und reihen sich so an die griechischen Gebirge bis zum Balkan, der mit seinen Kalkfelsen sich ins Schwarze Meer senkt. So bilden die südlichen Kalkalpen ein ungleichseitiges Dreieck, dessen Grundfläche zwischen dem Adriatischen und Schwarzen Meere liegt.

Nach den Höhen werden Voralpen, Mittelalpen, Hochalpen unterschieden. Die Voralpen erreichen 2000—5000 F. absoluter Höhe und übersteigen damit schon alle norddeutschen Gebirge. Sie fangen von der Höhenlinie an, von welcher Alpenpflanzen überhaupt zu wachsen beginnen, und reichen bis wo der Holzwuchs aufhört. Dieser Raum ist charakterisirt durch Waldreichthum und Frühlingsweiden.

Die Mittelalpen steigen von 5000 bis zu 8000 F. empor, von der Grenzlinie des Holzwuchses bis zur Linie der ewigen Schneegrenze: die Region der saftigen Alpentriften, Matten und Almen. Hier findet sich die sogenannte Alpenwirthschaft, die prachtvolle Alpenflora, der größte Reichthum der Blumenteppiche, auf dem die Gewächse der Polarzone sich in der reinsten Atmosphäre, im hellsten Sonnenstrahl zu den schönsten Farben entwickeln.

Ueber dieser Zone steigen die Hochalpen auf von 8000—14000 F. absoluter Höhe, meist bedeckt mit Schneefeldern und Gletschermassen, oder aus nackten Felswänden bestehend, die zu steil sind um von dauerndem Schnee oder von Erde und Pflanzen bedeckt zu werden. Nur hin und wieder, wo sie noch einigen Schutz vor zerstörenden Stürmen genießen, sind sie noch mit Alpenpflanzen, vorzüglich aber den Flechten geschmückt, die aber kaum über 10000 F. aufsteigen. Ueber die Eis- und Schneemassen ragen die einzelnen Felshörner wie polare nackte Inseln hervor; nur sehr selten bilden sie zusammenhängende Felsreihen, größtentheils sind sie zerrissen und ausgezahnt. Daher ihre Namen Hörner, Zähne, Nadeln, Pics, oder Spitzen, Thürme. Sie haben sehr steile, zuweilen senkrechte Abfälle von vielen tausend Fuß, ja die Südseite des Montblanc, die schrofffste von allen, über 9000 F. steilen Abfall. Der Montrosa, nächst dem Montblanc die größte Masse des Alpengebirges, besteht aus einem ganzen Kreis erhabener Felshörner, von deren Stand er den Namen erhalten haben soll. Der Rücken des Montblanc ist eine stumpfe Felspyramide, wie nur wenige Alpengipfel sie darbieten; die beiden Schenkel des stumpfen Winkels berühren sich etwa unter 130°, da die Gipfel aller andern spitze Winkel ausmachen. Diese Riesenerhebung der Alpen ist auf keine einzelne Kette, auf keine bestimmte Linie oder Richtung beschränkt; bald treten sie in der Mitte, bald in den nördlichen, bald in den südlichen Kalkalpen hervor. Doch zeigt sich im Allgemeinen, daß die Höhen der Uralpen mehr und mehr individualisirt erscheinen, tausendfältig zerrissen und zersplittert sind, die Kalkalpen dagegen erscheinen mehr generell charakterisirt, als Kalkwände, Kalkbänke, lange Felsmauern; weniger als Kegelhörner, Nadeln u. s. w.

Eine allgemeinere Uebersicht der Gesammterhebung der Alpen wird durch die Betrachtung der Schnee- und Eismassen, welche sich nur auf den Hochrücken lagern, gewonnen. Auf dem europäischen Alpengebirge zieht sich die Schneegrenze in einer absoluten Höhe von 7800—8100 F. hin, aber nur bei zusammenhängenden Bergmassen, denn bei isolirten Gipfeln steigt auch die Schneegrenze absolut höher und beginnt erst bei 8400—8700 F. Alles was höher aufragt ist in eine einförmige starre Polarfläche verwandelt. Schneefelder überziehen die Bergrücken, aber Eisfelder oder Gletscher füllen die tiefen Spalten, Felsschluchten und Hochthäler, die zwischen den Schneefeldern in die Thäler der Mittelalpen herabhangen. Mit solchen Gletschern sind die meisten Einsenkungen der Alpen gefüllt vom Dauphiné bis Steiermark; es sind nur wenige von geringerem Umfange als eine Stunde; viele haben 6—8 Stunden Länge, ½ bis 1 Stunde Breite und 100—600 F. Mächtigkeit und darüber. Gletscherarme hängen herab in die Thäler bis 3000 F. absoluter Höhe. Gletschergruppen bezeichnen also die höchsten Erhebungen der Alpenkette, aber zugleich auch die tiefsten Einsenkungen, da sie die Uebergänge zwischen beiden bilden. So hängen z. B. aus der Montblancgruppe auf einer Länge von etwa 12 Stunden 23 solcher Gletschermeere hinab in das Chamouny, der Allée blanche gegen Norden und Süden. An dem obersten Rande dieser Gletschermassen zeigt sich die Eisdicke immer noch 100 F., tiefer hinab nimmt diese Mächtigkeit sehr zu. Denn die herabstürzenden Lawinen und das Thauen der obern Schneefelder vermehren Jahr aus Jahr ein diese gewaltigen Eisarme. Von den Berner Oberalpen hängen 17 Gletscherarme, die zu den größten gehören, in die Thäler herab. Auf den Landkarten sind diese ewigen Schnee- und Eismassen zuweilen mit blauer Farbe bezeichnet; doch erst seit 1800: früher war der Zusammenhang dieser Eisberge in der Mitte Europas noch so unbekannt wie die Eisfelder von Nowa Semblja. Die erste genaue Verzeichnung findet sich auf der Generalkarte des Weißischen Atlas von Helvetien. Diese Uebersicht zeigt, daß der ganze Alpenzug zwischen 500 und 600 solcher Gletscher enthält, die für sich zusammen ein Eismeer von mehr als 100 □Meilen einnehmen. Sie sind für Menschen, Thiere und Pflanzen unbewohnbar, doch für den Haushalt der Natur unentbehrlich, denn auf diesen Schnee- und Eisgewölben sind im kleinsten Raume die größten Wasserschätze für das mittlere Europa zusammengedrängt, die nie versiegenden Quellen der wasserreichsten und größten westeuropäischen Ströme mit ihren Zuflüssen: Rhein, Po, Rhone, Donau. Was im Norden von Europa die Nebelatmosphäre bewirkt, unter den Tropen die erhabenen Wetterscheiden der Gebirgswälle, an denen die Wolkenmassen sich aufdämmen und sie zu Wassermagazinen auf die Regenzeit machen, das erreichte die Natur für die Europäer durch die Gletschermassen und hohen Schneefelder der Alpen. Einen großen Vortheil bringen die Schneefelder der Alpen noch außer der Wasserfülle. Die hohen Gebirgsmassen werden durch die Schneefelder zugänglicher gemacht; die tiefen Schluchten würden unübersteiglich sein, wenn nicht Schneebrücken sie zudeckten und so einen Weg über dieselben bahnten.

Den Pyrenäen fehlt die Bildung der Gletschermassen, und die Schneefelder sind weniger verbreitet, daher die geringere Wasserfülle und die niedere Befruchtung auf weite Entfernungen durch die spanischen Ströme. In den Karpathen fehlt die Gletscherbildung ganz, eben so den Fiällen mit Ausnahme einiger nordwestlichen Gegenden, wo durch sie einige Tiefschluchten ausgefüllt werden.

Die Hauptthäler der Alpen.

Den Erhebungen der Gebirgszüge entsprechen die begleitenden Einsenkungen. Zu einer vollständigen Uebersicht des Alpengebirgslandes gehören daher auch die Hauptverhältnisse der Thäler. Eine wichtige Erscheinung für die Alpen ist, daß, wie oben bemerkt, die wichtigsten als Längenthäler in der Hauptstreichungslinie des Alpenzuges liegen. Sie zerfallen in zwei Hauptklassen: Thäler außerhalb und innerhalb des Alpengebirges, jene dasselbe begrenzend, diese es durchschneidend.

Die vier großen Stromthäler außerhalb der Alpen.

Außerhalb des Alpengebirges liegen die großen Thäler der Ströme Po, Rhone, Rhein und Donau, welche die meisten Gewässer der innern Thäler aufnehmen. Zu den Thälern des Alpengebirges selbst können sie nicht gerechnet werden, denn ihre mächtigen Thalsenkungen bilden die Umsäumungen des ganzen großen Alpengebirgs und seiner äußersten Vorlagen; nur Theile von ihnen liegen in wahren Alpenthälern, ihr oberer Lauf beim Po, Rhone, Rhein, oder ihre Zuströme und Arme, wie z. B. alle südlichen oder rechten Zuströme der Donau von der Illermündung bei Ulm bis zur Mündung der Sau bei Belgrad. Oder sie berühren nur in einzelnen Punkten das Alpengebiet, so z. B. die Donau, welche oberhalb Wien am kahlen Gebirge die Alpen berührt.

Der Po begleitet den Südhang in seiner ganzen Längenerstreckung von West nach Ost, von der Quelle bis zur Mündung ins Adriatische Meer. Sein directer Abstand ist etwa 60 Meilen; er hat unter den Hauptströmen der Alpen den kürzesten Lauf. Die Stromentwickelung mit den Krümmungen beträgt gegen 75 Meilen. Sie ist kurz, weil der Po keine Bergkette zu durchbrechen, keine Hemmungen zu überwinden hatte. Seine Quelle unter 44°—45° N.Br. liegt am Ostabhange der Seealpen, am Gehänge des Monte Viso. Der obere Lauf geht in einem Längenthal von Südwest gegen Nordost, aber schon oberhalb Turin tritt er in die Ebene der Lombardei ein und durchströmt von da den größten Horizontalboden in Europa. Den Alpen gehört er nur auf kurze Strecke an.

Die Donau begleitet am Nordabhange den Längenzug der

Alpen auf desse. convexer Curve, indeß der Po, innerhalb des weit kürzern concaven Bogens des Gebirgszuges zurückbleibt. Sie ist kein Alpenstrom, ergießt sich auch nicht in ein Weltmeer, das Ebbe und Fluth hat; aber sie bildet das mächtigste europäische Wassersystem. Der directe Abstand der Quelle von der Mündung beträgt 220 Meilen, mit den Krümmungen 305 oder 350 Meilen. Die Donau bewässert ein Areal von 14423 □Meilen. Der Rhein berührt nur die Länder des germanischen Sprachstammes, die Donau aber die der verschiedensten Sprachstämme. Es mangelt ihr also die ethnographische Einheit. Die Quelle kannte man im Alterthume nur vom Hörensagen. Tiberius entdeckte sie im Kriege mit den Vindeliciern. Auf einer Bergfläche, sagt Strabo, nicht auf Bergen entspringt die Donau. So bestimmte er schon richtig den Plateaustrom. (VII. 2.)

Nur 14 Stunden vom Bodensee liegen die Donauquellen auf dem Ostabhange des Schwarzwaldes; zwei Quellbäche bilden den Fluß, der nördliche die Brigach, der südliche die Bregach (beides im Celtischen ein Quellbach). Die Brigach fließt nach Donaueschingen, beide gleich starke Bäche vereinigen sich und nehmen viele Seitenquellen auf, die stärkste vom Schloßhofe bei Donaueschingen: Da erhält der Fluß den Namen Donau. Diese Donauquelle liegt mehr als 2000 F. über dem Meere, die Stadt Villingen 2145 F., Donaueschingen 2047 F. Etwa zwei Stunden unterhalb Donaueschingen umfließt die Donau einen niedern basaltischen Berg, den Wartenberg. Bei Geisingen ändert sie ihre Normaldirection und durchbricht die Kalksteinbänke der rauhen Alp bis Sigmaringen in einem klippigen Felsenthale. Merkwürdig ist die Gruppe der Basaltkegel des Hegau mit 8—10 Kegeln zwischen den Bodensee und der Donau.

Mit jenem Wendepunkte bleibt die Donau ein begleitender Strom der schwäbischen Alp und zieht an dieser hin bis Regensburg. Von da begleitet sie den Böhmerwald gegen Südosten, wo das Donauthal einförmig ist. Die Senkung der Plateauebene ist gering und ohne südliche Alpenströme stände die Donau still und würde zum See, was sie einst war.

Merkwürdig correspondirt der Donau als Begleiter der rauhen Alp im Süden der Neckar als Begleiter im Norden. Der Neckar von Horb über Tübingen bis Plochingen oberhalb Stuttgart, entspricht der Donau von Sigmaringen bis Ulm. Beide Strombetten gehen parallel, nur liegt das Neckarthal 600—700 F. unter dem Niveau des Donauthals. Sigmaringen liegt 1798 F., Ulm 1432 F., Horb dagegen 1200 F., Plochingen nur 750 F. hoch. Das tiefere Neckarthal ist daher wärmer. Zwischen Sigmaringen und Ulm hat die Donau ein Gefälle von 366 F., der Neckar von Horb bis Plochingen 450 F.

Bei Regensburg erreicht die Donau ihren nördlichsten Wendepunkt 49° 1′ 30″ N.Br. Mit der Wendung gegen Südost beginnt auch ihr rascher Lauf. Sie folgt anfangs langsam dem Zuge des Böhmerwaldes, durch ganz Baiern fällt sie schwach. Aber nun reißend nähert sie sich dem Durchbruch durch das Erzherzogthum Oesterreich. Da beginnt der Weinbau, der weißgelbe Jurakalk verschwindet, dunkle Porphyrgebirge erheben sich. Anfangs umgeht sie die Donau, aber oberhalb Passau durchbricht sie die ersten Granitfelsen des Böhmerwaldes zwischen Pleinting und Vilshofen. Da wird die Schifffahrt schwer. Passau liegt auf der Spitze der Einmündung des Inn. Mit dieser ändert sich die ganze Landschaft. Der Inn ist 890, die Donau 744 F. breit. Seine Wasser sind klar und rein, die der Donau trübe und schwer. Es ist wohl nur Zufall, daß der ganze Strom nicht von dem Inn seinen Namen hat. Doch muß der Inn mit Verlust seines Namens der Normaldirection der Donau folgen. Eben so geht es ihren andern südlichen Zuströmen, die sich zweimal fächerartig gegen sie ausbreiten; einmal gegen den Norden in Schwaben und Baiern gegen das Knie, welches der stumpfe

Donauwinkel in der Gegend von Regensburg bildet, und das zweite Mal gegen Osten in Oesterreich und Ungarn, nämlich gegen das Knie, welches der rechte Donauwinkel bildet, der von dem Flüßchen Wien gegen Südosten bis zur Sau reicht.

Die **Rhone** begleitet den nordwestlichen und westlichen Lauf des Alpengebirges, wie die Donau den Nordost- und Ostsaum. Nur ist die Thalsenkung der Rhone gegen Südwesten und die der Donau gegen Südosten gekehrt. Ueberhaupt hat der Lauf beider Ströme manche Analogie, die auffallender hervortreten würde, wenn bei Benennung der Rhone und Saone in gleichem Princip verfahren worden wäre, wie bei Donau und Inn, wenn nämlich auch dort der Hauptstrom den Namen Saone beibehalten hätte. Das Rhonethal verhält sich nämlich zur Saone, ihrem rechten französischen Zufluß, gerade so wie das Innthal zur Donau. Die Saone entspringt nämlich im Nordosten des Plateaus von Langres etwa 1300 F. hoch in der Nähe der Maas- und Moselquellen am Fuße der Vogesen, wie die Donau am Fuße des Schwarzwaldes in der Nähe der Neckarquellen. Sie entspringt also auf untergeordneter Höhe im Nordwesten des Juragebirges, ganz wie die Donau, die etwa 2500 F. hoch über dem Meere entquillt im Nordwesten von Donaueschingen, also beide außerhalb des Alpensystems. Die Saone und nicht die Rhone liegt in der Normaldirection des großen Hauptthales der Rhone; denn verfolgt man die Rhone von der Mündung an mehr aufwärts, so führt ihre Richtung an den Südfuß der Vogesen, nicht zu den Alpen. Die Rhone bei Lyon wendet sich plötzlich und folgt der Normaldirection der Saone, wie der Inn der der Donau. Die Rhone ist der Alpenstrom des hohen Walliser Landes, wie der Inn der Alpenstrom des hohen Engadin und Tirol. Beider oberer Lauf liegt in den größten Längenthälern des Alpengebirges in gleichem Strich von Südwest gegen Nordost, und beide durchbrechen die vorliegenden parallelen Kalkgebirgsketten im

Norden des Alpenzuges. Außerhalb dieser Durchbrüche tritt der Inn aus Tirol in Bayern ein, und die Rhone ebenso aus Helvetien in Frankreich. Von dem Fort L'Ecluse bis nach Bellegarde verschwindet die Rhone unter dem Gebirge in einer wahren Gebirgsspalte und bleibt zwischen 300—400 F. weit verborgen, bis sie zum zweiten Mal eine Stunde weiter unten bei Pertuis beinahe ein ähnliches Schicksal erleidet. Aber der Inn hat sich seinen Durchbruch bei Kufstein breiter gesprengt und tritt ohne Hemmung in die baierische Ebene.

Das obere Rhonethal zeigt die größte Analogie in den Windungen und Directionen mit den südlichen Parallelströmen, der Isère und Durance, mit denen sie zu einer Klasse der Alpenströme gehört, ebenso wie das Innthal seinen östlichen und westlichen Nachbarströmen analog gebildet ist. Der untere Lauf der Rhone dagegen liegt ganz außerhalb des Systems der Alpengebirge, wie auch der untere Lauf der Donau; doch bespült sie noch in der Nähe von Avignon und Carpentras die äußerste südwestliche Vorlage der Alpen, nämlich den Westfuß des Mont Ventoux und der Montagnes de Luz; dann erst eilt sie dem Mittelländischen Meere ohne Hinderniß zu.

Der Rhein steht in ganz verschiedenem und zwar sehr merkwürdigem Verhältnisse zum Alpensystem. Er ist kein Begleiter der Alpenkette, aber doch ein Alpenstrom, und zwar ein solcher, der so recht im Herzen des Alpengebirges seine reichen Wasserstrahlen in der Hauptmasse der Mittelalpen, zwischen dem Rhonegebiet im Westen und dem Donaugebiet im Nordosten sammelt; Aar, Reuß Limmat und die drei Rheinarme, alles sind ächte, reißende Waldbäche und Alpenströme des Hochgebirgs, die zwischen dem Neufchateller und Genfer See im Westen und dem Bodensee und der Innquelle im Osten ihr Gebiet haben. Das starke Gefälle dieser Alpenströme geht nach einer gemeinschaftlichen Tiefe, gegen Nordwesten nach der flachhügeligen Schweiz und Oberschwaben. Diese tiefe Einsenkung bildet ein großes gemeinsames Becken, das im Südosten vom Hochgebirge begrenzt wird; im Westen und Norden ist es vom Jura, dem Schwarzwald und der schwäbischen (rauhen) Alp fast völlig geschlossen. Kein Gebirge trennt dieses Becken im Südosten vom Stromgebiete der Rhone und vom Genfersee; keines im Nordosten vom Stromgebiete der Donau und ihrer südlichen Zuflüsse. Nur sehr unbedeutende und keineswegs Berge oder Hügel zu nennende Erhebungen, sanft erhöhte Flächen unterscheiden hier die Grenzen der drei Stromgebiete. Die Rheinwasser könnten ohne den Unterschied von wenigen hundert Fuß auch zum Donaugebiet gehören und gegen Nordosten ablaufen. Der Bodensee liegt in einer großen Tiefe; kein Gebirgszug verbindet etwa die gegenüberliegenden Gebirgsketten, nur an einzelnen Punkten liegen isolirte Höhen. Das Flüßchen Wutach, obschon es sich näher dem Schwarzwalde oberhalb Waldshut im Westen des Bodensees in den Rhein ergießt, ließe sich leicht durch einen Kanal mit der Donau vereinigen. Im Nordosten des Bodensees besteht die Vertheilungshöhe der Wasser nur aus flachen Hochebenen. Die Wasser der Iller und der Donau durchströmen diese Ebene. Das ganze große Dreieck ist eine flachhügelige von bloßem Schuttgeröll aufgeschüttete Landschaft, deren Schuttebenen vom Bodensee an durch Ostschwaben und Baiern streichen. Der Spiegel des Bodensees bei Rorschach ist etwa 1200 F., Sigmaringen 1692 F., Ulm am Zusammenfluß der Iller mit der Donau liegt 1526 F., Memmingen auf einer Anhöhe am mittlern Lauf der Iller 1884 F. Diese letztere absolute Meereshöhe beträgt als die bedeutendste der großen Dreiecksfläche doch nur 600—700 F. über dem Seespiegel. Dies mag also etwa die mittlere Höhe der Wasserscheide sein, die hier Rhein- und Donaugebiet trennt.

Diese relative Höhe der Wasserscheide war für einen einstigen hohen Wasserstand zu gering, um den Ablauf der höhern primitiven Wasser gegen Nordost zur Donau zu hindern. Die niedrigste Communication beider entgegengesetzten Stromgebiete scheint das Thal des Schussen zu sein, der aus dem Federsee fließt. Ein solcher Ablauf der Rheingewässer gegen Nordosten mußte um so eher stattfinden, als der Durchbruch der Rhone durch das Juragebirge auch erst von jüngerem Datum sein kann. Einst flossen die Wasser der Rhone aus dem Genfersee mit denen des Rheingebiets zu dem Donauthal hinab. In derselben Zeit bildeten die Gebirgswasser des obern Rheinkessels noch größere höherstehende Seemassen, deren Ueberreste in den Alpenseen am Nordsaume der Alpen vom Neufchateller See bis zum Bodensee zu erkennen sind. In der Richtung der Südspitze des Neufchateller Sees durch das Thal der Orbe, des Nozon und des Venoge gegen Morges findet zum Genfersee eine natürliche Einsenkung statt. In der Mitte dieser Einsenkung liegt La Sarraz. Schon in der Mitte des 17ten Jahrhunderts ist diese Einsenkung zu einer Kanalfahrt zwischen dem Neufchateller und Genfer See benutzt, ja schon die Römer brauchten diese bequemste Communication entgegengesetzter Gebiete zu einer Militärstraße von der Rhone durch Helvetien zum Rhein, wie dies die Castra und Meilenzeiger und römische Straßenpflaster bezeugen. Im Osten dieser Localität befindet sich noch ein Bergzug, der zugleich eine wasserscheidende Höhe bildet, ein jüngeres Sandsteingebirge mit zugerundeten Bergkuppen, der Jurten oder Jorat. Er erhebt sich auf der Straße zwischen Lausanne und Freiburg bei Goubert immer noch bis 1668 F. über den Genfersee. Auf seiner äußersten südwestlichen Vorhöhe liegt Lausanne. Er lehnt sich an das Westende der nördlichen Kalkalpen an; man nennt ihn daher wohl eine Fortsetzung des Alpengebirgs, was er aber nicht ist. Dann zieht der Jura zwischen Moudon im Norden, Vevay und Lausanne im Süden mit immer abnehmender Höhe gegen Nordwest auf La Sarraz zu und sinkt dort in weite Ebenen hinab. Kein Gebirgszug steht also gegen Nordwest mit der Juralette in Verbindung. Der Ostabhang des Jura sendet hier mehrere Wasser gegen La Sarraz hinab; gegen Nordosten fließt die Orbe bei Yverdun vorbei zum Neufchateller See, gegen Südosten fließt der Venogefluß zwischen Morges und Lausanne zum Genfer See; aber zwischen beiden Flüssen, ihren Quellen gleich benachbart, entspringt der dritte, der Nozon, der oberhalb La Sarraz sich in zwei Arme spaltet und einen Theil seiner Wasser zum Rhein, den andern zur Rhone sendet. Die relative Höhe dieser Wasserscheide ist nur unbedeutend. Der Spiegel des Genfer Sees liegt 1718 F., der Neufchateller See 1312 F. uber dem Meere.

Der Beckenbau der nördlichen flachhügeligen Schweiz und eines Theiles von Oberschwaben sammelt also aus dem Hauptstamme der Mittelalpen die Alpenströme vom Neufchateller See bis zum Bodensee, von der Rhone bis zum Inn. Sie finden ihren tiefsten Abzugskanal im Rheinbette vom Bodensee bis Basel. Hier bildet der Rheinstrom einen wahren Durchbruch durch den Jurazug. Er führt seine Wasser in seinem größtentheils sich gleich bleibenden Thale durch die Basler Landschaft, das obere und untere Elsaß, und zwar mitten hindurch zwischen dem hohen Quelllande der Saone im Westen und der Donau im Osten. Die Quellen dieser beiden Stromsysteme in den Vogesen und dem Schwarzwalde liegen auf den Plateaus von Langres und Oberschwaben einander ganz benachbart, kaum 20 Meilen von Westen gegen Osten auseinander, beiderseits unter 48° N.Br. Beide scheidet nur das Rheinthal des oberen Elsaß, das mit seinem horizontalen Seeboden eine Breite von 7—8 geographischen Meilen zwischen ihnen einnimmt. Das Donauthal liegt bei Ulm noch immer 1526 F. über dem Meere, das Rheinthal liegt bei Basel schon um das Doppelte tiefer, nämlich 835 F. über dem Meere. Zu dieser Tiefe gelangt aber das Donauthal erst in mehr als doppelter Entfernung von seiner Quelle, oberhalb der Einmündung des Innflusses bei Passau, wo der Spiegel bis auf 789 F. herabgesunken ist. Donau- und Rheinthal sind also in ihrer absoluten Lage gegen den Meeresspiegel als völlig verschiedene Thalformen zu betrachten. Der Rhein hat ein Tiefthal, die Donau ein Plateformthal.

Aber auch in Hinsicht der Gebirgssysteme und Gebirgsarten, welche ihre Thäler scheiden, sind beide als ganz verschiedene Thalformen zu betrachten. Denn das Donauthal scheidet im Norden den Schwarzwald und die Kalkgebirge der rauhen Alp, die ihr linkes Ufer begleiten, von der sie südwärts begleitenden weiten Hochebene von Oberschwaben und Baiern, also charakteristisch gebildete Gebirgszüge von eben so charakteristisch gebildeten Hochebenen. Eben so verschieden sind die Gebirgsarten, welche das nördliche und südliche Ufer des Donauthals constituiren. Denn auf das Urgebirge des Schwarzwaldes, auf dessen Ostrande die Donau entspringt, folgt gegen Osten das Gebirge der rauhen Alp, das in großer Einförmigkeit aus Jurakalk besteht. Diese einförmige Gebirgsart ist die Fortsetzung des Jurazuges, und begleitet das Nordufer der Donau bis an die Thore von Regensburg. An ihrem Südufer bespült sie die großen aus alten Kieselsteinen aufgeschütteten Hochebenen, die aber erst in weiter Ferne von den nördlichen Kalkalpen begrenzt werden.

Ganz anders verhält es sich mit dem Tiefthale des Rheins in seinem Durchbruch durch die deutschen Gebirge. Es ist nicht eingegraben zwischen zweierlei Boden jenseits und diesseits. Der Boden des linken Ufers ist stets eine getreue Fortsetzung des rechten, es correspondiren beiderlei Ufer einander völlig sowohl in Hinsicht ihrer Gebirgsbildung wie der Bestandtheile ihres landschaftlichen Charakters. Das Donauthal ward also durch die ursprüngliche Anlage der Gebirgszüge, das Rheinthal erst durch eine secundäre Bildung der Gebirgszüge bedingt. Schon mit der ersten Gebirgsanlage bestand wohl das große Längenthal von West nach Ost von Wien nach Ofen — nur daß ein hohes Gewässer es bedeckte und erst nach und nach mit seinen Schuttmassen anfüllte, bis der große Donaustrom seinen Durchbruch gewann und unterhalb Passau und Linz die südlichen Ebenen Deutschlands trocken gelegt wurden. Das Rinnsal des Donaustromes blieb als eine schwache Ader jener Gewässer zurück. Das Rheinthal dagegen ward nicht gestaltet durch das Gebirge, sondern das Stromthal bedingte die Gebirgszüge. Es übte durch irgend ein uns unbekanntes Phänomen, durch Einsturz oder Durchbruch, Gewalt über die Gebirgsformation an seinen beiderseitigen Ufern aus; diese unbekannte Gewalt brach sich mitten hindurch und ließ ihre Trümmer auf beiden Seiten gleichartig zurück.

Die Geognosie dieser Landschaften und die Identität der Gebirgsketten auf beiden Rheinseiten vom Jura durch das Elsaß hinab bis zum Mittelrhein und den Niederlanden des nordwestlichen Deutschlands führen auf solches Phänomen hin. Westlich vom Austritte des Rheins aus dem Bodensee setzt das Juragebirge von Westsüdwest nach Ostnordost hinüber nach Schwaben, und wie die Rhone aus dem Schweizerkessel gegen Südwesten hinausbrach, so ist der Rhein gegen Nordwesten hinausgebrochen. Beide schritten in vielen Zickzackläufen durch die ganze Breite des Jura quer hindurch, so daß der Juragürtel zwischen Rhone und Rhein eine wahre Gebirgsinsel ist, losgerissen auf beiden Seiten von seinen Fortsetzungen gegen Norden und Süden. Nahe am Ausfluße des Bodensees liegt Stein am Rhein 1140 F. hoch. Dann folgt Dießenhofen oberhalb Schaffhausen 1120 F.; dann Schaffhausen oberhalb des Wasserfalls 1073 F.; der Spiegel des Rheins bei Laufen unter dem Wasserfall 1015 F., so daß der Wasserfall des mächtigen Stroms 58 F. Höhe hat und bei hohem Wasserstande bis 75 F. betragen kann. Das Gefälle des Rheins beträgt auf eine Stunde oberhalb des Wasserfalles 4½ F. Eine Felsschicht von Kalkstein setzt hier quer durch den Strom; obwohl zertrümmert ist die ehemalige Continuität beider Seiten nicht zu verkennen. Eine Meile unterhalb des Wasserfalles macht der Rhein seltsame Krümmungen und bildet zwei große Halbinseln; auf der untern liegt das Kloster Rheinau. Dann strömt der Rhein durch die Gebirgsenge bei Eglisau, am sogenannten Kaiserstuhl und bei Zurzach vorüber zu seinem mittlern Wasserfalle, der über der Mündung der Wutach liegt. Ein Felsendamm mitten durch den Strom mit einer Lücke läßt bei niederm Wasser den Strom hindurch, aber bei hohem Wasser stürzt sich ein Wasserfall über den Damm und macht die Schifffahrt unmöglich. Bei Coblenz nimmt der Rhein den Hauptstrom der Schweiz, die Aar, von Süden her auf. Unter dieser Aarmündung fließt der Rhein bei Waldshut vorüber, dann an Laufenburg vorbei, wo eine Brücke über den Rhein gebaut ist; 330 Schritte oberhalb dieser Brücke bildet der Rhein einen Wassersturz, welcher der kleine Laufen heißt. Dies ist die dritte Hemmung im Rheinthal. Endlich unterhalb Seckingen ist ein vierter Wasserfall bei Rheinfelden, eigentlich nur ein Wasserstrudel, der aber der gefährlichen Schifffahrt wegen das Gewild heißt oder der Höllenhaken. Auch hier führt eine Brücke auf Felsen gelegt über den Strom. Bis dahin bleibt der Rhein zwar eingeschlossen zwischen Felsbänken. Hier spülte die vereinigte Gewalt der Wasser des Rheins und der Aar die Juramassen mit fort und entblößte auf dem rechten Ufer den Fuß des Schwarzwalder Urgebirgs. Erst bei Rheinfelden folgt die Uferbildung auf beiden Stromufern. Der Rhein strömt nun in die Baseler Landschaft ein.

Mit der Wendung bei Basel strömt der Rhein zwischen dem Schwarzwald im Osten und den Vogesen im Westen, beide gleich hoch, gleich wild, gleich alte Gebirgsbildung mit gleichen Gebirgsformen und gleichem Totalcharakter. Dann folgt rechts das Neckargebirge und der Odenwald, links die Haardt und der Donnersberg, beide mit gleichartigen Hauptmassen überzogen, mit den mächtigen Decken des rothen Sandsteingebirges. Von Basel bis Mainz gleicht das Rheinthal keiner Thalbildung, sondern einem tiefen Erdrisse, der bis in die größte Tiefe angefüllt ist mit Trümmern und Schutt. In diese Schuttmassen wühlt sich das Rheinwasser in Schlangenwindungen ein. Vom Bodensee hat der Rhein bis Basel ein Gefälle von etwa 30 F. auf jede Meile (933 F.); bis zur Einmündung der Murg ein Gefälle von 375 F., von da bis Mainz nur 80 F. Diesem Unterschiede des Gefälles entspricht die ganze äußere Beschaffenheit des Rheinthales. Bis zum Murgeinfluß ist der Strom voll Inseln, die sich aber mit seinem sanftern Gefälle verlieren; bis unterhalb der Murg zählt man 210 große Inseln im Rhein, von da bis Mainz nur noch 38. Diese Veränderung des Gefälles tritt da ein, wo die Urgebirgsmassen aufhören. Ganz andere Verhältnisse zeigen sich unterhalb Mainz und des Mainzuflusses. Der Rhein wendet sich da plötzlich westwärts, ungewiß fast wohin, und tritt bei Bingen in den engsten Spalt des breit vorgelagerten Rheinischen Schiefergebirges. Auf beiden Seiten liegen große Vorgebirge und die Felsenriffe setzen quer durch den Strom. Vor Jahrtausenden bildete der Rhein in dieser Gegend unstreitig einen großen Wasserfall. Zur Römerzeit war er schon durchgebrochen. Schiffbar ward er erst durch Felsensprengung, die schon von den Römern beim Bingerloch begonnen wurde. Karl der Große förderte dies weiter; im Mittelalter die Pfalzgrafen. Die neuere Zeit hat das Werk vollendet.

Wie das Rheinthal ursprünglich seine Bildung erhalten, ist eine neue Frage. Es giebt nur Hypothesen darüber, ob es durch Erschütterungen geschehen oder ursprünglich so gewesen sei. Dieselben Naturverhältnisse zeigen auch Mosel und Maas in der Nähe des Rheins. Charakteristisch ist die große Enge des Rheinbettes; es fehlt auf beiden Seiten an Horizontalboden; steil stürzen sich oft die Ufer 600—1000 F. herab. Das linke Ufer correspondirt dem rechten. Bei niederm Wasser kann man die Felsriffe durch den Strom verfolgen. Gleichartige Gebirgsmassen liegen auf beiden Seiten. Unterhalb Coblenz, wo die Mosel sich in das Rheinthal ergießt, verändert sich auch die Natur der Ufer. Auf dem Schiefergebirge von Andernach abwärts auf der linken Seite steigen Basaltkegel, Reihen erloschener Vulkane auf, deren ausgebrannte Schlünde zum Theil noch sichtbar sind. Man hat wirkliche Lavastücke gefunden; viele tiefe Buchten wurden einst mit Bimsstein und Asche bedeckt. Diese Lavaschlacken geben die berühmten Mühlsteinbrüche auf dem linken Rheingebirge, die Aschenhügel den Traß, der zum Wasserbau in den Niederlanden gebraucht wird. Die größte mit Bimsstein angefüllte Ebene ist Andernach gegenüber, wo Neuwied liegt. Was auf dem linken Rheinufer in den Kegeln nach und nach hervortrat, das erscheint auf dem rechten Ufer im Siebengebirge auf einmal. Es sind Kuppen, welche die Gestalt der amerikanischen Trachytkegel haben. Bei Bonn erreicht es sein Ende und bildet mit seinen Vorhöhen westwärts bis Aachen, ostwärts bis Düsseldorf einen großen Busen, in dem der Rhein zu den Niederlanden strömt. Der Rheinstrom durchbricht das ganze Rheinische Schiefergebirge in engem Durchschnitt, in einem wahren Thalspalt, der mit Steilwänden emporsteigt, dem in der Tiefe fast alle Thalsohle fehlt. Erst bei Coblenz weitet sich dieses Rheinthal zu einem mäßigen Kessel. Zwischen Andernach und Bonn verengt sich die Spalte wieder. Auf dem östlichen Ufer erhebt sich das kegelartig aufsteigende Siebengebirge, am westlichen die Eifel mit vielen Basaltkegeln und erloschenen Vulkanen. Plutonischen Kräften muß man unstreitig bei ihrer ersten Bildung wohl einen wichtigen Antheil an diesem Durchbruch des Rheinthals zuschreiben.

Alle Gewässer der Alpen haben ihren Abzug in den vier großen Rinnsalen, die wir betrachtet; denn alle Alpengewässer sind Zuflüsse dieser vier Hauptgebiete. Nur zwei Localitäten machen eine Ausnahme, die im Süden am weitesten gegen das Meer vorliegen. Sie bilden daher auch nur Reviere von Küstenströmen.

Das Ligurische Küstenrevier der Meeralpen reicht längs der Küste von Antibes in Westen und von Nizza gegen Osten bis gegen den Hafen von Savona, eine Strecke von etwa 20 Meilen. Alle Küstenflüsse sind hier reißende Bergströme; sie entquellen nur den südlich vorliegenden Alpenhöhen, nicht den Hochgipfeln in der Mitte; daher sind sie sämmtlich wasserarm. Es fehlt ihnen der gleichmäßige Wasserstand der Binnenflüsse, und ihre Wasserfälle, durch Regen und Schnee erzeugt, verschwinden eben so schnell als sie entstanden. Der beträchtlichste von allen ist der Var, der in den Meeralpen entspringt und Frankreich von Italien trennt. Die ligurischen Küstenflüsse zerstören durch ihr starkes Gefälle den südlichen Steilabfall der Meeralpen, und häufen Schuttmassen zu einem anwachsenden Vorlande gegen die Meeresgestade an.

Das Adriatische Küstenrevier reicht von der Mitte der Etsch längs der Julischen und Karner Alpen bis zum Isonzo und dem Golf von Triest. Hier zeigt sich auf einem Gestade von 27 Meilen Länge eine Reihe von Mündungen reißender Ströme, deren jeder so zerstörend wie der Var ist. Ihre gemeinschaftlichen Zertrümmerungen und Umwandlungen sind daher von dem größten Einfluß auf die Umänderungen der dortigen Landschaften geworden. Zu diesen zerstörenden Strömen gehören: Etsch, Bacchiglione, Brenta, Sile, Piave, Livenza, Tagliamento, Isonzo.

Auch diese Küstenströme entquellen insgesammt, die einzige Etsch ausgenommen, der vordern Kette der Südalpen. Ihr Gefälle ist steil und zerstörend, daher die vorgelagerte Ebene größtentheils aufgeschüttetes Land. Die Kunst hat einige dieser unter sich parallelen Ströme in Kanäle zurückgeleitet und ihre natürlichen Ufer gesichert; aber mit jedem Jahre gehen hier Veränderungen vor. Die Sumpfgegenden, welche durch vorgelagerte Sandbänke und Dämme vom Adriatischen Meere abgeschnitten sind, werden Lagunen genannt, die Dünen hingegen Lidos. Auf solchen Dämmen, die unter sich zerrissen sind, ist Venedig erbaut.

Die Quellen der Etsch liegen nicht wie die ihrer östlichen Nebenströme am südlichen Kalkalpenzuge, sondern jenseits in der Mitte der Urgebirgsmassen Tirols, in der Centralkette selbst. Ihr Hochland liegt an der Westgrenze Tirols; es ist im Norden begrenzt von den hohen Oetzthaler Eisbergen, im Süden von den weiten Eisfeldern des Ortlesgebirgsstocks. Glurns im obersten Etschthale liegt 2586 F. über dem Meere. Bei dieser Stadt vereinigen sich die verschiedenen Etschquellen, von denen diejenige, welche nördlich vom Reschenberge herabfließt, für die ächte Etschquelle gilt. Sie fließt durch drei Alpenseen, ist aber nicht so wasserreich als der westlichste Zufluß, der Tauferer Bach genannt, der noch auf Graubündner Boden im Münsterthal entspringt, bei Taufers auf die Tirolergrenze gegen Osten fließt und in der Direction des Hauptthales durch das Tauferer Thal nach Glurns eilt. Die Etsch durchströmt von Glurns aus zum Adriatischen Meere etwa 43 Meilen und ergießt sich am Porto di Brondelo südwärts von Chioggia ins Meer. Die Länge des Laufs ist also sehr gering gegen den Rheinlauf, der dreimal so lang ist; vom Polauf macht sie nur zwei Drittel aus, doch übertrifft sie die benachbarten östlichen Küstenströme.

In Hinsicht der Größe ist die Etsch also nicht der Rhone oder dem Rheine zu vergleichen, wohl aber der Natur ihres Stromthales nach; denn in der Hauptgestaltung gleicht sie den Thälern dieser beiden Alpenströme und unterscheidet sich dagegen wie diese charakteristisch von der Saone und Donau. Sie gehört der Klasse der durchbrechenden Ströme an, und giebt durch ihre tief einschneidenden Thäler dem ganzen südlichen Tirol seine Gestaltung.

In historischer Hinsicht ist ihre Thalbildung ungemein wichtig. Das obere Etschthal ist ein Längenthal, wie das obere Rhone-, Rhein- und Innthal, von West nach Ost gerichtet. Am Nordufer dieses Thales zieht die Centralkette durch das ganze Tirol.

Zu dem obern Etschthal tritt links von Osten her ein anderes großes Thal, das der Eisack. Ihre Quelle liegt auf der Höhe des Brennerpasses. Von dort strömt sie gerade südwärts bis Brixen, hier nimmt sie die Rienz auf, die von Osten aus dem Pusterthal über Bruneken gegen Westen strömt. Dieses Pusterthal ist ein dem Botzener und dem Vintschgauer Thale correspondirendes Längenthal; alle drei machen eigentlich nur ein großes Längenthal, am Fuße der Tiroler Centralkette, aus. Zwischen Meran im Westen und Brixen im Osten ist diese Längenthals-Linie durch ein südlich vorspringendes Vorgebirge, an dessen Südfuße Botzen liegt, etwas gegen den Süden gekrümmt, oder vielmehr durch zwei Querthäler weiter südwärts gerückt. Dennoch kehrt es in seine Normaldirection zurück. In dieser durchsetzt es das ganze Tiroler Gebirgsland von der äußersten West- bis zur äußersten Ostgrenze und macht mit dem Wallis-, dem obern Rheinthale und dem Innthale die vier Längenthäler des Alpengebirges aus. Seine Verlängerung gegen Osten ist das lange Thal der obern Drau durch Kärnten und Steiermark, und in gleicher Direction zieht das Thal des obern Sauflusses durch das Herzogthum Krain.

Von der Wasserscheide des Brenner südwärts bis zum Austritt aus dem Gebirge durchläuft das Eisack- und Etschthal von Norden gegen Süden 54 Stunden Weges, fällt aber nicht gleichartig, sondern in dreimaligen Stufen ab. Diesen drei steileren Abfällen liegen südwärts jedesmal Ebenen vor, in denen der Fluß sanfter mit unmerklichem Gefälle fließt; es sind die drei Horizontalboden von Sterzing, Brixen und Botzen. Aus diesen drei Weitungen strömt dreimal der reißende Strom südwärts hervor und verliert sich wieder in neue furchtbare Felsenschlünde. Dreimal durchbricht er die südwärts vorgelagerten mächtigen Gebirgsketten, die öfter Schneehöhe erreichen, und Deutschland von der Lombardei wie ein großes natürliches Bollwerk scheiden. Diese drei Durchbrüche sind die Granitenge von Mittenwald, die Porphyrenge vom Kollmann und die Kalksteinengen von Deutsch-Micheln und von Salurn.

Der erste Steilabfall vom Brennerpaß 4353 F. mit der Sterzinger Ebene bildet eine Strecke von 7 Stunden Länge. Sterzing liegt diesem kurzen Steilwege vor an der Centralkette der Alpen, 2960 F. absolut hoch. Die Ebene ist ½ Meile breit, 1 Meile lang, offenbar ein alter Seeboden, überall von gewaltigen Berghöhen umgeben, die sich weit über die Höhe des Brenner Passes erheben. Das ganze Gefälle dieser ersten Stufe beträgt 1293 F. Der zweite Steilabfall von Sterzing durch die Granitenge von Mittenwald zur Ebene von Brixen ist 10 Stunden Weges, Brixen 1833 F. über dem Meere, das Stromgefälle also 1127 F., auf eine Stunde über 100 F. Gefälle. Die enge Granitschlucht, aus der die Etsch hervortritt, öffnet sich erst dicht vor Brixen. Dieses liegt in einer sanft abhängigen Thalfläche, die den südlichen Charakter von Savoyen trägt. Wildwachsende Nußbäume bedecken den Thalboden, und Weingärten alle Vorhöhen. Der dritte Steilabfall durch die Porphyrwände von Kollmann zur Ebene von Botzen ist 12 Stunden lang. Botzen liegt 1060 F. über dem Meere, das Gefälle beträgt also 773 F. Unterhalb Brixen bei Seben und Klausen engt sich zuerst die Ebene, aber bei Kollmann, 6 Stunden unterhalb tritt der erste 4 Meilen breite Gebirgsstock der gewaltigen Porphyrmassen als nördlicher Grenzstein dieser neu auftretenden Gebirgsart hier auf. Rothe Porphyr-Felsen sind in mächtige Säulen senkrecht 1000—2000 F. bis zur Mitte herab gespalten, völlig unzugänglich. Hier hatte man zur französischen Zeit die Grenze von Baiern und Italien hin verlegt. Erst eine Stunde von Botzen weichen die Felsen zurück; hier öffnet sich ein reizend schönes Thal, das in der Streichungslinie des Alpenzuges liegt. Im heißen Thalboden gedeiht schon südliche Vegetation. Ringsum steigen die Weinberge auf bis zu den waldigen Gipfeln, an geschützten Stellen wachsen im Freien Citronen, Orangen, Oliven und Granaten, Feigen mitten im Kalkgebirge. Das Thal der gleichartigen Porphyrwände zu beiden Seiten, das sich unterhalb der Botzener Ebene wieder schließt, hält nun an bis Neumarkt und Salurn. Da verändert sich plötzlich der Charakter der Landschaft, es beginnt die Kette der südlichen Kalkalpen, die sich an den Südrand der Porphyrfelsen anlehnt. Man glaubt sich in die Kalkgebirge der nördlichen Schweiz und an den Genfer See versetzt; überall steile weißgraue und gelbe Kalkfelswände mit spärlicher Vegetation bekleidet. Von hier hat die Etsch sich durch die Kalkkette ihren dritten Durchbruch nach Italien eröffnet. Erst unterhalb Deutsch-Micheln, wo das Val di Noß zum Etschthal hinzutritt, weitet sich das letztere. Hier zuerst liegen jüngere horizontale Erdschichten an beiden Uferseiten, hier erst strömt die Etsch als breiter tiefer Strom ruhiger und gebändigter dahin, hier fangen von beiden Seiten auch die Versumpfungen des Thales an. Von Salurn führt der Strom ein Schiff in drei Stunden nach Trient. Die Stadt liegt 40 Stunden vom Brenner Paß entfernt in vollkommen italiänischer Landschaft und im italiänischen Sprachgebiete.

Von Roveredo bis Verona sind noch 14 Stunden Weges. Diese legt die Etsch zwischen engen, steilen und nackten Kalksteingebirgen zurück. Mehrmals verengt sich das Thal besonders bei Breonio, Peri und an der sogenannten Klause in der Nähe von Rivoli. Dort mußte eine Felsstraße auf dem linken Ufer durch den Thalpaß, der wahrscheinlich früher geschlossen war, wie beim Rhonedurchbruch gesprengt werden. Ueber eine Viertelstunde lang zieht dieser Felspaß an senkrecht abgerissenen Kalksteinwänden vorüber.

Die Etsch drängt sich in großer Tiefe im engsten Bette aber ganz ruhig fließend durch den letzten Engpaß des Alpengebirges und unterhalb desselben tritt sie sogleich in die weite lombardische Fläche. Kein Hügel ist mehr zu finden mit Ausnahme der Euganeischen Berge, die 600—800 F. hohe isolirte Basaltpyramiden bilden, zwischen Verona, Este und Vicenza, in durchaus keinem Zusammenhange mit den Kalkalpen. In diesem Eingange zur Lombardei liegt Volcagno. Sogleich fangen hier die reichsten Fruchtfelder an. Mit braunem Fruchtboden ist die Horizontalfläche bedeckt. Von Verona an bleibt die Etsch in keiner Relation mehr zum Alpengebirge; ihre großen Serpentinen folgen der allgemeinen Senkung der Lombardei gegen Osten. Begrenzt man sich das Etschgebiet nach der Wasserscheide, so zeigt sich bald, daß es gerade wie das Rheingebiet herausbricht aus der Mitte zwischen dem Donau- und dem Rhonegebiet, nur gegen Südost, wie jenes gegen Nordwest. Aber das Etschgebiet berührt das Rheingebiet nirgends, obgleich beide einander sehr benachbart sind. Inn und Adda sind nur durch die merkwürdige Passage des Bernina zwischen dem Engadin im Norden und dem Veltlin im Süden geschieden.

Die Reihe der Thäler innerhalb des Alpensystems, welche die Zuströme zu den vorigen bilden, kann man eintheilen in Gegen- und Nebenthäler. Nach der Direction zerfallen sie in divergirende, convergirende und Parallel-Thäler; dem Gebirgszuge nach in Quer- und Längenthäler.

Innere Thäler, die in das Hauptthal der Saone münden.

Zu dem Saone-Thal senken sich vier östliche oder linke Seitenthäler: der Doubs aus dem Jura, die Rhone, die Isère, die Durance, vier Parallelthäler, die insgesammt gegen den Westen gesenkt und geöffnet sind.

Der Doubs bildet von seiner Quelle oberhalb Pontarlier

ein Längerthal gegen Nordosten bis zu seiner Wendung bei St. Ursanne im Süden von Porentruy am Mont Terrible. Von da eilt er durch den Jura quer gegen Westen bis nach Montbeillard und von hier in der dritten Abtheilung seines Laufes folgt er an Besançon vorüber wieder dem Streichen des Jura, nur in umgekehrter Senkung, nämlich südwestlich zur Saone.

Der Lauf des Rhoneflusses zerfällt in fünf Hauptheile. Die Rhone entspringt auf dem Furkagletscher, durchströmt von da das ganze Wallis, eines der längsten Alpenthäler des Gebirges bis nach Martigny. Von dort bis zu dem Einfluß in den Genfer See folgt ein kurzes, tiefes, steiles Querthal, das den höchsten Zug der Alpenkette quer von Süden gegen Norden durchbricht. Der Genfer See und die Rhone bis zur Perte du Rhone beim Fort L'Ecluse formiren ein großes reich gesegnetes Längenthal parallel dem Längenzuge des Alpengebirgs. Die Strecke von der Perte du Rhone bis St. Genix im Westen von Chambery ist eine Reihe vielfach sich windender, kurz abbrechender Querthäler im Juradurchbruch. Endlich folgt von St. Genix bis Lyon das erweiterte Längenthal bis zur Vereinigung mit der Saone. Jede dieser fünf Abtheilungen hat eigenthümlichen Charakter. So wie die letzte aus dem Alpengebirge heraustritt, verliert sich auch die Natur der Längen- und Querthäler und es beginnt die breitere Stromlandschaft mit Flözbedeckung. Ein bedeutendes linkes Seitenthal der Rhone ist das der Arve am Nordostabhange des Montblancstockes, wo Chamouny liegt, ein kurzes aber sehr hohes Längenthal. Unterhalb Sallenches wird es zum Querthal bis Genf, zur Einmündung in die Rhone. Dieses Chamounythal ist eigentlich die Fortsetzung des großen Walliser Längenthals, aber durch einen Sattelrücken von ihm geschieden. Beide Längenthäler liegen innerhalb der Mittelzone und gehören zu einer Klasse.

Die Isère durchfließt Savoyen. Die Quelle liegt am Mont Iséran, am Westabfalle der Westalpen, die man die Grajischen oder Grauen Alpen nennt. In einem viermal unterbrochenen Zickzacklaufe gegen Nord und West strömt die Isère bis Grenoble nach dem Dauphiné durch drei Längen- und zwei kurze Querthäler. In den Winkeln der Wendungen liegen St. Maurice, Moutiers, Conflans und Grenoble. Bei Conflans tritt ein wenig bewässertes aber tiefes Seitenthal zur Isère, welches die wahre Fortsetzung des Chamounythales ist. Von Grenoble aus strömt die untere Isère ganz im Parallelismus mit dem untern Rhonethale, in das die Isère bei Valence einmündet.

Das Thal der Durance bietet gleiche Verhältnisse dar. Sie fließt vom Westgehänge der Westalpen, vom Mont Genèvre oberhalb Briançon gegen Südwest bis Sisteron; von da nimmt sie ihre Hauptwendung westwärts zur Rhone.

Innere Thäler, die zum Hauptthale des Po gehören.

Es sind das acht große Seitenthäler. Von den Westalpen gegen Osten nach Italien gehen vier Parallelthäler: das Thal des Tanaro, des Po, der Doria (Doire) und der Dora Baltea. Von den Mittelalpen strecken sich südwärts nach Italien ebenfalls vier parallele Thäler: das Thal der Sesia, des Ticino, der Adda und der Etsch, deren Wasser sich aber nicht in das Pothal ergießen.

Der Tanaro ist der einzige bedeutende rechte oder südliche Zufluß zum Po; die südlichen Meeralpen und Apenninen sind wasserarm. Zwei Flüsse, Stura und Tanaro treten vereint als sehr kurzes Querthal aus den Meeralpen in die flache Lombardei, beide vereinigen sich bei Cherasco und ergießen sich unterhalb Alessandria in den Po. Zwischen Stura und Tanaro führt südwärts eine Passage über den Col di Tenda zum Meergestade.

Das Thal des obern Po ist von der Quelle am Monte Viso bis zum Eintritt in die Turiner Ebene nur ein sehr kurzes Querthal von einer Tagereise.

Das Thal der Dora Ripera ist ebenfalls ein kurzes Querthal, aber bedeutender, da seine Wasser vom Mont Cenis über Susa bis zur Ebene von Turin herabströmen. Es ist das Thal der bequemsten fahrbaren Hauptpassage zwischen Dauphiné und Piemont, wild und einförmig.

Die Dora Baltea entspringt im innersten Winkel der Hauptwendung der großen Alpenkette am Fuße des Montblanc und seines Alpenstockes und wird durch den Zusammenstoß zweier Thäler gestaltet. Das westliche Thal heißt die Allée blanche, das östliche Val d'Entrèves. Das letztgenannte kommt vom Col de Ferrette nahe am großen St. Bernhard, das Wasser der Allée blanche vom Paß Bonhomme und vom Col de la Seigne. Unterhalb des Dorfes Entrèves fließen sie zusammen; von hier an durchbricht der Strom ein kurzes Querthal gegen den Süden; aus diesem führt ein Paß über den kleinen St. Bernhard an dem Gebirgswasser La Thuille aufwärts nach dem Isèrethal. Unterhalb Courmayeur wendet sich die Dora Baltea gegen den Osten und bildet das zweite Längenthal, in welchem Aosta liegt (Augusta Colonia), einst Hauptstandquartier für die römische Straße über den großen St. Bernhard. Der Paß führt durch ein Querthal zur deutschen Seite des Alpengebirges in das Wallis zurück. Aus dem Aostathal wendet sich der Fluß südwärts und tritt bei Ivrea in die lombardische Fläche. Bei Crescentino ergießt sich die Dora Baltea in den Po.

Die Sesia entströmt dem Südabhange des Monte Rosa, und fließt gegen Südosten durch ein einfaches Querthal wie die früher genannten Pothäler, bis sie oberhalb Vercelli in die lombardische Ebene tritt.

Der Ticino stürzt sich in wilden Cascaden vom St. Gotthard hinab. Nur zunächst am Südfuße des Gebirgsstockes bespült der Tessin ein etwas ausgedehnteres Längenthal, Val Levantine, dessen Wasser aus dem Westen vom Griesgletscher herabkommen. Bei Dazio durchbricht er wilde Urgebirgsfelsen und stürzt sich in den prachtvollsten Wasserfällen hinab in das mittlere Livinerthal. Unterhalb Dazio, wo das Hochgebirge Platifer heißt, beginnt das wilde Querthal des Ticino. Dieses zieht sich mit mancherlei Abwechslungen sehr lang gestreckt die vorliegenden italiänischen Alpen bis zum prachtvollen Seebecken des Lago Maggiore, auf welchem die Isola Bella und Isola Madre mit Orangen- und Citronenwäldern liegen. Ostwärts von Bellinzona tritt das Misoxerthal, Val Mesonzina, zum Tessinerthal, das vom Bernhardiner Passe kommt. Bellinzona ist daher der Schlüssel zu zwei Hauptpässen der Alpen über den Gotthard und Bernhardin nach Uri und Graubünden. Aber noch ein anderes Seitenthal ist sehr merkwürdig, welches auf der Westseite zum Lago Maggiore führt, das Thal der Tosa, welches vom Südgehänge der Alpen über Domo d'Ossola einmündet. Die Tosa entquillt dem Griesgletscher, bildet den höchsten Wasserfall der Schweiz im Formazzathale oberhalb Pommat; 460 F. hoch stürzt sich das Wasser hinab. Das untere Tosathal wird bei Domo d'Ossola durch die Einmündung des Vedrothales oder Veriola, welches den italiänischen Ausgang der Simplonpassage bildet, bedeutend verstärkt. Domo d'Ossola ist daher der Schlüssel von Italien zum Wallis, und der Lago Maggiore der Eingang zu drei Hauptpassagen von Süden gegen Norden. Der untere Tessin verläßt den Langen See bei Sesto und geht durch die lombardische Ebene unterhalb Pavia in den Po.

Die Adda hat in ihrem Laufe manche Analogie mit dem Ticino. Sie hat zwei Hauptarme, Mera oder Maira im Westen und Adda im Osten, die sich oberhalb des langen und schmalen Comer Sees in einem kleinen Wasserspiegel, welcher der Clävener See oder See von Chiavenna heißt, vereinigen. Das Hauptthal der Adda ist ein großes Längenthal. Die Quelle der Adda entspringt am Tiroler Grenzberge, dem Ortles, dem Münsterthale gegenüber, das zur Etsch nach Glurns führt. Ein rechtes Seitenthal ist das Val Poschiavo (Puschlaverthal) mit dem gleichnamigen See, wichtig durch den Paß des Bernina, der aus dem obern Innthal in Graubünden durch sehr enge Felspforten durch das Puschlaverthal nach Italien führt. Bei Tirano stößt er zur Adda, von da strömt sie in ihrem untern Laufe durch das Val Tellin (Veltlin). Die Adda ist also der Schlüssel zu einem Doppelpaß nach Graubünden und zur obern Etsch nach Nord und Nordost.

Das Mairathal ist als der westliche Arm durch seine Lage nicht weniger merkwürdig, denn es communicirt mit zweierlei großen Stromgebieten. Das obere Mairathal oder Brauliothal führt gegen Nordost nach Graubünden über den Paß Maloja am Hohen Septimer vorbei zum obern Innstrom; hier ist die Wasserscheide zwischen dem Stromgebiet des Inn und der Adda. Dagegen liegen im Osten und im Westen des Passes die Stromgebiete der Etsch und des Rheins. Der Malojapaß liegt 5810 F. über dem Meere, verbindet durch eine fahrbare Straße das Gebiet des Po mit dem der Donau, und geht durch eine große Einsenkung des Alpengebietes. Westwärts und ostwärts thürmen sich die ungeheuersten Gebirge auf. Oberengadin und das obere Thal der Maira sind dagegen ein großer Thalspalt. Unterhalb Chiavenna stößt das Jacobsthal (Val di S. Giacomo) zur Maira; es streicht von Nordost hinab und wird vom reißenden Lirastrom durchsetzt. Dieser führt an den Splügen, jetzt die besuchteste Straße aus Graubünden in die Lombardei. Der Nordabfall des Splügen führt zum Rheinthal. Die Maira ist also der Schlüssel zu einem Doppelpasse nach dem oberen Rhein- und Innthal oder nach Graubünden.

Die Adda strömt aus dem Südende des Comer Sees bei Lecco über Lodi nach Cremona zum Po, wie der Tessin bei Pavia.

Innere Thäler, die zum Hauptthale des Rheins gehören.

Zu diesem senken sich vier Hauptnebenthäler zwischen Jura und Alpen: die Thäler der Aar, der Reuß, der Limmat und des obern Rheins. Es sind Nebenthäler, die theilweise offenbar in Parallelismus stehen und im gleichartigen Gebirgssystem gleichartig entspringen. Ihre Wassergebiete sind charakteristisch ausgezeichnet, indem sie insgesammt von Seethälern unterbrochen sind. Dadurch unterscheidet sich der Rhein von allen andern Stromgebieten in allen Erdtheilen.

Die **Aar** wird größtentheils von Gletschern genährt. Vier Hauptabtheilungen bilden ihr Thal. Von der Quelle am Finsteraarhorn und an der Grimsel durchströmt dies Gletscherwasser gegen Nordwesten das obere Haslithal, ein enges wildes Querthal. Unter den Felsengen bei Im Grund tritt es heraus in das weite reizende Thal von Meyringen. Die zweite Abtheilung beginnt am Haslisteg bei Meyringen, wo sich die Aar gegen Westen wendet und ihr oberes Längenthal bis zum Thuner See betritt. Dies Längenthal ist mit horizontalem Wiesengrund, dann mit dem Brienzer See, dann wieder mit flachem Wiesengrunde, wo Unterseen und Interlaken liegen, und dann wieder mit dem Thuner See gefüllt. Beide Niederungen erscheinen in ihrer wagerechten Bildung als ein noch nicht völlig trocken gelegter Seeboden. Von dem Thuner See an beginnt der dritte Durchbruch des mittleren Aarquerthales durch nördliche Kalksteinketten gegen Nordwesten. Ganz nahe am Bieler See und dem Fuß der Jurakette wendet sich die Aar zum vierten Male im rechten Winkel gegen Nordosten und strömt nun in weitem Thale längs dem Jura nach Solothurn, Aarburg, Aarau und Brugg. Unterhalb des Wasserfalls bei Zurzach ergießt sie sich unter spitzem Winkel in das Rheinthal. Das niedere Längenthal der Aar vom Thuner

See bis Zurzach ist eigentlich gegen Südwesten viel weiter ausgedehnt und beginnt mit dem Thale der Orbe oberhalb Yverdun. Der Neuenburger und Bieler See liegen in diesem Längenthale fast in gleichem Niveau, nur durch eine zwei Stunden lange Ebene unterbrochen, in welcher der Thièlefluß die Verbindung macht. Sie hat nur zwei Fuß Gefälle. Der Ausfluß des Bieler Sees bei Nydau ist die untere Thièle, gegen Nordosten zur Aar gerichtet.

Die Reuß, der wildeste Alpenstrom, entquillt vielen kleinen Seen auf dem Gotthard neben dem Ticino. Ihr oberes Querthal ist zugleich der Paß, der hinabführt in das Urserenthal. Bei Hospenthal tritt die Reuß in ein großes Längenthal ein, das von Südwest gegen Nordost am Nordabhange des Gotthard hinzieht und noch die zwei andern Reußbäche sammelt: den westlichen vom Furkagletscher über Realp, und den östlichen aus dem Oberalpsee von der Graubündener Grenze. Längs dem ersten führt der Paß zum obern Wallis, zur Rhone; durch das Oberalpthal zum Vorderrhein nach Disentis in Graubünden. Der Zusammenstoß der drei Reußarme erfolgt unterhalb Andermatt. Nun durchbricht die Reuß die vorliegende Hauptkette der Uralpen in einer so engen Schlucht zwischen senkrechten Felswänden, daß eine gesprengte Felsgrotte, das Urnerloch, den einzigen Ausweg aus dem Urserenthale gegen Norden abgiebt. Früher ging eine eiserne Brücke am Felsabhang herum, aber nur für Fußgänger. Wann diese Oeffnung gebrochen ist, weiß man nicht genau anzugeben; es führt diese Forschung schon in das 14te Jahrhundert zurück. Mit dem Urner Loch beginnt von neuem die Nordwendung des Reußflusses hinab bis Altorf und Flüelen zum Vierwaldstädter See; es ist das längste, steilste, furchtbar erhabenste Querthal des Alpengebirges; selbst der südliche Theil des Vierwaldstädter Sees liegt eigentlich noch innerhalb desselben. Es ist das wichtigste für die Landesgeschichte, das kürzeste für die Communication mit Italien und immer sehr stark besucht. Zugleich bietet das Gotthardthal das freieste und größte Profil fur das Studium der Gebirgslandschaft, denn die Schichtungsgesetze liegen klar vor, da die Vegetation die starren Felsen nicht so überziehen konnte, wie es an mehr fruchtbaren Felswänden geschah. Mit der Westwendung des Vierwaldstädter Sees beginnt ein unteres Längenthal der Reuß, das aber ganz mit dem Seespiegel gefüllt ist. Unterhalb Luzern durchbricht das untere Querthal der Reuß die niedere hochhügelige Schweizer Landschaft, bis die Reuß bei Brugg zur Aar sich ergießt.

Die Limmat hat ihr Gebiet zwischen Reuß und Vorderrhein. Sie erhält erst als Abfluß des Zürcher Sees diesen Namen. Oberhalb des Zürcher Sees heißt das Gebirgswasser Linth. Diese entspringt aus hohen Gletschern an der Nordgrenze Graubündens im Canton Glarus oberhalb Linththal; sie bildet prächtige Wasserstürze und stößt bei Wesen an das Westende des Wallenstädter Sees. Weiter im Osten, in der Landschaft Sargans, entspringt ein zweiter Quellstrom, die Seez, welche ebenfalls in den Wallenstädter See mündet. Zwischen diesem Becken und dem Zürcher See zieht ein horizontaler Wiesengrund 5—6 Stunden weit hin, in welchem der Abfluß des einen Sees zum andern wenig Gefälle hat. Diese Landschaft Gaster von Wesen bis Uznach war seit Jahrhunderten versumpft, bis seit 1805 der berühmte Linthkanal mehrere Quadratmeilen Landes in die fruchtbarste Landschaft umgewandelt hat. Am Westende des Zürcher Sees beginnt die niedere Schweizerlandschaft. Der Abzug, die Limmat, durchströmt 6 Stunden weit das niedere Hügelland im Parallelismus mit der Reuß und Aar. Bei Baden bricht die Limmat quer durch den Lägerberg, der einst ihren Thalkessel schloß, wie der Jura den des Rheins bei Schaffhausen.

Drei Rheinthäler geben dem Rhein seinen Ursprung. Das vordere Rheinthal ist ein großes Längenthal von Südwest gegen Nordost gerichtet, 18 Stunden lang, vom Gotthard bis zur Stadt Chur, die Fortsetzung der Längenthäler der Rhone und des Urserenthals; mit ihm streicht das Innthal parallel. Der Vorderrhein entspringt im 5 Stunden langen von Südwest nach Nordost gerichteten Tavetschthale, das bei Disentis endigt. Alle Zuflüsse sind Eisbäche aus dem Krispalt, dem Weißhorn und aus den Gletschern von Baduz. Bis Disentis nimmt der Vorderrhein 10 solche wasserreiche Bäche auf.

Der Mittelrhein oder Medelser Rhein strömt aus einem südlichen Seitenthale, dem Medelser Thale, und ergießt sich bei Disentis in den Vorderrhein. Er tritt aus einem Eissee hervor, der selten aufthaut. Von da südwärts geht ein Paß, der Lukmanier, nach Italien über das Eisgebirg. Dieser Mittelrhein durchströmt nur ein kurzes Querthal von ungefähr 6 Stunden Länge, und seiner Größe nach könnten viele andre Zubäche ebenfalls Anspruch machen, zu den Quellbächen des Rheines gerechnet zu werden. Das große Vorderrheinthal heißt in Graubünden Surselva (das Land ob dem Walde. Bei Reichenau tritt ein zweites südliches Querthal hinzu, das des Hinterrheins.

Die Quellen des Hinterrheins liegen auf den erhabensten Gebirgen im Südosten des Gotthard und des Lukmanier, auf der Grenze von Tessin und Graubünden. Der Gebirgsstock heißt Avicula (Vogelberg), die Stelle seines Ursprunges Piz Valrhein (Gipfel zum Eingange des Rheinthales), die erhabenste Spitze das schwarze Muschelhorn (Mösa, Moschel), weit über 10000 F. hoch. Das ganze Quellgebiet ist eine der schauerlichsten Alpengegenden. Mächtige Gletscher überlagern das Gebirge. Aus den prachtvollen Eisgewölben des gewaltigen Rheinwaldgletschers stürzt der Rhein hervor. Aber von den zwei Stunden langen Felskämmen des Muschelhorns stürzen noch 13 andre Wildbäche in Wasserfällen herab, die zusammen die eigentlichen Quellen des Hinterrheins bilden. Bis Splügen, dem Hauptort des Rheinwaldthals, kommen noch andre Wildbäche hinzu. Aus dem Thale des Hinterrheins führen südwärts zwei Pässe nach Italien: der Splügen nach Chiavenna und der Bernardino in Westen ins Misoccothal nach Bellenz.

Das hintere Rheinthal zieht unterhalb Splügen zwei und eine halbe Stunde weit fort bis zum wilden Felsriß Roffeln, dem Risse der Reuß unter der Teufelsbrücke vergleichbar. Drittehalb Stunden windet sich der Rhein durch die Felsenge der Roffeln und bildet hier mehrere Wasserfälle, von denen aber nur einer sichtbar ist vor der sogenannten Bärenburg; unterhalb tritt er in ein kleines Thälchen, das Schamserthal, ein eirundes Becken zwischen hohen Felswänden, aus dem der Rhein beim Orte Zillis zum zweiten Mal die Gebirgskette quer durchbricht. Dieser Engpaß ist die eigentliche Via Mala oder das Schreckenthal; es führt zwei Stunden weit von Zillis bis Tusis. Tief unten, oft fast verborgen, durchbricht rasch der Hinterrhein den wilden Gebirgsspalt: drei Brücken, mehrere hundert Fuß über dem Flusse, verbinden die Thalränder. Dicht vor Tusis erweitert sich dieser Felsschlund der Via Mala und bald tritt von Osten her ein rechtes Seitenthal zum Rhein, welches die Albula durchströmt. Bei Reichenau stoßen Vorder- und Hinterrhein in einem rechten Winkel zusammen. Hier beginnt das untere Graubünden.

Der vereinigte Rhein strömt von Chur bis zum Bodensee gegen Norden und Nordosten. Oberhalb Meyenfeld nimmt er von Nordosten her das Seitenthal der Lanquart auf, die aus dem Prättigau hervorfließt. Unterhalb eröffnen sich zwei gleich tiefe Thäler, eins gegen Nordwesten zum Wallenstädter und Zürcher See, und das andre gegen Norden zum Bodensee. In der flachen Ebene zwischen beiden liegen die Orte Ragaz und Sargans. Diese merkwürdige tiefe Einziehung macht es allen Umständen nach wohl so gut wie gewiß, daß die Rheinwasser vor Zeiten ihren Lauf durch den Wallenstädter und Zürcher See nahmen. Auch heute noch brauchte der Rhein nach Eschers Nivellement nur 19½ Fuß anzuschwellen um in den Wallenstädter See abzustürzen. Bei hohem Wasser tritt der Rhein wirklich in das Thal der Seez über, wie es z B. 1818 geschah.

Die tiefe Einsattelung des Passes Luciensteig auf dem rechten Ufer von Graubünden nach Vorarlberg scheint ebenfalls nur ein altes trocken gelegtes Rheinbett zu sein. Als die Basaltmassen sich erhoben, bildete sich vielleicht der Kessel des Bodensees, der Luciensteig und der Ablauf zum Wallenstädter See wurden trocken gelegt. Im Norden des Luciensteiges tritt von Osten her der Illfluß aus den Arlberg von der Tiroler Grenze kommend über Bludenz als rechter Zufluß zum Rhein; sein Thal heißt Montafun. Bei Altrhein eine Stunde unterhalb Rheineck ergießt sich der Rhein in den Bodensee. Die Bregenzer Ache strömt aus dem Vorarlberg von Südost gegen Nordwest bei Bregenz in den Bodensee; die Quelle liegt denen der Iller und des Lech benachbart; an ihrer Mündung läuft die obere Straße am Ufer des Bodensees dicht unter dem steilen Abfall des Nordalpenlandes, ein wichtiger Paß aus Schwaben nach Graubünden in das Rheinthal. Dieser Bregenzfluß ist das vermittelnde Glied zwischen dem Rhein- und Donaugebit am Nordende der Alpenlandschaft; sein Thal ist eine wahrhafte östliche Fortsetzung des Bodensees.

Innere Thäler, die zum Hauptthale der Donau gehören.

Acht große mehr oder weniger parallele Seitenthäler ergießen sich von Süden gegen Norden: die Iller, der Lech, die Isar, der Inn, die Salzch, die Enns, die Leitha, die Raab. Dazu kommen vier große Seitenthäler, die von Westen gegen Osten sich senken: die Mur, die Drau, die Sau, die Kulpa.

Von der Quelle in den Kalkalpen des Vorarlbergs in der Nähe der Quelle des Lech und der Bregenz bis Immenstadt gehört das Thal der **Iller** dem Alpengebirge an. Bei Obersdorf laufen drei Quellbäche aus Gletscherwassern zusammen. Ueberall ist das Illerthal eng durch Kalkgebirge beschränkt. Bei Immenstadt verläßt die Iller nach einigen Meilen Lauf das Gebirge und tritt sogleich in ein hohes aber weites Thalland ein, das nur mit niedern Flözen bedeckt ist. Das mittlere Illerthal läuft gleichförmig von Immenstadt über Kempten nach Memmingen fort. Von Memmingen beginnt das untere Illerthal; es zieht durch aufgeschwemmte niedere Hügel. Auf beiden Seiten liegen hier weite Flächen bis zur Ulmer Ebene. Hier ergießt sich die Iller zum Südufer der Donau. Die Richtung des ganzen Thales ist von Süden gegen Norden mit beinahe gar keiner Abweichung. Das ganze Thal gleicht einem dreifach durchbrochenen, ebenen und trocken gelegten Seeboden.

Der Lech bildet weit charakteristischer von der Quelle bis zum Durchbruch bei Füßen, ganz in der Richtung der nördlichen Kalkalpen, von Südwesten gegen Nordosten ein Längenthal. Die Quellen liegen auf dem Tannenberg im Norden des Arlberger Passes am Hauptgebirgsrücken, der das hohe Vorarlberg von Tirol trennt, und zwar im Nordosten von Bludenz nahe der Illerquelle. Von hier strömt er durch sein Längenthal. Unterhalb Reuti verläßt der Lech Tirol bei den Felsengen des Kniepasses unweit Pinzwanz. Hier treten die höchsten Kalkgebirgsstücke dicht zusammen, der Lech durchsetzt sie in Steilschluchten und Windungen. In tobenden Wasserstürzen, ähnlich dem Schaffhäuser Fall (doch sind die Abstürze geringer), bricht der Strom bei Füßen aus den Alpen hervor. Der Strom ist hier noch unbedeutend, aber die Passage wichtig. Karl der Große stiftete hier die Abtei Füßen. Das mittlere Stromthal des Lech beginnt in einem Flachhügellande zwischen sandigen Fluthrücken und aufgeschwemmten Schutthügeln. Alle Höhen, die sich zu beiden Seiten zeigen, sind nicht festes Gestein, sondern aufgeschüttete Kiesberge, aus den Trümmern des Alpengebirges zusammengesetzt. Diese halten nun an bis in die Gegend von Landsberg. Durch sie hindurch hat sich der Lech seine niedern

Steilufer gerissen. Mehrmals verengt sich noch das Bett und bildet beschwerliche Defileen: einmal bei Füßen, dann bei Lechbruck und zuletzt bei Schongau. Hier eilt der Lech aus den letzten Engen nach Landsberg. Von da beginnt die untere Lechebene bis Donauwörth, das sogenannte Lechfeld, Augsburg in seiner Mitte.

Das Thal der Isar ist dem des Lech fast gleichlaufend, überhaupt sehr gleich gebildet, nur daß sich auf dem linken Ufer noch zwei Seitenflüsse einmünden, die Loisach und die Ammer. Diese treten zwischen den Quellen des Lech und der Isar aus den nördlichsten Vorbergen der nördlichen Tiroler Alpenkette hervor und verdoppeln die Wasserfülle der Isar. Ihre Quellen liegen im Hochgebirge der nördlichen Tiroler Alpen, nur wenige Stunden nördlich von Innsbruck. Wir merken nur das höchste Gebirgsthal, das Scharnitzthal, wo die Isar am Karwendelstein und Wetterstein vorüber ihren ersten Durchbruch durch die Kalkalpen gegen Mittenwald nimmt. Weiter unterhalb bildet die Isar gegen Nordosten einen zweiten Gebirgsdurchbruch in mehreren Stromschnellen. Die Gegend heißt Am Fall, die Gebirgswand der Rauhe Berg. Unterhalb dieser in einer Linie zwischen dem Kochelsee im Westen und dem Südufer des Tegernsees verläßt die Isar endlich die Kalkkette bei dem Orte Lengries, und tritt zwischen Lengries und Tölz in die sandigen Flözrücken und Kieshügel der oberen baierischen Ebene. Hier hört die Alpennatur plötzlich auf mit der Benedictenwand, 5500 F. über dem Meere. Sie liegt auf dem Westufer der Isar im Westen von Lengries gegen den Kochelsee hin.

Von Tölz an beginnt die weite Hochebene des mittleren Isarthals über Wolfrathshausen und München bis Ismaning. Hier reißt sich die Isar ihre Steilufer in die Schuttmassen und Lehmlager ein; ihre wilden Wasser bilden manches gefährliche

Defilé in Einschnitten und Stromverengungen, zumal bei Tölz und Schäftlarn.

Nun folgt das untere Isarthal. Es öffnet sich in eine vollkommene Fläche; von Ismaning bis Freising liegt das Isarbett sogar auf der größern Höhe der Schuttebene, die sich zu beiden Seiten nach Ost und West sanft in eine größere Tiefe hinabsenkt. Die Isar läuft nämlich hier über ihren eigenen Schuttkegel hin, den ihre wilden Wasser erst aufgethürmt haben. Bei hohem Wasser ist durch den Seitendruck die Ebene überschwemmt, ohne daß die Isar ihre Stromufer übertreten hätte. Weiterhin zieht sie über Landshut unterhalb Straubing zur Donau. Das Dreieck der Ebene zwischen der Isar im Osten und dem Lech im Westen, dessen nördliche Basis in der Gegend gegen Neuburg und Ingolstadt die Donau macht, ist die Gegend des Lechfeldes. Sie ist überfüllt mit alten, durch das Wegschieben der Kieshügel trocken gelegten Strombetten.

Der Inn durchläuft eine Strecke von 57 Meilen von der Quelle bis zur Mündung, von 27° 30′ bis 30° O.L. Etwa 38 Meilen fließt er ununterbrochen im Alpengebirge. Dann erst wendet er sich plötzlich bei der Feste Kufstein gegen Norden und durchbricht die vorliegenden Kalkalpenkette in einem kurzen Querthal von Fischbach bis Rosenheim. Dann tritt er in die große Donauebene. Das alpine Längenthal des Inn bleibt aber nicht in derselben Linie, wenn er schon seine Direction im Ganzen beibehält. Zwei kurze Querthäler verwerfen dieses große Längenthal zweimal: einmal um einige Stunden weiter gegen Norden, das andre Mal um einige Stunden weiter gegen Süden in die alte Streichungslinie zurück. Daraus entstehen drei Abtheilungen: die erste von der Quelle bis unterhalb Finstermünz, die zweite von da bis Telfs und Zirl oberhalb Innsbruck, die dritte bis unterhalb Kufstein. Diese drei natürlichen Abtheilungen sind zugleich von ganz verschiedener Beschaffenheit in Beziehung auf die

Gebirgsnatur. Ihr Unterschied geht aus der Differenz der Gebirgsarten hervor, welche der Strom durchbricht. Diese sind von dreierlei Art: Granit-, Thonschiefer- und Kalksteingebirge.

Das obere Drittheil dieses Längenthals liegt im ältesten primitiven Granit- und Gneusgebirge. Die Quellen entspringen auf dem Septimer und auf dem Ostabhange des Malojapasses aus einem kleinen See, Lago di Lungino. Schon in dem Wirthshause des Passes wird das Gletscherwasser Aqua d'Oein genannt. Beim Orte Sils liegt der Silser See, mit dem sich das Wasser vereinigt. Aber mehrere Bäche fließen hier in dem gemeinsamen Kessel des obern Engadin zusammen. Bei dem untersten der vier Seen dieses Hochthales, bei St. Moritz, wo ein Sauerbrunnen ist, verläßt der Inn mit einem 15 F. hohen Wasserfall dies Gebirgsthal, und gleich unterhalb Celerina fließt von der rechten Seite das Wasser des hohen Berninapasses ihm zu. Weiter hinab stößt links das Thal des Albulapasses zum Inn, von wo dieser sanft bis Zernetz fließt. Hier beginnt das untere Engadin mit der Martinsbrücke und endigt an der Grenze von Graubünden und Tirol bei dem Passe von Finstermünz. Das ganze Engadin ist ein Längenthal von 18 Stunden, hat 25 Seitenthäler, eines der wohlhabendsten und schönsten Thäler der Schweiz, das höchste Culturland der Alpenkette, ja von ganz Europa. Das Urserenthal liegt mit seinen drei Flecken 4500 F. über dem Meere; das Engadin aber überall 5000 F. hoch, bei St. Moritz 5571 F., bei Cresta in der Nähe der größern Hälfte noch 5231 F. Hier führt eine gut gebaute Chaussee durch die Hochalpen, zu beiden Seiten liegen Alpenwiesen, darüber Gletscher, überall treffliche Wirthshäuser, aber der Baumwuchs fehlt, die Lärchenbäume machen die oberste Waldgrenze aus, und diese trifft man nur bis gegen 7000 F. (6983) über dem Meere. Das ganze Thal war einst ein hoher Alpensee, bis der Inn bei Finstermünz die Alpen in merkwürdiger Gebirgsschlucht durchbrach.

Das zweite Drittheil des mittlern Innthales reicht bis Zirl oberhalb Innsbruck. Schon von Martinsbruck an engt es sich immer mehr zusammen bis nach Finstermünz. Eine bequeme Landstraße windet sich durch eine tiefe ungeheure Felsschlucht, welche die ganze Masse des Hochgebirgs durchschneidet. Die hohen Graubündner Alpen auf dem linken Innufer setzen auf dem rechten sogleich fort zu den hohen Oezthaler Fernern. Diese senden dem Inn seine größten Wassermassen zu. So wie der Inn das Granitgebirge verläßt, wendet er sich plötzlich gegen Nordwest. In dieser Strecke durchbrach er das hier durchstreichende weiche Thonschiefergebirge; bei Landeck kehrt er plötzlich gegen Nordosten in seine Normaldirection zurück. Von Südwest stoßen hier zwei Thäler in gleicher Richtung zu ihm, das Trofanathal im Süden und das Rosanathal im Norden; letzteres führt von Landeck an aufwärts über Nusrein und den St. Christophsberg mit seinem Hospiz an der Quelle des Lech vorüber, den berühmten Arlbergpaß hinab zur Ill in das Klosterthal nach Bludenz in das Montafun und zum Rheinthal. Von Landeck an hat der Inn hohe Kalkufer. Schon bei Imst fängt der Inn an tauglich für große Flöße zu werden, bei Telfs wird er schiffbar für kleine Fahrzeuge. Bei Ziel stößt die fahrbare Straße von der Schernitz zum Innthal, die aus Südbaiern nach Innsbruck führt.

Das untere Drittheil des Längenthals des Inn beginnt mit den Steilfelsen der Martinswand und zieht bis Kufstein. Der Inn tritt hier aus dem engen Thale der Kalkalpen heraus und vor Innsbruck auf die Grenze des Kalkstein- und des Glimmer- und Thonschiefergebirges, das sich an die centrale Granitkette Tirols nördlich anlagert. Darum wird von hier aus auf der Grenze der verschiedenen Gebirgsformationen das Innthal viel breiter und mannigfaltiger. Im mittlern Innthal fallen die nackten Kalksteinwände auf beiden Seiten des Inn wie Mauern vegetationsleer zum Flusse hinab; von Innsbruck an ist nur das nördliche Ufer des Inn auf diese Weise beschaffen; das Südufer ist völlig verschieden. Ueberall sind hier die Bergzüge zertrümmert, sanfter abgerundet, die Oberflächen fruchtbarer, reich an Abwechselung, voll Gewächse, Cultur und Waldungen, die bis zur Centralkette hinaufsteigen. Das Innthal bei Innsbruck ist eine vollkommene Stunde breit, sehr schön und reizend und von großer Fruchtbarkeit. Die Straße des Brenner läuft zu dieser Hauptstadt Tirols; 8 Stunden Wegs sind es bis auf die Höhe des Brennerhospizes. Innsbruck beherrscht vier wichtige Passagen durch das Alpengebirge. Gegen Osten strömt der Inn über Hall an dessen Salzbergen vorüber, an den reichen Erzgruben von Schwatz vorbei. Bei Rattenberg und Kufstein engt sich das Thal zwischen den Kalkalpen mit sehr steilen Thalwänden wieder ein. Schon bei Rattenberg setzt die Kalksteinkette auf das rechte Ufer des Inn hinüber und streicht durch das Salzburger Land.

Der Inn verläßt die Kalkalpen Tirols bei Kufstein, strömt aber noch in den Kalkalpen Baierns bis Falkenberg und Rosenheim. Von hier folgt nun niederes Schuttgebirge, Kiesberge, Flözrücken, zwischen welchen sich die Wasser tiefe Strombetten mit wechselnden Steilufern rissen. Die hohen ganz unzugänglichen Ufer halten in einer breiten Zone bis Oettingen oberhalb Braunau an. Hier tritt die Salzach aus dem Salzburger Lande zum Inn. Erst unterhalb Braunau bis zur Mündung bei Passau folgt ganz ebene Landschaft. Die Salzach ist wie der Inn ein hoher Alpenstrom; die Länge ihres Laufes beträgt nicht die Hälfte des Inn, etwa 25 Meilen. Demungeachtet ist das Thal der Salzach ein wildes Gebirgsthal, gleich tief eingeschnitten wie der Inn; es zeigt noch wildere romantischere Alpennatur. Von der Quelle bis St. Johann im Süden von Werfen ist es ein oberes Längenthal wie das des Inn, von Werfen bis Salzburg ein Querthal, das sich im rechten Winkel gegen Nordost wirft und in einer tiefen Querschlucht die Alpen durchbricht. Von Salzburg an tritt es aus den Kalkalpen in die baiersche Ebene. Beide Flüsse, Inn und Salzach beobachten einen merkwürdigen Parallelismus. Der Wasserreichthum ist derselbe.

Die Quellen der Salzach liegen am Nordabhang der großen Tiroler Centralkette, die vom hohen Ortles bis zum Großglockner, oder vom Grenzsteine Tirols und Graubündens bis zum Grenzsteine Tirols, Salzburgs und Kärnthens zieht. Der Großglockner, 11982 F., heißt darum auch der Dreiherrenstein. Die Salzach entquillt unter 29° 50′ O.L. und 47° 17′ N.Br. zwischen den hohen Alpengipfeln auf der Grenze Tirols. Die eine Hauptquelle quillt aus dem kleinen See, den das Gletscherwasser des Geierkopfs bei Ronach bildet. Von da führt aus dem Hochthale der Salzach über die Gerloswand ein niederer Bergpaß bei Gerlos vorüber nach Zell im Tiroler Zillerthal. Dieser reiche pittoreske Thalspalt stößt zum Inn oberhalb Rattenberg; er ist die einzige bequeme Passage aus Salzburg nach Tirol.

Von Mittersill an fließt die Salzach am Zeller See vorüber und bildet das mittlere Pinzgau; im Westen liegt das obere, im Osten das untere Pinzgau. Die erhabenen Gebirgswände mit unersteiglichen Felsen, Schneefeldern und Gletschern (hier Käs benamt), die das Südufer der Salzach begleiten, werden hier die Schattenberge, und die an der Nordseite die Sonnenberge genannt. Jene bilden die hohe Tauernkette auf der Grenze zwischen Salzburg und Tirol. Sie haben schauerliche Abstürze und Gletscher. Von Norden ergießen sich 10 größere und von Süden 16 wasserreiche Zuströme, alles Gletscherwasser, die hier Achen genannt werden, wie der Fluß selbst Salzach heißt. Die Achen aufwärts gegen Süden giebt es nur zwei beschwerliche Fußpfade, die im Sommer nach Tirol führen: nämlich den Paß des Krimler Tauern der westliche Paß zum Rienzfluß nach Bruneck im Pusterthale, und der Paß westlich vom hohen Glockner, der im Süden von Mittersill nach Windisch-Matrei in Kärnten zum obern Drauthale führt. Die Nordseite des Thales hat eine fruchtbarere Lage und ist culturfähig. Die Achen verschlämmen übrigens das Thal durch Schuttmassen und haben eine Versumpfung des obern Pinzgau zu Wege gebracht, daher es denn auch nur schwach bewohnt ist. Das untere Pinzgau ist trockener, besser bewirthschaftet als das obere; es ist eine blühende Landschaft voll reicher Alpendörfer, Schlösser. Eins der Hauptthäler von der Tauernkette zur Salzach stoßend ist das von Gastein mit der Gasteiner Ache, berühmt durch das stark besuchte Bad, das in einer der schönsten Alpenlandschaften liegt. Westlich von diesem Thale folgt der einzige stark besuchte Paß gegen Süden über die hohe Tauernkette; er führt durch das Rauristhal am hohen Rathhausberge vorüber, wo Goldbergwerke sind, am östlichen Fuße des hohen Glockner nach Heiligenblut in das Drauthal. Auf seiner Höhe 8058 F. über dem Meere liegt noch ein Tauernhaus zur Aufnahme der Reisenden.

Das Querthal der Salzach von St. Johann bis Salzburg, in der obern Strecke Pongau genannt, bildet den Ausgang aus dem wilden Alpengebirg in die flache Donauebene. Durch einen furchtbar engen Thalspalt, der die hohe Kalkkette durchbricht, drängt sich die Salzach tobend hindurch in das freiere Thal von Golling, ähnlich den Schöllenen beim Urnerloch, und der Via Mala am Hinterrheine. Das Defilé von Werfen hält vier Stunden an: der Spalt hat höchstens eine Viertelstunde Breite.

Die hohen Alpenstöcke, zu beiden Seiten emporstarrend, heißen das Tännengebirg im Osten, und im Westen der ewige Schnee und das steinerne Meer. Die wildeste Enge ist der Paß Lueg, in Felsen gesprengt und mit langen Felsbrücken durch die Kunst fahrbar gemacht. Im Südosten von Werfen führt ein rechtes Seitenthal, das Thal der Zeitz, aus dem Salzachgebiete heraus durch niedere Einsattelungen nach Radstatt in's Gebiet des Ennsflusses, aus dem Pongau in das Lungau. Unter Lueg bei Golling und Hallein wird das Querthal der Salzach weiter, ein vorspringender Berg liegt auf dem linken Ufer, nur etwa von der halben Höhe der vorigen Hochgebirge, aber desto merkwürdiger ist er durch seine Naturbeschaffenheit: es ist der große Salzstock von Hallein. Die Salzbergwerke haben sich seit Jahrhunderten aufgeschlossen; die Gegend, die Stadt, der Fluß haben daher ihre Namen.

Das untere Salzachthal öffnet sich in der Nähe von Salzburg zu der baierschen Hügelfläche. Es verläßt die hohen Vorgebirge der Kalkalpen am hohen Untersberge im Südwesten der Stadt. Die Salzburger Ebene bildet mit ihrem Alpenamphitheater und dem Terrassenboden, der hier unmittelbar zu den vier Hauptregionen aufsteigt, vom Culturboden zur Waldregion, zur Alpenregion und zur Schnee- und Eisregion, den überraschendsten Eingang zum Alpengebirgslande. Bei Salzburg hat man mit einem Blicke alle vier Alpenregionen vor Augen, bis zum Watzmann, mit dem nördlichsten Alpengletscher. Das Ufer der Salzach von hier bis zur Einmündung zum Inn oberhalb Braunau ist steil eingerissen zwischen Schutthügeln mit engen Defilés.

Das Ennsthal ist das letzte große Alpenthal des Nordabhanges, in seinem obern Längenthal den obern Inn- und Salzachthälern analog gebildet. Es streicht mit dem Pinzgau in völlig gleicher Direction fast auf derselben Linie. Das Querthal, in welchem die Enns unmittelbar zur Donau tritt, ist aber weit kürzer und unbedeutender als das aller übrigen. Auf ihrer westlichen Seite tritt das Thal des Traunflusses aus dem Hallstadter- und Traunsee unmittelbar zur Donau mit gleichem Wasserreichthum aber kürzerem Lauf.

Das Längenthal beginnt am Ursprunge der Enns, deren Quellen im Süden von Radstatt am Nordabhange des Radstatter Tauern entspringen. Es sind mehrere Gebirgswasser, von denen die Enns das westlichste ist, die sogenannte Tauracher Ache aber das reichste. Diese führt von Radstatt gerade gegen Süden durch das Taurachthal zum bequemsten Gebirgspaß dieser ganzen Alpenkette, nämlich zum Radstatter Tauernpaß. Er gehört zu den wichtigsten, zu den besuchtesten der Alpenkette. Denn zwischen dem wildesten Gebirge fuhrt er durch eine bequeme Fahrstraße in das Thal der Mur. Nur ist seine Passage wegen größerer Breite der Alpen und der zahlreicheren Seitenthäler von geringerer Wichtigkeit für die Alpenländer. Die Scheideck oder seine größte Paßhöhe ist 4960 Fuß über dem Meere. Wie Radstatt durch diesen Paß im Süden der Schlüssel des untern Steiermark, so ist es auch gegen Osten der Eingang zum obern oder nördlichen Steiermark. In dieses führt das Ennsthal selbst durch die Mitte der Norischen Alpen. Zwar bleibt das Thal immer felsig und enge, aber es ist doch milder und weiter als die Tauernthäler des Salzburger Landes. Bis Irdning gehen die hohen Steilwände, von da durch das Thal von Admont folgt ein weiterer Seeboden, in dem die alte reiche Abtei Admont der Mittelpunkt der ersten Civilisation ward. Einige Stunden im Osten von Admont treten die Hochalpen wieder dicht zusammen, im Westen der hohe Puchsstein, im Osten die Gamsalpe; diese durchbricht die Enns mit Tosen an den Felsengen der Steinklause. Diese wilde schöne Gegend des Ennsdurchbruches heißt das Gesäuse. Der wildeste Durchbruch ist beim Orte Altenmarkt. Ehe die Enns hindurchbricht, nimmt sie noch von Osten her erst den Fluß Salza auf. Diese entspringt oberhalb Marienzell auf dem Gescheid im Nordwesten des Semmeringpasses. Das Ennsthal läßt zwei Päße gegen Südosten über die Steieralpen offen, über den Rottmanner Tauern und den Paß von Eisenerz. Beide führen zum Murthal nach Leoben. Der erste geht oberhalb Admont ab beim Dorfe Hiefelau und fuhrt über die an Eisenerz reichen steierschen Gebirge.

Unterhalb dem Durchbruch des Gesäuses strömt die Enns über die steiersche Grenze nach Oesterreich; sie selbst bildet die

Grenze zwischen dem Land ob und unter der Enns in Westen und Osten. In der großen Linzer Ebene tritt sie zur Donau.

Die Leitha zieht sich vom äußersten nordöstlichen Grenzberge, dem Semmering, herab gegen Nordosten. Das Thal senkt sich zwischen Wien und dem Neusiedlersee zur Preßburger Ebene und mündet unterhalb Preßburg in die Donau.

Die Raab hat ihre Quelle in Nordnordosten von Gratz in der Gegend von Passail. Ihr Thal zieht sich nur noch in niederem Gebirge, das ostwärts vom Murthale liegt, in die flachen ungarischen Ebenen. Im Süden des Neusiedlersees strömt die Raab bei der gleichnamigen Stadt zur Donau. Diese Einmündung liegt 256 F. über dem Meere, also schon in der Niederung.

Es bleiben noch die vier Seitenthäler, welche gegen die Donau nach Osten geöffnet sind, der Mur, Drau, Sau und Kulpa zu betrachten.

Die Quellen der Mur liegen im Südosten der hohen Tauernkette südlich der Salzach zwischen dem Glockner und dem Radstatter Tauern, gegenüber den Ennsquellen. Das südlichste Quellwasser entspringt aus zwei Seen, dem Schwarzen See und dem Weißbodensee am hohen Schobereck und dem Schoberhorn. Das tiefe Felsthal heißt der Murwinkel, die ganze Landschaft die Lungau, ein wildes, kahles Gebirgsthal, selbst ohne Laubholz, nur mit Nadelholz bewachsen, mit wenig Kornbau. Es ist eine Gegend, in der die westliche Flora Helvetiens der östlichen Flora Oesterreichs begegnet. Erst am östlichen Ausgange des Murwinkels, wo Mur liegt, erhält der Strom seinen Namen. Unterhalb Mur oder Murort liegt der Flecken St. Michael, von dem ein Gebirgspaß, das Hochfeld, südwärts in das naheliegende Drauthal geht. Das Längenthal der Mur ist sehr einförmig; es verengt sich etwas von Scheiflingen bis Unzmarkt; bei Judenburg hat die Mur einige Defilés, aber das Thal ist weit ärmer und weniger cultivirt als das Ennsthal. Bis Knittelfeld und Leoben erweitert sich das Thal zur schönen Ebene des Eichfeldes; mehrere trocken gelegte Seeboden folgen hier auf einander bis Bruck. Unterhalb dieses Ortes stößt von Osten her das Thal der Mürz zu dem der Mur.

Von Bruck strömt die Mur in ihrem mittleren Querthal über Gratz bis Ehrenhausen, wo die Ostwendung des Stromes gegen Ungarn beginnt. Sogleich verengt sich das Thal unterhalb Bruck, und der reißende Strom durchbricht die Alpenkette, welche hier den östlichen Arm der Gneusmassen bildet, die von hier gegen Nordosten zum Wienerwalde fortziehen. Sie heißen die Fischbacher Alpen im Osten, die Tolster und Brucker Alpen im Westen. Von Feistritz an tritt die Mur aus dem Engpaß hervor; nach einer kleinen Strecke schließen sich die Stromufer zum zweiten Male noch enger und bilden ein Defilé unterhalb Gradwein. Hier ist der Durchbruch durch das Kalkgebirge. Aus dieser zweiten Verengung tritt die Mur nun plötzlich hervor in die weite und große Gratzer Ebene. Noch eine dritte Verengung bildet die Mur bei Wildon, dann tritt sie in die Leibnitzer Ebene.

In dem unteren Murthal breitet sich am linken Ufer schon nordostwärts die weite fruchtbare Ebene Ungarns aus, aber das rechte bleibt noch bis Mureck durchaus ungangbares Steilufer; dann folgen Höhenzüge, die äußersten Vorläufer der Alpenkette, die das Murbett noch gegen Südosten hinüber drängen bis zum Einfluß in die Drau. Die große mesopotamische Landzunge, die sie in ihrem untern Laufe mit der Drau bildet, heißt die Halbinsel Murau oder Murwa Köz. Der Lauf der Mur beträgt von ihrer Quelle bis zur Grenze Steiermarks gegen Ungarn hin 44 Meilen.

Die Drau strömt in einem sehr langen Thale, aus der Mitte der hohen Alpen, immer von Westen nach Osten gerichtet, in die ungarische Ebene. Die Quellen der Drau entspringen beim Orte Innichen, zunächst der südlichen karnischen Kette, die Quellen des nördlichen Hauptarmes Isel zunächst der nördlichen Tauernkette.

Beide bilden ein großes Gabelthal, das sich gegen Osten bei Lienz vereinigt zum Thal der obern Drau. Das Iselthal heißt das Tefsereckerthal, das südliche oder Drauthal das Pusterthal. Beide Thäler werden gegen Westen durch keine hohe Gebirgszüge, sondern nur durch niedere Sattelpässe, mit Wiesenthälern, die von Tirol nach Kärnten bequem zu übersteigen sind, vom Eisackthale geschieden. Es führt sogar ein sehr bequemer Fahrweg von Brixen über Brunecken, vom Rienzbach aufwärts über Toblach nach Innichen zur Drauquelle und von da nach Lienz. Daher heißt auch diese ganze Einsenkung von Brunecken bis Lienz das Pusterthal, obschon eine Wasserscheide in seiner Mitte die Wassergebiete der Etsch und Donau trennt. Diese relativ unbedeutende Wasserscheide auf einem absolut hochliegenden Thalgrunde bildet auch keine Staaten- oder Völkergrenze, denn Lienz gehört noch zu Tirol; erst ostwärts von Lienz fängt die Grenze von Kärnten an. Dieses nur schmale Thal trennt Kärnten und Deutschland von Italien. Es begegnen sich in diesem Hochthal die äußersten Grenzen verschiedener Sprachen, nämlich das Rhätische und Romanische im Westen, das Slawische im Osten, das Italiänische im Süden, das Deutsche im Norden. Der Iselbach, der bei Lienz zur Drau tritt, erhält seinen Wasserreichthum aus den Salzburger Tauern. Unterhalb Lienz beim Schlosse Ober-Drauburg ist die Grenze von Kärnten und Tirol. Hier treten die steilen Thalwände zu beiden Seiten dicht zusammen; unterhalb, bei der Sachsenburg, wo die Drau eine kleine nördliche Wendung macht, tritt die Möll zum Drauthale, und weiter unten bei Spital die Lieser. Das Möllthal bildet den einzigen Zugang zur Besteigung des hohen Glockner.

Bis Spital ist das Drauthal kalt, nackt, wild und öde, ein Hochthal, dem die Cultur des ähnlich liegenden hohen Engadin fehlt. Aber von Spital bis gegen Villach wird die Landschaft schweizerisch schön und malerisch, reiche Alpen, Alpenseen und pittoreske Felsenmassen zeigen sich und machen diese Landschaft zur sogenannten Schweiz von Innerösterreich. Villach liegt in der Mitte, eine alte Römercolonie, Julium Carnicum. Dicht unterhalb dieser Stadt mundet südwärts der Gailfluß ein; sein Thal ist ein Parallelthal der Drau, von Westen gegen Osten lang gezogen. Es wird durch die schmale aber hohe (6462 F.) Gebirgskette des Dobratsch im Westen von Villach vom Draustthale geschieden. Das Gailthal wird besonders dadurch wichtig, daß ein rechtes Seitenthal in Südwesten von Villach einmündet, welches über Tarvis von der südlichen karnischen Alpenkette herabkommt. Dieses Thälchen führt in wenigen Stunden von Villach gegen Südwesten über Tarvis kaum merkbar aufwärts über den niedern Sattelpaß von Saifnitz 2412 Fuß. Von diesem Passe senkt sich das Canalthal, in welchem der Fluß Fella fließt, eben so sanft und unmerklich beinahe gegen Westen über Malborghetto (2118 F.) zur Grenze von Kärnten und der Venetianischen Lombardei. Auf der Grenze liegt ein Ort an der Fella, der von dieser seinen Namen erhält. Der Fluß theilt ihn in zwei ungleiche Theile: der kleinere heißt von der Brücke dabei Ponta Fell, der größere nach der italiänischen Seite hin heißt Ponteba. Hier wechselt plötzlich deutsche Sprache und Sitte mit italiänischer; hier setzt die größte bequemste Landstraße in das Venetianische hinüber. Nach 4 Meilen Wegs folgt die Venetianische Klause (Chiusa Veneta); sie liegt noch an der Fella, und diese führt nun zum Tagliamento. Das ist die merkwürdige Straße von Pontafella, die gebahnteste über die ganze Alpenkette, die von Klagenfurt über Villach, Treviso nach Venedig führt. Die Kunst fand hier nichts zu ebenen, die Natur selbst brach diese merkwürdige Einsenkung in die Grenzkette von Deutschland und Italien, so daß man kaum eine Anhöhe bemerkt, die beide Gebiete von einander scheidet, indeß die Felswände auf beiden Seiten wild, nackt, unersteiglich und vegetationsleer emporstarren. Dieser Durchbruch ist von allen des Alpensystems der niedrigste. Im engen, schmalen 9 Stunden langen Kanalthale ;haben sich arme deutsche und slawische Dorfschaften angesiedelt.

Von Villach gegen Osten bis Marburg kommt nun das mittlere Drauthal. In der Richtung bleibt es unverändert, flacht sich aber in bedeutenden Ebenen, die sich bis zum Schwarzen Meere hinabziehen, ab. Nur von Norden her stoßen bedeutende Flüsse aus der steirischen Kette zu diesem mittlern Drauthale; die Gurk unterhalb Klagenfurt, und der Lavant, der bei Lavamünd zur Drau tritt; das Südufer der Drau wird hingegen auf seinem ganzen Zuge durch eine wilde, öde, nackte Gebirgswand begleitet, die Krainer Alpenkette, die von Villach und dem hohen Terglou aus gegen Südost streicht und in ihren südlichen Verzweigungen bis Fiume die Julische Alpenkette genannt wird. Das Nord- und Südufer des Drauthals sind daher von ganz entgegengesetzter Beschaffenheit. Das Nordufer mit der Klagenfurter Ebene und dem Lavantthale ist ein tiefes heißes Niederland, den ungarischen Ebenen schon vergleichbar; das Lavantthal als das fruchtbarste, ein großer Obstgarten, heißt das Paradies Kärntens. Das Südufer dagegen ist eine Felswüste, die in drei Stufen aufsteigt, eine Grenzmauer zwischen Kärnten und Krain, die gegen Südosten bis gegen Dalmatien fortzieht. Im Süden von Klagenfurt durchschneiden enge Bergschluchten dieses nackte Kalksteingebirge. In diesen liegt der Loiblpaß, der aus dem Donauthale südwärts über Neumarkt in das Thal des Sauflusses führt. Die größte Höhe dieses Passes beträgt 4030 F. Das trübe Wasser der Drau wälzt sich bei Unter-Drauburg über die Grenze von Kärnten und Untersteiermark; bei Marburg begann das niedere Hügelland und das untere Drauthal außerhalb des Alpensystems.

Das Thal der Sau ist ein südliches Parallelthal der Drau, diesem ganz analog gebildet, und streckt sich etwa 93 Meilen von Westen nach Osten ohne besondere merkwürdige Hauptwendungen.

Der obere Lauf der Sau geht bis Laibach. Der Strom entspringt aus zwei Hauptquellen, die am nördlichen und südlichen Fuße der Pyramide des Terglou 9000—10000 F. hoch liegen. Vom Terglou begleitet die Julische Alpenkette das Sauthal in einer Länge von 30 Meilen. Oft ist die Kette nur schmal, doch immer wild und steil. Sie besteht aus Jurakalk in schichtenförmiger Lagerung, enthält viele trichterförmige Seen und unterirdische Ströme. Die beiden Quellflüsse der Sau vereinigen sich bei Rattmannsdorf und fließen südostwärts über Krainburg bei Laibach vorüber; erst da erweitert sich das Thal zur großen krainischen Ebene. Laibach, die Hauptstadt des Landes, liegt 1163 F. über dem Meere am gleichnamigen Flusse, der von Südwesten über Ober-Laibach sich unter der Stadt zur Sau ergießt. Von da an wird die Sau schiffbar fur flache Fahrzeuge. Große Flüsse stoßen nun nicht zum Sauthal, wohl aber wichtige Seitenthäler ohne Flüsse, durch welche Hauptstraßen nach Wien und Triest führen. Es ist eine Merkwürdigkeit der Juraformation, daß oft die Thäler ohne Flüsse sind, diese dagegen unterirdisch fließen. Eine Hauptstraße von Wien über Gratz an der Mur herab setzt bei Marburg über die Drau, führt dann über Cilli und den sehr niedrigen Troganapaß bei St. Oswald zur Sau nach Laibach. Hier vereinigen sich zwei Straßen von Norden her, von denen die eine über den Loibl geht. Die Hauptstraße südwärts führt nach Italien; sie steigt nur sehr allmählich an Laibach aufwärts bis zur Wasserscheide zwischen der Donau und dem Adriatischen Meere. Auf dieser Scheide liegt Adelsberg 2951 F. über dem Meere, auf dem höchsten Rücken. Von hier geht die Straße südwärts und spaltet sich in zwei Arme, einmal gegen Südwesten über den Karst nach Triest, und dann gegen Südosten durch viele zersplitterte und niedere Felsketten und Gründe nach Fiume. Im Osten des Adelsberges liegt in der Mitte der Julier Alpen der berühmte Cirknitzer See; ostwärts desselben entspringt die Kulpa, die ein gleiches zerklüftetes Kalkgebirgsland durchströmt, wie die Sau, und sich schon auf ungarischem Boden mit diesem Strome vereinigt. Der Cirknitzer See hat keinen überirdischen Ablauf, hält zuweilen 8 Stunden, zuweilen nur 5 Stunden im Umfange, zuweilen versiegt er ganz und gar und wird dann mit Korn besät. Er liegt wie das ganze Krainer Land in dem zertrümmerten Gebirgsboden, den man mit Recht die Region der verschwindenden Flüsse nennen kann, wo keine Regelmäßigkeit der Flußgefälle stattfindet und die Continuität der Thalbildungen vielfach unterbrochen erscheint. Auch die Champagne und die Plateauflächen Castiliens bieten solche Regionen verschwindender Flüsse dar. Die Flüsse brechen mit großem Wasserreichthum hervor, treiben Mühlen, sind zuweilen gleich schiffbar, verschwinden aber auf kurze Zeit oder ganz, oder bilden auch Seen.

Die Alpenpässe mit ihren Hochseen in den Entwickelungspunkten der Alpenthäler, auf den Höhen, und die Alpenseen am Ausgange der Alpenthäler zum niedern Lande oder doch zu den weiten Thälern am Fuße des Alpenzuges, gehören zu den wichtigsten und wesentlichsten Formen bei der Betrachtung des ganzen Alpenlandes.

Alpenseen.

Die schönen und zahlreichen Wasserbecken sind ein eigenthümlicher Schmuck der europäischen Alpenlandschaft. Sie klären die Gebirgsströme ab und hemmen den wilden Sturz der Gewässer. Oberhalb derselben ist die Alpenregion mit den Gießbächen und Katarakten — unterhalb beginnt die mildere Berglandschaft, weiterhin erst das Land der Ebenen. Von etwa 60 Alpenseen liegen viele auf den Paßhöhen, alle in einer absoluten Erhebung von 4000—6000 F. über dem Meere. Alle diese Seen sind aber sehr klein, höchstens eine Stunde lang, und schmal, aber dabei sehr tief. Sie sind über die Hälfte des Jahres mit Eis bedeckt, daher heißen sie auch Eisseen. Solche Eisseen sind besonders am Mont Cenis, Mont Blanc und Mont Rosa; aber im Süden des Mont Blanc von der Wendung des Gebirges bis zum Küstengestade von Nizza verschwinden auch diese kleinen Seen fast gänzlich aus dem Hochgebirge. Auf den Schweizerischen Hochgipfeln und Pässen sind sie zahlreich und nehmen auf der Grenze Graubündens und Tirols zu. Sie beginnen mit den vier Quellenseen des Inn im obern Engadin, und setzen durch einen großen Theil des östlichen Alpenzugs fort. Verschieden von diesen kleinen Seen der Mittelzone sind die Seebecken, welche am Saume des Hochgebirges in den vorliegenden Kalkalpen ihre Wasser sammeln. Sie fangen am Saume der nördlichen Kalkalpen mit dem Rhonethal an, und umspannen in einem großen Bogen den Nordsaum der Alpen bis zu den Seen Inneröſterreichs. Die bedeutendsten Seen des Nordsaumes der Kalkalpen sind: der See von Bourget, von Annecy, beide in Savoyen; die zahlreichen helvetischen Seen: Genfer, Thuner, Brienzer, Waldstädter, Lowerzer und Wallenstädter See, der äußerste im Osten Helvetiens. Graubünden fehlen diese Seen ganz. Dagegen treten sie in den Baierschen und Oesterreichischen Kalkalpen wieder auf: Walchensee, Tegernsee, Attersee, Hallstadtersee und Traunsee. Die meisten der genannten Seen haben bis 6 Stunden Länge und liegen insgesammt in einer Meereshöhe von 1084—1780 F. Nur der See von Bourget liegt niedriger. Ihre Wasser steigen während der Sommermonate 6—10 F., überschwemmen und befruchten die Gegend; sie sind tief mit steilen Ufern, bis 1000 F. hoch, haben klares Krystallwasser, sind insgesammt tiefer als die Ost- und Nordsee (diese 300—1000, jene blos 400 F. tief). Sie haben eine Tiefe von 300—1000 F., z. B. der Genfersee zwischen Bevay und Chateau Chillon am Nordufer 984 F., und am Südufer an den Felsen von Meillerie 950 F. tief. Die mittlere Tiefe ist vielleicht noch größer. Der Vierwaldstädter See ist noch unergründet. Der im Vergleich unbedeutende Hallstädter See hat eine Tiefe von 600 F. Zwischen diesen genannten Seen liegen noch einige 60—70 von geringerer Art, doch von ganz gleicher Beschaffenheit. Die meisten der großen Seen dehnen sich nordwärts über die Kalkkette hinaus und ragen in die Sandstein- und Trümmerberge der niedern Schweiz, Baierns und Oesterreichs hinein. So der Genfersee mit seinem Nordrande, der Walchen-, Kochel- und Schliersee in Baiern, so der Attersee im Oesterreichischen. Nördlich an diesen Seen lagert sich nun innerhalb der niedern Sandsteinberge des niedern Alpenlandes auf gleiche Weise ein schmaler aber sehr langer Saum gleich zahlreicher Alpenseen, der von Südwest gegen Nordost gerichtet ist. Die größern zwischen dem Genfer- und Bodensee sind: der Neufchateller See, der Bieler See, Murten- und Sempacher See und andre bis zum Zuger und Zürcher See. Der Bodensee liegt mit Ausnahme der nördlichsten Ecke ganz im Trümmergebirge. Dann folgen die Seen in Schwaben: Feder-, Wald-, Alp- und Rottensee. Dann die vielen baierschen Seen: Staffel-, Ammer-, Wurm- und Chiemsee u. a.

Ganz verschieden zeigt sich das Phänomen der Seenbildung an der südlichen Alpenkette: vom Koloß des Mont Rosa bis zur Etsch ziehen sich die Alpenseen insgesammt von Nord gegen Süd und haben eine Länge von 18 Stunden und mehr. Sie öffnen sich ins lombardische Tiefland. Auf der entgegengesetzten Seite der lombardischen Fläche, auf den Apenninen, fehlt diese Seenbildung gänzlich. Man zählt 5 große und 12 kleinere Alpenseen. Die großen sind: der Ortasee, Lago Maggiore, Como-, Iseo- und Gardasee. Diese Seen eröffnen von der lombardischen Ebene her unmittelbar das Schauspiel der größten Alpennatur. Der Reflex der Sonnenstrahlen in ihrem Seespiegel und an den schroffen Kalkwänden erzeugt eine erhöhtere Temperatur. Sie machen die größte Schönheit Oberitaliens aus und bilden eine paradiesische Landschaft. Alle Seen liegen niedriger als die des Nordsaumes, nur 400—600 F. über dem Meere.

Eine dritte große Seengruppe liegt am Ostsaume des Alpengebirges, aber nur innerhalb der Voralpen, ganz in den Flächen des Tieflandes; es ist die österreichisch-ungarische Seengruppe. Der Neusiedler- und Plattensee gehören dazu; große Flachseen mit geringer Tiefe.

Alpenpässe.

Die großen Seethäler sind die zauberischen Eingänge aus den Culturebenen zu den reizendsten Gebirgslandschaften; die Alpenpässe aber liegen insgesammt an den Grenzen der cultivirten Welt, an den Grenzen aller Vegetation, und somit auch der belebten Schöpfung. Viele, ja die meisten, den größten Theil des Jahres hindurch unter Schnee und Eis begraben, liegen im wilden zertrümmerten Hochgebirge.

Alpenpässe sind zugängliche Verbindungsglieder entgegengesetzter Stromthäler, die über den Rücken der Alpenkette führen. Da es Haupt- und Nebenketten giebt, so giebt es auch Haupt- und Nebenpässe. Sehr verschieden sind diese Pässe auch je nachdem sie in Längenthälern oder in Querthälern laufen. Erstere sind größtentheils sehr bequem und wegsam gegen die andern, aber auch langgedehnt ohne frappante Contraste. So z. B. die Wege durch das Pusterthal aus Tirol nach Kärnten, der Paß über die Gerlos aus Tirol nach Salzburg, über die Furka nach dem Urfernthal, der Oberalppaß aus dem Urfernthal nach Graubünden. Die Pässe der Querthäler sind dagegen weit beschwerlicher; sie setzen über die Rücken der Hauptketten, ihre Zugänge sind dann steil, meist sehr kurz gegen die Längenpässe und voll auffallender Contraste, z. B. der Mont Cenis, Bernhard, Simplon, Gotthard, Splügen u. a. Die Pässe der Längenthäler führen nirgends aus dem Systeme des hohen Alpengebirges heraus, sondern nur von einem Quartiere in das andere hinüber, oft nur zu ganz unbedeutenden Nebenströmen. Die Pässe der Querthäler aber, die über die Hochketten gehen, führen aus dem Systeme des Gebirges gänzlich heraus zu andern Stromgebieten, Völkern, Staaten u. s. w. Noch kommt es darauf an, durch welche Gebirgsformationen die Pässe führen; daraus erwächst eine große Mannigfaltigkeit der Verhältnisse, deren Erforschung uns jedoch zu weit führen würde.

Wir machen fernerweit einen Unterschied zwischen Alpenpassage und Alpenpaß. Die Alpenpässe sind die höchsten Einschnitte des Hochgebirges, öfter nur wenige Stunden lang, zuweilen nur ¼ Stunde breit. Sie liegen meist in unwirthbarer Wildniß voll Felstrümmer, Eis- und Schneemassen. Zur Aufnahme der Reisenden sind die Hospize (Klöster, Tavernen, Tauernhäuser) errichtet. Alpenpassagen nennen wir alle Alpenübergänge, die aus der Ebene über das Gebirge wieder bis zur nächsten Ebene hinüberführen, z. B. die Mont-Cenis-Straße, die Gotthardsstraße, die Brennerstraße. Die Länge derselben ist bedeutender (6—10—20 Stunden.) Sie geben beim Auf- und Absteigen das merkwürdige Schauspiel wechselnder Terrassenklimate. In einer Zeit von 8 Stunden kann man auf ihnen öfter Klimate von 40° bis 80° N.B. durchwandern. Der Südabfall der Alpen hat eine erhöhtere Temperatur wegen des Rückfalls der Sonnenstrahlen; so hat Nizza das Klima Unteritaliens. Aus dem Orangenklima Italiens tritt man in das Klima der Obstbäume, wo Kastanien die Berge bekleiden, und aus dem Klima der Obstbäume in das des nördlichen Deutschland mit schattigem Laubholz, aus diesem in das kühle Klima der Tannen- und Nadelholzregion, aus diesem in das noch kühlere der Alpenwiesen ohne Holzwuchs; die Pflanzen haben hier aromatischen Geruch, die Blüthen größere Farbenpracht vermöge des reineren Sonnenstrahls, der stets gleichen Atmosphäre. Dann erhebt man sich zum Klima Lapplands. Diese Passagen sind zugleich die ältesten Culturgegenden dieser Gebirgslandschaft; sie haben neben dem naturhistorischen auch das größte historische Interesse und sind schon im höhern Alterthum zuerst bekannt geworden. Seit Julius Cäsar, Augustus und Tiberius wurde das Alpengebirge dem römischen Reiche größtentheils unterworfen, und damals erhielt es die Namen, die bei Tacitus, Plinius, Strabo vorkommen und die sich in den Büchern erhalten haben. Denn die jetzigen Alpenbewohner kennen die Namen Penninische, Grajische, Lepontinische Alpen nicht. Alteinheimische Namen sind uns, den Namen Tauern ausgenommen, nicht aufbewahrt. Julius Cäsar bändigte die gallischen Bewohner des Alpenzuges gegen Frankreich und einen Theil der helvetischen, Augustus besiegte 46 Alpenvölker von Gallien bis nach Tirol. Daher die Triumphbogen zu Nizza, Susa und Aosta. Sie stehen noch als Denkmäler römischer Macht. Tiberius vollendete die Besiegung der Alpenvölker; er überstieg die östlichen Alpen und machte von Graubünden bis nach Ungarn die Alpenbewohner zu römischen Provincialen. Seit dieser Zeit blieben die Römer mehrere Jahrhunderte im Besitz des Alpengebirges in seinem weitesten Sinne. Bis zum 5ten und 6ten Jahrhundert diente es ihnen als natürliche Befestigung des weiten römischen Reiches. Während dieser Zeit legten sie überall Colonien, Marktorte, Bäder, Castra, Grenzpässe, Brücken und künstliche Heerstraßen (viae militares) vom äußersten Westen bis zum äußersten Osten an. Durch die Römer wurden die Alpen wegsam, sie eröffneten die verschiedensten Alpenpässe, an deren italischen Eingängen wir noch fast überall merkwürdige römische Ruinen finden. Auf solchen Grundlagen haben die spätern Völker fortgebaut.

In den westlichen Alpen findet man drei Alpenabtheilungen: den Namen **Meeralpen** (Alpes marinae) führt die große Alpengruppe, die im Süden mit den Apenninen in Verbindung steht und eigentlich nur deren nordwestliche Fortsetzung bildet. Sie reichen von der Küste des Mittelländischen Meeres von Toulon und Oneglia nordwärts über den Col di Tenda bis zum Monte Viso, bei den Alten Vesulus. Die Cottischen Alpen (Alpes Cottiae) reichen vom Monte Viso nordwärts über den Mont Genèvre bis zum Mont Cenis, und sind nach dem Fürsten Cottius zur Zeit des Augustus genannt; Susa, das alte Segusio, war seine Hauptstadt; er verbesserte die Passage über den Mont Genèvre und baute am Eingange des Passes einen mächtigen Triumphbogen, und der Paß hieß Alpis Cottia. Die Grajischen Alpen (Alpes Grajae) vom Mont Cenis nordwärts über den Mont Iséran, über den kleinen Bernhard, der ganz speciell den Namen Alpis Graja führte, von da bis zum Col du Bonhomme am Südfuße des Montblanc.

Nur drei große Passagen aus Italien über diese Westalpen kannten die Römer: die Küstenstraße längs des Meeres von Genua über Nizza nach Toulon; sie hieß via Aurelia und ist nicht eigentlich eine Alpenpassage zu nennen. Die Straße von Turin (Taurinum) über Susa und den Mont Genèvre nach Gallien, die Alpis Cottia. An der Dora Baltea aufwärts über Aosta, von da über den kleinen Bernhard zur Isère.

Aber heutzutage sind vier Alpenstraßen gangbar, und bei dieser Zählung rechnen wir die Küstenstraße nicht mit.

Pässe der westlichen Alpen.

Der entsprechende Winkel, den die Apenninen mit der Alpenkette bilden, formirt eine Art trocknen Golf oder Landbusen, in welchem eine Menge Thäler zusammenstoßen. Eins dieser Thäler ist das des Vermignone zum Sturathale, das von Coni zwischen hohen Gebirgen von Norden gegen Süden aufsteigt zum Col di Tenda; dieses Thal, die südlichste Alpenpassage überhaupt, führt aus dem südwestlichen Winkel der lombardischen Ebene zu dem Seegestade Liguriens, gerade von Norden gegen Süden. Von

Coni (Cuneo) an der Stura geht dieser Weg über den Paß in das Thal Roga zum Orte Tenda, dann nach Sospello, Escarena, und von da nach Nizza. Der seit 1788 fahrbare Paß wurde in Felsen gesprengt, um eine Communication für Piemont mit der Meeresküste und dem Hafen zu gewinnen. Er durchsetzt drei verschiedene Thäler, drei verschiedene Cols der Seitenketten in Diagonalen, um die Richtung gegen Süden wieder zu erhalten, die er an einigen Stellen verläßt. Dies giebt ihm etwas ganz Eigenthümliches. Der nördlichste und höchste dieser Pässe ist der Col di Tenda, auf der Wasserscheidehöhe 5613 F. Die Meereshöhe des Dorfes Tenda ist 3252 F. Vom Orte Limone am nördlichen Fuße des Passes braucht man 5—6 Stunden zu seiner Ersteigung. Oben auf der Höhe ist winterliche Kälte den größten Theil des Jahres, nackte Felshöhen, unter dem Gipfel stehen Lärchen und andres Nadelholz. Tiefer noch bei Fontane folgt die erste Olivencultur. Dann werden die zwei Seitenpässe überstiegen, der eine der Col di Brois, nach Sospello, der andre, der Col di Braus, nach Escarena. Letzteres liegt am Flusse Pallione, der sich nach Nizza ergießt. Bei Escarena sind die ersten wilden Olivenwälder, die ersten Korkwaldungen. Fünf Stunden weiter liegt Nizza, unter Granaten, Feigen, Orangen, Myrten, mit der nördlichsten Palmencultur in Europa.

Vom Col di Tenda nordwärts bis zum Mont Blanc liegen dreizehn Parallelthäler, die sich insgesammt gegen Osten zu den Hauptthälern des Po, der Dora, der Dora Baltea vereinigen. Sie stürzen sich alle von sehr bedeutenden Erhebungen in die Tiefe, und nur wenige ihrer Einsattelungen lassen sich bequem passiren. Zu diesen gehört der Mont Genèvre, ein Prachtwerk der neuern Wegebaukunst. Aus dem Pothale führen zwei große Straßen zum Mont Genèvre, die eine vom Col di Tenda und obern Po über Saluzzo, Pignerole, Fenestrelles, und von da über den Col de Sestrières, eine Seitenpassage, nach Sésanne. Die zweite große

16 *

Straße dagegen führt vom untern Pothale her von Turin über Susa und stößt bei Césanne mit der vorigen zusammen. Césanne selbst liegt am nördlichen Fuße des Mont Genèvre-Passes.

Bis zu diesem Orte haben die Straßen keine besondere Schwierigkeiten, aber die Thäler, durch welche sie laufen, sind wenig cultivirt, arm und unbevölkert. Erst von Césanne beginnt das steile sehr beschwerliche Aufsteigen des Passes im Zickzack an der Dora aufwärts. Die Culmination des Passes liegt 5811 F. über dem Meere. Ueber die 30 F. breite Kunststraße steigen Felshörner empor. Die Einsenkung des Col auf der Höhe hat eine Stunde Länge und ist gegen die kalten Nordwinde und Stürme geschützt, daher gut bewaldet. Die Ebene in der Einsattelung um das Dorf Genèvre ist sogar cultivirt und bebaut. Gegen Westen fällt der Paß ohne große Beschwerde in das Thal von Briançon hinab zur Durance. Aber hier ist er durch die 7 Forts von Briançon, die zum Theil in Felsen gehauen, uralte Römerwerke sind, stark verschanzt. Diese isolirten Forts stehen durch Kunstbrücken in Verbindung. Von Briançon (Brigantia der Römer) geht nun die Straße gegen Südwesten längs der Durance über Embrun, Sisteron nach Avignon zur Rhone; es ist die große Heerstraße aus Languedoc und Spanien nach Italien.

Eine zweite große Hochstraße zweigt sich von Briançon gegen Nordwesten zur Isère nach Grenoble ab, die große Militärstraße, auf dem kürzesten Wege von Turin nach Lyon und ins mittlere Frankreich. Die Felssprengungen sind noch weit kühner als die auf der Simplon- und Cenisstraße. Die Straße führt über Briançon aufwärts an dem Guisanefluß über den Col de Lautaret, der noch höher ist als der Mont Genèvre; von ihm geht die Straße durch das wildeste und furchtbarste westliche Alpenthal, das von la Romanche (Romanzenthal), in welches zahllose Gletscher hinabhängen, das ohne Vegetation, voll Trümmerfelsen ist, über den Felspaß Mont du Lens (zum Theil durch die Römer gesprengt, eine Art von Treppenhaus). Erst bei Oysans tritt die in Felsen gesprengte Chaussee aus der senkrechten Erdspalte heraus in ein liebliches Alpenthal und zieht nun in vollkommenem Horizontalboden am Flusse Drac bis Grenoble hin. Der Mont Genèvre ist also sowohl in Beziehung auf den Eingang als den Ausgang ein Doppelpaß, und Briançon beherrscht demnach beide Militärstraßen ins südliche und mittlere Frankreich.

Der Paß über den Mont Cenis führt von Turin nach dem Dauphiné, vom Po nach Grenoble. Der Name Cenis, Mons Cenisius, kommt schon zu Karls d. Gr. Zeit vor. Die Orte, die er berührt, sind von Turin im Thale der Dora aufwärts: Rivoli, Avigliano, Susa. Hier verläßt die Straße das Susathal, das gegen Südwest zum Mont Genèvre führt, und geht von Susa aufwärts am Cenis gegen Norden hin. Bei Novalese fängt man an zu steigen auf die Paßhöhe des Col, welcher 6360 F. über dem Meere liegt. Jenseits geht der Weg in den Gebirgsgau hinab, la Maurienne genannt, und zwar zum Orte Lans le Bourg, der am Fuße des Mont-Cenis-Passes liegt, am Flusse Arc. Dieser entspringt am Südgehänge des Mont Iséran über dem Orte St. Jean de Maurienne und fließt zur Isère oberhalb Montmeillan. Von der Einmündung des Arc zur Isère bis nach Rivoli, welches am Eintritt des Horizontalbodens der Poebene liegt, sind 28 Stunden Alpenpassage. Der Weg über den Rücken der Alpenkette von Lans le Bourg bis Novalese beträgt jedoch nur 8 Stunden. Das ist der eigentliche Alpenpaß, denn beide Orte liegen am Nord- und Südfuße des Hochgebirgs. Bis 1802 blieb er immer gefahrvoll, selbst für Saumrosse. Seitdem wurde in der Zeit von 9 Jahren eine Hauptstraße hinüber gebaut. Die 9 Stunden lange Chaussee ist 18 Schuh breit; sie steigt von Lans le Bourg in 6 Absätzen auf und zieht dann über eine baumlose hohe Gebirgsebene hin, über welche Berghörner emporragen. Auf dem Abfall gegen Italien ist der Weg 600 F.

weit durch einen Granitfelsen gesprengt gleich einer Galerie; ähnliche Gewölbe kommen dann noch mehrmals vor. An vielen Stellen ist die Straße mit Schutzmauern gegen die Steinschurren und Lawinen versehen. Außerdem sind eine Menge Strebepfeiler, Abzugsgräben, Brücken, Anpflanzungen von Lärchenbäumen vorhanden, um der Straße den größten Schutz und Bequemlichkeit zu geben. Einige zwanzig Gebäude längs des Passes für die Aufseher und Arbeiter geben von Strecke zu Strecke den Reisenden Schutz. Das Hospiz, wo Post, Kirche, Kaserne für 1200 Mann, 40 Zimmer für Reisende sind, liegt auf der Hochebene am Eissee. Höhenpunkte sind: Turin 738 F., Susa 1332 F., Novalese 2400 F., Lac du Mont Cenis 5892 F., die Paßhöhe 6360 F., Lans le Bourg 4272 F., St. Jean de Maurienne 1788 F., Montmeillan 834 F. Der Mont-Cenis-Paß fällt also weit steiler gegen Italien, langsamer und sanfter gegen die langen Isèrethäler Frankreichs ab. Der tiefste Südabfall vom hohen Mont-Cenis-Plateau, auf welchem der See liegt, beträgt 2 Stunden hinab nach Novalese; er versetzt aus einem nordischen in das mildeste Klima der Lombardei. Man hat früher diesen Weg für die Straße Hannibals gehalten.

Der Alpenpaß des kleinen St. Bernhard fuhrt aus dem Aostathale am Südfuß des Montblanc nach Savoyen und zwar ins obere Isèrethal nach Moustiers und der Provinz la Tarantaise. Von da geht der Weg längs der mittlern Isère ebenfalls nach Montmeillan und südwestlich nach Grenoble durch das Dauphiné, oder nach Nordwesten nach Chambéry und zum Bourget-See. Der Westausgang der Passage ist doppelt, weil eine Gabelung des Isèrethales bei der Festung Montmeillan anfängt. Von Montmeillan, dem Schlüssel der Passage über den kleinen Bernhard und den Mont Cenis zieht die Straße im langen Isèrethale aufwärts über Conflans, Moustiers (Tarantasia der Römer) und Bourg St. Maurice. Der Mont du Chat führt uber das Dorf Chevelu nach St. Genis; er ist der äußerste westliche Vorpaß des kleinen Bernhard. Aber oberhalb St. Maurice bei dem Orte Scez verläßt die Straße das Isèrethal und geht gegen Nordosten an dem kleinen Bergstrome la Recluse in gerader Richtung über den kleinen Bernhard oder die Grajische Alpe. Die Höhe des Passes ist eine Fläche von mehr als einer Stunde Länge, geschützt gegen Stürme und Unwetter. In einem kleinen Eissee nimmt das Dorawasser seinen Ursprung. Nahe am Eingange dieser Hochebene auf der savoyischen Seite liegt das Hospiz 6750 F. über dem Meere. Eine Fahrstraße führt nicht hinauf und der Paß wird gewöhnlich nur im Sommer von Handelsleuten mit belasteten Maulthieren überstiegen; die große Heerstraße hört auf der Westseite bei St. Maurice auf, auf der Ostseite beim Dorfe la Thuille westlich von St. Didier. Auf der Höhe sind einige antiquarische Merkwürdigkeiten. Die Ostseite fällt steil zum Aostathal hinab. Bei St. Didier 2688 F. ist die Alpenpassage überwunden, hier beginnt der Weinbau an allen Felswänden; hier ist die Kornernte schon im Juli vorüber. Bei Villanova wachsen schon Feigenbäume im Freien. Vom östlichen Endpunkte der Straße sind 14½ Meilen, von St. Didier bis Scez am Westfuße des Passes sind 12 Stunden. Von Scez westwärts bis Grenoble oder bis zum Mont du Chat, also bis zu den beiden Ausgängen des großen Gabelthals sind 21 Meilen. Es giebt also zwei westliche lange Zugänge zur Alpenpassage des kleinen Bernhard. Nimmt man die ganze Summe, so sind es 41½ Meilen Distanz, welche diese Alpenpassage durch das Gebirge führt, wovon aber nur 6 Meilen zum Alpenpasse selbst gehören. Das Ganze bildet die längste, aber auch die bequemste Passage durch die West- und Mittelalpen; nur eine einzige Paßhöhe ist zu übersteigen, und auch diese ist eine der bequemsten von allen. Die Thäler, welche zu dem Passe führen, gehören zu den mildesten, cultivirtesten, bevölkertsten, und sie waren es schon soweit unsere

Geschichte zurückgeht. Sie haben die geräumigsten Erweiterungen und die wenigsten Defilés, obschon sie den Alpenbau zunächst der Centralkette durchziehen. Wahrscheinlich ist es, daß Hannibal diesen Weg nahm.

Pässe der Mittelalpen vom Montblanc bis zum Hohen Glockner.

Die Mittelalpen zerfallen nach historisch herkömmlicher Weise in die Penninischen, Lepontinischen und Rhätischen Alpen, diese wieder in mehrere in sich zusammenhängende Alpenstöcke.

Die Penninischen Alpen enthalten die höchsten Gipfel der Alpen, die sich in zwei Hauptmassen gruppiren. Die erste wird vom Montblanc-Gebirge gebildet. Die zweite Gruppe beginnt mit dem großen Bernhard; sie zieht über das Matterhorn zum Monte Rosa, der das untere Wallis gegen Italien begrenzt. Die Penninischen Alpen enden mit der Einsenkung der Simplonpassage.

Die Lepontinischen oder Adula-Alpen steigen östlich von der Simplonpassage auf und erheben sich vom hohen Griesgletscher über die Furka zum Gotthardsgebirge, welches selbst einen mächtigen Alpenstock bildet, bis zum Passe des Luckmaniers. Von hier an der Grenze Graubündens steigt gegen Osten ein zweiter mächtiger Alpenstock auf: la Graine, das Muschelhorn, das Hochgebirge der Rheinquelle mit dem Adula und dem Vogelsberge bis zum Bernhardin und Splügenpasse.

Die Rhätischen Alpen sind die Masse, die durch das ganze übrige Graubünden und Tirol bis zur Nordostgrenze des hohen Glockner und gegen Südosten bis zum hohen Pellegrino zieht. Bei jenem beginnen die Norischen, bei diesem die Karnischen Alpen. Die Gruppe der Rhätischen Alpen erhebt sich vom Bernhardin- zum Splügenpaß und zum gleichnamigen Alpenstock des Splügen an der Südseite Graubündens; dann zum Alpenstock am westlichen

Innufer, zu den Schneegipfeln des Septimer, Julier und Albula. Auf dem Ostufer des Inn beginnt der dritte große Alpenstock mit dem Bernina gegen Osten bis zum Wormser und Stilfser Joch und zum hohen Ortles. Diese dritte Gruppe senkt sich hinab ins obere Etschthal und erreicht ihr Ende mit dem Reschen Scheideck. Im Osten der Etschquelle steigt der vierte hohe Alpenstock auf, der der mittleren Tiroler Alpen. Im Westen erhebt er sich mit dem eisigen und schneereichen Oetzthaler Ferner; dann wird er von dem Brennerpasse durchsetzt und endet gegen Osten an der Grenze Tirols, Salzburgs und Kärntens vor dem Dreiherrerspitz, dem Grenzstein dieser Gebiete, mit dem Passe des Krimmler Tauern. Den äußersten Osten nimmt die fünfte, die Endgruppe der Tauern ein. Die westliche Hälfte derselben bis zum hohen Glockner wird noch mit zur Rhätischen Alpenkette gerechnet; aber die östliche Hälfte der Tauern vom Glockner an gegen Osten gehören schon der Norischen Alpenkette an.

In den Penninischen Alpen liegen folgende Pässe: der Col du Bonhomme, ein bloßer Fußpfad, und zwar ein beschwerlicher und nur im hohen Sommer gangbarer, am westlichen Fuße des Montblanc, 7530 F. über dem Meere. Der Col de la Seigne, ein bloßer Fußpfad, 7578 F. über dem Meere, am Südfuße des Montblanc. Der Col de Balme, ein Pfad für Maulthiere am Ostausgange des Chamounythales, 7086 F. Der Col du Géant führt über Gletscher, nur für Gemsjäger gangbar, 10578 F. hoch; er geht von der Nordseite auf die Südseite hinüber über sehr weite Schneefelder. Das Chamounythal wurde 1743 von Engländern entdeckt; es ist ein Polargau in der Mitte Europas. Saussure blieb 14 Tage auf der Paßhöhe und machte dort seine Beobachtungen. Der Col de Ferret, ebenfalls nur ein Fußpfad zwischen der Montblanckette und dem großen St. Bernhard, 7146 F. Alle diese Pässe sind nur Sommerwege, und über ihnen thürmen sich die Gipfel 3000—5000 F. in die Höhe.

Der Paß des großen St. Bernhard war den Römern schon bekannt: Julius Cäsar überstieg ihn zuerst, Augustus legte eine Straße an. Von dem hohen Gipfel nannten die Römer die ganze Kette Penninische Alpen (pen celtisch = Spitze). Seinen heutigen Namen erhielt der Paß vom Hospiz, welches der Abt Bernhard von Aosta 962 durch eine milde Stiftung gründete; vielleicht war schon früher, seit 832 dort eine Stätte christlicher Barmherzigkeit; die Urkunden darüber sind jedoch verbrannt. Seit dem Uebergange der Franzosen 1800 (wo 30000 Mann vor der Schlacht von Marengo hinüber zogen) hat der Paß eine allgemeine Aufmerksamkeit erregt. Der Aufgang in Wallis ist nur bis zum Flecken St. Pierre zu befahren. Acht Stunden braucht man aufwärts nach dem Hospiz, 6—7 Stunden abwärts nach Aosta; demnach wäre die Länge des Passes 14—15 Stunden. Die Eingänge der Alpenpassage sind nur sehr kurz: vom Norden her von St. Maurice bis Martigny nur 3 Stunden; nach Süden von Aosta nach Ivrea 12 Stunden. Die Eingänge sind also gerade so lang wie der Alpenpaß selbst: ein wichtiger Unterschied dieses Passes von den übrigen. Dieser Paß war von jeher eben wegen der kurzen Eingänge sehr stark besucht; denn er führt aus dem westlichen Deutschland vom Rhein her und aus Frankreich über Genf zunächst nach Italien. Der Weg von Martigny aufwärts verläßt das Rhonethal und folgt der Drance gegen Südosten durch das Thal Entremont. Nach 5 Stunden Weges über St. Branchier und Orsières erreicht man durch diese reizenden Gebirgsthäler den Flecken St. Pierre. Von St. Pierre geht es durch nackte Felswände 3 Stunden aufwärts zum Bernhardskloster. Ueber die Einsattelung des Bernhard ragen sehr viele Felshörner hervor; die höchste Spitze im Westen heißt die Pointe de Dronaz, 9500 F.; auf der Ostseite erhebt sich der hohe Mont Velan 10327 F. Zwischen diesem hängen Schneefelder und Gletscher herab; das von zwanzig bis dreißig Augustinern unter einem

Prior bewohnte Kloster ist bombenfest; denn oft treffen es zusammenstürzende Felstrümmer. Acht bis neun Monate dauert der Winter, und der im Ganzen ungesunde Aufenthalt fordert seine Opfer. Der Hinabweg nach Italien geht durch die Val Pennina, weit steiler, 2 Stunden zum höchsten Dorfe St. Remy. Von St. Remy geht man ins Aostathal zum Dorafluß. Martigny liegt 1734 F. hoch, St. Branchier 2268 F. (letzte Weincultur), St. Pierre 5004 F. Hier ist die Baumgrenze und der Kornwuchs hört auf. Das Kloster 7548 F. hoch, St. Remy, das höchste Dorf auf der Südseite, 4938 F. Hier fängt wieder der Wald an.

Zwischen dem St. Bernhard und St. Gotthard setzen 12 Pässe über die Alpen, aber keiner ist fahrbar, den Simplon ausgenommen; keiner ist bequem zum Hinuberreiten. Meist sind es nur Sommerwege fur Fußgänger. So der Paß Mont Cervin oder Paß des Matterhorn über den Westabhang des Monte Rosa. Die Paßhöhe erhebt sich bis 10284 F. Auf dieser Höhe liegt noch eine kleine Bastion auf der Grenze von Piemont und Wallis. Die andern Pässe sind den Umwohnern zwar bekannt, aber nur in günstigen Momenten passirbar und werden von Reisenden fast nie besucht.

Der Paß des Simplon (il Sempione), den Alten völlig geschlossen, jetzt die bequemste und prachtvollste Kunststraße der deutschen Alpen. Sie wurde 1801—1805 auf Kosten des französisch-mailändischen Gouvernements gesprengt. Sie hat eine Breite von 25 F. und jede Klafter steigt der Weg nur um $2\frac{1}{2}$ Zoll; daher gehen die größten Lastwagen uber den Rucken der Alpen und brauchen nicht einmal gehemmt zu werden. Die Kosten schlägt man auf 12,000,000 Franken an; die Reparaturkosten sind sehr bedeutend. Die Straße ist durch viele Thäler gesprengt und kunstvoll ausgehauen, theils unter theils durch den Fels gezogen. Man zählt 10 Galerien: die große Galerie ist 400 Schuh lang, andere mehrere hundert Schuh. Diese Passage hat 22 kuhn gesprengte Brücken über Felsgründe, 9 Schutzhäuser für Fremde und Arbeiter, unzählige Mauern, Ableitungen und andre Bauten. Der Eingang von Frankreich über Genf, wo die Straße la route de Milan heißt, zieht am Südufer des Genfersees, meistens dicht am Gestade, über St. Maurice, wo sie durch eine enge Pforte ins Wallis tritt. Von hier an führt sie ohne alle Hemmung durch das untere Wallis bis Brieg am Einfluß der Saltine zur Rhone. Brieg ist der Hauptort des obern Wallis. Nahe bei Brieg setzt die Passage über die prachtvolle Saltinebrücke zu der ersten in Felsen gesprengten Galerie fort; von da in großen Windungen unter den vier Gletscherwassern der Ganterbrücke hindurch, die hier wilde Wasserstürze bilden. Nach 6 Stunden erreicht man die größte Paßhöhe 6174 F. über dem Meere. Auf der Höhe dieses Passes findet sich eine Plateaufläche von zwei kleinen Stunden Länge, ein Wiesenthal in der höchsten Alpennatur, einst wohl ein Alpensee, der bei einer Zertrümmerung abfloß. Auf wallisischer Seite steht das Dorf Simplon. Wie am großen Bernhard fällt hier der Alpenpaß fast ganz mit der Alpenpassage zusammen. Vom Dorfe abwärts nach Domo d'Ossola sind 6 Stunden; dieser Weg führt durch einen engen Gebirgsspalt, aus dem früher kein natürlicher Ausgang stattfand. Nur der Vedro hatte sich einen Ausgang hindurchgerissen, unmöglich aber war es an dessen Steilufer hinüber zu gehen. Die Straße führt durch zwei Felsengalerien zum Wirthshause Gondo in tiefem Felsengrunde 7—8 Stockwerke hoch, um den Schneefall im Winter zu überragen und gegen jede Wasserhöhe geschützt zu sein; 2 Stunden unterhalb beginnt die Felswüste der engen Gesellen; unterhalb folgt bei Airolo die prachtvolle Veriola-Brücke. Von Domo d'Ossola wird die Straße völlig eben; hier beginnt die italiänische Natur 6—7 Stunden bis zum berühmten Lago Maggiore. Höhenpunkte: Brieg 2184 F., der Paß 6174 F., das Dorf Simplon 4548 F., das Dorf Varzo

1782 F., Domo d'Ossola 942 F., der Seespiegel des Lago Maggiore 732 F. Oestlich vom Simplon liegt der Griespaß nur für Fußgänger 7336 F.

Die den Römern unbekannte Passage des St. Gotthard führt aus der Mitte Deutschlands und der nördlichen Schweiz südwärts in die Mitte der Lombardei, und zwar vom Luzerner See aus der Mitte der drei ältesten Cantone zunächst in den Canton Tessin zum Lago Maggiore und nach Mailand. Die beiden einzigen Eingänge sind die beiden großen Wasserspiegel. Am Südostende des Vierwaldstädtersees beginnt diese Passage mit dem Hafenort Flüelen und dem Flecken Altorf. Die Straße steigt dann im Reußthal aufwärts über Amsteg nach Wasen. Von Wasen 2050 F. beginnen die Brücken, die über die Steilschlünde der Reuß führen. Die kühnste ist die Teufelsbrücke, die auf beiden Seiten über senkrecht gespaltene Granittafeln führt. Von dieser Brücke aufwärts geht der Weg nach dem Marktorte Hospital in dem 3 Stunden langen Urserntahle. Dieses hat vier bedeutende Ortschaften und ist gut bewohnt. Der Waarentransport und der Viehreichthum macht dieses Thal wohlhabend; 6 Nebenthäler mit schönen Alpenweiden machen die beste Sennwirthschaft möglich. 4—5 Gletscher hängen in dieses Thal herab. Hospital ist der Hauptort; von diesem steigt man noch 2½ Stunden durch die wildeste Felsgegend zur Wasserscheide auf, wo etwa 10 kleine Alpenseen liegen, die mit einander communiciren. Das Hospiz auf der Paßhöhe liegt 6390 F. über dem Meere. Es ist nicht so wohlthätig als das auf dem Bernhard. Es wurde von der Familie Borromäus neu gestiftet und dotirt. Das höchste Felsthal ist keine volle Stunde lang, überall von hohen Felshörnern umgeben. Der Pic Ficudo auf der Westseite liegt 9730 F. über dem Meere. Der Weg nach Airolo führt am Ticino hin, der in lauter Cascaden hinabstürzt und auf 2 Stunden ein Gefälle von 2856 F. hat. Im Winter liegt der Schnee in der Val Tremola bis 50 F.

über dem Wege, und auch im Sommer lagern über dem Ticino noch Schneebrücken. Die ganze Passage beträgt von Altorf nach Bellinzona 30 und von See zu See 33 Stunden. Aber das Aufsteigen beginnt eigentlich erst bei Amsteg, das 19 Stunden Wegs von Zürich hinweg liegt. Hier verläßt man erst den Horizontalboden des Cantons Uri; von hier ist der Alpenpaß im engern Sinne aufwärts 8 Stunden lang, davon 1 Stunde der Horizontalboden des Ursernthales. Der Hinabweg auf italiänischer Seite bis Airolo beträgt aber nur 2 Stunden, der ganze Paß nur 10 Stunden, mithin ein Drittel der Alpenpassage. Höhenpunkte: Andermatt 4356 F., Hospital 4566 F., Paßhöhe 6390 F., Airolo 3534 F., Bellenz 732 F.

Eine Seitenpassage der Gotthardstraße verbindet in bequemer Weise das Reußthal und den Gotthardspaß mit dem Aarthale, nämlich die fahrbare Straße von Wasen über den Sustenpaß nach Meyringen.

Im Osten des St. Gotthard folgen bis zur Etschquelle nachstehende Pässe: der Lukmanier, der Bernardino, der Splügen, der Septimer, der Maloja, der Bernina, die Reschen-Scheideck, das Stilfser Joch.

Der Bernardino verbindet das obere Rheinthal durch das Misoccothal mit Bellenz und übersteigt eine Paßhöhe von 5740 F.

Die ersten Spuren der Gangbarkeit des Splügen gehen in frühe Zeiten zurück; im 15ten Jahrhundert war er sehr besucht, und auch heute ist er für die schnelle Communication der am stärksten besuchte Paß. Von Chur bis Chiavenna reicht die Alpenpassage, die größtentheils auch Alpenpaß ist. Das Dorf Splügen liegt 3000 F. über dem Meere und verhält sich zum Splügenpaß wie Hospital zum Gotthardpaß. Von da steigt man 3 Stunden aufwärts bis zur Paßhöhe 6170 F. mit dem Wirthshause. Der Südabfall geht durch das Thal der Cardinellen, analog dem Tremolathale. Bis Chiavenna sind 5 Stunden. Der Comersee erleichtert den Waarentransport, und der Bodensee ebenfalls.

Die Reschen-Scheideck ist der niedrigste der östlichen Pässe. Sie führt von Finstermünz südwärts bis Glurns. Die höchste Paßhöhe ist 4312 F., aber freilich geht diese Passage nicht über die ganze Breite des Alpengebirgs, sondern nur über den nordöstlichen Zweig, der nach dem Oetzthaler Ferner hinaufführt.

Das Stilfser Joch, 8400 F. hoch, kommt an Bequemlichkeit der Straße über den Simplon gleich und übertrifft sie an Kühnheit und Kunst. Die Länge der in Felsen gesprengten Galerien wird auf 2400 F. angegeben. Es führt am hohen Ortles vorüber über die Höhen, die man früher wegen der Gletschermassen für unübersteiglich hielt.

Der Brennerpaß, einer der niedrigsten und bequemsten führt aus dem Innthal an der Sill aufwärts in das Eisackthal und zum Etschthal, von Innsbruck über Brixen und Botzen. Der Aufweg aus dem Innthal beträgt 8 Stunden bis zur Wasserscheide, der Hinabweg bis zur Ebene von Sterzing 4 Stunden. Innsbruck 1774 F., Schönberg 3197 F., Matrey 3228 F., Steinach 3319 F., Brenner 4353 F., Sterzing 2960 F., Mittenwald 2505 F., Brixen 1833 F., Botzen 1071 F.

Die Oestlichen Alpen.

Mehr in dem Herkommen als in der Nothwendigkeit natürlicher Verhältnisse ist eine dreifache Theilung der Oestlichen Alpen begründet. Die Norischen Alpen, vom Glockner östlich bis zur ungarischen Ebene, ziehen durch ganz Salzburg, Obersteiermark, Nordkärnten, und laufen auf der Südgrenze des Erzherzogthums Oesterreich hin bis in die Oedenburger Ebene. Die Kärntener oder Carnischen Alpen streichen vom Monte Pellegrino an der Ostseite der Etsch, an der Südseite des Donauflusses bis zum Terglou an der Quelle der Sau. Die Krainer oder Julischen Alpen ziehen vom Terglou ostwärts bis zum Dalmatischen Küstengebirge. Die Communicationen der Hauptthäler in diesen Gruppen sind sehr mannigfaltig. Wir haben die wichtigsten schon oben kennen gelernt.

Bewohner des Alpengebirgslandes.

Man kann eine Bevölkerung von 6—7 Millionen Menschen für den ganzen Alpenzug annehmen. 1,800000 kommen auf die Schweiz, 700000 für Tirol, 2,500000 für Oesterreich, Baiern u. s. w.; so daß etwa 5 Millionen den mittlern und östlichen Alpen angehören, 2 Millionen den westlichen. Der Abstammung nach gehören 2 Millionen zu den alten gallischen, celtischen Völkern, 1 Million zu den Italern, ebenso viele zu den Slawen, 3 Millionen zu den germanischen Völkern. So verschieden ihre Abstammung ist, so verschieden sind Sprache, Sitten, Gebräuche, Lebensart. Nach letzterm Verhältnisse sind etwa 1½ Millionen Hirtenvölker, die andern verschiedenen Gewerbes.

Am Westhang der Westalpen herrscht noch die alte celtisch-gallische Sprache, nur in den höhern Ständen wird das Französische gesprochen. Auf der Ostseite herrscht das Italiänische, aber nicht die Schriftsprache, sondern ein Patois. Das Thal des Varflusses scheidet die Sprachen, und diese Scheide steigt bis zum Monte Viso. Von da aber herrscht das französische Patois bis zum Saume der Lombardei, im Süden von Turin bis Pignerolo, im Norden bis Ivrea. Von da steigt das Italiänische wieder an den Alpen hinauf. Heutzutage ist es also noch wie zu den Zeiten der Römer, wo die Allobroger Herren des Landes waren. Diese Allobroger sind die Savoyarden. Sie bewohnen das wildeste Gebirge des nordwestlichen Italiens; sie sprechen gallisch-celtisch, welche Sprache durch Wallis bis zum Monte

Rosa steigt. Dieser Koloß ist die große Sprachgrenze der Völker, nicht der Montblanc. Zwei Drittel der Walliser sprechen französisch, sowie das ganze westliche Helvetien. Die Sprachgrenzen sind also andre als die physischen und politischen. Die französische Sprache geht bis zum Münsterthale, wo die germanische beginnt.

Im Süden der Penninischen Alpen vom Monte Rosa aus gegen Südwest fängt im Aostathale die italiänische Sprache an. Ihre Grenze ist das Sesiathal, sie herrscht am Lago Maggiore, am Comersee, geht bis zum Dorfe Simplon, bis Airolo, bis in die Cardinellen am Splügenpasse.

Im Norden und Nordwesten des Monte Rosa fängt die Herrschaft der germanischen Sprache an. Der Monte Rosa ist also wirklich der Grenzstein zwischen der französischen, italiänischen und germanischen Sprache.

Auf der italiänischen Seite, auf der Grenze der Apenninen und Seealpen, sind die Völker ligurischen Stammes. Die Dialekte lassen sich nicht aus der italiänischen Sprache nachweisen, am wenigsten der ligurische. Der ligurische Volksstamm ist kräftiger als der piemontesische, feuriger, erfindungsreicher, besonders geschickt für das Seeleben. Die Piemontesen sind weniger erwerbend, beschränkter auf das Binnenland. Im Nordosten des Monte Viso, zwischen den Po- und Doraquellen, in drei Alpenthälern und 13 Gemeinden wohnt in den italiänischen Gebirgsthälern eines der merkwürdigsten Völker des ganzen Gebirges, ja ganz Europas, die Waldenser. Nördlicher liegen die Lanzothäler. Die Bewohner derselben haben ein anderes Schicksal gehabt als die Waldenser, sie blieben ungestört im Besitz ihrer Thäler. Ihr Erwerbszweig ist der Bau des Eisenerzes. Sie haben viel Eigenthümliches und sind die ältesten Bewohner des Gebirges. Ihr häufiges Auswandern hat sie bekannter gemacht.

Ihnen schließen sich noch weiter nordwärts die Bewohner

des Aostathales an der Dora Baltea an, das alte Volk der Salasser, die vom Bergbau auf Gold und Eisen leben. Das wilde Volk der Salasser ward von den Römern unter Augustus ausgerottet, 30000 als Sklaven verkauft. In das leere Thal wurde ein römisches Lager verlegt, es entstand Augusta Praetoriana — Aosta, der Schlüssel des Gebirgs. Es zog römische Cultur ein, später folgten Colonien der Gothen, Burgunder u. s. w. Von daher ist das Aostathal zunächst an den Alpen mit merkwürdigen Monumenten bedeckt. Weil zuletzt die Burgunder und Franken da herrschten, blieb die celtische Sprache einheimisch mitten im Italiänischen.

Die französische Seite des Alpengebirges nimmt ein weit größeres Gebiet ein. Ein Theil der Meeralpen bedeckt die Provence. Hier machen die Provençalen die Hauptbewohner aus; ihre Sprache hat sich erhalten zwischen Var, Rhone und Durance, ein sonderbares Gemisch des Griechischen, Arabischen, Gallischen, Burgundischen, Germanischen. In den Städten findet sich das Provençalische. Zu den merkwürdigsten Alpenvölkern gehören die Anwohner der Durance um Briançon, die Bewohner des höhern Dauphiné. Sie sind wohlgestaltet, gastfrei, wohlthätig, emsig; sie verfolgen auf ihren Jagden die Gemsen und Raubvögel. Die meisten Einwohner sind Hirten, die auf ihren hohen Weiden den größten Theil des Jahres zubringen. An Ackerbau ist hier nicht zu denken, nur einzelne Abhänge sind bebaut. Zu den Festen gehören die Sonnenfeste, ein Anklang an das alte Heidenthum. Sie werden gefeiert, wenn die Sonne im Frühlinge wiederkehrt. Jährlich wandern aus diesen Gegenden ganze Schaaren aus, um draußen ihr Glück zu machen und dann in die Heimath zurückzukehren.

Weiter im Norden sind es die Bewohner des Chamouny, die sich wieder auf eine eigene Art auszeichnen, und in Lebensweise und Sitten von den andern verschieden sind. Sie verlassen ihre Heimath fast nie, weil sie es nicht bedurfen, da viele Tausende von Fremden jährlich hier zusammenströmen, denen die Bewohner der Gegend dann als Wegweiser dienen. Diese Leute sind gewandt und mit den geringsten Localumständen vertraut. Die Schriften über diese Gegenden von Saussure und Ebel sind den meisten Bewohnern bekannt. Mit der größten Leidenschaft für Alpenwanderungen und für die Jagd verbinden sie die größte Besonnenheit, Kühnheit und Geistesgegenwart.

Die nächsten Städte sind Genf und Lausanne, Centralpunkte des Landes. Auch sie sind nicht wenig berühmt durch Bildung, Industrie, Fabrikwesen und Großhandel. Genf gehören viele berühmte Gelehrte und Staatsmänner an, deren Wirksamkeit sich weit über die Grenzen ihrer Republik ausgebreitet hat.

Die deutsche Seite des Alpengebirges.

Die Bewohner der Schweiz brauchen wir nicht weiter zu schildern. Sie sind viel bekannter als die bisher genannten Stämme. Es giebt 30—40 verschiedene Mundarten, in denen viele altdeutsche Sprachwurzeln erkennbar sind. Jeder Canton, jeder Gebirgsgau, jedes Thal hat eigenthümliche Sprache, Sitte, Verfassung, Gesetzgebung; jedes hat seine eigene Geschichte. Im Südosten der Schweiz wohnt ein Volk mit verschiedener Sprache seit alter Zeit. Es sind die Bewohner des hohen Rhätiens von der Rhein- bis zur Innquelle, vom mittlern und untern Engadin bis Tirol, etwa 40—50000 Menschen. Im Rheinthal unterhalb Chur wird deutsch gesprochen, aber oberhalb herrscht die rhätische oder romanische Sprache, besonders am Vorderrhein im Land ob dem Walde, im Engadin die Ladinsprache. Es sind zwei verschiedene Dialekte in Osten und Westen, die beide churwälsch heißen. Beide sind nicht sowohl Töchtersprachen, Abarten des Lateinischen, als vielmehr gleichzeitige Schwestern der alten italischen Ursprache, ehe noch die Römersprache sich zu einer classischen Schriftsprache erhob. Gegen diese letztere aber blieben die Schwestersprachen zurück; kein Dichter oder Geschichtschreiber hat sie zur Poesie oder Rede erhoben. Es giebt zwei Hypothesen über die Art, wie diese Sprachen über die Alpen gekommen sind: Einige denken an die Sprache der untergegangenen Etrusker, die mit den von den Galliern vertriebenen Resten dieses Volkes nördlich gewandert sei. Die andere Hypothese ist, die Graubündner seien römische Colonisten, und die Sprache dann ausgeartet. Alle bisherigen Erklärungen sind achtungswerth, aber nicht zureichend. In beiden Sprachen wird in der dortigen Gegend gepredigt. Die erste Bibelübersetzung ins Ladin erschien 1679, ins Romanische 1718. Im Veltlin sollen auch Spuren dieser rhätischen Sprache zu finden sein. Mit ihr ist eine eigenthümliche Physiognomie verbreitet; ein Gegensatz zur italischen. Der Ort Villa liegt auf der Sprachscheide und auf der Scheide eines verschiedenen Menschenschlags. Im schwäbischen Tirol und Baiern ist alles deutsch; im südlichen Tirol ist die italiänische Sprache in die tiefen Culturthäler und in die Städte eingedrungen. Auf der Südseite des Pontafellpasses blieb die italiänische Sprache zurück.

Slawische Völker der Alpen.

Mit Kärnten fangen die slawischen Ansiedelungen an. Westlicher treten sie nur vereinzelt auf, im Osten werden Slawen die einzigen Bewohner der Alpen. Seit der Mitte des 6ten Jahrhunderts drängten sie sich zwischen die Longobarden und Avaren, Hunnen und Boier, rückten an der Etsch vor bis zum Adriatischen Meere und verdrängten dort die Gothen, vertilgten die Anfänge des Christenthums und wurden in den Thälern der Drau, Sau und Mur einheimisch. Das Ostende der Alpen verlor durch sie den Namen Noricum und hieß Slavimium. Um das Jahr 750 bildete sich ein großes Slawenreich, welches in Kärnten, Krain, Steiermark u. s. w. zerfiel. In dieser Zeit entstanden die äußersten westlichen Ansiedelungen: Windisch Matrey und Windisch Tauern. Sie liegen am Südfuße des Glockner. Gegen Südwesten drangen Slawen nur bis auf die Höhe des Pontafellapasses, im äußersten Norden bis ins Thal von Windisch Garsten südlich von Linz. Sie kamen nicht bis zur Salzach, die Tauernkette blieb ihr nördlichster Grenzstein. Mit den Slawen verbreiteten sich bergbaulustige germanische Stämme; sie siedelten sich in den Ostalpen an und wurden dort Städtebewohner. Mit ihnen sind andre Völkerreste in den östlichen Gebirgswinkeln nicht zu verwechseln, die noch aus der Gothenzeit übrig sind. So die Furkaner im Norden von Belluno am obern Piaveflusse, die Bewohner von Val di Sol und Val di Nos am Südabhange des Ortles, die Gotscheer oder Hetschevari im Süden von Laibach gegen Triest hin. Die größte Aufmerksamkeit erregen die Bewohner der Sette Communi nordöstlich von Verona, etwa 30000 an der Zahl, in 13 Ortschaften und 7 Gemeinden. Sie sind ganz umgeben von italiänisch redender Bevölkerung. Ihr deutscher Dialekt gemahnt an die alt-alemannische Sprache. Sie sind meist Hirten, und erst durch die neuere Kriegsgeschichte ist ihr Land bekannter geworden. Ihre Abstammung ist nicht ganz bekannt; Cimbern sind es schwerlich, wie man gewöhnlich glaubt.

Im Süden von Gratz beginnt das Gebiet der blos slawischen Mundarten. Von 50 Millionen Slawen im östlichen Europa bilden diese Alpenbewohner den südwestlichsten Zweig der Süddonauslawen, Sloveno-Serbi. Der östliche Hauptast ist in mehrere Völker zerspalten: Böhmen, Mähren, Russen, Polen. Sie stoßen an der Donau zusammen.

Der Gebirgsbau Deutschlands im Norden der Alpen und das mittlere Europa.

Den converen Bogen des Alpengebirges umlagert an der Nordseite eine breite und lange Zone von weit über 1000 F.

erhabenen Plateauebenen, ein ausgedehntes Tafelland. Es zieht vom Genfersee zum Bodensee, von da durch ganz Süd- und Ost-schwaben, durch Süd- und Mittelbaiern zur Donau bei Passau, von da mit einer Senkung und Verengung des Donauthals tritt es in das nordwestliche Erzherzogthum Oesterreich. Die Gegend von Linz und die Einmündung der Enns in die Donau liegen schon außer dieser Plateauebene. Genf 1208 F., Bern 1708 F., Zürich 1284 F., Constanz 1200 F., Ulm 1526 F., Augsburg ähnlich in weiter Ebene, Memmingen 1884 F., Regensburg 1106 F., München 1608 F., Passau 789 F., Linz 537 F. über dem Meere.

Diese Bergebene wird im Norden durch eine Reihe von Gebirgsketten, im Süden durch die Alpen begrenzt. Gegen Nordwesten ziehen Jura und der Schwarzwald, die Kette der Rauhen Alp mit ihren Fortsetzungen bis zum Fichtelgebirge, gegen Nordosten zieht der Böhmerwald. Die linke Wasserscheide des Donaugebiets von den Donaustrudeln unterhalb Lorch aufwärts bis zur Wutach und quer über den Rhein am linken Aarufer bis zum Rhonedurchbruch, diese Wasserscheide bezeichnet die Nordgrenze des Tafellandes noch genauer.

Das deutsche Mittelgebirge.

Man faßt unter diesem Namen alle Bergzüge und Berggruppen zusammen, welche die süddeutsche Hochebene im Norden umschließen. Die Zone des deutschen Mittelgebirges, eben so mannigfaltig als jenes Tafelland einförmig, erfüllt einen großen Theil des mittlern Europa und reicht über die Grenze des deutschen Ländergebietes gegen Osten und Westen; sie bedeckt das mittlere und östliche Frankreich, die größere Hälfte des südlichen und mittlern Deutschland, Böhmen, Mähren und einen Theil von Ungarn. Das ganze Gebiet erreicht nie weder die Höhe noch den Charakter der Alpen. Die größte Erhebung beträgt gegen 5000 F.

Das Mittelgebirgsland wird vielfach von Stromthälern durchbrochen, deren Quellgebiet nicht innerhalb des großen Plateaulandes, sondern in der breiten Zone der Gebirgslandschaft selbst liegt. Dahin gehören Doubs und Saone, Zuflüsse der Rhone; die Ill, die Mosel, die Nahe, linke Zuflüsse des Rheins; die Kinzig und Murg aus dem Schwarzwald, der Neckar mit Kocher und Jaxt, die alle zum Rhein gehn; die Rednitz und Tauber zum Main, die Saale, die Moldau, Zuflüsse der Elbe. Also kein einziger selbstständiger großer Landstrom hat hier seinen Ursprung; es sind nur Wasseradern anderer Hauptströme. Diese Abtheilung der strömenden Wasser nennen wir die Ströme der Gebirgslandschaft und zwar die hintern Zuströme.

Die breite Zone des Mittelgebirges wird an ihrem äußern Nordrande wieder durch einen großen Halbkreis niederen Gebirges begrenzt, der dann unmittelbar in das deutsche Tiefland abfällt. Sie bilden einen Theil der großen Gebirgs-Diagonale, welche Ost- und Westeuropa scheidet. Davon sind die wichtigsten: Das Gebirge der Côte d'Or in Burgund; die Höhen von Langres zwischen den Quellen der Seine, Saone und Maas; die Vogesen mit ihren nördlichen Verzweigungen; das rheinische Schiefergebirge unter verschiedenen Namen: Hochwald, Sonnwald, Hundsrück, Eifel. Hernach setzt der Gebirgswall im Siebengebirge über den Mittelrhein und zieht dann durch die ganze Breite Norddeutschlands bis zur Mittelweser, Saale, Elbe und Oder. Auf den Grenzen von Schlesien, Mähren und Galizien fällt dieser Gebirgszug mit den Karpathen zusammen. Von diesem gegen Norden convexen Bogen, der im Teutoburger Walde etwas gegen Westen vorspringt, wird das mittlere Frankreich, Deutschland und Ungarn sowohl gegen das Tiefland als gegen die innere Gebirgslandschaft natürlich umgrenzt.

So construiren vier große Hauptformen das Wesentliche des Bodens des westlichen und mittleren Europa: das Alpengebirgsland, das Plateauland, das Mittelgebirge mit dem gegen die Ebene gelagerten nördlichen Kamme, das sich in großem Amphitheater den Hochalpen vorlagert, endlich die große Niederung am äußersten Nordende, die vom Kanal sich bis zur Nordsee und Ostsee erstreckt.

Das große und auf den ersten Blick etwas verworrene Mitteleuropa wird uns durch seine Ströme in übersichtliche Theile zerlegt. Drei Hauptklassen treten hervor. Die vordern Landströme entspringen auf dem nördlichen Grenzkamme des Mittelgebirges und bewässern das Tiefland nach verschiedenen Richtungen: Loire, Seine, Maas zum Atlantischen Meere, die Ems und Weser zur Nordsee, Oder und Weichsel mit ihren Verzweigungen zur Ostsee. Plateauströme fließen auf der großen Hochebene des Mittelgebirgslandes. Zu den hinteren Landströmen oder durchbrechenden Strömen gehören nur zwei, Rhein und Elbe. Der erste strömt aus dem Alpenfundamente, die zweite entspringt zwar am Südrande des nördlichen Grenzkammes, wendet sich aber zuerst nach Süden, dem Innern des Mittelgebirgslandes zu und durchbricht dann den nördlichen Kamm. Rhein und Elbe theilen das mittlere Europa in drei große Hauptabschnitte, den westlichen, mittleren und östlichen Theil. Man könnte danach auch drei große Stromprovinzen nach den ihnen zuströmenden Wassern, und drei große Gebirgsprovinzen nach den Gebirgsmassen, die sie erfüllen, constituiren. Die westliche und östliche Provinz schließen sich dem mittlern Lauf der Rhone so wie dem mittlern Lauf der Donau, aber nicht durch unmittelbare Fortsetzung der Gebirgsketten, sondern durch zwei isolirte Gebirgsgruppen, die für sich als Gebirgsinseln dastehen, an: die Gebirgsgruppe Südfrankreichs und die von Siebenbürgen. Beide steigen wie Vorgebirge mit vielstrahligen Verzweigungen, die aus dem Charakter der andern Gebirgsmassen heraustreten, auf. Zwei Plateauströme, die Saone und die Donau, beide die Begleiter des Alpensystems, entladen sich, die eine im Westen, die andere im Osten des Mittelgebirgslandes. An ihren Mündungen aber scheint ihnen der Weg erst durch vulkanische Gebirgsgruppen, die Endflügel oder Vorposten des Mittelgebirges, gebildet.

Die Westprovinz.

Die Westprovinz zerfällt in zwei Abtheilungen: die erste südwestlich des Plateaustromes vom Mittelmeere aufwärts zur Saone- und Moselquelle, die zweite von da bis zu den Niederlanden.

Das isolirte französische Gebirgsland bildet die Hauptmasse der ersten Abtheilung. Seine Gruppen oder Strahlen sind zahlreich. Gegen Südwesten die Kette der Cevennen, gegen Nordwesten die des Cantal, dann die des Mont d'Or, Puy de Dôme, die von Forez, die Gebirge von Lyon im Westen der Rhone; der Zug von Charolais bis zur Côte d'Or, das weinreiche Burgundergebirge. Von da zieht gegen Norden die Côte d'Or, ein Verbindungsglied, das sich nordöstlich an die Vogesen anschließt.

Dem innern Abfall dieser Gebirgsinsel entfließen geringe Flüsse zum Rhonegebiet. Der Hérault allein geht dem Meere im Westen von Montpellier zu. Aber dem äußern Abfalle entquellen wasserreiche Flüsse: der Tarn nördlich von Toulouse, der Lot, die Dordogne bei Bordeaux, alle zur Garonne. Gegen Nordwesten gehen acht Flüsse zur Loire, vier zur Seine (Marne), die Maas, die Mosel zum Rhein [1]).

---

[1]) Nach Westen und Nordwesten ist dieser Gruppe das Französische Tiefland vorgelagert. Frankreich gehört noch zu dem mittlern Stamme des europäischen Körpers. Die Alpen, der Jura und das Rheingebirgssystem der Westseite ragen noch tief hinein in das Land. Es ist eine Fortsetzung der Germanischen Landschaften, hat aber den Vorzug, etwas weiter südwärts gegen ein noch milderes Klima gewendet zu sein. Es zerfällt in drei Hauptregionen: die Region des Olivenbaues, die Region

Von der Saonequelle bis zu den Niederlanden finden wir ein den Rhein im Westen begleitendes Gebirgsland. Die Vogesen oder das Wasgaugebirge, das den Westrand des Elsasses bildet; das Hardtgebirge, das mit dem Donnersberg endet und den westlichen Gebirgsrand der fruchtbaren Pfalz bildet; Theile des Rheinischen Schiefergebirges, wie der Hundsrück, der Eifel; die Ardennen und die Plateauhöhe der Vennen.

An dem äußern Gebirgsabfall entspringen Zuflüsse der Maas und Mosel: die Ourthe, die Saar, die Roer; am innern linke Zuflüsse des Rheins: die Ill, die Lauter, der Queich, die Speier, die Ahr und die Erft.

Die Mittelprovinz zwischen Rhein und Elbe.

Vom Spiegel des Bodensees und den Quellen der Donau und Wutach weit hinunter bis zu den Quellen der Lippe und Ems zieht sich auf der Ostseite des **Rheins** begleitendes Gebirgsland. Der Schwarzwald, das wichtigste aller dieser Gebirge, steigt im Osten aus dem Rheinthal auf und geht im Norden bis Pforzheim; das Neckargebirge reicht von Pforzheim bis Heidelberg; der Odenwald vom Neckardurchbruch bis Darmstadt. Der Spessart wird bei Aschaffenburg vom Main quer durchbrochen; die Höhe oder das Taunusgebirge; der Westerwald im Norden des Lahnthales; das Siebengebirge, das mit seinen hohen Kegeln das nördliche Vorgebirge bei Cöln bildet; gegen Nordosten das westfälische Rheingebirgsland, das bis zur Quelle der Lippe und Pader geht

des Weinbaues, welche den größten Theil Südfrankreichs, ganz Mittelfrankreich und selbst einen Theil Nordfrankreichs einnimmt, die Region des Acker- und Obstbaues. Sein maritimer Vorzug besteht darin, daß es dreierlei Meeresseiten zugewendet, eine weit größere Gestadeentwickelung erhalten hat als Deutschland, also reicheres Seeleben mit begünstigterem Landleben, durch seine mehr südwärts gerückte Naturlage, die durch kein alpines Hochgebirge vom Meere abgeschieden ist.

und von der Ruhr und Wupper durchbrochen wird und den südlichen Rand der großen Bucht bildet, die sich hier gegen die Niederlande öffnet, diese Gebirge machen den Ostflügel des vom Rhein durchbrochenen Schiefergebirges aus.

Diesem Gebirgszuge entquellen bedeutende rechte Rheinzuflüsse, aber durchaus kein selbstständiger Meerstrom: die Wutach, der merkwürdige Communicationsstrom zwischen Donau und Rhein; die Wiesen, die Elz, die Kinzig, die Murg, der Neckar, der Main, bei weitem der größte, vom Fichtelgebirge kommend, die Lahn, die Sieg, die Ruhr, die Lippe, der letzte Fluß dieses Gebirgszuges, die bei Wesel in den Rhein fällt.

Nach dem Innern von diesem Rheingebirgslande fließen die Wasser zur Weser.

Aber auch die Donau hat bis zur Theißquelle einen Zug von Gebirgen zum Begleiter. Sechs Gruppen lassen sich unterscheiden: der Schwarzwald, die rauhe Alp, die sich von der Donauquelle nordöstlich bis in die Gegend von Aalen, Dinkelsbühl, Donauwörth zieht, weiter gegen Nordosten das Fichtelgebirge, der Grenzstein zwischen Böhmen, Franken, Sachsen und Baiern, der Böhmerwald gegen Südosten, der Grenzzug zwischen Böhmen und Baiern und Oesterreich, der sich südöstlich beim Donaustrudel zwischen Linz und Krems endet, weiter östlich die Mährischen Höhen. Sie schließen sich an das Ungarische Erzgebirge an, welches dem hohen Karpathenzuge gegen Süden vorliegt und die ungarische Ebene im Norden begrenzt.

Diesem linken Donaubegleiter entquillt: die Donau selbst auf dem sanften Abhange des Schwarzwaldes, der einzige selbstständige Strom, der diesem langen Gebirgszuge seinen Ursprung verdankt. Sonst entsendet er Donauzuflüsse gegen Süden: die Wernitz, die Altmühl, die Naab, den Regen, dann viele kurze Zubäche bis zur March, dann in Ungarn die Waag, die Gran, die große Theiß, die aus den südlichen Karpathen ihre Wasser zur Donau führt.

Die Gebirgsbegleitung fehlt endlich auch der Elbe nicht. Von ihrer Quelle zieht dieser Zug bis zur Quelle der Bode oder der Aller. Fichtelgebirge, Böhmerwald, Erzgebirge, Thüringer Wald, Harz, das äußerste Vorgebirge dieses Elbbegleiters, sind hier zu nennen.

Diesem Zuge entquellen gegen Osten und Norden Flüsse zum Elbgebiet: die Moldau, die Eger im Innern der Gebirgslandschaft; außerhalb: die Mulde, die Saale, die Ilm, die Gera, die Unstrut. Alle fließen südlich vom Harz in die Elbe; die Bode an seiner Nordseite.

Es bleibt noch eine Unterabtheilung der Mittelprovinz, eine kleine Centralgruppe des mittlern Gebirgslandes zu betrachten. Sie giebt der Weser ihren Ursprung, die ein selbstständiges Stromsystem bildet. Diese Gruppe streicht nicht nach einer bestimmten Richtung gegen Norden, Westen oder Osten, ihr fehlt vorherrschende Normaldirection. Es sind mehrere isolirte im Weserkessel gruppirte Gebirgslandschaften, verschieden an Bildung und vielfach unterbrochen, ein Gebirgszug, der keinen Gesammtnamen hat. Wir nennen sie die Gruppe des Wesergebirges. Sie schließt sich mehrfach an die Elb- und Rheinbegleiter an: an den Harz in Nordosten, an den Thüringer Wald im Osten der Werra, an das Rhöngebirge im Süden, an den Vogelsberg, der mit der Rhön zwei basaltische Plateaumassen bildet; an das Gebirge an der Ederquelle (Ederkopf). Weiter im Norden sind die Höhen von Waldeck, die Ebbe, der Teutoburger Wald im Westen; endlich das Wesergebirge im eigentlichen Sinne, durchbrochen in der sogenannten Porta Westphalica. Dem äußern Gebirgsabfalle entquellen Zuflüsse zum Rhein; der innere Gebirgsabfall begrenzt den Wasserkessel selbst. Die Weser zeigt die Analogie eines durchbrechenden Stromthales, alles aber in geringern Dimensionen. Und so bildet sie im äußersten Norden der Gebirgslandschaft den Uebergang deutscher Strombildungen vom Gebirgslande zu den nördlichen Niederungen, vom Gebirgsstrom zum Landstrom. Die Ems hat schon die Natur eines einförmigen Landstromes; denn sie bricht durch keine Querkette.

Die Ostprovinz.

Sie liegt östlich der Elbe und schließt sich an Osteuropa an. Auch hier sind zwei Hauptgruppen zu unterscheiden.

Die östliche Gruppe können wir das ungarische Gebirgsland nennen. Das Siebenbürgensche Gebirge besteht aus mehreren Theilen: das Temesvarer Gebirge im Süden der Temes an der Donau, das Gebirge von Orsova mit dem Donaudurchbruch, das eiserne Thor genannt; das Granitgebirge an der Aluta mit dem Paß des Rothen Thurmes, östlicher das Gebirge von Fagaras, das Vulkangebirge an der obern Aluta bis zum Bistritzafluß und den Quellen des Sereth, das Golderzgebirge von Felsöbanya an der Quelle des Szamosflusses, eines linken Zuflusses der Theiß; nördlich ragen die Granit- und Grauwackengebirge der obern Theiß, und diese stoßen unmittelbar an den Karpathenzug.

Dem innern Abfall dieses Gebirgskranzes nach der Donauseite zu entquellen alle Wasser, die zur Theiß gehören: der Szamos, der Körös, die Maros, die Temes. Gegen Süden unmittelbar zur Donau fließen: die Aluta, dann der Sereth und der Pruth. Einige kleine Flüsse gehen unmittelbar zur Donau: Waag, Gran und Eipel.

Dem äußern Abfall entquellen selbstständige große Landströme: der Dniestr, die Weichsel, die Oder.

An den Karpathenzug stößt das östliche Elbgebirgsland bis zu den Quellen der Neiße, Spree, Elster. Der rechte Elbbegleiter besteht aus drei Hauptabtheilungen: den Sudeten im engern Sinne, bis zum Altvater hin, dem Riesengebirge, der bedeutendsten Kette des Ganzen, dem Lausitzergebirge mit seinen zerstreuten Kuppen und westlichen Abfällen zur Elbe. Alle Zuflüsse der

Oder entquellen dem äußern Gebirgsrande, die Oppa, Neiße, Ohlau, Katzbach, der Queis, der Bober, die untere oder Görlitzer Neiße. Zur Havel geht die Spree; die Elster fließt zwischen Torgau und Wittenberg zur Elbe.

Die Gliederung Europas im Süden und Norden.

Von dem ebenen Osten Europas und von dem mittlern Körper seines gebirgigen Westens gehen wir zu den Halbinselländern dieses Erdtheils im Süden und Norden über.

Der Süden Europas.

Der europäische Süden liegt zwischen 35 und 45° N.Br., von der Insel Candia bis zum Parallel des Pothales ausgebreitet. Drei Halbinseln bilden den Süden Europas, wie drei Halbinseln den Süden Asiens bilden. Daher in beiden Erdtheilen gegen Süden ein außerordentlicher Reichthum von Naturverhältnissen, wie er keinem der andern Erdindividuen auf eine gleich ausgezeichnete Weise zu Theil ward, in beiden Welten auf diesen Südgliedern die höchste Civilisation und Cultur concentrirt. Aber die Asiatische Gliederung ist eine tropische, vom Aequator nordwärts bis 25°; die Europäische eine temperirte, die sich im Norden des nördlichen Wendekreises hinlagert. Sie ist viel weiter gegen den Norden abgerückt. Dadurch sind schon beide Gliederungen weltverschieden. Aber nicht minder durch ihre verschiedenen Größen. Denn die orientale ist von kolossaler Ausbreitung; die occidentale von mäßigen Dimensionen, von leichterer Ueberschaulichkeit. Und noch mehr weichen beide Halbinselgruppen dadurch von einander ab, daß die östliche von dem weiten offenen Ocean, dem Indischen Weltmeere, umwogt wird, also vereinsamt ist; die westliche aber von dem milder umschränkten Mittelmeere, dem Culturmeere dreier Erdtheile der Alten Welt, in Geselligkeit umspült wird. So wiederholt sich die Natur selbst in ihren scheinbaren Analogien immer mit neuem Reichthum an Mannigfaltigkeit. Auch darin offenbart sich, wie im Unendlichen, das Unerschöpfliche einer Gotteswelt zur irdischen Mitgift für die höhere Entwickelung des Menschengeschlechtes. Denn die Functionen, die dieser Gliederung des tellurischen Organismus mitgegeben waren, liegen schon seit mehr als dreitausend Jahren offen vor dem Auge der Weltgeschichte. Was die Zukunft birgt, ist unserm Blicke noch verhüllt: sie wird noch andre Früchte zur Reife bringen.

Die Stellung der drei Halbinseln Südeuropas hat eine gewisse Aehnlichkeit mit ihrer nächsten Nachbarschaft in Asien und Afrika, mit deren halbinselartig gegliederten Vorländern, Anadoli und dem Atlas-Plateau, die wir mit gleichem Rechte Klein-Asien und Klein-Afrika nennen können. Doch hängen die europäischen Halbinseln von der Landseite auf günstigere Weise mit Culturlandschaften zusammen als Anadoli, das nur durch das unwirthbare Taurus-System mit Asien grenzt, und als das Atlasplateau, dem die glühende Sahara im Rücken liegt. Beide erscheinen fast abgeschieden von der Hauptmasse ihres Erdtheils. Ganz anders in Europa. Spanien steht durch die Thalbildungen Aragoniens und Cataloniens in unmittelbarem Zusammenhange mit dem weiten, fruchtbaren, ebenen Süden Frankreichs, Italien grenzt durch den Garten der Lombardei an die gesegnetsten Culturländer Mitteleuropas, Griechenland nordwärts des Hämussystems an die fruchtreichen Donauebenen Ungarns, der Moldau und Walachei, die einer neuen Civilisation entgegen gehen. Sie werden alle drei durch die volkreichsten Industrieländer und die fruchtbarsten Kornkammern mit ihren Erdtheilen von der Landseite her in Verbindung gesetzt, so daß sie bei dem Mangel eigner größerer Agriculturebenen von daher immer Ersatz finden konnten. Die drei Halbinseln Südeuropas, wie die drei Südasiens, stehen zwar zu ihren Erdkörpern in analogem Verhältniß, aber die drei europäischen doch gegenseitig zu einander in einem kleinern Raume, einander weit mehr benachbart und befreundet als jene, daher weit vortheilhafter zu gegenseitiger Gemeinschaft alles Völkerverkehrs. Wirklich sind Arabien, Dekan und Hinterindien durch ihre gegenseitig weit auseinander gerückte Distanz, sowie durch die sie von einander scheidenden gewaltigen Meeresmassen des Indischen Oceans als drei ganz geschiedene Welten zu betrachten, die der Araber, der Hindu, der Malayen. In welcher Wechselwirkung haben aber von je her Graecia, Italia, Iberia gestanden! Wie leicht konnten schmale Binnenmeere, wie das Aegeische, das Adriatische, das Tyrrhenische durch kurze Ueberfahrten in litorale Verbindung treten. Wie sehr wurden diese Ueberfahrten durch vorgelagerte Inselgruppen begünstigt und erleichtert! Der resultirende Gewinn ist für Europas Völkergeschichte nicht zu berechnen.

Wie Arabien das Mittelglied zwischen Asien und Afrika genannt werden mag, weil Landesnatur und Volk an den Eigenthümlichkeiten beider Nachbarländer Antheil haben, so ist die griechische Halbinsel offenbar von jeher das Mittelglied zwischen Kleinasien und Europa gewesen. Es wäre schwer zu sagen, welchen Griechen der klassischen Zeit, den europäischen Hellenen oder den kleinasiatischen Joniern, in ältester Cultur, in Poesie, Historie, Kunst wir mehr verdanken. In beiderlei Halbinselländern konnte griechische, römische, byzantinische Herrschaft lange Jahrhunderte hindurch ausgebreitet bleiben, bis sie seit wenigen Jahrhunderten erst aus beiden durch Osmanenhorden, die beide Länder gleichmäßig verwüstet und ihre Bevölkerungen auch religiös geknechtet haben, verdrängt wurde. Mit der Gegenwart scheint sich jedoch eine neue Periode des Weltverkehrs anzubahnen, in welchem dieselbe Völkerbrücke Kleinasien als Uebergang zweier Erdtheile ihre alte Function, wenn schon in entgegengesetzter Richtung, wieder zu übernehmen haben wird, europäische Gesittung über Vorderasien zu verbreiten. Im Westen bildet ebenso Spanien den Uebergang von Afrika nach Europa. Von Afrika ist es maritim zugänglicher als continental von der Seite der Pyrenäen. Die Südgestade sind weit reicher und anlockender für Völkerankömmlinge als die nackten dürren Hochebenen gegen den Norden hin. Baetica, Turdetania, Arganthonier waren schon gebildete Völker, als bei ihnen Phönicier, Karthager, Araber aus Mauritanien und Gätulien einwanderten. Vom Süden her erhielt es vielleicht die Rebe, den Oelbaum, gewiß aber seine Palmen, die Agrumi, das Zuckerrohr, den Reisbau. Auch das mauritanische Pferd und das arabische Kameel kam ihm von daher, wie seine Obsthaine in Granada und Andalusien. Von Spaniens Gestaden aus sieht das Auge nur das Meer, oder Afrikas Hochküsten; keinen Theil Europas kann es erblicken. Afrika lag dem alten Iberer näher als Europa. Wie leicht konnte sich da der nordische Vandale, da er in dem heutigen Andalusien heimisch geworden war, auch dem Atlas acclimatisiren und sein Reich über dessen Gebiete ausbreiten. Das trockne spanische Plateauland mit seinen terrassirten Küstenlandschaften ist in der That dem Atlasplateaulande in vieler Hinsicht auch viel näher verwandt als irgend einem andern Gebiete Europas.

Italien liegt zwischen den beiden andern Halbinseln mitten inne, gehört keinem fremden Erdtheile mehr als Europa an, sondern ist recht eigentlich ein integrirender Theil von Europa. Schon Strabo V, 6 sagt sehr richtig, es liege ἐν μέσῳ, in der Mitte der Extreme des Orbis Romanus. Aus seiner Culturwelt wie aus einer Hauptwurzel wuchs der große Fruchtbaum Europas hervor. Ja es hat Saatkörner der Civilisation und Cultur über die ganze Erde ausgestreut: in der Sprache, Gesetzgebung und politischen Verwaltung, durch die Kirche im Mittelalter, in der Wissenschaft und in der Kunst der nachfolgenden Jahrhunderte. Der Zuwachs zu seinen Aboriginern, seine Hauptbevölkerung kam ihm immer von Norden und der Mitte Europas, durch Etrusker, Rhäter,

Kelten, Longobarden, Gothen, Normannen, Germanen. Afrikas Sitte und Herrschaft sollte nicht auf Italiens Peninsul übergehn, wie dies mit Puniern, Arabern und Moros in Spanien, mit Osmanen und Türken in Griechenland viele Jahrhunderte lang zu großem Verderben der Fall war. Das Eindringen der Karthager zu Hannibals, der Byzantiner zu Belisars Zeit, wie das der Araber in Sicilien waren nur temporäre Versuche. Das Fremdartige wurde von Italien zurückgestoßen, das libysche Element stets durch das europäische überwunden; es sollte keine Wurzel schlagen auf dem Boden Europas. Europas Selbständigkeit und Selbstentwickelung wurde dadurch nur noch bereichert, nicht unterdrückt.

Alle drei Halbinseln haben ganz verschiedene plastische Gestaltung. Aber gemeinsam ist ihnen ein glückliches Gemisch von Berglandschaft und bewässerten Thälern, besonders aber ein Reichthum von günstig gelegenen Gestaden und Hafenbildungen. Weite Niederungen, große Ebenen fehlen oder sind nur den Nordseiten vorgelagert, wie die Ebenen am Ebro, am Po, an der Donau. Ihre Isolirung als continentale Glieder wird durch das für die Schifffahrt günstigste Mittelmeer, durch die schönsten Golfe, Baien, Buchten und Inseln, die sie überall nahe und fern umgeben, völlig aufgehoben und in die lebendigste maritime Wechselverbindung verwandelt. Die milde Natur dieses Mittelmeeres in seinen Weiten und Tiefen, in seinen Strömungen und überall erreichbaren Gegengestaden, in seinen lieblichen Inselgruppen, ist eine der Hauptursachen der milden und frühzeitigen Entwickelung seiner Anwohner. Es ist das erste Culturmeer des Planeten. Auch die Temperatur des Mittelmeers steht um einige Grade höher als die des Atlantischen Oceans. Südströmungen an der syrischen Küste bewirken das. Seine Golfe schneiden ungemein tief in das europäische Festland ein und konnten daher aus dessen Gebirgsbau die schönsten Thalbildungen mit wasserreichen Stromsystemen hervorlocken. So im Pontus, im Golf von Salonichi, im Jonischen

Meere, im Golf von Tarent, im Golf von Venedig und Triest, am Tyrrhenischen Meere in den Golfen von Neapel, Spezzia, Genua, und ferner in den Golfen von Marseille, Lyon, Barcelona, Valencia, Murcia, Malaga u. a.

Alle drei Halbinseln liegen im glücklichsten Himmelsstriche, warm genug die edelsten Culturgewächse zur Blüthe und Frucht zu bringen: den Weinstock, die Feige, die Kastanie, den Oelbaum, die Agrumi, Orangen und Citronen, Lorbeer, Oleander und Myrte, den Reis, das Zuckerrohr, die Baumwolle. Selbst der Palmbaum streift noch an der südlichen Küstenzone vorüber, ohne jedoch seine Frucht, die libysche Dattel, zur Reife bringen zu können. Erwärmt durch die Annäherung des tropischen Nordafrika, das ihnen seine warmen Südwinde, die Siroccos und Solanos zur schnellen Zeitigung aus erster Hand zusendet, sind die Gestade doch durch die feuchten Seelüfte, durch die regelmäßig wechselnden Land- und Seewinde, und selbst zur heißesten Sommerzeit durch die vom Norden herabdrückenden Tramontanen, und die so stetig wehenden Etesien von Nordwest erfrischt und abgekühlt. In Summa, diese Halbinseln sind mit allen Vortheilen der warmen und gemäßigten Zone zugleich begabt. Ihnen fehlen die erstarrenden Winter, die Ausbreitung einer dauernden Schnee- und Eisdecke, die verheerenden Nordstürme. Nur beschränkte isolirte Punkte, wie auf dem Aetna, der Sierra Nevada, dem Hämus und Olymp sind schwache Repräsentanten einer nordischen Natur. Diese physikalischen Charaktere ihrer Gesammtweltstellung waren die reiche Mitgift dieser drei Halbinseln und ihrer Bevölkerungen, durch welche es ihnen unter dem schönsten Himmel vergönnt war, sie auch zu den ältesten und ersten Culturländern von Europa zu erheben.

Die Griechische Halbinsel

ist ein vielfach gegliedertes Gebirgsland, das sich südwärts dem dalmatisch-griechischen Alpengebirge, dem Hämussysteme, vorlagert, und von südlichen Gebirgsverzweigungen desselben abhängig ist. Denn die ganze Halbinsel ist gefüllt mit Gebirgsketten und Plateaumassen, die in viele Halbinseln und Gliederungen sich vertheilen, mit unzähligen Vorsprüngen und Vorgebirgen, eingeschnitten von einigen Hundert größern und kleinern Golfen und Buchten, und umgeben von einem zahlreichen Kranze reizender, fruchtbarer, bewohnbarer Inseln. Diese sind oft nur die maritimen Fortsetzungen der Gliederungen und Vorgebirge des Festlandes, in größter Nähe oder in weiterer Ferne, bald von größerer Ausdehnung wie Euböa, Candia, Thasos, Zante, Cefalonia, Corfu zu beiden Seiten; oder von kleinerm Umfange, wie die Cykladen, Sporaden und Jonischen Inselgruppen mit Cerigo, Ithaka und andern, wodurch das geringe continentale Areal der Halbinsel eine große vielfache maritime Bereicherung erhält, wie kein andrer Theil von Europa.

Wenn man für die Halbinsel Spanien an 9000 □Meilen rechnen kann, für Italien 5000 bis 6000, für die ganze griechische Halbinsel bis zum Donauthale etwa 8000, so beträgt doch ohne das breite Land des Hämussystems mitzurechnen, der gegliederte inselreiche Theil der eigentlich hellenischen Halbinsel von Macedonien südwärts nur etwa 1600, und das jetzige Königreich Griechenland noch keine 1000 □Meilen Areal. Auf diesem ist die Küstenumsäumung, die am reichsten ausgebildete Küstenkrümmung concentrirt; sie beträgt in Griechenland 560 Längenmeilen, wenn das benachbarte Italien deren nur 350, und das unvergleichbar größere Spanien, wegen Mangel an Gliederung, nur etwa 420 zu seiner Küstenentwickelung erhielt. Griechenland ist hiernach von jeher das reichste System gegliederter Halbinseln Europas, ja der ganzen Erde gewesen. Und der Gang seiner Geschichte beweist dies. Nur Großbritanniens Gestadentwickelung ist ihm darin zunächst verwandt, jedoch verschieden von ihm als völlig vom Continent losgerissenes Inselland.

Nur im Norden, im alten Lande der Thracier ist der unwirthbare Hämus im Rücken der Hellenen in Besitz der Türken gerathen, noch heute der Sitz wilder Gebirgsstämme geblieben. Von ihm war bei dem Hämussysteme die Rede. Es fängt jenes Gebiet jetzt erst an bekannter und erforschter zu werden. Ganz anders das südlicher gelegene Halbinselland der Hellenen. Dieses Griechenland vereinigt überall in seiner plastischen Gestaltung die gebirgige Voralpennatur Helvetiens mit der zertheilten Fiördenbildung Scandinaviens, aber unter dem milden, heitern Himmel des Orients. Es besteht aus einer großen Menge von räumlichen Individualitäten, von Gaubildungen für sich, durch Land und Meer von andern gesonderten selbständigen Systemen größerer und kleinerer Art. Es sind die von der Natur selbst plastisch umgrenzten landschaftlichen Gebiete, Gaue und Cantone, jeder anders, neu, oft wundervoll gestaltet, die aber jedesmal intensiv reich und groß genug oder energisch ausgestattet waren.

Das Alte Griechenland.

Griechenland liegt unter allen Landschaften Europas dem Orient am nächsten, seine Natur ist ihm auch am nächsten verwandt. Asia minor bildet, wie wir sahen, recht eigentlich den Uebergang des Orients zu dem Lande der Hellenen. Keine Scheidung zwischen Asien und Europa, sondern Vermittelung durch das reiche Gewässer der Aegeischen Seen mit ihren zahllosen und schönen Inselgruppen tritt uns hier entgegen. Die absolute Trennung der Europäer und Asiaten in diesen Gebieten ist eine moderne Vorstellungsweise; die Hellenen reichten sich in den beiden Jonien auf der Ost- wie auf der Westseite des Archipelagus überall die Hand seit ältester Zeit. Das merkwürdige Ineinander von Land und Meer das ist die geographische Einheit des Schauplatzes der Hellenenwelt. Die Weltstellung zum Morgen- und Abendlande, der Conflict von continentalen und litoralen

Gebieten, die Gestaltung der Länderstrecken und die merkwürdige Gliederung ihrer Theile sind die vier vorzüglich zu beachtenden Hauptverhältnisse. In ihnen liegt das Charakteristische des Landes und seines Impulses auf den Entwickelungsgang der Bewohner.

Die großen Resultate ihrer Begebenheiten, wie die unzähligen Einzelnheiten, die sie für die Localitäten aus allen Zeiten so lehrreich aufbewahrt, haben die Landeskunde von Hellas vor andern Gebieten bereichert. Ohne die Geschichte würde uns nicht der zehnte Theil Griechenlands so bekannt sein, als er es ist. Durch die Griechenkämpfe gegen die Perser, durch den Peloponnesischen Krieg wird Griechenlands Landkarte auf das anschaulichste vor uns ausgebreitet, durch unzählige andre Begebenheiten die einzelnen Gebiete, Gestade, Inseln, Gebirge, Thäler, Ströme und Ebenen uns ganz bekannt und vertraut. Die Ernte für die Geographie bei den classischen Autoren ist in dieser Hinsicht sehr groß und noch keineswegs als eingebracht anzusehen. Herodot, Thucydides, Xenophon, Polybius, Plutarch, Scylax von Caryanda, Dicäarch von Messana, Scymnus von Chios, Strabo, Plinius, Pausanias sind vor Allen zu nennen. Pausanias zumal ist der wahre Wegweiser durch Griechenland. Aber er schrieb schon zu einer Zeit, als Griechenlands Freiheit völlig verschwunden war, da vieles, dessen er erwähnt, schon als Monument galt.

Außer Aegypten ist wohl kein Land der Erde so reich an Denkmälern wie Griechenland; kein Ort Griechenlands war ohne Götter, daher auch keiner ohne Denkmäler. Die Verheerungen der Kriege und die vielfach wiederholten Plünderungen haben Griechenland getroffen. Ganz Europa hat sich durch seine Kunstschätze bereichert. Unzählige griechische Städte und Bauten der Alten haben den jüngern Geschlechtern zu Steinbrüchen gedient. Alle Kirchen der Byzantinischen Zeit sind auf den Trümmern heidnischer Tempel erbaut. Constantinopel wie Antiochia, Venedig, Pisa, Genua und viele andere Städte schmückten sich mit den

Ornamenten griechischer Architekturen. In den bewohnteren Gegenden wurden die Ueberreste vieler antiken Städte durch die jüngeren Geschlechter ganz aufgebraucht. Wie Babylon in Bagdad sich verwandeln mußte, so und noch weit vollständiger verschwand jeder Stein des alten Sparta am Eurotas, sowie das neue Misithra in seiner Nähe emporstieg. Die Türkische Einwanderung vollendete nur die schon lange begonnene Zertrümmerung. Dennoch haben unzählige Kunstdenkmale die verschwindenden Geschlechter ihrer Zerstörer überlebt. Prachtvolle Architekturen haben den Kriegen widerstanden, wie die in Athen; das Parthenon, der Theseustempel — sind nicht ganz durch die Erdbebenstöße untergegangen, wie der Apollotempel zu Phigalia in Arkadien, der Jupiterstempel auf dem Panhellenion auf Aegina u. a. m. — nicht ganz durch die Wellen zerstört und zernagt, wie der Prachttempel der Athene zu Sunium. Unzählige Denkmale, Inscriptionen und Münzen erhielten unter dem schönen Himmel Jahrtausende hindurch die Reinheit ihrer Umrisse und Zeichen und wurden zu redenden Monumenten für die Nachwelt. Nur im nördlichen Griechenland, wo größere Feuchtigkeit des Bodens und Regenfülle stärkere Vegetation erzeugt, zersprengte die wuchernde Kraft der Gebüsche und Wälder die schönsten Tempel, Bauwerke, Stadtmauern, ja ganze verlassene Städte in Trümmerhaufen. Für geographisches Studium, für die Bestimmung der alten Localitäten Griechenlands sind von der größten Wichtigkeit: Stadtmauern, Festungswerke, Verschanzungslinien der alten Grenzgebiete und Nachbarstaaten; die Akropolen, welche meistentheils den Terrassenbau der Städte im höchsten spitzen Winkel als Burgen krönen und weite Ueberblicke gewähren; die Pflasterwege, die Hafenmauern, die Molen. Von höchstem Interesse ist der verschiedene Stil der Bauten, vom ältesten regellosen Bau aus aufgehäuften Trümmerblöcken zu dem kolossalen und soliden Bau aus Polygonalmassen, den man den Cyclopischen

Stil genannt hat; von diesem wiederum bis zu der Construction mit horizontalen Lagern von Quadersteinen, die übergreifenden Verband haben, aber noch nicht rectangulär sind, bis endlich zu den regulären Würfelquadern der vollendeteren Architektur. Indem jene Monumente aus der vorhomerischen Zeit, diese aus der Alexanders stammen, (wie die restaurirten Stadtmauern von Platäa, die von Messene, Megalopolis, Mantinea, Ithome u. a. beweisen), so ist zugleich die Chronologie für solche Monumente mitgegeben wie bei Inschriften und Münzen.

Eben so wichtig für Bestimmung ältester Ansiedelung und Colonisation sind die Grabstätten. Die Erdhügel aus den ältesten Zeiten des Trojanischen Krieges und vom fernsten Thracischen Norden bis zum Kaukasus, bis auf die Schlachtfelder von Marathon und Platäa sind unsern Hünengräbern ähnlich. Die nach Art der Katakomben ausgehauenen Felsgrüfte und Grabstätten des Orients sind durch die verschiedenen Gebiete Griechenlands mehr gegen das Asiatische und Cyrenaische Gegengestade zu, als auf der Westseite der Halbinsel vertheilt. Die Hypogäen oder Erdgrüfte, den Grabstätten der Occidentalen analoger, bezeichnen wieder andre Völkergebiete und Niederlassungen. Die Kunstwerke, mit denen die Mnemata, die Mausoleen und andre Grabmonumente geschmückt sind, haben meist wieder ein andres Interesse als das geographische; sie stammen aus den Perioden der vollendeten Kunst.

Nach der Betrachtung dieser Quellen Griechischer Geographie schreiten wir zur Betrachtung des Landes fort.

Griechenland zerfällt in ein Süd-, Mittel- und Nordgriechenland. Illyrien und Macedonien liegen schon jenseit seiner Naturgrenzen. In diesen Landschaften wohnten schon Barbaren, nur griechische Colonien siedelten sich an. Aber einen vierten Haupttheil Griechenlands bilden die Inselgruppen im Ionischen und Aegeischen Meere, zu beiden Seiten der Halbinsel merkwürdig vertheilt. Die drei Haupttheile des continentalen Griechenland bilden, um es am kürzesten und anschaulichsten auszudrücken, drei rhomboidische Räume von verschiedenen Höhen und Grundlinien, die durch Isthmen von sehr verschiedener Breite an einander stoßen. Die wenigsten Abweichungen von streng rhomboidischer Gestalt zeigt Nordgriechenland, wo Epirus und Thessalien sich im Verhältnisse von 1 und 2 in die Grundgestalt theilen; die meisten der Peloponnes mit seinen vielen Vorgebirgen und den fünf großen vorspringenden Halbinseln. Der mittlere Rhombus hat eine dreimal längere Basis (von Westen nach Osten) als Höhe. Aus den geometrischen Figuren ergeben sich leicht die Hauptgrößenverhältnisse der Halbinsel. Ihre äußerste Länge von Norden nach Süden zwischen Olymp und Vorgebirge Malea etwa 50 Meilen, jeder der Rhomben 15 bis 17 Meilen von Norden nach Süden. Die Breite 32 Meilen im Norden, in der Mitte 45 Meilen vom Attischen Vorgebirge Sunium bis zum Akarnanischen Vorgebirge, der Peloponnes hat in seiner mittlern Breite 14 bis 15 Meilen. Das Areal beträgt nicht viel über 1600 □Meilen, davon etwa $\frac{1}{6}$ Inseln, $\frac{5}{6}$ Continent. Der Peloponnes nur 381 □Meilen, Hellas 321, Nordgriechenland 652, zusammen 1354 □Meilen: alles sehr mäßige Größen. Die größten Inseln sind Kreta und Euböa. Die kleinere Hälfte der übrigen Inselmasse liegt in unzähligen Inseln sehr zerstreut gegen Osten im Aegeischen Meere, die etwas größere gegen Westen im Jonischen Meere, aber auf weniger Punkte concentrirt, nur auf die ziemlich bedeutenden sieben Jonischen Inseln vertheilt. Die Kleinheit der Räume hat ihnen in ihrer historischen Bedeutung für die Welt keinen Eintrag gethan. Nicht das Areal, nicht die Zahl der Quadratmeilen und die Länge der Distanzen, sondern die Verhältnisse der Ländergestaltung sind ein Gewicht in der Wagschale der Civilisation. Kein Land kann sich in dieser Hinsicht lehrreicher zeigen als Griechenland.

Von dem ganzen Gestadelande der heutigen Türkei nimmt die

Küstenentwickelung des alten Griechenland allein die Hälfte ein. Man würde 352 Meilen Küstenkrümmung im alten Hellas zu bereisen haben, eben so viel wie in dem weit größern England; eine Küstenausdehnung wie von Calais bis Cap Vincent an der Südwestspitze von Europa. Der Gestadereichthum des alten Griechenland (die Inseln ungerechnet) ist verhältnißmäßig der größte unter allen Ländern in ganz Europa, ein Verhältniß, das nur da eintreten konnte, wo eine Landschaft als Halbinsel ihren Theilen nach wieder als vielgegliedertes System von Halbinseln erscheint: das merkwürdigste Peninsularsystem der Erde.

Der größere Theil des Griechischen Continentes besteht aus Halbeilanden, von denen der Peloponnes die größte der Halbinseln ist, aber die Natur einer Insel trägt. Nur ein 2 Meilen breiter Isthmus knüpft ihn an das Land, sonst hat er 142 Meilen Meergrenze. Nordgriechenland ist fast ohne Halbinselgliederung, obgleich durch tief einschneidende Golfe (Sinus Maliacus und Ambracicus) von Hellas getrennt. Hellas hat schon zwei große gegen West und Ost vorspringende Halbinseln, die Akarnanische zwischen Actium, Ambracia, Patras und dem Korinthischen Meerbusen, und die Attisch-Böotische zwischen Athen und Megara und dem Euripus. Der Peloponnes besteht aus einem Centrallande und fünf großen Halbinseln, die ein Viertel seines ganzen Stammes einnehmen.

Sehr merkwürdig und ganz eigenthümlich ist also das Verhältniß der zusammenhängenden oder geschlossenen Erdräume zu den getrennten, oder des Stammes zu den Gliedern, die in Halbinseln und Inseln theilweise oder gänzlich von ihm losgerissen erscheinen. Die Bewohner Griechenlands mußten daher eine litorale Nation bilden, die auf die Gewässer angewiesen war. Die Meere, die Gestade, die Inseln, die Gegengestade der Halbinsel werden daher gleiche, wenn nicht noch größere Aufmerksamkeit verdienen, als der starre Theil ihres Continentes. Zum zweiten

Mal verdankt in neuester Zeit Griechenland seiner Marine die Befreiung vom Joche der Türken wie zu Themistokles Zeit vom Joche der Perser.

Die Meere haben dort viele Theile, daher auch viele Benennungen. Das östliche oder innere Meer (ἡ ἔσω θάλαττα bei Polybius), das eigentliche Hellenische, ist das Aegeische (τὸ Αἰγεῖον πέλαγος), schon bei Herodot ἡ παῤ ἡμῖν θάλασσα, das Meer bei uns — scheidet Asien von Europa, oder verbindet vielmehr beide Erdtheile zu einem Ganzen, das wir den Schauplatz der Hellenenwelt nennen können. In seiner Mitte ist es inselreich. Am dichtesten gedrängt liegen die Inseln von Euböa an, südwärts durch die Cycladen und Sporaden bis zu den asiatischen Küsteninseln. Nordwärts und südwärts dehnen sich mehr inselfreie, offene Gewässerräume mit eigenthümlichen Namen: im Norden die Thrakische See, gegen Süden die Ikarische, Karpathische See gegen Kleinasien hin, die Myrtoische See im Westen bis nach Kreta hin. Im Süden von Kreta, schon außerhalb des Aegeischen, gegen Aegypten und Libyen hin, also von Griechenland abgekehrt, die Libysche und Aegyptische See. Im Süden und Südwesten streckt der Peloponnes seine äußersten Vorgebirge wie Fühlhörner schon auf die Höhen der Sikilischen Gewässer hinan. Die Westküste Griechenlands wird vom Jonischen und Adriatischen Meere bespült, die ihre Namen bis heute behalten haben; der verengte Kanal von Hydruntum (keine 10 Meilen breit) schneidet beide Meere. Den Gestadereichthum Griechenlands vermehren aber ganz besonders die neun großen, tief einschneidenden Golfe, vier auf der Ost-, zwei auf der Süd-, drei auf der Westseite. Jeder bietet ganz verschiedene Verhältnisse dar.

Der Thermäische (von Thermä, später Thessalonika, jetzt Saloniki) Golf schneidet aus dem Thrakischen Meer in den innersten Winkel von Macedonien ein und scheidet dieses Land von Thessalien. Im Nordosten wird er von der dreifach gegliederten

Halbinsel Chalkidike begrenzt. Der Pelasgische Golf schiebt sich zwischen Thessalien und Hellas gegen Westen vor und theilt sich in den Pagasäischen Golf (Golf von Volo) im Norden und den Spercheischen Golf (Sinus Maliacus, Golf von Zeitun) im Westen. Zwischen beiden wird das Meer durch das Nordende der Insel Euböa mit dem Vorgebirge Artemision zu einer schmalen Meeresstraße, πορθμός (Kanal von Triakri) verengt. Den Ausgang aus dieser seltsamen Verengung bildet um das Kenäische Vorgebirge gegen Südost der Kanal von Euböa und der Euripus bei Chalkis. Die Saronische Bucht, die berühmteste der ganzen Erde, scheidet Hellas vom Peloponnes, Attika von Argolis, ist mit den schönen Inseln Salamis und Aegina geschmückt und im Westen durch den Isthmus von Korinth geschlossen. Der Argolische Golf ist weniger berühmt; im innersten Winkel liegen Argos und Mycenä.

Die zwei südlichen Golfe, der Lakonische (Golf von Kolokythia) und der Messenische (Golf von Koron) werden durch die weit vorspringenden schwarzen Marmorgebirge des wilden Taygetos von einander geschieden. Der äußerste Vorsprung, das Vorgebirge Tänarum (jetzt Matapan) ist das südlichste der ganzen Halbinsel und ragt bis 36° 22′ Br. vor.

Die drei westlichen Golfe sind von Süden gegen Norden der Cyparissische, der Korinthische, der Ambrakische. Der Ambrakische, von einer alten Korinthischen Colonie genannt (jetzt der Golf von Arta), ist ein schönes Wasserbecken, das zwischen Epirus und Akarnanien tief ins Land schneidet, und gegen Westen durch zwei vorspringende Halbinseln fast geschlossen ist. Diese Einfahrt ist berühmt durch die Seeschlacht bei Actium, (Vonitza), wo Octavian die Weltherrschaft gewann. Der Korinthische Golf, von der reichen Handelsstadt am innersten Winkel benannt, schneidet am tiefsten von allen (24 Meilen) ein. Sein Eingang liegt zwischen Rhium und Antirrhium (Patras im Süden, Lepanto im Norden); ein westlicher Vorgolf der Golf von Paträ. Der Cyparissische Golf (jetzt Golf von Arkadia), an der Westküste von Elis, ist nur ein flacher Bogenschnitt in Halbmondgestalt, ähnlicher den italischen Golfen von Tarent, Neapel, als den griechischen, die tiefer eindringen in die Binnenlandschaft.

Griechenland hat durch dieses Maximum der Berührung von Land und Meer eine Mannigfaltigkeit der Naturverhältnisse, eine unendliche Fülle von Schönheit und Eigenthümlichkeit und Anreizung zur leiblichen und geistigen Entwickelung seiner Bewohner, seiner Völker und Staaten in einem Maße, wie sie kein andres Land besitzt, aus der Hand des Schöpfers erhalten. Die Mitte ist Gebirgsland, aber nach allen Seiten senkt sich dieses zu den Meeresflächen, wird von allen Seiten mannigfaltig von denselben durchbrochen, zertheilt, gegliedert und vervielfacht. Jede Bucht lockt aus dem Innern des Gebirgslandes Thäler und Ströme hervor. Daher der größeste Wechsel der griechischen Landschaft auf dem kürzesten Raume, daher ihre pittoreske Natur, gesteigert durch die Fülle der historischen Denkmäler. Der Boden Griechenlands ward zum schönsten und mannigfaltigsten Relief der Erde ausgebildet. Die Entwickelung des plastischen Sinnes der Griechen fand in dieser Naturgabe der Heimath ihre erste Nahrung, ihre höchste Steigerung. Ihre Architektur, welche ihrer Sculptur vorausging, ward bedingt durch den amphitheatralisch sich erhebenden Boden, der allen ihren Bauten, den Tempeln wie der Städtegruppirung zur Basis dienen mußte: wohl der merkwürdigste Einfluß, den die Naturplastik irgend eines Bodens als eine Völkerheimath auf das Menschengeschlecht auszuüben im Stande war. Nur der Einfluß desselben Bodens auf die historisch-politische Entwickelung der griechischen Völker- und Staatengeschichte könnte noch bedeutender erscheinen. Doch ist dieser Einfluß des räumlichen Schauplatzes auch bei andern Gebirgsländern sichtbar; jener auf die Kunstentwickelung ist einzig ein Vorzug Griechenlands zu nennen. Er hat sich bei keinem andern Lande in der Art wiederholt; in Sicilien, Italien und anderwärts nur an einzelnen Stellen. Nur wenige Gebirgsländer haben zugleich Gestadereichthum. Die scandinavischen und schottischen Gebirgslandschaften haben auch bedeutende Küstenentwickelung, aber unter einem unwirthbaren Himmel und unter weit ungünstigern localen und historischen Verhältnissen. Griechenland allein unter den europäischen Landschaften vereint diese Gegensätze unter dem günstigsten Himmel, in der Culturmitte des Erdtheils, auf dem Uebergange vom Orient zum Occident. Kein Land von gleich geringem Umfange bietet auf dem Erdkreis einen gleich großen Wechsel von Boden, Klima und landschaftlicher Natur aller Art. Diese Naturverschiedenheiten werden dadurch noch merkwürdiger, daß ihnen gleichgroße Verschiedenheiten der Volkscharaktere, des Staatenlebens und der Geschichtsentwickelung gefolgt sind. Der Einfluß der Localitäten ist in dem Hergange der Geschichte der Hellenen lebendig genug eingeprägt, und schon der Meister der Historie, Thucydides, gab darüber die wichtigsten Fingerzeige im ersten Buche seines unsterblichen Geschichtswerkes.

Der Boden von Altgriechenland zerfällt in eine gewisse Anzahl natürlicher Gaue und Provinzen, diese wieder in viele Unterabtheilungen. Die Isolirungen dieser Gaue bedingten ursprünglich die getrennte Zahl ihrer politischen Gemeinheiten, die Naturbegrenzungen wurden die Grundlage der politischen Grenzen. Die Ansiedler, die Staaten concentrirten ihre Kraft nach innen, schlossen nach außen sich gegenseitig aus. Daher bei dem so stark individualisirten Gepräge des griechischen Bodens, bei nationaler Einheit doch sehr vielartige Völker- und Staatenentwickelung, Independenz der Einzelnen. Die völkerscheidenden Isthmen und die völkervereinenden Golfe spielen hierbei eine wichtige Rolle. Jeder der neun Hauptgolfe bildet ein Kesselthal größerer oder kleinerer Art, dessen Mitte seeartig von einem Meertheile bespült wird. Er versammelt um seine Ufer einen Kranz von schönen Gestadeländern und von natürlich zusammenhängenden paralischen Völkerschaften, die durch das enge Meeresbecken in die leichteste gegenseitige Berührung treten konnten. So wurden diese Golfe mit ihrem nächsten Litoralkranze die Mittelpunkte des maritimen Verkehrs der Hellenen. An den Umsäumungen ihrer schönen Seespiegel erhoben sich Colonien und Städte, Civilisation und Cultur zu ihren Culminationspunkten. So viel Golfe, soviel maritime Culturcentra des Halbinsellandes bildeten sich eigenthümlich aus.

Zwei solcher Einsenkungen oder eingesunkener Kesselthäler, den Golfen ähnlich oder gleich, blieben trocken liegen und bildeten die wenigen Ebenen des griechischen Bodens: der tiefe Thessalische Gebirgskessel mit der Fruchtebene von Larissa, vom Peneus durchzogen, und die tiefe Böotische Einsenkung mit der Fruchtebene von Theben und dem Kopais-See. Nach der Mythe waren auch sie einst mit Meer bedeckt und wurden nur durch große Naturrevolutionen trocken gelegt. Zu diesen beiden alten Seebusen kommen neun kleinere Einsenkungen, wie jene Hauptansiedelungen griechischer Cultur. Zwischen diesen Ebenen steigen überall die Gebirgssysteme auf, welche die Landschaften mannigfaltig trennen und scheiden.

Die Gebirgssysteme führen zur Inselgruppirung, der natürlichen Fortsetzung derselben. Auf jenen entwickelt sich das hydrographische Netz der strömenden Gewässer; zwischen diesen wogen die maritimen Gewässer, nach eigenen Gesetzen der Strömung und der Windbewegung hin und her. Von jenen ist die Bewässerung, Befruchtung und der Anbau des Landes abhängig geworden; von diesen die Auswanderung, Colonisation, Schifffahrt, Seemacht, der Handel und Verkehr der Bewohner Griechenlands unter sich wie mit dem Auslande.

So viel von den Verhältnissen der horizontalen Dimensionen. Wir gehen zu den verticalen Dimensionen der Gebirgs- und Stufenländer über.

Bei weitem der größte Theil der Halbinsel ist mit Hügel- und Gebirgsland erfüllt. Die größte Ebene, die Thessalische des Peneios, oder die Ebene von Larissa, ist höchstens 100 □Meilen groß und nimmt nur ein Drittel von Thessalien ein. Epirus ist ganz von Gebirgsland überdeckt; nur den Ambrakischen Golf umkreist eine ebene Ackerfläche, vielleicht von 12 □Meilen. Alles übrige, den schmalen Küstengrund ausgenommen, ist Bergland. Die Böotische Ebene Mittelgriechenlands nimmt höchstens ein Drittel von Böotien, etwa 20 □Meilen ein; die Ebenen Attikas schwerlich ein Viertel des Landes, die von Athen mit ihren Olivenwaldungen wohl kaum 4 bis 5 □Meilen; die Eleusische wohl nur 3 □Meilen. Die Messenische Ebene ist im Peloponnes wohl die größte, die Arkadische ist aber selbst eine erhabene Plateaulandschaft. Die Fruchtebenen von Argos, Sicyon, Olympia, Elis u. s. w. sind nur beschränkte Flächenräume. Griechenland ist vorherrschend in seinen continentalen Verhältnissen Gebirgsland; daher seine Bewohner maritime und Gebirgs-Völker. Ebenen sind Ausnahmen, Berge und Hügel Regel.

Das Gebirgsland in Nordgriechenland schließt sich an das große Alpengebirge des Hämus an. Dieser Hämus ist noch ein relativ unbekanntes, bei den Alten ein völlig fabelhaftes Gebirge. Selbst Polybius fabelte noch von seinen großen Höhen. Alexander d. Gr. überstieg ihn, und von seinen Geschichtschreibern erhalten wir die ersten Berichte über ihn und seine Anwohner, fast die besten und einzigen in der ganzen vergangenen Zeit. Woher er Hämus (*Αἷμος*) heißt ist uns unbekannt. Ob dieser Name identisch ist mit dem orientalischen Gebirgsnamen Imaus bleibt zweifelhaft. Seine Theile sind uns eben so unbekannt wie das Ganze. Was davon in allen Geographien vorkommt, sind bloße Namen, leerer Schall, denen keine Anschauungen entsprechen, die daher für die Betrachtung ganz unfruchtbar sind. Seine südliche Fortsetzung ist der Pindus, und mit dieser beginnt erst das Gebirgsland Nordgriechenlands.

Der Pindus ist der alte Grenzstein der Macedonischen, Illyrischen, Thessalischen und Epirotischen Landschaften; zugleich eine Grenzscheide der Gewässer, der Völker, der Staaten. Die dalmatisch-albanische Küstenkette von Akrokeraunus in Westen und der thessalische Olympos in Osten schnüren sich durch viele untergeordnete Ketten in der Hauptmasse des Pindussystems zusammen. Er zieht von Norden nach Süden durch die Mitte Nordgriechenlands, 10 bis 20 Meilen fern von den beiderseitigen Meeren, südwärts bis Hellas (Doris). Sein größter Gebirgsknoten unter 39° 40′ Br. heißt jetzt von der anliegenden Stadt und dem Paß, der aus Epirus nach Thessalien hinüberführt, das Gebirge von Mezzovo: ein wald- und weidereiches Gebirge ohne Felspyramiden, ohne Schnee- und Eismassen, von Hirten und Heerden beweidet, nur durch Mangel der Ansiedelung wild und unwirthbar, nicht durch Naturverhältnisse. Er ist von neuern Reisenden besucht und überstiegen; Handelskarawanen zwischen Janina und Larissa beleben ihn. Von seiner Centralmasse strömen die fünf größten Ströme Griechenlands nach allen Weltgegenden durch die Halbinsel: der Thessalische Peneios (Peneo) im Süden des Olympos gegen Osten; der Aetolische Acheloos (Aspro Potamo) gegen Süden; der Molossische Inachos (Fluß von Arta) gegen Südwesten; der Macedonische Haliacmon (Karasu) im Norden des Olympos gegen Norden; der Epirotische Aoos (Vajussa) gegen Nordwesten.

In den obern Gebirgsthälern dieser wilden Gebirgsströme saßen mannigfaltige Völkerschaften, deren specielle Namen und Sitze wir hier übergehen müssen. Wie heute dort weder Griechen noch Türken, sondern Walachen die Hauptbevölkerung des Pindus-Gebirgs ausmachen, so waren zwischen diesen meist barbarischen

Völkerzweigen von je her nur wenige griechische Stämme angesiedelt; daher dort allein Mangel an Monumenten classischer Vorzeit.

Gegen Mittelgriechenland zu, ziemlich unter 39° Br., nachdem der Pinduszug etwa 16 Meilen südlich von Mezzovo ein rauhes Gebirgsland mit drei bis vier bis siebentausend Fuß hohen Bergen gefüllt hat, zergliedert sich seine Hauptmasse in drei Gebirgsarme, den Othrys, den Oeta, den Parnassos. Mit dieser Dreispaltung wendet sich der Zug von Norden her gegen Osten und breitet dadurch Mittelhellas mehr gegen Osten aus. Die Wendung beginnt an den Quellen dreier Hauptflüsse, welche jene drei Arme durch Tiefthäler scheiden: der Spercheios (Hellada), der Thessalische Strom, fließt gegen Osten zum Maliacus Sinus, der Evenus, der Aetolische Strom, zum Golf von Patras gegen Südwesten — der Kephissos, der Böotische Strom, fließt gegen Südosten in den Kopais-See. Im Norden des Spercheios zieht das Othrys-Gebirge bis zum Hafen von Jolkos, im Süden erhielt der Parallelzug den Namen des Oeta bis zum Knemis-Gebirge Euböa gegenüber, und im Süden des Kephissos lagert sich der mächtige Parnassos, mehr massenartig isolirt, gegen Südosten vor. Er scheidet Lokris und Böotien von Phokis ab; ihm in Westen liegt Aetolien. Ebenso bildete der Oeta die berühmte Grenzscheide der Thessalischen Völker von denen des mittlern Hellas. Wir fassen die drei Gebirgsmassen näher in das Auge.

Der Thessalische Othrys liegt zwischen der Thessalischen Ebene im Norden, wo die ältesten Stammsitze der Deukalionssöhne lagen, und der reichen Ebene Phthiotis im Süden, die der Spercheios bewässerte, dem ererbtem Ländergebiet des Achilles. Der Othrys ist ein wildes Gebirgsland, mit Gipfeln von 6000—7000 F. Höhe, der Sitz der Myrmidonen-Geschlechter, vielfach besungen, reich an Erinnerungen an die früheste Heroenzeit.

Ganz verschieden hiervon die Kette des Oeta außerhalb Thessaliens, eine Grenzscheide vieler Völker und Staaten, das ausgebreitetste Gebirge der Halbinsel, aber nicht so hoch als sein südlicher Nachbar, der Parnaß, und niedriger als der hohe Pindus, aber weit höher als der Othrys. Seinen steilen Nordfuß begrenzen im Westen die Klippenwände der Trachinischen Felsen, berühmt durch die wichtigen Engschluchten am Asopus bei Trachinia, im Osten die Thermopylen, die einzigen Paßeingänge nach Doris und nach Tithronium und Platää in Böotien. Diese beiden Gebirgsübergänge sind aus der Geschichte der Perserkriege, der Gallierüberfälle, der Römisch-Macedonischen Kriege bekannt und von den Historikern vielfach beschrieben. Zwischen beiden erhebt sich der höchste Gipfel des Oeta, Kallidromos. Umher ist jede Stelle gefeiert durch Mythologie, durch Tragödie, durch Herosdienst. Noch zeigt die Volkssage, wie zu Livius Zeit, die Pyra, wo Herakles Scheiterhaufen flammte, und Dyras, der löschende Strom, aus der Felsspalte zu Hülfe eilte. Ueberall liegen Denkmale alter Heiligthümer umher zerstreut, alle Paßeingänge haben ihre Straßen und Schanzen. Ueberall ziehen Stadtmauern um verödete Ruinen, und über sie thürmen sich noch Reste der Akropolen empor. Die Mythe des Herakles Oetäus spielt auf einem Vulkanboden voll warmer Quellen, voll Schlackenbildungen, wo sich noch Krater auf dem Lande und emporgeschleuderte Inseln in den Golfen zeigen. Um Trachinia, um den Oeta, den Knemis, die Mündungen des Spercheios, die Lichadischen Inseln, das Vorgebirge Kenäon im Nordwesten von Euböa, und den Golf von Jolkos, das Vorgebirge von Magnesia und Artemisium ist, wie schon Strabo sagt, die größte Region der Erdbeben in Griechenland, wo die meisten Metamorphosen des Bodens, der Berge, Flüsse und Küsten durch Erschütterungen vorgegangen sind seit Menschengedenken. Die warmen Quellen gaben den Thermopylen den Namen; ihre heißen Wasserkessel dampfen noch heute und sind weit und breit ein Signal des Küstendefilé's.

Der Parnassos im weitern Sinne, ist die dritte südöstliche Verzweigung der Pinduskette, wie Strabo sagt; im engern Sinne (nach Pausan. X. Phocis) eine isolirte Gebirgsgruppe von beschränktem Umfange, die aber auf allen Höhen den Göttern heilig und geweiht war, ganz innerhalb Phokis gelegen. Im Westen wurde er durch die Schlucht von Amphissa (Salona) geschieden von dem großen westlichen Gebirgszusammenhang. Durch die Schlucht führt ein Felsweg, aus dem nördlichen Gebirgsgau von Doris über Felstreppen hinab zum Krissäischen Golf nach dem alten Amphissa. Von da gegen Osten liegt die dreieckige Bergmasse des hohen vielgipfeligen Parnassos, der alle andern Höhen weit überragt und mehr plateauartig ausgebreitet ist, einen großen Theil des Jahres mit Schnee bedeckt. Er stürzt nach Nord, Ost und Süd steil ab; zum mittlern Thale des Kephissos nach Phokis und Doris, zu den Böotischen Ebenen und zu dem Korinthischen Golf. Der Kephissos umströmt ihn in Nord und Ost. Die Trümmer von Liläa, Drymäa, Tithoröa, Daulis, Delphi und Amphissa mit ihren Akropolen und zahlreichen Denkmälern liegen an seinem Fuße umher. Ueberall ist erhabene Gebirgsnatur, Wildniß und Quellenreichthum. Die gesprengten Felswege (ὁδὸς σχιστή), die Grabmale, die Tempelruinen, die Heerstraßen, die Grottenwerke und Inschriften geben hinreichende Mittel sich genau zu orientiren. Die Phocica des Pausanias sind hier meisterhafte Wegweiser, durch ihre Zurechtweisung auf dem Parnassosboden werden viele Stellen älterer Schriftsteller genau erläutert. Wenige Gegenden Griechenlands sind wie die des Parnassos so vielfach von Neueren besucht. Doch die monumentenreiche Gebirgsinsel des Parnassos giebt noch Stoff zu vielen Entdeckungen für das griechische Alterthum.

Die Fortsetzungen der drei zuletzt betrachteten Bergketten gegen Südost werden unbedeutender an Masse und Höhe. Erst auf der Halbinsel des Peloponnes steigen sie wieder zu Massenanhäufungen von größerer Bedeutung auf. Die Böotischen und Attischen Gebirge geben ihren Landschaften den Gebirgscharakter und pittoreske Schönheit; aber als Gebirgsketten stehen sie weit hinter jenen zurück. Es sind vielgestaltige Berggruppen, die weniger im Zusammenhange sind, oft ganz isolirt stehen, Berginseln von mäßiger Erhebung und vielfacher Verzweigung in Hügelketten und Hügellandschaften, ausgezeichnet durch malerische Umrisse und ihre insularische Stellung zu Meeres- und Länderflächen. Helikon, Kithäron, Parnaß, Pentelikon und Hymettos sind die bedeutenderen. Sie setzen sich gegen Südost auf den Inseln Euböa, Keos, Andros, Tenos, Delos und den übrigen Cycladen fort. Wäre der Meeresspiegel um einige hundert Fuß gehoben, so würde das südöstliche Hellas von neuem in eine Gruppe von Cycladischen Inseln verwandelt sein, die im Kranze um die drei Halbinseln des Othrys, Oeta und Parnassos zertheilt lägen. Nur diese allein blieben dann in continentalem Zusammenhang. Jene fünf isolirten Berggruppen aber nicht, weil sie durch viele Ebenen, Thäler und Bergspalten von einander geschieden sind. Weder völlig durch lange undurchbrochene Bergmassen geschlossen, wie der mehr barbarisch gebliebene Nordwesten von Hellas, noch völlig gegliedert zu Ketteninseln und Gruppeninseln, wie die Archipelagischen Fortsetzungen von Hellas, liegen Attika, Böotien und Megaris auf dem vermittelnden Uebergange dieser beiden Contraste der landschaftlichen Gestaltung. Geographische und physikalische Gründe treten zusammen; nicht Zufall ist es, daß eben hier sich historisch auf solcher Grundlage das Bedeutendste concentriren mußte, was in dem Gange der griechischen Völker- und Staatengeschichte hervortritt. Auch hier wie überall wurde das Schicksal der Völker wunderbar und geheimnißvoll geleitet durch die Natur und ihre Anordnungen. Der Boden, der als Schauplatz den Begebenheiten unterliegt, nicht weniger gestaltend als die Kräfte, die sich auf ihm bewegen. Die Natur ist keine todte Maschinerie, auch im starr Scheinenden ist ein göttliches Leben.

Der 5320 F. hohe Helikon (Paläo Vuna oder Zagura) hat seinen alten mythologischen Namen nicht wie der Parnassos behauptet. Mit dem Kithäron bildet er die Hauptberge von Böotien, beide schon außerhalb der Landesmitte gelegen. Der Korinthische Golf bespült ihren Südfuß. Der Helikon liegt zwischen dem Kopais See und den innersten Golfen von Antichyrrha und Mychos im Südwest. Die Ruinen von Trachis, Koronea, Askra liegen auf seinen nördlichen Vorhöhen. Was Pausanias rühmt, daß dieser Berg der Musen den fruchtbarsten Boden unter allen griechischen Bergen habe, das bestätigen noch heute seine reichbewaldeten Gehänge und Gipfel. Diese sind wohl (im Kalkgebirg) die Ursache seines größern Quellenreichthums; wo aber Hippokrene, Aganippe u. a. sprudeln, ist heute schwer auszumachen. An seinen nordöstlichen Vorsprüngen führt von dem berühmten Leuktra her ein alter Heerweg an Libadia vorüber zum Triodos, der heiligen Delphistraße, auf welcher die Processionen zogen. Diese Gegend ist voll Städteruinen.

Der Kithäron (Elateos), 4340 Fuß hoch, liegt eben so weit gegen Südosten vom Helikon, wie dieser vom Parnassos, auf der Grenze von Böotien, Megaris und Attika, im Norden des Korinthischen Isthmus. Er ist das alte Jagdrevier der Götter, voll Erinnerungen an die Vorzeit (Zeus-Altäre, Hain der Diana, Aktäon, Orakel der Nymphen, Oedipus Aussetzung.) Gegenwärtig ein Waldgebirge ohne Monumente. An seinen nördlichen Vorhöhen liegt das Schlachtfeld von Platää, am Ostende bei Eleutherä der Kithäronpaß, der von Platää auf kürzestem Wege zur Eleusinischen Ebene und nach Athen führte. Die Ruinen von Oenö liegen in der Gebirgsschlucht bei Eleutherä.

Der Parnes, 4350 Fuß hoch, ist das nördliche Grenzgebirge von Attika gegen Böotien, das höchste Gebirge von Attika, von Westen nach Osten gebreitet. Er zieht vom Kithäron bis zum Vorgebirge Kynosura, nördlich von Marathon, und senkt seinen Südfuß hinab gegen die Thriasisch-Eleusinische Ebene, gegen das Attische Blachfeld des Kephissos und gegen die Marathonische Ebene, welche alle drei wieder durch südlich auslaufende Glieder geschieden werden. An diesem Südfuße finden sich viele Spuren alter Bevölkerung und Cultur in den Monumenten, der Rücken war wildes Jagdrevier. An den zwei berühmten Pässen, von Phyle nach Theben in Westen und von Dekeleia nach Oropus in Osten, welche die wichtigsten Ausgänge aus Attika gegen Norden sind, liegen Reste alter Verschanzungen und Akropolen. Auf diesem Gebirgszuge stand ein kolossales Metallbild des Pornethischen Zeus, und auf den höchsten Gipfeln zwei Altäre, des regnenden und des Zeichen gebenden (blitzenden) Zeus (Zeus Ombrios oder Apemios, Jupiter Pluvius s. Innoxius und Zeus Semaleios.) Die Blitze, die hier fielen, wurden von den Priestern des Zeus Astrapäos in Athen beobachtet, und danach zu bestimmten Zeiten Pythische Theorien und Opferzüge nach Delphi eingerichtet.

Pentelikon und Hymettos sind die letzten Bergstufen des mittlern Gebirgssystems von Hellas, die sich im Süden an den Parnes anreihen. Der Pentelikon, 3420 Fuß hoch, scheidet Attika in die Ebene des Kephissos gegen Westen und die Marathonische Küstenebene in Osten. An seinem Westabhange entspringt der Kephissos, der gegen Süden zum Golf von Athen eilt: bei Dekeleia auf dem Parnes entspringt der nördliche Quellarm. Sie vereinen sich in der Nähe von Acharnä. Zwischen beiden führt der Heerweg durch ein Querthal von West nach Ost über den Sattelpaß nach Marathon auf das berühmte Schlachtfeld. Die Höhe des Parnes schlägt man auf 4000 Fuß, die des Pentelikon auf 3500, die des Hymettos auf 2500 an. So stuft sich das Attische Gebirgsland sehr pittoresk von Norden gegen Süden hinab bis zum niedrigen Vorgebirge von Sunium hinaus in die See. Und die Schönheit der Gebirgsformen trägt nicht wenig zu den Reizen der Landschaft bei. Der höchste Gipfel in der Gruppe des Pentelikon ist ein erhabener Kegel, der über seine Nachbarn weit hervorragt. Wälder umgeben seine Abhänge, diese wieder ein Kranz von Dörfern, Kirchen, Klöstern und Ruinen alter Ortschafter, in denen man die Lage manches Demos von Attika wiederkennt. Die Ebenen sind mit Olivenpflanzungen bedeckt, die der Quellenreichthum des schattigen Waldes befruchtet. In seinen Marmorfelsen am Westabhange, 3 Stunden nordöstlich von Athen, über dem Kloster von Pentele (dem alten Demos) nahe am Marathonischen Wege liegen die berühmten Marmorbrüche, deren Werkstücke noch heute auf der Akropolis zu Athen und in ihren Umgebungen zu ewigen Mustern dienen.

Der Hymettos liegt im Süden des Pentelikon, durch ein Querthal von ihm geschieden, im Osten von Athen, von wo man 3½ Stunden zur Ersteigung seines Gipfels braucht. Die Panorama-Aussicht vom Hymettosgipfel ist die prachtvollste und lehrreichste zur Kenntniß von Attika und seiner Umgebungen. Sie reicht bis weit hinein in die Gebirgszüge des Parnassos gegen Norden, und gegen Süden über die Inselgruppen des Archipelagus, und auf den Peloponnes. Der Rücken des Hymettos ist mit aromatischen Kräutern und niederm Gebüsch bewachsen. An seinen Abhängen in den schönsten Thalschluchten, auf allen Vorsprüngen, und rundum am Fuße des Berges liegen Trümmerstellen alter Ortschaften, Tempel, Bauwerke, mit Inschriften, Sculpturen, Ornamenten aller Art. Die bedeutendsten dieser Stellen sind in den christlichen Jahrhunderten von vier bis fünf Klöstern eingenommen, deren Kirchen auf Tempelhallen, deren zugehörige Meiereien und Ortschaften auf den Ruinen Attischer Demen erbaut sind.

Die Mannigfaltigkeit der Natur in griechischer Gebirgsbildung erscheint wie ein Ganzes mit der mannigfaltigsten Entwickelung der Menschengeschichte gleichsam zusammengewachsen. Nirgends Einförmigkeit, nirgends Wiederholung derselben Formen oder Erscheinungen, überall Individualität der Entwickelung in allen Vorkommnissen, und darum auch in den Functionen dieser Naturimpulse auf das Völkerleben und den Sinn und Geist der Bewohner.

In der höchsten Gliederung, dem Peloponnes, tritt eine Gestaltung als vorherrschend auf. Es ist die Plateaubildung, welche den innern Theil des Rhombus mit seinem ausgebreiteten Hochlande Arkadien füllt; das Weideland mit den ebenen Hochtriften arkadischer Schäfer ist von allen Seiten durch Randgebirge umgeben, die terrassenartige Abstufungen zum Meere bilden. Diese Gebirge springen als gesonderte, aber meist untergeordnet bleibende Gebirgszweige nach allen Weltgegenden vor, und bilden die so weit sich verlaufenden fünf großen und unzählige untergeordnete kleinere Halbinseln und eigenthümlich gebildete Vorlande, wie Argos mit Epidauros und dem Skyllänm gegen Osten; die Lakonische Halbinsel mit Malea gegen Südosten; die des Taygetos mit Tänarion gegen Süden; die Messeniens mit Akritos gegen Südwesten, und die der Achäer gegen Nordwesten, mit dem hohen Cap Papa im Vorgebirge Araxus über Patras endend.

Gemeinsame Vereinigungspunkte zu gemeinsamem Völker- und Staateninteresse fehlten dem Halbinsellande, das daher in seinen politischen Erscheinungen zertheilt blieb. Keine große Central-Ebene, keine großen Landströme vereinigten die gesonderten Interessen zu gemeinsamer Größe. Immer suchte daher die eine Stadt die andere zu überragen, und die Hegemonie zu gewinnen, bald durch Seeherrschaft, oder Einzelkriege, oder Bündnisse, bis Rom von außen her sie alle überflügelte. Die einzigen drei centralen rein continentalen Naturgebiete, von lauter maritimen Cantonen umlagert, waren zu schwach, um jenem die Spitze zu bieten;

und auch ihr gegenseitiges Interesse durch die dreifache Gliederung der Ländermasse zu getheilt, um Ein politisches Ganze zu schaffen. Arkadien, das Hochland im Peloponnes, zu abhängig von seinen Umgebungen, verharrte auf seiner primitiven Culturstufe. Und die beiden continentalen Einsenkungen waren eben so wenig von größerer Bedeutung für das Ganze. Böotien, der Ackerbaustaat mit Theben in der Mitte hatte nur eine vorübergehende Größe, die sich bei seiner Abgeschiedenheit von dem Fortschritt der maritimen Staaten nicht behaupten ließ, und daher böotisch blieb. Thessalien, die schönste und weiteste continentale Niederung der Halbinsel, die fruchtbarste und bevölkertste, welche zwischen Olymp und Oeta, aber nur durch die Peneios-Spalte Tempe's mit dem Meere in directen Contact treten konnte, war schon zu weit gegen den Norden des Peninsularsystems vorgeschoben, um großen Einfluß ausüben zu können.

Die Weltstellung der Südglieder Europas, ihre drei Brückenübergänge nach Süden und deren Progression.

Wenn wir nun von der plastischen Gestaltung der innern Griechischen Halbinsel zu der innern Gestaltung der Apenninen-Halbinsel übergehen, so drängt sich uns zuvor noch das verschiedene Verhältniß ihrer Weltstellung zu ihren Südenden und Gegengestaden auf, welches gleich großen Einfluß auf die Entwickelung der Südenden des Erdtheils ausüben mußte, wie die Bodengestaltung selbst. Ohne Rücksicht auf dieses Verhältniß der Südstellung würde jede geographische Betrachtung, die sich blos auf den von der Küste eingeschlossenen Länderraum beschränken wollte, einseitig und leblos bleiben. Denn eben in dem Zusammenwirken der festen und der flüssigen Formen tellurischer Verhältnisse liegt ein Hauptgrund des Verkehrs und des Fortschrittes. Wir fassen dieses Verhältniß unter dem Begriff der Naturbrücken zusammen, welche den drei Halbinselländern auf so verschiedenartige

Weise mitgegeben wurden, um ihren Erdtheil auch mit dem Orient und dem Süden in Berührung zu bringen.

Dreierlei Arten von Brückenübergängen mußten durch die vorliegenden Gewässer des Mittelländischen Meeres und ihre Gegengestade einen mächtigen, doch sehr verschiedenartigen Einfluß auf die Südenden Europas gewinnen. Denn die mediterrane Südseite Europas sollte keineswegs durch einen weiten Ocean absolut abgeschieden daliegen auf dem Planeten von allem Völkerverkehr gesondert. Ihre reiche Mitgift war für ihre primitive Entwickelung der Charakter ethnographischer Weltgeselligkeit, im Gegensatz absoluter Welteinsamkeit, zu welcher Jahrtausende hindurch die Südenden der Continente, wie die am Cap Hoorn, am Cap der Guten Hoffnung und Cap Tasmania bestimmt waren, bis Culturfortschritt auch sie dereinst in den Kreis des allseitigen Planetenlebens hereinziehen sollte.

Die dreierlei mittelländischen Brückenübergänge, der Peloponnes mit seinen Inselpfeilern Kreta und dem Archipel, Sicilien mit den Nachbarinseln Malta u. a., der Atlasvorsprung als die Herculessäulen sollten aber auf sehr verschiedene Weise ihre Functionen zur Annäherung und Verbindung der Völkerschaften während der Jahrtausende ausüben. Ihre räumliche Lage und Stellung zeigt schon, daß hier eine Progression von Osten nach Westen stattfinden mußte.

Der Peloponnes (Morea) ist noch durch den Isthmus von Korinth an Hellas gebunden, gehört noch zu seinem Continent. Aber dies Fünfspitzenland, diese *πεντάκρια* läuft nach allen Richtungen in große Landzungen aus: gegen Süden, gegen Libyen laufen die spartanische und die messenische, gegen Westen nach Italien zu die achäische mit Elis (Cyllene) und Patras, gegen Osten nach Kleinasien zu die argolische, gegenüber der attischen. Doch liegen sie noch sehr fern von Libyen, wie von Kleinasien, so daß, wie Homer sagt, die Vögel nicht in einem

Fluge hinuber und wieder zurück können. Dagegen sind viele Inseln und Inselgruppen, große wie Kreta, Samos, Rhodus, und unzählige kleine insulare Gliederungen dazwischen gestreut. Als Brückenpfeiler sollten sie dienen, um die Völker und ihre Cultur hinüberzuführen aus einem Erdtheil zu dem andern. Solche Functionen erhielten Keos, Andros, Delos, Naxos, Paros, Thera, Lemnos, Samothrake, Tenedos, Lesbos, Chios, Samos, Kos, Kreta, Rhodos u. a. m. Hier reichen sich also die Gliederungen der Erde die Hände zu gegenseitigem Austausch. Der Peloponnes blieb Europa eigen; er konnte nie an Asien oder Libyen politisch angeknüpft werden, wie dies mit Candia durch Anknüpfung an Mehmed Ali's Aegyptische Herrschaft versucht wurde. Auf dem schönen, weiten, inselreichen Archipelagus wurde aber der freieste Spielraum für die Völker der drei Erdtheile, für ihre Begegnung, ihren Verkehr, ihre Tradition, für den Austausch aller Art in Worten und Werken, in Krieg wie in Frieden vorbereitet. So konnte das mediterrane Seeleben und das Culturwesen humaner Art, das uns aus den Homerischen Gesängen herüber tönt, in der Hellenenwelt beginnen.

Sicilien, am Südende Italiens, würde gleich dem Peloponnes ohne den Sieg des Poseidon über den Helios auch nur eine Halbinsel Italiens geblieben sein. Aber die Götter, sagt die Mythe, wollten es anders. Der Erderschütterer Poseidon, seinen Antheil am Lande des Sonnengottes zu behaupten, spaltete den Boden durch die Meeresenge bei Messana. Sicilien ward zur Insel, aber wie schon Strabo lehrreich sagt, keine der pelagischen, die auf freiem Ocean aus der Tiefe (ἐκ βύθου) erst emporgehoben wurden, sondern eine zum Nachbarland, zur Terra firma gehörige, eine προσθήκη zu Italien. Deshalb bezeichnet er eben diese Art zum Unterschiede der andern vortrefflich durch ἀποσπάσματα τῆς ἠπείρου, Abspaltungen oder Glieder des Festlandes. Und in der That, Sicilien hat noch ganz die Natur des ihm gegenüberliegenden Südendes von Italien; aber als Insel hat sie ein weit freieres Verhältniß zum Mutterlande genommen als der Peloponnes zu Griechenland. Noch den Südenden Calabriens verwandt geblieben, aber mit milderen Gebirgsformen, ist Sicilien nicht zur arkadischen rauheren Höhe des Peloponnesischen Plateaus emporgehoben, sondern dem größern Theile nach ein niederes, welliges Culturland voll reicher Weizenfluren, eine Kornkammer Italiens geworden. Die plutonischen Kräfte konnten nur an einem Punkte der Insel den kolossalen Aetna emporstoßen, der durch seine Eruptionskrater und den fortdauernden Auswurf seines Feuerschlundes aber eben als Sicherungsventil der mäßig erhobenen Inselbildung anzusehen ist. Sicilien liegt in der Mitte des Mittelländischen Meeres, das auf diese Weise in ein westliches und ein östliches Becken getheilt wird, zugleich in dem Maximum der Annäherung von Italien gegen Numidien und Nordafrika; zwar kann man von Sicilien aus das Gegengestade von Afrika noch nicht erblicken, aber die Inselgruppe von Melite (Malta mit Gaulos oder Gozzo) liegt als Wegweiser vor und bildet natürliche Verknüpfung für die große Inselbrücke von Continent zu Continent. Italien wurde durch dies Brückenglied Sicilien nach Karthago hinübergewiesen und so mit dem, was das Karthagische Libyen darbieten konnte, bereichert. Aber nicht an das libysche Karthago gebunden, gefesselt, obwohl die Gefahr zu Hannibals Zeit nahe lag: es blieb ganz europäisch. Tragisch würde der Erfolg gewesen sein, wenn das karthagische Element über das europäische in Italien das Uebergewicht gewonnen hätte. Bei Griechenland und dessen Vorlande, dem Peloponnes, war dies in Beziehung auf seine Nachbarschaft in Kleinasien in alter Zeit ein weit günstigeres Verhältniß. Denn die Nachbarn waren höher gebildete Karische, Lydische Stämme, oder verwandte Jonische, Dorische, Aeolische Griechen; die Perserübermacht aber wurde wie die karthagische zurückgestoßen. Aber später wurde dieselbe Weltstellung, welche früher Griechenland so unendlich bereichert hatte, sein Untergang. Was die Karthager gegen Italien vergeblich erstrebten, das führten Osmanen und Türken gegen die Griechische Halbinsel in den letzten Jahrhunderten wirklich aus, die um so tiefer versinken mußte, weil sie stets von ihren Gegengestaden abhängiger blieb. Kaum wird sich Hellas ohne Verjüngung des Gegengestades wieder dauernd erheben können. Aber die Macht Siciliens, seine Kornfülle, seine Völkerfülle wendete im Puniersturm das Verderben von Latium ab und rettete seine Selbständigkeit; denn es gab den Römern Mannschaft, Schiffe, Proviant. Der Hafenreichthum Siciliens und Unteritaliens, wie das Seeleben seiner Bewohner, mußte die Hafenarmuth Mittelitaliens und die Mängel seiner Nautik ersetzen. Das italische Halbinselland, auch durch andere nördlichere Raumverhältnisse gestützt, blieb fester und inniger an das Centrum Europas geknüpft, als seine beiden Nachbarhalbinseln in Osten und Westen, und konnte so durch alle Jahrhunderte hindurch auf den Entwickelungsgang von Europa mächtigst einwirken.

Spanien, durch die Mauer der Pyrenäen von Europa abgewendet, hatte das ganz nahe Mauritanien vor seinen Augen liegen und erblickt die Vorgebirge des andern Erdtheils. Die Küstenströmungen des Meeres, die Land- und Seewinde führen in jeder Jahres- und Tageszeit in wenig Stunden hinüber und herüber. Hier fand in der That von jeher keine absolute Trennung statt. Beide Gegengestade sind daher seit ältester Zeit auch für ihre Bevölkerungen in Eins verschmolzen. Kaum können wir sie in ihren Mythen, in ihren Geschichten und Völkerbewegungen unterscheiden. Jeder Nachen, seitdem nur Schifferversuche begonnen, stellte schleunig die vielbegangene Brücke zwischen den Gestaden der alten Bätica und Turditania und der Küste am Fuße des Atlas von neuem auf. Ob Mauritanier in uraltester Zeit auch wirklich herüberkamen und am Südgestade Iberiens sich ansiedelten, darüber schweigt die Sage. Aber die Geschichte kennt die Uebergänge der Karthager, der Vandalen, der Araber, der Moros, und der ihnen nachfolgenden Spanier. Diese dritte Brücke zeigt sich, am wenigsten frei und mannigfaltig, am bindendsten in ihren Wirkungen für das Ganze. Nicht nur die Räume beider Erdtheile stehen sich hier am nächsten, auch ihre physikalischen Naturen sind einander am nächsten verwandt. Der Spanier am Südgestade seiner Halbinsel, von Malaga, Sevilla, Cadiz fühlt sich am Nordende des Gegengestades zu Oran, Ceuta und Tanger noch zu Hause. Auch die Geschichte von hüben und drüben ist dauernd und übergreifend verknüpft. Blieben nicht Karthager und Araber halbe und fast ganze Jahrtausende die Herren in Spanien in vor- und nachchristlichen Zeiten? Sind nicht die Hauptstädte, wie Sevilla, Cordoba, Granada, Malaga, Murcia, Valencia, sind nicht die Namen der Bergzüge (wie die Sierra Morena) und die der Flüsse, wie des Guadalquivir (Vadi al Kibir), ja die ganze Sprache und Sitte, lebendige Zeugnisse der Arabisirung geblieben? Daß aber diese alte Brücke seit den drei letzten Jahrhunderten ihre Bestimmung verlor, ihre gegebene Function der Europäisirung des Gegengestades fallen ließ — daß Spanien nicht wiederum Herrscherin, wie zur Römerzeit, in Libyen werden konnte, wo es schon hier und da festen Fuß gefaßt hatte: daran trägt bekanntlich die gleichzeitige Entdeckung zweier Welten in Osten und Westen die Schuld. Sonst würde Mauritanien wohl längst spanisch geworden und europäisirt sein, ehe noch Algerien französisirt werden konnte. Aber noch war die rechte Zeit für dieses Werk nicht gekommen. Es konnte keine Erntezeit auf libyschem Boden beginnen. Das schlummernde Afrika mit seiner Heidenwelt sollte erst reifen für eine Aussaat und zu einer viel spätern Ernte, die Auferweckung des Sudan von einer andern Seite her vorbereitet werden.

Italien, die Apenninen-Halbinsel.

Italien ist eine verhältnißmäßig schmale, aber sehr lang gestreckte und fast gleich breit bleibende Halbinsel von (zumal für den Erdtheil, dem sie angehört) bedeutender Größe (5700 □M.). Gegen Norden hin dem Südfuße des mächtigen Alpensystems vorgelagert, ist sie gegen Südosten gerichtet und gegen ihre Südseite durch merkwürdige, ganz offene oder nur segmentartig ausgeschnittene Halbgolfe, so wie durch die große Dreiecksinsel Sicilien ausgezeichnet. Die Gebirgszüge des Apennin, nach dem man die Halbinsel mit größerm Rechte benennen kann, als Griechenland etwa nach dem Balkan oder Spanien nach den Pyrenäen, durchziehen es vom Anfange bis zum Ende. Dem Normalzuge ihrer Längenaxe von Nordwest gegen Südost verdankt die Halbinsel den Hauptgrund ihrer plastischen Gestaltung. Von dem Südende der Seealpen in Ligurien, auf der Grenze von Piemont und der Provence, trennt sich der Apennin von den Alpen, die gegen Nordost streichen, während sein Normalzug vorherrschend dieselbe Richtung gegen Ostsüdost bis in das hohe Toscana und in die Nähe des Vorgebirges Ancona am Adriameere behauptet. So weit reicht die größere Breite Norditaliens. Zwischen beiden Gebirgszügen, in dem dadurch gegen Osten geöffneten breiten Thalwinkel, lagert sich die große Ebene der Lombardei, welche der Po in ihrer ganzen Ausdehnung von West nach Ost bis zum Adriameere mit seinen linken und rechten, alpinen und apenninen Zuströmungen durchziehen, bewässern und in den großen Fruchtgarten und die Kornkammer Norditaliens verwandeln konnte.

So weit der Apennin noch das Pothal und die Ebene der Lombardei begrenzt, ist sein Zug fast ostsüdöstlich gerichtet, wenig gegliedert und nur 3000 bis 4000 Fuß in mittler Erhebung hoch, kaum in einzelnen Gipfeln steigt er einmal zu 6000 Fuß auf. Sobald er aber weiter gegen Osten, Ancona's Vorsprunge genähert, die Toscanische Gebirgslandschaft und die Quellhöhen des Arnothales erreicht, wendet sich die Normalrichtung seines Längenzuges mehr und mehr gegen Südsüdost in der Hauptrichtung der ganzen Halbinsel und er wird zum centralen italischen Gebirgssysteme. Mit der veränderten Streichungslinie nimmt auch die Zahl der vielgliederigen unter sich meist parallel laufenden Gebirgsketten zu, welche die ganze Mitte der Längenerstreckung Italiens mit Berglandschaften füllen, die, je weiter gegen Süden, immer mehr den schroffen wilden Apenninchararakter annehmen. Im Knie der Wendung, im Toscanischen, steigen sie noch nicht über 5000 Fuß auf, weiter gegen Süden in Unteritalien beträgt die mittlere Höhe 5000 bis 6000 Fuß. Einzelne Gipfel reichen bis zu 8000 und 9000 Fuß empor, wie der Gran Sasso, Monte Corno, die Majella in den Abruzzen. Mit dem Wechsel der Normalrichtung wechselt auch die Natur der Bestandtheile. Bis dahin besteht der Apenninische Zug aus den mannigfaltigsten Gebirgsarten, dem westlichen Flügel der Alpenkette analog, von dem er auch nicht absolut geschieden ist, sondern durch verschiedene Zweige zusammenhängt. Von der Umsetzung der Richtung gegen Süd an den Quellen des Arnothales beginnt für den größten Theil der südlichen Erstreckung das mehr einförmige, dichte, feste, vorherrschende Kalksteingebilde, der Formation der Jurakalke analog. Die Einerleiheit dieses Kalksteingebildes, das der Uebergangsformation angehört, hat die Einartigkeit der innern Apenninenketten und ihres landschaftlichen Charakters bedingt und läßt sich mit den mannigfaltigen Abstufungen seiner untergeordneten Lager und seinen wechselnden pittoresken, eigenthümlich zerrissenen und zerspaltenen Formen, durch das weite und breite Gebirgsland, das die Mitte der ganzen Halbinsel bis zum Süden derselben ausfüllt, deutlich verfolgen. Dieser Apenninenkalk, der vorherrschend um das Mittelländische Meer auch so viele Gegenden Spaniens, Griechenlands, Syriens und andre charakterisirt, wird jedoch mannigfach unterbrochen. Am seltensten geschieht das von primitiven Gebirgsarten, wie etwa durch die Granitbildungen am Südende Calabriens; weit häufiger von metamorphen Gesteinen, die ihre veredelte Natur, wie die Marmore von Carrara und andere, ihrer Umbildung an Ort und Stelle, oft erst dem Einfluß von Feuerwirkungen verdanken. Am häufigsten wird der Kalk durch plutonische Durchbrechungen meist abgeschwächter vulkanischer Thätigkeiten abgelöst. Sie bedingten seine Verwerfungen und Zersprengungen, und füllten sie mit geschmolzenen Gängen, Keilen, Feuerbildungen von Laven, Basalten. Auf solche plutonische Gebilde deuten heiße Quellen, Mofetten, Solfataren, Schwefellager, wie in Toscana, Volterra, im Albaner Gebirge bei Rom, bei Neapel, im Volturno, in Calabrien und Sicilien und anderwärts. Ja im Vesuv und Aetna sind furchtbare Feuerschlünde bis heute thätig geblieben. Der Contrast solcher emporgehobener Gebirgsformen hat in allen Umgebungen dieser durchbrochenen Gebiete die wundervollsten, reizendsten, oft furchtbarsten Landschaften hervorgezaubert. Auf den Grenzgebieten dieser contrastirenden Gebirgsformationen älterer und jüngerer plutonischer Art pflegt die Region der stärksten Erderschütterungen in Italien zu sein, die sich in ihren bestimmten Erschütterungsstrecken nicht selten wiederholen. Auf den Uebergängen der Vulcanbildungen in die Kalksteingebiete scheinen die Kalksteine häufig durch Schmelzung in die schönen Marmorarten metamorphosirt zu sein.

Der hohe centrale Apenninzug ist in seinen Vorhöhen, im sogenannten Subapennin, nach beiden Meeren hin mit mehr oder weniger breiten Hügellandschaften bedeckt; sie sind aus weichen mannigfach wechselnden Gebirgsschichten gebildet, die als Grauwacken (Macigno), Thonlager, Mergelschichten, Sandsteingebiete die ganze Länge des Gebirgszugs begleiten. Der Hochapennin drängt sich von Anconas Vorsprunge an mehr gegen die Ostseite hinüber, während auf der Westseite der Subapennin eine größere

Breite gewinnt. Der Ostabfall ist daher steiler, wilder, mit weniger Hügelland, und mit sehr schmalem, oft sehr eng beschränktem Küstengrunde versehen. Der Westabfall ist die begünstigtere Seite, wo die thalreicheren Uferlandschaften von Ligurien, Genua, Toscana, Latium, Campanien und Lucanien sich ausbreiten. Nur dahinwärts zum Thyrrhenischen Meere konnten sich größere Stromsysteme entwickeln, wie der Arno in Toscana, der Tiber im Kirchenstaate, der Garigliano im Neapolitanischen. Das Adriatische Gestade war nur steil abstürzende kürzeste Küstenflüsse zu erzeugen im Stande. Wenn demnach der ganz Italien dammartig durchziehende Hohe Apennin eine starke natürliche Scheidung in eine Ost- und Westseite Italiens, seiner Natur, seiner Völkerstämme, seiner Politik und aller seiner Sonderinteressen bedingte, so mußte es die Westseite sein, welche stets das Uebergewicht und die Herrschaft über die Ostseite ausübte. Alle bedeutenden Städte und Mittelpunkte italischer Herrschaften haben sich auf der Westseite des Apennins emporgearbeitet, keine auf der Ostseite.

Der hohe centrale Apennin nähert sich nur in einzelnen Punkten der Schneelinie, ohne sie zu erreichen. Nur die größern Höhen tragen hie und da gruppenweis auf längere Wochen eine Schneedecke; nie übersommert der Schnee, der größere Theil der Gipfel bleibt nacktes Gestein. Daher fehlt Italien die Wasserfülle zur Entwickelung großer und zahlreicher Landströme. Barken tragen in Mittel- und Unteritalien nur wenige Flüsse im untern Lauf. Alle italischen Gewässer haben nur den Charakter kurzer Küstenflüsse. Nur Norditalien hat seine große lombardische Ebene und das einzige schiffbare Stromsystem, den Po. Die Mittelketten des hohen, meist von vielen Klüften und Spalten durchbrochenen Apennin schwellen in ihrem dammartigen Zusammenhange öfter zu hohen schwer zugänglichen Plateaulandschaften zusammen; meist aber bleiben sie gesonderte Kettenglieder. Der Längenthäler im Parallelismus mit der Längenaxe des ganzen Zuges, welche die

Gliederungen der Parallelketten auf lange Strecken von einander scheiden, sind viele. Sie sind es, aus denen die Flüsse ihre Seitenzweige erhalten oder in denen sie selbst ihren Mittellauf nehmen; so der Arno aus den Thälern von Vallombrosa bis Florenz, der Tiber als Teverone aus Arezzo, als Fluß der Val Chiana bis Orvieto, der Velino bei Terni, der Anieno bei Tivoli bis zum Tiber bei Rom. Ebenso der obere Garigliano als Liris, der Volturno oberhalb Capua u. a. Diese Längenthäler liegen alle auf der Westseite, auf der Culturseite des Apennins. Der Ostabdachung fehlen sie fast gänzlich. Querthäler, welche die Längenachse des Apennins durchbrechen, giebt es fast keine. Die Querpassagen durch das Apenninsystem sind auf wenige Stellen beschränkt, wo sie erst durch Menschenhand gebahnt werden mußten. Das ganze Apenninenland ist ein vielfach zerstücktes Gebirgsland mit wenig Zugänglichkeit von außen und wenig innerlichen Verbindungslinien. Daher konnte es so lange Jahrhunderte hindurch der Sitz so vieler von einander gesonderter kriegerischer Völker und Sonderherrschaften bleiben, bis es der römischen Herrschaft gelang, eins nach dem andern durch lange blutige Kämpfe und oft noch ganz in ihrer Nähe, sich zu unterwerfen. Selbst zur Kaiserzeit konnte das stete Zerfallen in Einzelnheiten nicht einmal völlig gehindert werden, so wenig, wie im Kirchenstaate niemals die Vertilgung der Briganten gelungen ist.

Italiens Völkergeschichten und Staateninteressen sind von der ältesten Zeit an bis in die gegenwärtige getrennt und geschieden geblieben. Micali hat in seiner Geschichte: Italia antica avanti il Dominio dei Romani, Firenze 1810 und in seinen Monumenti dieses Verhältniß der innern Zerstückung Italiens von Land und Volk auf das klarste dargethan. Italien, in eine Ost- und Westhälfte natürlich geschieden, ermangelt der günstigen Bildung einer die ganze Halbinsel vereinigenden Naturmitte. Seit dem Versinken von Roms centralisirender Macht zerfiel die

Halbinsel wieder in ihre Elemente, in vielfach gesonderte Herrschaften bis heute. Die beiden Seiten Italiens sind verschiedenen Meeresseiten zugewendet. Kein großer Landstrom, keine weitgreifende Thalbildung, keine Centralebene von größerer Bedeutung verbindet die entgegengesetzten Gestade. Um die Herrschaft auf solchem communicationsarmen Ländergebiete zu behaupten, mußten die Römer es erst durch Militärstraßen zugänglich machen. Natürliche Verbindungslinien bieten nur die flachen Gestade, aber auch diese sind oft durch Flußspalten, Maremmen, Versumpfungen unterbrochen. Für ein Seeleben, das durch Wasserverbindungen die Mängel der Landverbindung hätte ersetzen können, wie das bei den Griechen der Fall war, wo gleiche Hemmnisse den innern Verkehr erschwerten, waren die Bewohner der italischen Halbinsel nicht geschaffen. Die Römer sind nie gewandte Schiffer gewesen, haben nie, wie die Athener, durch Seeherrschaft eine bedeutende Rolle gespielt. Sie mußten Sicilier, Etrurier, Sarder zu Matrosen nehmen. Es fehlt Italiens Bevölkerungen und Herrschaften jedes gemeinsame Interesse, überall tritt der Particularismus, das gespaltene politische Sonderinteresse so vieler kleiner und größerer Staaten einer großartigern Nationaleinheit entgegen. Was die Natur versagte, ist durch keine Kunst dauernd zu ersetzen.

Die Gestadeländer Italiens geben seinen Küstengebieten ein von Griechenland ganz verschiedenes Ansehn. Italien hat keine ganz geschlossene Golfe wie Griechenland, sondern kaum halbkreisförmige, oder auch noch offenere Segmente in seinen Küsteneinschnitten aufzuweisen, und fast keine vorliegende Inselstationen mit beschränkenden Einfahrten und hohen einander gegenüber die Stirnen bietenden Vorgebirgen. Die Zahl der Ufersegmente ist weit geringer im Verhältniß zum Festlande, und nur die Tyrrhenische Seite ist durch sie und ihre freieren Gestadelandschaften bevorzugt; ihre Hafenbildungen sind aber viel sparsamer und weiter auseinander gerückt als in Griechenland. Sie sind auch an der

Westküste Italiens leicht zu zählen: es sind die offenen Buchten von Genua, La Spezzia, Livorno, Ostia, Neapel und Pästum. Auf der Adriatischen Seite sind sie noch sparsamer auf zwei große Ausschweifungen zwischen Ancona und dem Monte Gargano, und von diesem südwärts auf die Ausbuchtung von Apulien beschränkt. Nur das Südende der Halbinsel ist durch den tiefer einschneidenden Golf von Tarent begünstigt, und an den Nordenden nehmen die Golfe von Genua und von Venedig die erste Stelle unter diesen günstigen Hafenbildungen ein. Hier hat sich auch die Marine Italiens und der Seehandel ausgebildet. Der Golf von Neapel ist fast der einzige, der durch vorspringende Halbinseln und die Caps Campanella und Misenum, mit den Inseln Capri, Ischia und Procida eine Analogie mit dem Charakter der griechischen Golfe darbietet, und wegen seiner großen malerischen Schönheit berühmt ist. Alle andern haben mehr den offenen Charakter des Golfs von Elis. Ihre Uferlandschaften sind daher auch keine griechischen engen Gau- oder Cantonalgestalten; die ihnen anliegenden Gestadelandschaften sind ganz anderer Art, ziehen sich mehr als flache Ebenen tiefer ins Land hinein, wie Latium; oder von langen Küstenketten dichter begleitet bilden sie die schönen Rivieren, wie die berühmte Riviera di Genova. Am Adriameere hin zieht sich nur schmales, klippiges Uferland, wie in Umbrien und Apulien. Da, wo Stromsysteme, wie auf der Tyrrhenischen Seite, sich in ihre weiten Gestadebuchten ergießen und herrliche Uferlandschaften gestalteten, wie sie Griechenland nur in kleinerem Maßstabe, Spanien nur an seiner Süd- und Ostküste besitzt, da konnten sie zu Zaubergärten werden, wie Toscana am untern Arno, die Campania felix um Neapel, die Umgebung des Golfs von Tarent. Doch fehlt es auch ihnen nicht an verpesteten Sumpflandschaften und Maremmen, wie die von Pisa, Volterra, die Pontinischen Sümpfe, die Maremme von Ostia, Lagunen von Venedig, Adria und Aquileja.

Die bis jetzt entwickelten charakteristischen Eigenthümlichkeiten der Halbinsel Italiens sind meist auf Mittel- und Unteritalien beschränkt. Norditalien ist andrer Natur, und wenn auch jetzt politisch zu Italien gerechnet, liegt die ganze große Lombardische Ebene doch schon außerhalb des eigentlichen italischen Halbinsellandes. Die Lombardei ist nur eine continentale Zugabe zur Halbinsel, wie Sicilien eine maritime: beides die Kornkammern, welche die Nord- und Südenden der ärmern Halbinsel so sehr bereicherten, daß sie viele Millionen ernähren, daß Rom die Capitale eines großen Weltreiches werden konnte. Die Lombardei, von der Halbinsel ganz abgeschnitten durch den Apennin, wie von Mitteleuropa durch den Gürtel der Alpen, ist eine selbstständige Landschaft für sich, von der Wasserfülle des Posystems durchzogen, den die trockengelegte einstige Verlängerung des Adriameeres in einen großen Fruchtgarten verwandelt hat. Dieses vom Meere verlassene große Bassin mit geringer Senkung seiner Horizontalebene gegen Osten hat daher durchaus nichts mit der Charakteristik des eigentlichen italischen Bodens des Halbinsellandes gemein; auch nicht mit seiner Geschichte. Zur Römerzeit war Norditalien keltisch, bojisch, gallisch; im Mittelalter gothisch, lombardisch, germanisch. Es blieb lange beim deutschen Reiche und der lombardische Städtebund schuf deutsche Städteverhältnisse. Norditalien konnte dagegen nur selten einen bedeutenden Einfluß auf Mittel- und Süditalien ausüben. Rom in der Mitte des eigentlichen Italiens war am günstigsten gelegen zu einer Bezwingung und Beherrschung der Halbinsel, konnte aber nicht dauernd eine solche behaupten. Sowie die Nord- und Südenden der Halbinsel, wie Neapel durch die Normannen ein selbstständiges Königreich, die Lombardei und Toscana mächtig wurden, oder andre kleine Staaten sich erhoben, verlor die Mitte die Alleinherrschaft. Betrachten wir dagegen Rom nicht als Hauptstadt von Italien, sondern als Mittelpunkt eines über alle Cultur- und Gegengestade des Mittelmeeres ausgebreiteten großen Reiches, so ist seine Lage die günstigste von der Welt. Auf so günstiger localer Grundlage mußten doch noch viele andre historische und politische Verhältnisse zusammentreffen, um jene Weltherrschaft herbei zu führen, die während eines Jahrtausends das organisirende Gesetz in Sprache, Verfassung, Recht, Wissenschaft, Kunst fast für den Erdkreis auszuprägen vermochte. Italien ist das Land der Geschichte; in seine Geschichte ist die Geschichte aller andern Länder, Völker und Staaten Europas auf das genaueste verflochten, wie in keine andere. Das gilt für die römische Republik und die Cäsarenzeit, bis in das Mittelalter, bis zum deutschen Kaiserregiment, und der Oberherrschaft der Hierarchie durch das ganze christliche Europa! Rom herrscht auf dem Gebiete der Wissenschaften, Künste, Missionen, der Gewerbe, des Handels. Rom ist das ewige Rom, Italien das Land der Monumente aller Art, nicht nur, wie Griechenland, durch kurze Jahrhunderte für Architekturen, sondern durch ganze Jahrtausende hindurch bis heute für alle Zweige der Entwickelung der modernen Völker. Dieser classische Boden Italiens selbst ist zwar räumlich derselbe geblieben, die Natur hat auch da, wie überall, ihre Grundanlage behauptet — aber der Entwickelungsgang der Geschichte hat sich des Bodens wie in keinem andern Lande bemächtigt, durch ihren Fortschritt oder ihren Rückschritt, hat sie verschönert, bereichert, oder entstellt und umgewandelt je nach der Art der Zeiten und der Völker. In Griechenland konnte die Natur, früher durch Menschenhand veredelt, wieder frei werden und gänzlich verwildern. Italien blieb im Besitz der Menschengewalt, es konnte sich nur ummodeln oder gänzlich erschöpfen; verwildern konnte es nicht, nicht in die Hand der Natur zurückfallen. Die Autorität der Menschen ist wohl keiner Planetenstelle so sichtbar eingegraben wie dieser alten Ausonia. Jedes Zeitalter, jede Völkerströmung, jede Phase der politischen und religiösen Zustände hat diesem Lande seinen Stempel aufgedrückt. Schon allein durch Weinbau, Oelbau, Irrigation, von Millionen der thätigen Völkerschaften seit Jahrtausenden angewandt, ist die Physiognomie der italischen Landschaft eine ganz andre geworden, als es die frühere, die ursprüngliche war. Was Millionen von Armen Jahrtausende hindurch wirkten, ist sichtbar geworden. Auf allen Hügeln, Vorgebirgen, Felsklippen, Bergen Reste aus der Zeit des Paganismus: Burgen, Tempel, Architekturen der mannigfaltigsten Art, die ihre Unterlagen oft ganz umformten und in ihren Trümmern oft wieder ganze Hügellandschaften erzeugt haben. So in der siebenhügeligen Roma, wo die Berge versanken, die Thäler erhöht sind, der Tiberstrom einen andern Lauf genommen hat, die Basamente der Tempel und Kolosse das Pflaster der Straßen tief in die Erde versenken und wieder auszugraben sind. So in Ostia, wo man auf grünen Rasenhügeln von weiter Erstreckung fortschreitet, welche nur den stehen gebliebenen aber überwucherten Kellergewölben verschwundener Städte und Villen ihr Dasein verdanken. So überall, wo durch das tausendjährige Gedränge der Völker und die Accumulationen der Cultur nicht nur Vieles zerstört, sondern auch Vieles neu geschaffen wurde. Und nun der Anbau späterer Jahrhunderte! Burgen, Städte, Kirchen, Kapellen, Klöster, Katakomben aus der christlichen Zeit, Paläste, Villen, mit denen der größte Theil des italischen Bodens dicht übersäet ist. Aber auch Vernichtung und Verlassenschaft früherer Culturstellen ist zu erwähnen. Wie verändert erscheint die Campagna von Rom gegen die Zeiten der römischen Könige und Kaiser! Wo jetzt fast keine Seele mehr wohnt, wo man höchstens einzelnen Schafhirten mit ihren Heerden und wilden Hunden begegnet, eben da schwelgten damals Millionen in Prachtsitzen, von denen nur noch Grundmauern zu erblicken sind, oder Hunderte von zerfallenen Mausoleen die übrig gebliebenen Grundpfeiler prächtiger Todtenkammern zeigen. Der jetzt nackte wüste Boden ist noch aus jener Periode wie besäet, aber ſtatt mit gemeinen rohen Kieſeln, mit den edlern, ſchönſten, oft geſchliffenen Trümmern der Geſteinsarten, der Marmore aus Griechenland, der Porphyre und Granite aus Aegypten. Die menſchenleere Einöde, welche die prächtige Trümmerwelt der alten Poſidonia umgiebt, iſt ein Seitenſtück zur Campagna. Selbſt die Meeresufer haben ſich umgeſtaltet, bald ſind ſie verengt, bald erweitert. Uferbrücken, Bäder, Terraſſen, die ſelbſt durch Meeresſtrecken hindurchgehen, wie bei Puteoli, Bajä, Miſenum, bald von den Meereswellen noch heute überſpült werden, wie Ciceros Formianum bei Molo di Gaeta, und ſo viele andere bezeugen, wie Menſchenhand und Menſchenkunſt ſelbſt mit der Meeresfluth gerungen haben.

Bei dieſem hiſtoriſchen Charakter ſteht die italiäniſche Landſchaft im größten Contraſt mit den Landſchaften anderer Planetenſtellen, die rein der Production der Naturkräfte überlaſſen blieben. So die Alpengegenden, die meiſten deutſchen Landſchaften, die ſcandinaviſche Natur u. ſ. w. In Italien ſind es faſt nur noch die Meereswellen, die Vulkangeſtalten und ihre plutoniſchen Bildungen — und auf den höchſten Gebirgszügen die Felsklippen und Plateaurücken, die aromatiſchen Haidegegenden, die ſparſamen Gruppen der wilden Kaſtanienwälder, welche die Natur ſich in ihrer von Menſchenhand unberührten Geſtaltung vorbehielt. Dagegen hat ſich die Cultur des größern Theiles des italiſchen Bodens bemächtigt. Dreierlei Culturſyſteme ſind auf eigenthümliche Weiſe durch das italiſche Halbinſelland vertheilt und danach ſind auf derſelben auch drei Hauptregionen zu unterſcheiden. Die Verſchiedenheit der Klimate, der Productionen, der Landesſitte, der Lebensweiſe des Völkerſchlages, der Anſiedelungen ordnet ſich dem jedesmaligen Hauptthypus dieſer drei Culturſyſteme unter, und daraus erklärt ſich die große Mannigfaltigkeit der italiſchen landſchaftlichen Erſcheinungen zur Genüge.

Das erſte Culturſyſtem, das Lombardiſche, beſteht in der

Bewirthschaftung des Bodens durch die kleine Gütervertheilung und der Irrigations-Cultur der Ebenen. Seine Region breitet sich aus vom Fuße des Mont Cenis ostwärts bis zum Adriameere durch die ganze Weite der Lombardei, von den Alpen bis zum Nordfuße des Apennins. Der Po mit seinen Nebenflüssen bewässert die weite Ebene auf das reichlichste. Es ist dies wohl der größte Garten von Europa mit dem erdenklich fruchtbarsten Boden, mit der aufgehäuftesten Population und den dicht gedrängtesten Wohnstätten, Städten, Gartenhäusern, Landsitzen, Villeggiaturen, Palästen, Kanälen, Heerstraßen und sich kreuzenden Vicinalwegen und allen Arten von menschlichen Anlagen. Dieselbe Region wiederholt sich gleichartig in allen Fruchtebenen der südlichen Halbinsel, doch nirgends in so großem Maßstabe: in Toscana am Arno, in einzelnen Theilen des Kirchenstaates, sporadisch im Neapolitanischen. Der reiche Ertrag durch Getreidebau und Seidenzucht (seit dem 12ten Jahrhundert), die Sicherheit des Gewinnes auch vom kleinsten Raum, steigerte den Ueberfluß, die Fülle der Städteanlagen und des Besitzstandes ins Unglaubliche. In dieser Region ist die Bodencultur auf die vollendetste Höhe getrieben, wie sonst nirgends in Europa, wie kaum etwa in Holland, oder hie und da in England; nur mit der ausgebildetsten Bodenbewirthschaftung Südchinas ist sie zu vergleichen. Im griechischen Halbinsellande findet sich nirgends etwas Aehnliches. Eigentliche Dörfer und der Bauernstand fehlen, es fehlen die unabsehbaren gleichartigen Fluren des Feldbaues. Das Ganze ist ein Obst- und Maulbeergarten, unterhalb mit Mais, Reis und allen Korn- und Gemüsearten bestellt, nach oben bis in die Wipfel der Bäume mit Reben bedeckt. Alle Cultivatoren sind Gärtner oder Meier, nicht Eigenthümer des Bodens, sondern Pächter oder Hörige. Die verzehrenden Grundeigenthümer sind die Adligen und die Städter. Der Stand der Kaufleute, der Gewerbetreibenden, der Handwerker, Handlanger, Tagelöhner ist an die engen Schranken der eignen Consumtion gebunden. Daher fehlen (die größten Städte ausgenommen) im Allgemeinen Industrie, Fabrikation und Großhandel. In jenen Großstädten ist Ueppigkeit, sonst überall mäßiger Wohlstand. Diese fast kastenhaften socialen Verhältnisse sind ohne Entwickelung und Fortschritt mit Boden und Bodencultur dieselben geblieben, seitdem Virgil am Mincio bei Mantua seine noch heute verständlichen Georgica sang.

Das zweite Culturſystem ist das Canaanitische, die Terrassencultur, wie sie noch heute am Libanon einheimisch ist. Die Region der Berggehänge und Olivenwälder ist der wichtigste Repräsentant dieser Terrassencultur; seine Begleiter sind Weinstöcke, Feigenbäume, Mandel- und Maulbeerbäume, und mit zunehmender Progression gegen Süden Citronen, Limonen, Orangen und andre edle Culturgewächse. Diese Region beginnt mit dem Var bei Nizza an den Abhängen der Seealpen. Da liegt die berühmte Riviera di Genova, die Landschaft La Spezzia, Lucca, Massa, Carrara, das reizende Arnothal von Vallombrosa, Fiesole, Florenz, die ganze Toscanische Hügellandschaft. Es folgen die reizenden Gehänge des Apennins am Tiber, des Albanergebirgs, die den Künstlern zu ihren Studien dienenden berühmten Gegenden von Tivoli, Subiaco, Benevent, La Cava, Amalfi. An dieser Stelle hat die Zone dieses Culturſystems ihre charakteristischen Mittelpuncte, hier das Winzerleben seine höchste Ausbildung gewonnen. Die Gegend nimmt schon mehr einen Charakter subtropischer Landschaften an, die Palme, der Johannisbrodbaum, Aloe und Cactus treten zu der oben bezeichneten Vegetation hinzu. Die größte Annäherung an afrikanische Natur erreicht diese Region in Sicilien, wo sich schon das afrikanische Geflügel, zumal das Perlhuhn, wohlgefällt. Um Florenz, Pisa, Siena zeigt sich ihre lieblichste Vergesellschaftung und Mischung mit der Lombardischen Cultur ebener Gelände. Auch im Norden am hügeligen Nordsaum der Lombardei, in der Zone der Landseen am Fuße der Voralpen, bildet sie einen schmalen Gürtel, der um so reizender und entzückender ist, weil ihm hier die großartige Alpennatur zum Hintergrunde dient. Am Genuesischen Steilufer zeigt sich die Terrassencultur schon in voller Pracht und Ausdehnung. Da verschwindet jede Erinnerung an Lombardische Ebene. Statt des nordischen Grüns der Wiesen und Wälder in der schmalen Seenzone der Alpen, statt der Pappeln, Ulmen, deutschen Eichen erheben sich da aus den Felsthälern und Gründen die Lorbeergruppen, die Cypressenhaine, die einzeln stehenden immergrünen Korkeichen, die gedrängten Veteranen alter Olivenwaldungen. Nur hier und da ragen Gruppen von Palmen empor. Statt der Kleefelder, der Wiesenteppiche beginnen hier die Anger mit Hyacinthen, Narcissen, Asphodelen, Anemonen. Die zahlreichen einzelnen Wohnungen des Landmanns, die unendliche Menge von Dörfchen und kleinen Städten liegt terrassenförmig über und neben einander, in der Mitte der Obstwälder zwischen malerischen Berghöhen, ihren Gehängen und Felsklippen. Ackerfelder kommen nur in kleinen Dimensionen vor, Wiesengründe und natürliche Waldungen fehlen fast gänzlich. Der Mensch ist in dieser ganzen Region ein andrer als in der ebenen Landschaft. Auf ein kleines aber reizendes Eigenthum beschränkt lebt er nicht im Dienst Anderer. Er ist vielleicht ärmer, aber er lebt freier. Er steht für sich, ohne sich um die Welt zu bekümmern. Hier stößt das idyllische Leben und das der Briganten an unzähligen Puncten zusammen, wie Ueberfluß und bitterste Armuth, Glück und Unglück und Leidenschaft sich berühren. Hier tritt zumal an Bächen und Flüssen mit Wasserstürzen, am Meeresgelände, an kühnern Gebirgsformen und Berg- und Felscontouren der reizendste Stil der so malerisch-historischen Landschaften mit immer neuen unerschöpflichen Schönheiten hervor. Hier ist die poetische Welt Italiens, das Gebiet des künstlerisch dichtenden Volks, der Gesangeslust, der Improvisatoren, der natürlichen Mimik und darstellenden Kunst in Leben und Thun aller Art, der reichsten Begabung. Hier liegen unzählige Ortschaften, deren jede ihren Heroen in der Cultur, in der Welt- und Menschengeschichte aufweisen könnte. Von der ligurischen Heimath des Weltentdeckers Colombo im Norden, von Savona, Genua an, über die etrurischen Ländergebiete, wo ein Dante und Petrarca, in Perugia, wo ein Rafael seine Heimath hatte, bis Tivoli, wo Horazens Villa liegt, bis zum äußersten Süden zu den Colonien und Republiken der alten Pythagoräischen und andern Weltweisen, bis Tarent, Sybaris, Thurii, dem Sitze Herodots, hinüber bis Messina und Syracus, wo Archimedes seine großen Probleme entwarf.

Die dritte Region, in welche der Boden Italiens zerfällt, zum Glück die am wenigsten ausgedehnte, ist die Region der Culturlosigkeit, der Aria cattiva, einem großen Theile nach Sumpflandschaft, das Gebiet der Maremmen. Sie zieht sich vorherrschend längs dem Meeresgestade, näher oder ferner, hin, wo die Vorhöhen fehlen, und Niederungen des Bodens, zumal an den Mündungsländern der Flüsse, sich ausbreiten. So die Maremmen am Arno, die von Pisa, in Latium um Civita Vecchia, Ostia, Terracina, zumal die der berüchtigten Pontinischen Sümpfe, die Ebene um Capua, Pästum und weiterhin. Sie bedecken meist die Ebenen zwischen dem Fuß der Vorhügel des Apennins bis zu der anschlagenden Meereswelle, die noch durch die Dünenbildung den Abfluß der Sumpfwasser zum Stillstehen bringt. Sie nehmen auf der wasserreichen Westseite des Apennins längs dem Tyrrhenischen Gestade größern Raum ein, als auf dem verengteren, flußärmern Ufersaume der Adriatischen Seite. Ueber diese Sumpfstrecken erzeugt sich die Fieberluft mit ihren bösartigen Miasmen, welche durch die Seewinde auch öfter weit landein Verderben bringt und selbst manche der tiefliegenden Straßen von Rom verpestet. Kein Ackerbau, kein Obst, Gartenbau, keine Culturstrecken, nur hie und da mit kleinen Pinienwäldchen besetzt, wie bei Ostia, sonst den Savannen Amerikas vergleichbar, doch nicht ohne eigenthümlichen melancholischen Reiz. Die menschliche Organisation kann hier nicht so gedeihen, wie die thierische und die Pflanzenvegetation, die in Sumpfgewächsen und üppigen Pinienwäldern hier und da herrlich emporschießt. In frühern Jahrtausenden waren dieselben Landesstrecken übervölkert, die cultivirtesten, blühendsten Gestadeländer. Noch sind die Maremmen von Bajä, Puteoli, Cumä, Latium voll der Denkmale aus jener Periode des Luxüslebens der Römer. Eben das übermäßige Aussaugen des Bodens ohne die nachträgliche Sorge, dem Grunde Ersatz zu geben für den jährlichen Tribut seiner Leistungen, scheint die Kraft des Bodens erschöpft zu haben. Diese Region producirt gegenwärtig nichts als das Element der beginnenden Vegetation, die Gramineen. Nur hier, in ganz Italien, finden sich nordische Wiesen, Rasenteppiche, die Weideländer der Heerden zwischen den Morästen und Sümpfen und stehenden Wassern. Die Frühlingszeit in den Pontinischen Sümpfen kann den reisenden Deutschen wohl zauberisch in seine Heimath versetzen; aber in der Fieberzeit des Sommers ist ihm gerathen, sie auf dem Wege von Rom nach Neapel auf das schnellste zu durchfliegen. Dieses Campo morto des Italiäners ist nur das Paradies der Büffel, die in zahlreichen Heerden sich in seinem Schilfe wälzen. Nur den halb verwilderten Heerden der Thiere bringt diese Region Gedeihen. Doch auch sie würden vielleicht bei Uebersommerung in diesen Gebieten zu Grunde gehen. Alles wandert dann aus. Die Wenigen, die zum Bleiben genöthigt sind, schleichen vom Sumpffieber abgezehrt umher. Kein Reisender wagt sich in den Monaten Juli und August in die Maremmen. Den kühlen Theil des Jahres ist kein Land reicher an Heerden und Hirten, ein patriarchalisches Hirtenland wie Canaan, Gilead und Basan. Heerdenwirthschaft im größten Stil ist hier der einzige Reichthum des Grundbesitzers. Er verpachtet Weide für Rinder, Pferde, Ziegen, Schafe, zahllose Büffel und sparsame Kameele (wie im Toskanischen). Diese zahlreichen halbverwilderten Schaaren werden von ebenfalls halb verwilderten ritterlich ausgerüsteten Hirtengruppen gehütet, die zu Pferd mit Lanzen bewaffnet, in lederner Rüstung eher Mongolen oder andern asiatischen Hirtenvölkern ähnlich, als Europäern, die Einöden und Wildnisse durchziehen. Sie bilden die Schule der Briganten, die sich leicht vom Gebirge zu ihnen gesellen und in den schwer zugänglichen Sumpfstrecken ihre Asyle finden. Die Hirten selbst sind Fremdlinge in den Ebenen; von Armuth genöthigt steigen sie als Hüter fremder Heerden herab von den Apenninen, aus Umbrien, dem Sabinerlande, den Abruzzen und andern Gebieten früherer Kriegergeschlechter, um die kalte Jahreszeit des Hochgebirgs zu umgehen und in der mildern Ebene im Herbst, Winter und Frühjahr in den Maremmen ihr Brod zu verdienen. Mit der anrückenden heißern Sommerzeit steigen sie wieder auf die Hochrücken des kühlen Apennins hinauf, aber in die gesundere Bergluft zurück.

Noch eine vierte Region könnten wir unterscheiden, die des Hochgebirgs. Sie ist es, zu der die Hirten aus den Maremmen emporsteigen. Das Hochgebirge des Apennins trägt den rauhern klimatischen Charakter des kältern Nordens. Es ist von dürren nackten Haiden überzogen, auf denen die Merino-Heerden noch ihre aromatischen Kräuter finden, zwischen dem wuchernden Gebüsch der perlgrau blühenden baumartigen Haidegesträuche. Hier ist kein Anbau; auf den oft unzugänglichsten Höhen, die außerhalb alles Verkehrs, aller Cultur liegen, kann der Grundbesitzer nur von der Verpachtung seiner trockenen Anger an das Schäfervolk leben. Armuth und Dürftigkeit sind vorherrschend. Der Bewohner muß sich mit ihnen hier von der Frucht des Kastanienbaumes nähren, welcher die Stelle der deutschen Buche vertretend hier die Hauptnahrung der Menschen und Thiere bietet. Denn der herrliche Kastanienwald steigt bis zu dem Hochrücken des Apennins in üppigster Fülle empor, er bereichert auch durch

Holzschlag. Wenn Plinius die Waldungen als Charakter Deutschlands im Gegensatz von Italien hervorhob, dessen tieferen Landschaften sie auch heute nur noch sehr sporadisch zugetheilt erscheinen, so sind es die Apenninenhöhen, dort wo Kastanienwald sie bereichert, die eine Ausnahme bilden. Nur die ganz nackt gebliebenen höchsten Gipfelhöhen überragen die Waldung. Diese Hochregion kann nur wenig bevölkert sein, und wo sie es mehr ist, da muß die jährliche Emigration nach den Tiefen, in die Fruchtgebiete, in die Maremmen und in die Städte zum Verdienst als Handlanger, Hirten und Knechte vor Hungersnoth schützen.

Diese vier Regionen mit der Mannigfaltigkeit des Seelebens an den Meergestaden, und das Ineinandergreifen ihrer contrastirenden Cultur- und Völkerverhältnisse geben Italien einen eigenthümlichen hochromantischen Charakter. Oft ist man überrascht, antiker, lateinischer, etruskischer Einfalt der Hirten und Winzer in den Ruinen alter Tempel und Königspaläste, in Hütten verwandelt, zu begegnen, wo Armuth und Pracht, Einfalt und Luxus, Unwissenheit von der Welt mit der modernsten Cultur dicht zusammengrenzen. Leider wird jedoch die einheimische Nationalität immer mehr und mehr von der französischen Mode verflacht und verdrängt.

Die Hesperische Halbinsel (Spanien und Portugal).

Die einförmige Küstenumsäumung dieses Halbinsellandes ist fast ganz ohne Gliederung geblieben, und hat auch keine Küsteninseln als vorliegende, sein Areal erweiternde Seestationen erhalten, welche Italien und Griechenland in so reicher Fülle zu Theil wurden. Es scheint, daß die ganze plutonische Kraft der Feuer- und Dampfgewalt bei der so mächtigen Emporschwellung des compacten Plateaulandes zur Concentration dieses Hauptgebildes schon verwendet war, so daß keine Seitenkräfte mehr zur Hebung von

Verlängerungen, oder Isolirungen von Inseln, an Nebenpunkten, aus den hier schon größern Atlantischen Tiefen möglich waren. Zumal da auch schon so nahe im Süden gegenüber die afrikanische compacte Hebung aus derselben Tiefe alle Masse an sich gerafft hatte. Daher konnten auch erst in größern Fernen vom Iberischen Gestade im Osten wie im Westen die plutonischen Kräfte zu Eruptionen kleinerer Inselgruppen, wie der Balearen und Azoren, sich concentriren, welche letzteren nicht aufgehört haben, bis in die Gegenwart ihre vulkanische Thätigkeit durch Einzelhebungen zu erweisen, während dieser Vulkanismus auf dem ganzen Gebiete der massigen Plateauerhebung völlig erstorben erscheint, wenn er auch früher hier thätig gewesen sein mag. Und eben so wenig zeigt sich auf dem gegenüberliegenden sehr analog gebildeten Atlasplateaugebiete ein Repräsentant solcher Vulcanität, während sie auch an den so vielfach gegliederten Rändern und Inselgruppen Italiens und Griechenlands nicht fehlen.

Spanien hat also keine weit in das Meer vorspringenden Gebirgsketten und Halbinseln erhalten wie Griechenland; es fehlen ihm daher gänzlich die tiefen, halb oder ganz geschlossenen Golfe mit ihren eigenthümlichen maritimen Gaulandschaften und Cantonen. Nur Promontorien sind es, die an den Nord- und Südketten hier und da ihre steilen Stirnwände höher und schroffer für den flachen Küstensaum des Gestades erheben, wie in Biscaya, Asturien, Gallicien; aber nur kleinere Buchten, keine tiefen Golfe drangen in ihre Massen ein. Eben so gegen Süden, wo die Küstenkette sich sogar zur Aetnahöhe bis 10000 Fuß erhebt. Aber auch hier fehlen die tief einschneidenden Golfe, und nur flache Schwingungen der Gestadelinien, wie die offenen Segmente am Tyrrhenischen Meere Italiens, wiederholen sich hier, in den Buchten von Catalonien, Valencia, Murcia, Granada, Malaga u. a. mit günstgen Hafenstellen. Die Gestadeentwickelung sollte keine vorherrschende, keine überwiegende sein, wie im vielgegliederten

Griechenland, wo die centrale Masse des Bodens eine nur untergeordnete Stellung für das Ganze erhielt.

Die abgesonderte Gestalt hat Spanien bei Griechen, Römern und Arabern immer vorzugsweise den Namen der Halbinsel verschafft. Die Spanier reden noch jetzt mit Vorliebe von ihrer Peninsula hermosisima. Die Araber nannten sie sogar nur die Insel, Dschesira. Als Westende von Europa hieß die Halbinsel das Abendland, Hesperien, bei Griechen und Römern; bei den Arabern El Magreb, was dasselbe bedeutet — Algarve heißt davon noch der südwestliche Winkel. Woher der Name Hispania ist unbekannt. Er soll karthagisch sein, soll Nordland (Conde), oder Kaninchenland (Bochart), oder Pferdeland (de Brossy) heißen. Die Araber nannten im Mittelalter auch das Land Aschbania — daher jetzt España. Die südliche Küstenprovinz hatte von den Vandalen in der Völkerwanderung den Namen Vandalosia erhalten. Dieser wurde von den Arabern in Andalus (d. h. Westland) umgeändert. Diese Provinz besetzten die Araber zuerst bei ihrem Uebergange aus Afrika von Süden her. So wie sie in ihren Siegen fortschritten, breiteten sie diesen Namen Andalus auch über die ganze Halbinsel aus. Seit ihrer Vertreibung ist dieser Name ein spanischer geblieben, aber auf die große südliche Küstenprovinz eingeschränkt worden, auf Ober- und Unter-Andalusien, wozu die Königreiche Jaen, Granada, Cordoba, Sevilla gerechnet werden. Auch das südliche Portugal gehörte zur Araberzeit, vor der Schlacht bei Ourique, zu dem großen Andalusischen Reiche.

Unsere bisherige Kenntniß von Spanien ist sehr gering, unsere Landkartenzeichnung der Halbinsel sehr unvollkommen. Die Alten verglichen ihre Gestalt mit einem ausgespannten Felle, die Araber mit einem Dreieck, und diese Vorstellungen haben bis in das letzte Jahrhundert viele Irrthümer in der Darstellung des Landes erhalten. Erst durch genauere Aufnahme der spanischen

Küsten und den classischen Küstenatlas von Tofiño erhielt die Karte des Landes ihre richtige Ausdehnung. Aber eben so unsicher ist bis jetzt noch die Terraindarstellung auf unsern besten Karten. Im Allgemeinen sind auch hier überall die Züge der Wasserscheiden mit den Gebirgsketten verwechselt, und die Oberfläche Spaniens dadurch mit Bergzeichnungen aller Art überladen, mit denen es schwer wird sich gehörig zu orientiren. Die Hochebenen unterscheiden sich darauf in nichts von den Ebenen des Tieflandes; auf den Gebirgsbau ist nur wenig Rücksicht genommen, und diese hypothetische Bergzeichnung steht sehr häufig in Widerspruch mit den bewährtesten Augenzeugen.

Dem grandiosen Bau der Halbinsel angemessener als die Schilderungen unserer Gelehrten ist die Vorstellung des spanischen Geographen und Astronomen Isidoro de Antillon [1]). Nach seiner Meinung zeigt sie den Bau eines menschlich gedachten Festungswerkes, das aus drei Haupttheilen besteht, und wie ein Bollwerk das Land gegen die Wogen des Oceans schirmt: aus zwei Vormauern, sagt er, an der Nord- und Südküste, der Asturischen Küstenkette und der Sierra von Ronda bis Granada, die von West gegen Ost gezogen seien, um vor dem Andrange des Biscayischen wie des Mittelländischen Meeres zu schützen. Dann noch aus einer dritten querlaufenden Gebirgsmauer, welche von Nord gegen Süd jene beiden Vormauern verbinde, nämlich von der Ebroquelle bis zum Mittelmeere bei Granada und Murcia,

---

[1]) Don Isidoro de Antillon Elementos de la Geografia astronomica natural y politica de España y Portugal. Valencia 1815. (Erste Ausg 1808.) Nach ihm ist in allen unsern Compendien Spanien, seit Büsching, neu bearbeitet worden. Uebersetzung der ersten Ausgabe unter dem Titel: Handbuch der Geographie von Spanien und Portugal, aus dem Spanischen des N. N. übersetzt von Rehfues. Weimar 1815. Mit einer Karte. Die Uebersetzung gut geschrieben und richtig, aber wie alle Arbeiten aus der ältern Weimarischen Fabrik unvollständig, mit Auslassung oft der wichtigsten wissenschaftlichen Daten.

um, wie nach den Grundsätzen der Kunst, jene beiden wie durch einen Querriegel oder Querbalken zu größerer Festigkeit zu vereinen.

Aber auch diese Darstellung ist blos eine Ansicht, an der etwas Wahres ist, aber doch nicht vollkommen richtige Darstellung der Natur. Die wahre Gestaltung der Halbinsel nach ihren plastischen Verhältnissen, ihre ganze Configuration, kann nur durch viele Messungen ihrer physischen Dimensionen erkannt werden. Die geographischen Dimensionen sind uns hinreichend bekannt, aber die physischen bisher nur sehr sparsam.

Zuerst A. v. Humboldt lenkte auf diesen Mangel die Aufmerksamkeit durch seine Vergleichung des Plateaus von Spanien in Europa mit dem von Neuspanien in Amerika (1808). s. Al. Laborde Itineraire déscriptif de l'Espagne. Paris 1808. T. I. p. 114 tab. 2 et 3. Aber seine Winke sind bisher wenig beachtet worden. Von den Spaniern selbst sind viele Beobachtungen gemacht, aber nur wenige öffentlich mitgetheilt. Die Specialkarten, die localen Beschreibungen in Geschichten und Reisen, die Beobachtungen der Naturforscher, der Geographen, Botaniker, die Verhältnisse der Witterung und der Landescultur geben hie und da manche Belehrung. Vorzüglich wichtig ist das Studium der Feldzüge für die Landeskenntniß; zumal der der Araber und Castilianer in den älteren Zeiten, der englischen, französischen und spanischen Armeen in den letzten Jahrzehnten der Revolutionszeit und unter Wellington.

Alle bisherigen geographischen Arbeiten über die Halbinsel müssen nur mit Kritik benutzt werden, um sich zu einer richtigen Vorstellung des Ganzen zu verhelfen.

Die Halbinsel bildet also nach Antillons Vorstellung von der Westseite her gegen die andrängende Gewalt des Atlantischen Oceans ein mächtiges Bollwerk. Auf der Nordseite hängt sie in einer bedeutenden Breite von 92 span. Leguas (26,6 auf 1 Grad) oder 58 geogr. Meilen mit dem Continente von Europa, mit dem südwestlichen Frankreich zusammen. Hier bildet die Gebirgskette, welche die continentale Verbindung knüpft, zugleich eine Naturgrenze, einen wahren Grenzsaum, der nach seiner physikalischen und historischen Bedeutung jedoch vielmehr eine Scheidewand der Völker und Staaten zu nennen ist, und durchaus keine Naturform, welche den gegenseitigen Verbindungen förderlich wäre. Die Halbinsel bildet in der That ein in sich geschlossenes Ganze, da der physikalische Charakter ihrer Configuration ganz aus ihrer eigenthümlichen Gestaltung hervorgeht und von keiner benachbarten Naturform bedingt wird. Bisher haben die Geographen gewöhnlich die Betrachtung Spaniens mit der Grenze, nämlich mit der genauern Beschreibung der Pyrenäenkette begonnen. Aber diese Gebirgskette giebt der Halbinsel durchaus nicht ihren wesentlichen Charakter, sie ist ein, obwohl sehr wichtiges, doch immer nur untergeordnetes Glied in dem weit größern Gebirgssysteme der ganzen Halbinsel. Die Pyrenäenkette bezeichnet nur das Verhältniß zum Continente von Europa. In dieser Hinsicht haben die Pyrenäen ein großes Interesse, zumal ein politisches für die zwei Nachbarstaaten. Zur tiefern Erkenntniß des Ganzen müssen wir uns aber, wie der Spanier, in die Mitte seiner Halbinsel versetzen, d. h. in diejenige Mitte, welche die Natur ihr angewiesen, und die das Volk als solche angenommen hat. Das ist das spanische Hochland Alt- und Neu-Castilien. Von ihm senkt sich die Halbinsel auf mannigfaltige Weise hinab: gegen Nord und West in die Tiefen des Atlantischen Oceans, gegen Süd zu dem Niveau der Gestade des Mittelländischen Meeres. Gegen Nordost senkt sich dasselbe spanische Hochland in seiner Grenzgebirgskette, den Pyrenäen, die theils seinem geschlossenen Bau mit angehören, theils vorgeschobene Gebirgsglieder desselben sind, hinab in die weiten Flächen Südfrankreichs, hinab zum atlantischen und mediterranischen, oder zum Aquitanischen und Norbonensischen Gallien, zum heutigen Gascogne im Nordwesten und Languedoc im Südosten. Altcastilien und Neucastilien bilden die beiden Hauptterrassen des spanischen Hochlandes. Sie liegen in ungleicher Meereshöhe über einander, in einem gewissen Parallelismus von Ost nach West hin ausgedehnt; so daß Altcastilien im Norden liegt, Neucastilien dessen südliche Stufe bildet. Altcastilien oder die höchste Terrasse fällt gegen Norden mit seinen vorliegenden Gebirgsketten unmittelbar hinab zum Meere und in das Tiefland. Neucastilien bildet die vermittelnde Stufe mit Südspanien. Südspanien nennen wir Andalusien, in seiner weiten, alten Bedeutung genommen. Es reicht bis zu den Säulen des Hercules.

Dies sind die von der Natur selbst gegebenen drei Haupttheile der Halbinsel: Nordspanien, Mittelspanien, Südspanien.

Gegen Westen senken sich diese drei Hauptstufen auf eine sehr gleichförmige Art, wie das schon das Gerinne der Ströme zeigt, hinab gegen den Atlantischen Ocean. Das breite von Nord gegen Süd ziehende Atlantische Küstenland, dessen Natur ganz und gar von dem Bau der ganzen Halbinsel abhängig ist, nennen wir in seiner politischen Einheit Portugal. Diese politische Einheit ist jedoch auf keine Weise in dem Naturbau gegeben, sondern rein historischer Art, in der Ablösung des selbstständig gewordenen Theiles vom Ganzen. Das Alterthum kannte diese Trennung nicht. Erst im Mittelalter, zu Anfang des 12ten Jahrhunderts schied sich Portugal als ein besondres Reich vom übrigen Spanien. Der besondre Umstand des heftigsten lange andauernden Religionskampfes gegen den Feind der Christenheit, gegen die Araber, in der Mitte ihrer Halbinsel, erhebt die Lusitanischen Grafen, welche Vasallen von Castilien waren, zur Unabhängigkeit. Erst 1139 erwarb sich Alfons I. (gest. 1185) durch den großen Sieg bei Ourique die Würde eines souveränen Königs, die Portugiesen ihre Selbstständigkeit. Erst nach vierzigjährigem Streit ward die Selbstständigkeit Portugals anerkannt. Das südliche Küstenland, Andalusien, und das westliche, Portugal, müssen als die breiten Küstenterrassen der Halbinsel betrachtet werden, obwohl sie ihrer Terrainbildung nach von ganz entgegengesetzter Art sind.

Die nördliche Küstenterrasse Spaniens längs dem Biscayischen Meere bildet nur einen sehr schmalen Küstenrand, der von jenen beiden völlig verschieden gebildet ist. Wir können ihn uns am Nordfuße der ganzen Pyrenäenkette gegen Ost fortgesetzt denken, wenn wir die weiten Flächen des südlichen Frankreich, die nur wenige hundert Fuß über dem Meere liegen, mit Meeresfluth überdecken. So würde Spanien völlig zur atlantischen Insel werden.

Im Innern der Halbinsel senkt sich ein Theil der Richtung der übrigen Senkungen entgegen nach Südost, in der Richtung des Ebro nach dem Mittelländischen Meere zu. Dieser Theil bildet die Terrasse von Aragonien, welche die große Einförmigkeit des Halbinselbaues unterbricht und ein eigenes System von Terrassenabfällen bildet. Die Verschiedenheit dieser Landschaft von den übrigen zeigt schon die entgegengesetzte Richtung der Flüsse. Auch in allem übrigen verhält es sich ebenso different: in der Luft, dem Klima, der Vegetation, dem Culturgange und den historischen Erscheinungen.

Also sieben wesentliche Hauptformen: zwei centrale Plateaulandschaften, drei Terrassen gegen Süd, West und Ost (Andalusien, Portugal, Ebrogebiet), der nördliche schmale Absturz und Küstenrand und die Pyrenäenkette.

Castilisches Hochland. [1])

Die Halbinsel liegt zwischen 36 und 44° N.Br., von 8½ bis gegen 21° O.L. von Ferro; von Süden nach Norden zwischen

[1]) Castilien ist ein Name, der den Alten unbekannt war. Erst seit den Zeiten der Gothen erhält das Plateauland den Namen Castilla von den

dem Cap de Tarifa und dem Cap Ortegal, von Westen nach Osten vom Cap Finisterre bis Cap Creus in Catalonien. Von dieser Ausdehnung ist das Hochland Castiliens fast überall gleich weit entfernt, doch dehnt es sich am meisten gegen den Norden der Halbinsel aus. Von den 8441 □Meilen des spanischen Areals nehmen die zwei Hauptprovinzen Alt- und Neu-Castilien 2285 □Meilen ein, also über ein Viertel des Ganzen.

Das Castilische Hochland steigt von Sud nach Nord, als erhaben liegende weit verbreitete Flächen in zwei Hauptstufen auf. Es begreift die gesammten obern Stromgebiete der Hauptströme

---

vielen Schlössern und Burgen, welche dieses Volk nach und nach anlegte. Das ganze Hochland füllte sich mit solchen Castellen, die seit den maurischen Kriegen dem Vordringen der ungläubigen Heere lange Jahrhunderte hindurch Trotz boten. Den Reiterschaaren der Araber, welche überall in die Ebenen weithin sich ausbreiteten, konnte auf die Dauer nur Widerstand von ummauerten Festen geleistet werden. Von diesem wichtigsten Punkte der Selbsterhaltung ging der neue Name des Landes und Volkes aus: das Land der Burgen, die Burgmanner (Castilla, Castellanos). Selbst die Hauptstadt auf den größten Höhen des Plateaus in Alt-Castilien erbaut, behielt von ihrer ursprunglichen Anlage den Namen bei, Burgos Castellos, Burgos sind Warten, die in den spanischen Urkunden zuerst im zehnten und elften Jahrhundert vorkommen, früher nicht. Diese alten Burgen Castiliens sind heutzutage großentheils verfallen, aber sie spielen eine wichtige Rolle als die Stammsitze (solares, casas solariegas), auf denen die Würde des alten castilischen Adels beruht. Der Hidalgo (hijo de algo) d. h. Sohn von Etwas, von Adel, der Hidalgo de casa solariega ist die hochste Würde, die der Spanier kennt, der hohe Adel Daher war Castilien, zumal Altcastilien, so lange das alte Wesen der Spanier Bestand hatte, dem Range und Ansehen nach die erste Provinz des Reichs Mit ihr fast von gleichem Range sind die Landschaften von Asturien und Leon, die auch zu demselben Plateau gehören. Die Bewohner dieser Hochterrasse rühmen sich, daß immer der vierte Mann von ihnen noch aus diesem alten Adel von reinem Blute stamme, unvermischt mit dem der Ungläubigen und der Ausländer. Hidalgos de sangre (von fremdem Geblüt) heißen im Gegensatz jener die Adeligen von diesen vermischten Geschlechtern niederer Art. So schließt sich hier in Spanien das Geschlecht an die Landesnatur, und die historische Entwickelung an das Wesen der Naturform an.

Spaniens, die sich gegen den Westen senken, und das obere Ebroland, das gegen Osten abfällt. Es ist nach allen Seiten von Hochgebirgen begrenzt; diese erscheinen vom Innern aus gesehen weniger als solche — wohl aber, wenn man aus den tiefer liegenden Küstenländern zu der großen Hochterrasse hinaufsteigt. Sein Inneres ist selbst mit bedeutenden Gebirgsketten durchzogen. In dieser Configuration liegt das Eigenthümliche Castiliens, das sich in der Landesnatur wie in der Geschichte der Menschen ausprägt. Der Castilianer ist zum natürlichen Beherrscher der Halbinsel geboren. Sein Hochland dominirt alle Küstenprovinzen. Wenn es schon keineswegs der reizendste oder reichste Theil der Halbinsel ist: so behauptet es dennoch in Hinsicht der Stellung und Construction den überwiegenden Einfluß auf das ganze System der Halbinsel und umschließt die Hauptstädte derselben. Toletum am Ufer des obern Tajo in der Mitte Neucastiliens, etwas westlich von Aranjuez — heute Toledo, ist die alte Hauptstadt in der wahren räumlichen, d. i. geographischen Mitte der Halbinsel, von allen Küstenorten fast gleichmäßig neun Tagereisen entfernt, und in dieser Zeit, wie Strabo sagt, schon von Alters erreichbar. Es ist das Toloitela der Araber, von dem sie sagten, es läge im Nabel der Halbinsel. Sie rechneten von da 9 Stationen gegen Süden nach Cordoba, 9 gegen Westen nach Lisboa, 9 gegen Nordwesten nach San Jago, 9 gegen Nordosten nach Jaca am Fuße der Pyrenäen nördlich von Zaragoza auf der Passage nach Frankreich, 9 gegen Südosten nach Valencia, 9 gegen Südsüdosten nach Almeria, dem Hauptbafen im östlichen Granada: also Radien zu 9 Stationen oder Tagereisen nach allen Grenzgebieten des Landes. Toledos Name bedeutet im Altspanischen oder Iberischen eine erhabene Warte oder Hochwacht, was im heutigen Spanischen atalaya. Das war der Ort nicht blos dem Namen, sondern dem Wesen nach in aller Zeit für alle historischen Verhältnisse in der wahren Mitte der Halbinsel. Von dieser Mitte der Hochterrasse

Neucastiliens ist erst seit dem Anfange des 16ten Jahrhunderts nach der neuen Hauptstadt Madrid der Blick abgelenkt worden. Madrid war zu Karls V. Zeiten (1516—1555) noch ein unbedeutender Flecken (pueblo) zwischen schattigen Wäldern gelegen, berühmt wegen des Jagdreviers der Könige von Segovia, wo Hirsche, Eber, Bären hausten. Erst unter Philipp IV. (1621—1665) wurde Madrid für beständig zur königlichen Residenz. Die Spanier nannten in ihrer ruhmredigen Zeit Madrid el Corazon, das Herz, und erhoben den Ort über alle andern (donde está Madrid calle el mundo — wo Madrid sich zeigt, schweige die Welt).

Castilisches Scheide-Gebirge.

Die Hochterrasse Castiliens wird in ihrer Mitte durch einen sehr ausgezeichneten Zug von Kettengebirgen, die in gerader Richtung von Ost nach West streichen, der ganzen Länge nach in zwei Hälften getheilt, die nördliche, Altcastilien, die südliche, Neucastilien. Antillon und Link geben diesem Zuge mit Recht den allgemeinen Namen des Castilischen Scheidegebirges, als natürliche und an vielen Stellen auch politische Grenze beider Reiche. Der Zug beginnt an den Quellen des Jalon, eines rechten Zuflusses zum Ebro gegen Nordost, und des Tajuna, eines rechten Zuflusses zum Tajo gegen Südwest; beide entquellen in der Provinz Soria dem Hochlande Castiliens um den Ort Medina Celi, der im Süden von Soria liegt, auf der Grenze von Alt- und Neu-Castilien. Dieses Scheidegebirge streicht von da südwestlich bis nach Portugal zum Westabfalle der Estrella, an den Quellen des Mondego in Beira. In dieser ganzen Erstreckung haben die Spanier dafür noch keinen allgemeinen Namen. Zur Araberzeit hieß es Al Sharrât, d. h. vorzugsweise der Gebirgszug, weil er die ganze Halbinsel fast durchschneidet und in eine nördliche und südliche Hälfte theilt. Von diesem arabischen Namen Al Sharrât haben nachher alle Gebirge Spaniens den Namen Sierra erhalten (in Portugal Serra). Es ist keine einfache Bergkette, kein wallartig erhöhter Bergdamm, sondern ein System vieler, von Ost nach West parallel laufender Granitgebirge, meist nackt und felsig, von Süden her steil aufsteigend, gegen Norden sanft abfallend. Von Ost gegen West wird das System von mehreren engen Längenthälern durchsetzt. Der Gesammtdurchschnitt von Süd nach Nord ist von abwechselnder Breite, je nachdem mehr oder weniger parallel laufende Glieder neben einander hinziehen. Die mittlere Axe oder Hauptrichtung des Zuges bezeichnet eine wenig gebogene Linie, die südlich von Tortosa an der Mündung des Ebro beginnt, über Escorial im Norden von Madrid weg gezogen wird, und bis Coimbra zum Atlantischen Meere geht. Der Zug wird selbst durch einige hohe Bergflächen wieder hie und da unterbrochen. Aber jedes folgende Glied des gemeinsamen Zuges hebt in derselben Richtung an, in welcher das vorige aufhörte. An mehreren Stellen gewinnt aber die ganze Breite des Scheidegebirges bedeutende Höhe und Mächtigkeit. Es zerfällt natürlich in eine östliche und westliche Hälfte, welche beide zum Meere hinabfallen.

In der östlichen Hälfte steigt das Gebirge mit dem Cap Oropesa bei Peñiscola aus dem Mittelmeere, weiter nordwärts aus dem untern Ebrothale auf. Aus dieser Niederung des Ebro erhebt sich das Scheidegebirge vorzüglich mit der Muela de Ares 4074 Fuß. Sie ist im Osten Spaniens die erste Vorgruppe der Plateaubildung, ein unangebautes, aber weidenreiches, rings von sehr steilen, zum Theil senkrechten Abgründen umgebenes Plateau. Seine Massenerhebung beginnt auf den Grenzgebieten der Provinzen Aragon, Soria, Cuenca, zwischen den Quellgebieten des Jalon, Duero und Tajo. Da steigt der Gebirgszug in größter Breite, Höhe und Steilheit aufwärts aus der tiefern Terrasse von Aragon, scheidend zwischen Alt- und Neu-Castilien. Die von Osten her prallig und hoch aufsteigenden Gebirgsmassen verlieren auf den Höhen diesen wilden Gebirgscharakter. Sie laufen gegen Westen großentheils als erhabene Hochebenen aus, wiewohl häufig mit bergiger Oberfläche. So bilden sie das Quellland der Hauptflüsse Spaniens, des Jiloca rechts, des Jalon links, beides rechte Zuflüsse des Ebro; des Tajo selbst, des Gallo bei Molina, des Tajuna, und weiterhin fast aller rechten Zuflüsse des Tajo, und der linken Zuflüsse des Duero gegen Norden. Das Gebirge um den Ort Molina de Aragon liegt über 3000 Fuß (1263⅜ castilische Varas) über dem Meere, am Flusse Gallo oder Mesa; es trägt den Namen Sierra Molina.

Von dieser Massenerhebung am Molina de Aragon, wo Plateauerhebung und Gebirgserhebung zusammenfällt, streicht der Zug des Scheidegebirgs westwärts, von Medina Celi (am Jalon-Quell in Soria) über Siguenza am obern Henares, nach den zerrissenen und zackig aufstarrenden Felsgebirgen, welche die Ebenen von Madrid im Süden von den Ebenen von Segovia im Norden scheiden. Altas de Baraona, Sierra Minestra, Sierra Paredes, Soma Sierra, Sierra Guadarrama sind nur einzelne Benennungen einzelner Glieder oder Theile derselben in der Richtung von Ost nach West. Das Gebiet dieses Zuges gegen Süd, wo es in die Stufenebene von Neucastilien abfällt, wird durch eine ziemlich gerade Linie über die Städte Guadalajara, Uzeda, Manzanares, Escorial, Orte, bei denen die rechten Zuflüsse des Tajo aus den letzten südlichen Vorbergen in weiten baumleeren, nackten Flächen Neucastiliens hervortreten, bezeichnet. Diese Zuflüsse sind der Henares, Jarama, Manzanares, Guadarama.

Die westliche Hälfte des Scheidegebirges ist weniger bekannt als die östliche. Sie streicht im Süden der Städte Avila, Ciudad Rodrigo, Viseu im fast gleichen Parallel, nicht ganz 41° N.Br. wie die östliche Hälfte gegen Westen fort, und scheidet Altcastilien und Salamanca (zu Leon gehörig) von Neucastilien und Estremadura. Einen allgemeinen Namen hat diese Hälfte so wenig als die östliche. Namen einzelner Theile sind: Sierra del Pico, S. de Gredos (oder Griegos), S. de Bejar, S. de Francia, S. de Gata auf der Grenze von Salamanca, Estremadura und Portugal. Von da setzt sie im Süden der Städte Almeida und Visen (in Beira) gerade westwärts fort als Serra Estrella. In den Vorhügeln der Serra de Gões, S. de Açor, S. de Luzão fällt sie ab in die Tiefe des portugiesischen Küstenstrichs, wo an den Ufern des Mondego Coimbra liegt, nur wenige Meilen von der Küste. Je weiter nach Westen, desto mehr reihen sich auch Vorketten gegen Süden an. Schon an der Westgrenze Neucastiliens engen diese bei Talavera de la Reina das Bett des Tajo von der Nordseite ein. Ebenso in Estremadura bei Oropesa. Auf portugiesischem Boden füllen sie die Breite der Provinz Beira zwischen Mondego und Tajo und zwingen den letztern zu einem immer mehr südwestlichen Laufe.

Eigenthümlich ist es bei den Bergzügen Spaniens, daß sie, wie das Land selbst im Großen, sich im Einzelnen auf ihren größten Höhen in erhabene Plateaus verflachen. So auch dieser Zug, der in Osten mit der hohen Muela de Ares über dem Ebro beginnt, in Westen mit der Hochebene der Serra Estrella über dem Mondego zu Ende geht und zwischen diesen Endpunkten noch andere Plattformen aufzuweisen hat. Isolirte zackige Kegel und Gipfel, welche die Alpen charakterisiren, sind hier sehr selten. Auf den Höhen von Molina de Aragon und Medina Celi verschwindet alle Bergform ganz und gar: da breiten sich fast nur weite erhabene, öde Hochebenen aus. Weiter nach Westen hin sind dagegen die Bergzüge wieder mehr ausgezeichnet durch Querrisse, oder tiefe Bergpässe, welche den Gebirgsparallel durchbrechen. Dazwischen in den abfallenden Stufen liegt die einzige Naturscheide zwischen Spanien und Portugal.

Oestliche Gruppe. Die vier Hauptpassagen von Osten nach Westen, aus Aragon nach Castilien.

1. Passage von Teruel über Molina de Aragon nach Guadalajara. Teruel liegt in einer sehr fruchtbaren Bergebene Aragoniens am Guadalaviar zwischen Kalkgebirgen. Die Höhe Sierra Minera scheidet Aragon von Molina und Cuenca; zwischen den Orten Pozohondon in Osten und Povo in Westen läuft die Grenze. Die ganze Höhe ist Hochebene mit Torflagern und einer Decke von Sumpfeisenerz überzogen. Darin sind Eisengruben, zumal um Ojos Neros. Das Plateau zieht sich in Ebenen bis Molina am Gallo oder Mesa. Von Molina de Aragon steigt die Hochebene immer nur sanft an, fast unmerklich für das Auge, über Ciruelas bis Alcolea. Hier ist die größte Erhebung des breiten Bergplateaus, das auf seinem Rücken als unabsehbare Ebene erscheint, auf welcher nur hie und da niedrige Cerros, d. h. Kuppen aufgesetzt sind. Die Senkung der Plateaufläche beginnt erst weiter im Westen von Alcolea und Siguenza; gegen Südwesten in der Richtung nach Guadalajara, geht aber nicht tiefer als 2500 Castil. Fuß. Denn Guadalajara am Henares liegt über dem Meere 850⅔ Varas Castellanas oder 2552 Castilische Fuß. Dies das Profil des Osteingangs zum Plateau. Die überstiegenen Hochebenen sind häufig überdeckt mit horizontalen Schichten junger Flözlager, voll Trümmer versteinerter Seethiere, mit Gypslagern überzogen, unter denen zahlreiche Salzquellen hervortreten. Wo beide fehlen, mit unermeßlichen Massen loser Quarz- und Sandsteinkiesel überschüttet wie mit den Trümmern einer Vorwelt. Sonst pflegen diese Massen nur in den Niederungen zu liegen; in Spanien füllen sie aber die Hochflächen. Auf diesen Hochplateaurücken erscheint keine Spur des heißen Südens. Bei Teruel reift die Traube nur selten, der Rosmarinstrauch, ein Charaktergewächs des heißen Spaniens, fehlt hier. Nur Wach-

holder, Ginster und Nadelholz (Cedrus hispanica) wächst noch bei Teruel. Weiter hinauf verschwindet fast alle Vegetation, die Höhe wird waldleer, baumlos, ganz nackt. Auf der Hochebene von Molina herrscht neun Monate im Jahre Kälte; hier liegen die Quellen des Tajo, Gallo und Guadalaviar benachbart, gegen Ost und West eilend. Die Vegas del Tajo liegen um die Sierra Blanca, wo der Schnee bis in den Juni liegen bleibt. Erst bei Alcolea gegen West zeigen sich die ersten Roggenfelder auf den dürren Ebenen. So ist der Charakter der Gebirgsnatur von Hochspanien.

2. Passage aus Mittel-Catalonien von Daroca durch den Paß von Used über Algora nach Guadalajara in Castilien. Aus dem warmen Ebrothale von Zaragoza führt diese Passage nach Neu-Castilien und stößt erst bei Algora in die vorige Straße ein. Daroca liegt in Aragon am Jiloca südwestlich von Zaragoza am Ostfuße der Gebirgshöhe. Die Ebroebene bis dahin ist reich an Kornfeldern, Weinbergen, Olivenpflanzungen. Diese verschwinden unmittelbar mit dem Gebirgspaß, der nahe bei Daroca zu dem Plateaugebirge führt. Vom Paß bei Hused im Norden des Lago Gallocanta beginnt das Aufsteigen, bequem, allmählich, über öde Höhen ohne Wohnungen, ohne Bäume, nur mit Wachholdergesträuch überzogen. Die Passage geht über die hochliegenden Orte Tortuera, das im Norden von Molina de Aragon liegt. Zur Rechten am Wege erhebt sich ein Berggipfel, der Cabeza del Cid heißt. Ueber Anchuela (del Campo), Maranchon (nördlich von Ciruelas) zum Tajuna-Ufer (Aguita oder Aguitarejo) geht es nun nach Algora am Tajuna. Bis dahin dieselbe Pflanzenarmuth wie auf der ersten Passage, kein Ackerbau, kein Wald; nur einzelnes niedres Gebüsch von Eichen, Stechpalmen, Wachholdern. Bei Algora fangen die südlichen aromatischen Gewächse wieder an zu sprossen, Lavendel, Thymian u. a. In Südwesten von Algora, bei Grajanegas,

zeigt sich zuerst wieder Abwechselung der Landschaft, nämlich statt der einförmigen Plateauflächen eingeschnittene Thäler der Flüsse und Bäche mit Felsufern. Gegen Guadalajara hin erscheinen seit Daroca wieder die ersten Weinberge, bald Olivenpflanzungen. Auf den Höhen des Bergrückens bleibt der Schnee liegen bis Mitte Mai. Erst dann treten die Merinos aus den tiefern Gegenden ihre Bergwanderung dahin an.

3. Passage auf der Hauptstraße von Barcelona und Zaragoza nach Madrid. Von Calatayud durch den Paß von Arcos nach Medina Celi und Guadalajara. Auch diese Straße führt aus den heißen Ebenen Aragons auf das kalte Castilien. Zuerst verschwinden Feigenbäume und Olivenwälder, die am Ebro um Zaragoza die Thalebene bedecken. Calatayud, die größte der drei Städte am Eingange der Aragonischen Pässe nach Neucastilien, liegt am Jalon; in seinem engen Thale ist noch üppige Fülle: Obst, Getreidefelder und Weinland. Bei Ateca, dem zweiten Dorfe westlich von Calatayud, verschwindet der Weinbau, die rauhe Landschaft beginnt. Der Jalon hat hier seinen untersten Katarakt. Aufwärts am Jalon windet sich von Ateca steil im Zickzack der Paß von Arcos auf. Ist man oben, so breiten sich flache Hochebenen bis Lodares und Medina Celi aus, mit Hanffeldern bedeckt. Dies ist die erste Plateaustufe. Das zweite ganz allmähliche Aufsteigen westwärts von Medina Celi (zur Quelle des Jalon) geht immer auf öden Hochebenen, über Bujarraval, bis Siguenza, das auf dem Rücken der zweiten Stufe liegt. Diese senkt sich nun erst ganz allmählich gegen Südwest mit dem Henares hinab, dessen Quellen in den Ebenen unter Siguenza liegen. Auf der ganzen Strecke ist nirgends Hochgebirge zu erblicken, wenn man einmal den Engpaß von Arcos überstiegen hat. Nur Hochebene breitet sich weit und breit aus.

Oestliche Hälfte. Vier Hauptpassagen aus Altcastilien nach Neucastilien.

1. Passage von Soria nach Guadalajara. Almazan am obern Duero südlich von Soria liegt auf der Ebene von Altcastilien, sehr hoch, aber doch noch zwischen Weizen- und Kornfeldern. Von dem Städtchen südlich steigt der Weg nur sehr sanft über weite wellige Flächen, ohne alles Hochgebirge aufwärts. Kaum einzelne Hügelreihen erscheinen auf der Costa de Atienza, der Grenze von Alt- und Neucastilien. Hier fällt also das Plateau mit dem Scheidegebirge in Eine große geschlossene Masse zusammen. Die absolute Gesammterhebung ist sehr bedeutend, indeß die relative fast als Null erscheint. Die erhabensten Rücken durchsetzt man in drei Stunden vom Dorfe Baraona aus südwärts nach Paredes. Das sind die Altos de Baraona der Castilier, die Sierra de Paredes der Karten. Von da südwärts zum Henares bei Jadraque, und auf seinem Südufer bis zum Tajo gegen Grajanegos (zur Zaragoza-Straße) bleibt man unverändert auf sanftgesenkten weiten, öden Flächen. Diese werden nur hie und da von den Flüssen zerschnitten, und so erst zu Hügelreihen und Felsufern eingerissen. Plateaubildung bleibt also auch hier alleinherrschend; aber mit ihr Einöde, Einförmigkeit, Mangel an Cultur. Erst gegen den Henares zeigen sich bebaute Landschaften.

Die bisher betrachteten vier Passagen über dies spanische Hochland führen allesammt nicht an Zackengipfeln vorbei, sondern über weitverbreitete erhabene Flächen und abgerundete Höhenzüge. Daraus ergiebt sich, daß dieser Theil des Scheidegebirges nicht als Gebirgskette im gewöhnlichen Sinne des Worts betrachtet werden kann. Es ist eine Bildung eigenthümlicher Art, das hohe schneereiche Quellland der Halbinsel. Daher bei den Spaniern mit Recht die Altos, die erhabene Mitte von Spanien genannt.

Diese Altos oder dieses Maximum der Plateauerhebung (nicht aber die Gipfelbildung einzelner Gebirgsketten) muß als die bedingende Ursache des Gefälles fast aller strömenden Wasser der Halbinsel gegen den Ocean und das Mittelmeer betrachtet werden.

2. Der Paß von Somosierra führt von Burgos südwärts über Aranda, Buitrago nach Madrid. Aranda liegt in der Hochebene am Duero. An dem Südufer des Flusses zeigen sich die ersten Vorläufer in niedern Kalk- und Sandsteinhügeln. Auf diesen liegt Ouroubia. Südwärts von da fangen die Glimmerschiefer an, sie sind jedoch noch mit Sandstein-Breccien bedeckt. Diese niedern Vorhöhen mit niederm Gebüsch von Eichen (roble) bewachsen, verflachen sich wieder in die Ebene von Bocequillas, die höchste Vorstufe an der Nordseite des Gebirgszuges, die sich durch Einöden zieht bis zur Venta de Juancilla. Bis dahin immer ebenes offenes Land. Nun steigt man erst das Granitgebirge auf. Es liegt überall nackt da, die Felsmassen sind zum Theil geschichtet, Alles dem Charakter der spanischen Gebirge gemäß, sanft zugerundet. Hier verschwinden die Gesträuche Altcastiliens, zumal der lorbeerblättrige Cistus (Cistus laurifolius) geht nicht weiter nach Suden. Das eigentliche Aufsteigen scheint keine zwei Stunden zu betragen. Auf der Höhe des Bergpasses liegt das elende Dorf Somo Sierra, nahe daran etwas südwärts Roble Gordo, wo es neun Monate hindurch winterlich und rauh sein soll.

Der Südabhang führt in zwei Stunden nach Buitrago, einer Stadt in einem Felsenkessel gelegen. Südwärts von Buitrago zieht die letzte Reihe hoher zackiger Granitspitzen von Ost nach West, nicht so erhaben als die Gipfel der Somosierra, aber von der Südseite aus betrachtet weit wilder, furchtbar zerrissen. Der höchste Gipfel der wilden Granitkette, Pico de Miel, unter dem der Weg hinläuft, fällt steil und sehr plötzlich zur Tiefe ab. Bei Uzed am Jarama und bei San Augustino tritt man schon völlig aus den letzten Vorhügeln in die mit Kieselgeschieben überschüttete Fläche von Neucastilien. Hier zeigt sich völlig veränderte Vegetation, also auch anderes Klima. Der Repräsentant des gemäßigten spanischen Klimas tritt auf, der Oelbaum. Statt des lorbeerblätterigen Cistus, der das niedere Gesträuch Hochcastiliens bildet, erscheint der Ladanstrauch (Cistus ladaniferus), der von hier an für die ganze Halbinsel ein Charaktergewächs wird, statt der nordischen Eichengebüsche die Kermeseiche (Quercus coccifera). In dieser Ebene liegt Madrid.

3. Paß von Navacerrada und Punto de Guadarrama. Im Westen von Somosierra nimmt das ganze castilische Scheidegebirge den Namen Guadarrama an, ein arabisches Wort, dessen Etymologie unbekannt ist. Von Somosierra westwärts bis San Ildefonso hat die Bergkette keinen bequemen Durchgang. Dann folgen zwei benachbarte Pässe, welche von Segovia und Valladolid nach Madrid führen.

Diese beiden bequemern Hauptpassagen verdanken die Spanier unstreitig nur den beiden königlichen Lustschlössern und der Capitale selbst. Auf der Höhe beider Gebirgspässe sieht man nordwärts in unabsehbare Ebenen, die sich gleich einem weiten Meere ausdehnen, aber weit erhabener sich zeigen als die tiefe Stufe vor Madrid. Von Segovia aus erreicht man ohne alles beschwerliche Ansteigen das königliche Schloß San Ildefonso, berühmt wegen seiner kühlen, fast nordischen Lage. Die Erdbeerzeit ist im August und September, Mitte August blühen noch die Centifolien, die Kastanien werden vor November nicht reif. Doch liegen die Lustgärten nicht viel über die Ebene Altcastiliens erhaben. Von dem Schlosse führt die Straße aufwärts durch Nadelwald über den Hochpaß von Navacerrada, auf dessen Südseite aber weit steiler hinab zu den Quellen des Manzanares und Guadarrama, die hier benachbart entspringen. Vom Dorfe Navacerrada am südlichen Ausgange hat der Puerto seinen Namen.

Der höchste Gipfel dieses Gebirgszugs liegt südöstlich von San Ildefonso zwischen den Quellen des Eresma gegen Norden und des Lozoya gegen Südosten, der bei Buitrago vorüber zum Jarama fließt. Er heißt Peñalara (7085 Castilische Fuß). Der Südabfall der Gebirgsgipfel ist hier auf einer geringen Entfernung von wenig Stunden sehr bedeutend.

Nicht minder bequem ist der parallele Paß. Nordwärts von Villa Castin breiten sich die weiten Ebenen Altcastiliens mit den Garbanzos, den Erbsenfeldern (Cicer arietinum), welche die Hauptnahrung der Castilier bilden, aus. Südwärts von Villa Castin steigt das Gebirge sehr unbedeutend auf. Eine prachtvolle Kunststraße führt hier ganz bequem über den Scheidepunkt. Am Südabfall liegt das Dorf Guadarrama, in der Nachbarschaft Escorial dicht am Südabsturze der Sierra Guadarrama, die hier außerordentlich steil und quellenreich ist. Escorial ist nur 8 Leguas von San Ildefonso entfernt, aber diese Distanz führt zu ganz entgegengesetzten Jahreszeiten. Ist Frühling in Ildefonso, so ist die Erntc um Escorial und die Vegetation Neucastiliens schon ganz aufgetrocknet. Ildefonso hat frische Morgen und Abende noch in den Hundstagen. Auch die Lage von Escorial ist noch kühl gegen das heiße Madrid: denn bis dahin senkt sich die Fläche allmählich. Drei Stufenklimate erheben sich hier über einander mit den eigenthümlichen Reizen und Contrasten. Die Gipfel der Guadarrama sind wild zerrissen, meist nackt; auf den Höhen den größten Theil des Jahres schneebedeckt. Nur an ihren Südgehängen sind sie hie und da mit größern Gehölzen der immergrünen Eiche (Quercus Ballota) bedeckt. Diese sind in Spanien Seltenheit. Hochwaldung fehlt fast ganz. Am weitesten gegen Süden schickt das Gebirge seinen Fuß bei El Pardo vor.

4. Paß von Avila über Navas del Marques nach Escorial, von Westen nach Osten. Avila liegt wie Segovia am Nordfuße des Guadarrama-Gebirgs am Adaja. Nur eine

Stunde südwärts beginnt schon das Aufsteigen. Dort heißt die sehr allmähliche Erhebung die Paramera (d. i. wüste, offene Berghaide). Fünf Stunden führt der Weg darüber hin ohne Baum. Nur niederes Gebüsch von Zwergeichen, Wachholder, Fichten, Thymian und andern Gesträuchen. Auf diesen nackten öden Granitflächen ohne Engthäler liegen die elenden Dörfer Naval Peral und Navas (d. h. Ebene) del Marques. Erst 3 Leguas von diesem letzteren steigt man plötzlich hinab in die Tiefe von Neucastilien, wo Escorial liegt.

Die westliche Hälfte des Scheidegebirges zwischen Leon und Estremadura.

Diese ganze Erstreckung ist von keinem Beobachter genauer beschrieben worden. Nur im Allgemeinen erhalten wir die Versicherung, daß derselbe Zug von Osten nach Westen mit sehr verschiedenem Namen bis Portugal fortsetze. Die Sierra de Griegos wird unter den höchsten, sehr steil aufstarrenden Granitgebirgen genannt. Weiter in West und Süd von Salamanca folgt die Sierra de Béjar und del Pico, über welche der Paß von Tornavacas gegen Plasencia nach Estremadura hinab führt. Dieser soll das ganze Jahr mit Schnee bedeckt sein. Am Südabhange der dortigen wilden Gebirgswand liegt gegen den Tretafluß, einen nördlichen Parallelfluß des Tajo, das Kloster San Yuste, 6 Leguas südöstlich von Plasencia, berühmt durch Karls V. Einsiedelei. Weiter gegen Westen streicht auf der Grenze von Salamanca und Estremadura, zwischen den Städten Plasencia und Ciudad Rodrigo, die Sierra de Francia und de Gata bis nach Portugal hinüber. Ueber die Sierra de Gata geht der Paß Puerto Casillas südwärts nach Coria. Auf der portugiesischen Grenze führt der Puerto de Portugal, von dem Orte am Südausgange auch Puerto San Martin genannt, quer über das Scheidegebirge nach dem Süden. Eine der schrecklichsten Wildnisse ist die Gebirgsgegend der Batuecas. Darin liegt das ärmliche Carmeliterkloster La Peña de Francia, von dem der ganze öde Bergzug den Namen trägt. Ein ärmliches Gebirgsvolk lebt in größter Armuth von Schafen und Ziegen, zwischen wilden Zackengipfeln, ohne Baum, fast ohne alle Vegetation. Große Höhlen, furchtbar über einander gehäufte Felsblöcke, rauhe Gebirgsluft, dunkle tiefe Schatten in den engen Felsschluchten, Raubvögel, Bären, Wölfe und Schlangen machen die Gegend zu einer der wildesten von ganz Spanien. Selbst die Mönche besitzen hier keinen andern Reichthum als Ziegenheerden und Bienenstöcke.

Die äußerste Westliche Vorgruppe des Scheidegebirges. Die Serra Estrella.

Sie hängt mit der Sierra de Gata nur durch weitgedehnte Bergebenen zusammen, bildet aber das westliche Ende des Castilischen Scheidegebirgs-Systems, das hier noch einmal sich zu sehr bedeutender Höhe erhebt. Die Vorberge und weitern niedern Seitenzüge dieses Gebirges füllen das Land umher, auch noch nach Norden und Westen, bis vor die Thore von Coimbra. Die ganze Masse scheint aber zwischen den Flüssen Zezere und Mondego im Kleinen eingeschlossen zu sein, wie es das große Scheidegebirge im Großen ist zwischen Duero und Tajo. Die hoch aufsteigenden Granitgipfel aber, als die westlichsten gegen den Atlantischen Ocean, erheben sich nur zwischen Celorico in Nordost am obern Mondego und São Romão in Südwest. Vom Douro südwärts über die Feste Almeida am Coaflusse aufwärts ist ödes, kahles, hohes Land, eine Bergfläche. Guarda in Südwesten von Almeida, die Festung an der Quelle des Mondego, liegt auf den nördlichen Vorhöhen der Estrella, auf ödem, nacktem Boden. Covilhão liegt auf dürrem, steinigem Boden am östlichen Fuße der Estrella am obern Zezere. Nur 3 Legoas von da nach Süden liegt Fundão, schon am Südabhange der Estrella, in einem warmen reichen

Thale voll Obstgärten und Weinberge. Von Celorico am obern Mondego südwärts gerade aus nach Monteigas und Cavilhão durchschneidet man das ganze Profil des Estrellagebirges, dessen Breite also gering ist. Von Norden kommend hält man es für unbedeutend an Höhe (Serra mansa); nur von Südwesten und Süden her erscheint es alpenmäßig wild, aus hohen gewaltigen Felsen zusammengethürmt (Serra brava). Daher ist es auch von der Südseite her beschwerlich zu übersteigen, z. B. von Caragoça aus. Der Nordabhang verflacht sich ganz und gar in die Ebene, in deren Mitte Viseu liegt. Diese ist eine hohe granitische Bergfläche, die sich in West gegen den Ocean als ein Gebirge abstürzt, in der Configuration ganz der Hochebene von Castilien analog. Die Estrella, obwohl in geringer relativer Höhe gegen diese Ebene von Viseu, ist doch vier Monate länger mit Schnee bedeckt. Ihre absolute Höhe ist zwischen 7000 bis 8000 Fuß, der höchste Gipfel der Mathão da Serra. Auch dieser ist kein Zackengipfel, sondern eine große nur gelind gewölbte Fläche, eine Plateauhöhe 3 Legoas lang, 1 Legoa breit, reich an Wasserquellen, mit vier Alpenseen, eine große Seltenheit auf diesen Höhen (Lagoa redonda, escura, longa und de Pachão).

Die nördliche Vorebene der Estrella, wo Maceira, und etwas nordöstlich Penhanças liegt, zeichnet sich durch trefflichen Anbau aus: Mais- und Kornfelder, Weinberge. Die Dörfer liegen zwischen Obstbäumen. Die nächsten Vorberge bedeckt Fichten- und Kastanienwald. Cea (südöstlich von Maceira und nordöstlich von São Romão) liegt auf der nördlichen ersten Stufe der Estrella; das Dorf Sabugueiro liegt schon hoch erhaben in einem Bergthal, wo nur noch Roggen gedeiht, wo Birkenwald und Eberesche (Sorbus aucuparia) wachsen. Hier sind die felsigen Höhen und Haiden mit Cistusarten bedeckt. Höher hinauf hat das Gebirge nur kurzen Rasen und Bergwachholder, überall keine üppigen Alpenmatten, sondern nur Hutung für Schafheerden.

Aus dieser hohen Granitkuppe brechen viele Bäche hervor, die den Fuß der Estrella bewässern; auch der Mondego gegen Nordwesten, der Zezere, der zum Tejo unter Abrantes geht, gegen Südwesten. Die Gehänge der Estrella sind unter allen des Gebirgszuges am stärksten mit Ortschaften bedeckt.

Ueber die Serra Estrella führen keine bequemen Querstraßen; die Straßen vermeiden sie, und nur zu ihrer Ost- und Westseite ziehen Querwege. Sie scheinen aber keineswegs sehr gangbar zu sein. Die eine im Osten der Estrella führt von Almeida über die Feste Guarda, südwärts über die Estrella nach Belmonte zum Zezere, und von da zum Tejo nach Abrantes. Die andre im Westen der Estrella vom untern Mondego östlich von Coimbra südwärts zum untern Tejo nach Santarem und Lissabon.

Vom Scheidegebirge gehen wir über zu den geschiedenen Hochebenen.

Terrasse von Altcastilien.

Im Norden des Castilischen Scheidegebirges breitet sich der erhöhte Boden in weiter Ausdehnung wie eine gewaltige Ebene aus; nicht ohne alle Berge, aber durchaus ohne relativ hohe Berge, nur mit Hügelreihen nach mancherlei Richtungen durchzogen, die an sich absolut hoch genug sein können. Das ist die Hochterrasse von Altcastilien.

Der Lauf des Duero zeigt ihre 70 — 80 Meilen lange Hauptabdachung von Ost nach West an, die Linie von Süd nach Nord beträgt im Mittel nur ein Drittel. Sie beginnt am sanften Nordfuße des Scheidegebirgs. Eine Linie, die bei Viseu im Norden der Estrella anfängt, nach Osten über Guarda, Almeida, Ciudad Rodrigo, Avila, Segovia zieht, bezeichnet ihre Südgrenze. Die Nordgrenze beginnt am obern Duero, zieht von da nordwärts nach Soria, nordwestlich nach Burgos, Rodrigo, Leon, Astorga, Bragança, Montalegre und Chaves gegen die Thäler des untern Douro zu. Diese ganze Strecke gehört zu dieser Hochterrasse, obwohl nur die größere östliche Hälfte von Soria bis Leon den Namen Altcastilien führt und eine wahre hohe Ebene ist. Dagegen hat der kleinere portugiesische Antheil in Westen, der die Provinzen Traz os Montes und das nördliche Beira füllt, in seiner Mitte tiefe Thaleinschnitte des untern Douro. Es erscheinen daher nur kleinere Gruppen der Hochterrasse an beiden Stromseiten.

Gegen Nordosten von Burgos steigen die ersten Berghöhen über Brioiesca zum Paß von Pancorvo hinab ins Ebrothal. In der Mitte des Plateaus von Segovia über Olmedo nach Valladolid, und gerade westwärts nach Salamanca, ist überall ebenes Land, ohne springende Quellen, ohne Wald und Bäume. Größte Einförmigkeit, flache Haiden, Steppenland ohne alle tiefere Thalbildung; wo Cultur ist, reiche Weizenfelder, meistentheils aber nur weiter Anger für Schafheerden. Ebenso von Süd gegen Nord auf dem Wege von Villa Castin bis Leon. Um Valladolid ist reichere Bodencultur, Weingärten. Leon am südlichen Fuße der Asturischen Gebirge hat die ersten feuchten grünen Bergwiesen. Ganz gleiche Einförmigkeit der Plateaulandschaft zieht sich von Salamanca nordwärts über Zamora bis Leon. Diese ganze Hochterrasse Altcastiliens erscheint im Sommer wasserlos, heiß, verbrannt; schon im October weht hier kalte nordische Herbstluft; im Winter wird sie mit Schnee bedeckt. Zu jeder Jahreszeit, den kurzen Frühling ausgenommen, ist ihr Anblick traurig, monoton und düster, wie der Altcastilier, ihr Bewohner, es ist. Ein großer Theil der öden Flächen ist, wie die Lüneburger Haide mit dem Haidekraute, so mit der nordischen Bärentraube (Arbutus Uva ursi, Gayubal der Spanier) überwuchert. Diese Heerdenpflanze ist Charaktergewächs für alles Land zwischen Burgos bis Leon; in gleicher Art bedeckt sie die Hochebenen von Molina' Cuenca, Baraona. Diese werden daher überall Tierra Gayubal genannt. Sie bezeichnet Spaniens Hochterrassen, die sich bis in die nordische Temperatur der Haideländer erheben. Viele Gewächse der altcastilischen Terrasse gehören zu der Flora der Voralpen (Flora subalpina) Helvetiens, manche zur schwedischen Flora. Alle Gewächse sind trockene, aber duftende aromatische Kräuter, daher treffliches Schaffutter. Die mittlere Höhe der Hochebene von Altcastilien, von 2300 bis 2500 Fuß, erklärt diese eigene Erscheinung unter 41 bis 43° N.Br. Wucherndes Nahrungsgewächs dieses Bodens und Klimas ist die beliebte Hülsenfrucht Garbanzo (Kichererbse). Flachs und Hanf wachsen wie im kältern hohen Deutschland. Aber auch Korn, Weizen, Wein gedeihen, jedoch nur bei besonderer Pflege und Bewässerung; der Olivenbaum nur an geschützten Stellen, mit wenigen und schlechten Früchten. Trockne Lüfte, heitrer Himmel, geschärfte empfindliche Winterkälte, geschärfte Sonnenhitze ohne Regen aber mit starkem Thau giebt dem Klima Altcastiliens seinen Hauptcharakter, ganz analog dem von Persien. Holzmangel ist allgemein; Bäume sind selbst als Zierpflanzen Seltenheiten. Nur hie und da ein Walnußbaum, eine Ulme, oder Reihen von Pappeln (Alamo), die beliebten Alamedas der Spanier, sind die einzigen unterbrechenden Linien der öden Landschaftsflächen.

Gegen Nordwesten nach Portugal hin setzt dieselbe spanische Landesnatur im Wesentlichen weiter fort, jedoch mit etwas mehr Abwechslung. Diese verdankt die Gegend dem tiefern Duerothal. Der Strom wird bei Zamora zuerst mit Kähnen übersetzt. Von da stürzt er von Fels zu Fels in Katarakten; bei Miranda an der portugiesischen Grenze windet er sich zwischen senkrechten Felswänden durch. Dieselbe Natur eines wilden, reißenden Bergstromes behält der Duero immer fort. Erst mit dem Tua (Tuela) und Támega, zwei rechten Zuflüssen, erweitert sich sein Thal um ein Geringes. Aber schiffbar für größere Fahrzeuge wird er erst von Oporto an. Sein Tiefthal bildet daher nur einen Thalspalt in der westlichen Plateaufläche der obern Stufe, welche hier von der Estrella nordwärts bis nach Galiciens zersplitterter Gebirgslandschaft fortsetzt. Auf der Südseite liegt die Hochebene von Viseu. Im Norden des Douro bildet ebenso die ganze Provinz Traz os Montes nach Link's genauen Beobachtungen eine Terrasse des hohen Bergzuges, der sich von Portugals Grenzen durch Galicien von Ost nach West zieht. Hochterrassen mit Granitboden bilden die erhabenen Flächen, auf denen z. B. die Städte Bragança, Chaves, Montalegre, drei Grenzfestungen gegen Galicien, liegen. Nordwärts von Braganças Hochflächen erhebt sich das Grenzgebirge, die Serra de Montezinho und Serra de Senabria, an 8000 Fuß hoch.

Gewächse und landschaftlicher Charakter der Granitflächen gleicht dem von Altcastilien. Die größere Bewässerung und die größere Nähe der feuchten oceanischen Atmosphäre überzieht jedoch große Strecken der sanftern Gründe und Höhen mit grünen Wiesen, fast den einzigen, welche mit ihren Futtergräsern diesen Gegenden ein norddeutsches Ansehen geben. Deutsche Wiesen und Birkengehölz ziehen sich bis auf das Plateau der hohen Serra Estrella, ihre Abhänge sind mit dem Gesträuch der nordischen Heidelbeere (Vaccinium Myrtillus) überzogen. Diese Vegetation, die unter 41° N.Br. in die Mitte Norddeutschlands versetzt, ist ganz von der sonstigen portugiesischen abweichend. Die Kornernte ist im August. In den heißen Tiefthälern am Douro tritt die Weizenernte schon Ende Mai und Anfang Juni ein: so verschieden sind hier, dicht beisammen, die Jahreszeiten. In demselben Thalspalt beginnt das berühmte portugiesische Weinland.

Die portugiesische Provinz Entre Douro e Minho ist mit den westlichen Ausläufern der Hochterrasse gefüllt, die als isolirte Bergketten aus den vielfach durchrissenen Flußthälern aufsteigen. Sie haben verschiedene Namen. Die höchste ist noch die Serra de Marão ohne allen wildern Gebirgscharakter, mit abgerundeten Höhen, ein wahrer Ausläufer der Plattform. Sie zieht am linken Tamega-Ufer zum Douro. Ihre Lage (von Lamego nordwärts gegen Chaves und Monteforte) an der Ostgrenze vom Minho, war Veranlassung, daß man der östlich dahinter liegenden Provinz den Namen Traz os Montes, d. h. jenseit der Gebirge, gab. Die Serra de Gerez ist als die Grenzgebirgskette zwischen Portugal und Gallicien im Norden von Montalegre die bekannteste. Sie zieht auch von Osten nach Westen, aber höchstens 3000 Fuß über dem Meere hoch. Sie ist also weder an Höhe noch Umfang bedeutend, zeichnet sich aber durch ihre romantische Lage, durch ihre wild zusammengehäuften Felsblöcke, durch ihre sumpfigen Bergebenen mit norddeutschen Gewächsen, durch ihre trefflichen Alpenweiden und ihre Heilquellen aus. Ihr höchster Gipfel ist der Murro do Burrageiro.

Terrasse von Neucastilien.

In Parallelismus mit Altcastilien zieht sich diese zweite niedere Plateaustufe im Süden des großen Scheidegebirges von Ost gegen West von den Quellen des Tajo und Guadiana, mit sanfter allmählicher Senkung, fast mit gleich bleibendem Horizontalboden, bis zum Maximum der Annäherung beider Flüsse in dem Meridian von Badajoz am Guadiana und Alcantara am Tajo hin. Die Hochterrasse füllt die ganze Breite der Halbinsel vom Castilischen Scheidegebirge im Norden bis zum Zuge der Sierra Morena im Süden. Aber da sie absolut niedriger als die vorige Stufe liegt, so treten auf ihr natürlich mehr relative Bergzüge hervor, welche die große Einförmigkeit mehr unterbrechen als es in Altcastilien der Fall ist. Diese Bergzüge von absolut geringer Höhe werden relativ in Beziehung auf die anliegenden Ebenen bedeutend, zumal weiter nach Westen hin. Die südlichen Vorketten des Castilischen Scheidegebirges dringen an der Nordseite des Tajo um Plasencia, Coria, Alcantara zum Strome vor.

Von Süden her wird dessen Bett schon früher durch den Bergzug eingeengt, der auf den Rücken des Plateaus von Neucastilien aufgesetzt ist und die Wasser des Tajo und Guadiana scheidet. Dies ist die Toledo-Kette (Sierra Guadalupe, S. Trujillo), die mit dem steil gegen Norden abfallenden Bergpaß Puerto de Miravete bei Almaraz die gleichförmige castilische Ebene des Tajo schließt. Eben so fallen auch schon bei Talavera de la Reina die Vorstufen der Griegos wie Felstreppen gegen den Tajo. Von diesen niedern Felsstufen an verläßt der Tajo schon das ganz ebene Blachfeld Castiliens, sein Bett füllt sich von Talavera an mit Felsen. In Stromschnellen durchbricht er von da an, von Stufe zu Stufe die felsigen Wildnisse. Diese Naturgrenze der veränderten Landschaft fällt zusammen mit der politischen Grenze, denn im Westen derselben liegt die Provinz Estremadura. Das Blachfeld im Osten aber ist Neucastilien im engern Sinne. Besonders charakteristisch für diese Terrasse ist es, daß sie größtentheils mit Sand und Geschieben bedeckt ist, also als eine große Kiesebene, wie ein trockengelegter Seegrund, wie das Plateau von München, erscheint, daß fast alle niedrigen Hügelreihen, die sie hie und da durchziehen, jüngere abgesetzte Thon- und Gypslager und salzhaltig sind. Nur an den tief eingeschnittenen Ufern des Tajo, z. B. bei Toledo, zeigt sich Granitfels.

Toledo und Madrid sind die bekanntesten und belebtesten Centra dieser Plateauflächen. Die Umgebungen von Madrid sind keineswegs einladend; von da bis Escorial z. B. fast nur ödes Land, meist weite Sandfelder, ohne Wald und Olivenpflanzungen, wenig Vegetation, die schon im Juli völlig versengt und verdorrt ist. Gegen den Tajo hin ist die Ebene überall mit Granitgrus bedeckt, wie in der ganzen Fläche bis Aranjuez. Diese Stadt mit dem berühmten Lustgarten an der Einmündung des Jarama zum Tajo liegt auf salzhaltigen Gypshügeln, aus denen Salzquellen hervorbrechen; Salzkrusten überziehen die Oberfläche der

Felder, und Salzpflanzen, Salsola und öde Tamarisken sind die traurigen Gewächse des Blachfeldes. Die mittlere Temperatur von Madrid ist 12° R., also geringer als die von Toulon (13°) und Neapel (14°), da Toulon doch weit nördlicher und Neapel unter gleichem Parallel mit Madrid liegt. Hier in Madrid unter 40° 25′ 7″ N.Br. gedeiht noch keine Orange im Freien, und so nirgends auf der ganzen alt- und neucastilischen Hochterrasse. Hier ist geschärfter Winterfrost und gesteigerte Sommerhitze mit trocknem Klima; die höchste Sommerwärme bis 32°, die stärkste Winterkälte bis — 10° R. Der Manzanares belegt sich häufig mit Eis, die Gebirge umher sind mehrere Monate lang mit Schnee bedeckt. Nordwind (Gallego) ist herrschend, sehr kalt, empfindlich, penetrant. Vom November bis Februar ist Kälte, keine Pflanze mehr in Blüthe. Die Sommerhitze ist am Tage oft unerträglich, dazwischen sehr kalte Nächte. Dabei immer heiterer, blauer Himmel; die wenigen Regentage sind leicht zu zählen: daher große Trockniß der Luft und des Bodens. Mangel an Quellen, Bächen und Flüssen: Tajo und Guadiana stehn öfters still. Castilien ist daher das Land der Windmühlen. Dieses heiße trockne Klima, das für den Fremden sehr empfindlich und gefährlich werden kann, ist für manche Gewächse sehr gedeihlich, vor allen der Weinrebe, die hier vortrefflichen Wein giebt. Schattige Wälder und feuchter schwarzer Erdboden fehlen fast gänzlich. Daher sind die schattigen Gärten von Aranguez bei den Spaniern berühmt als die einzigen in den heißen nackten castilischen Flächen. Oliven und Reben sind die einzigen schattenden Culturpflanzen; die immergrüne Eiche und einzelne Pinien die einzigen wilden Waldbäume. Der Ginsterstrauch überzieht als Heerdenpflanze die weiten Flächen wie der Haidestrauch. Auf den weiten trocknen Angern und öden Feldern wuchern recht charakteristisch eine große Menge von Zwiebelgewächsen, wie auf ähnlichen z. B. afrikanischen Hochterrassen.

Nicht unmittelbar zur Neucastilischen Hochfläche selbst, aber doch zu ihrer Terrasse, müssen der physikalischen Landesnatur nach die Landschaft Estremadura gegen Westen, die von La Mancha und Cuenca gegen Süden und Osten gerechnet werden. Denn sie nehmen alle drei mehr oder weniger Antheil an neucastilischer Natur, ihre Abweichungen sind nur Modificationen. Die drei Provinzen sind Uebergänge zu den Küstenterrassen der Halbinsel. Durch sie führen die Straßen aus der Mitte nach den drei Küsten hin. Alle drei haben das Gemeinsame, daß sie durch einzelne, wiewohl durchbrochene und wenig zusammenhängende Bergzüge von dem Blachfelde Neucastiliens mehr oder weniger getrennt sind, daß sie aber jenseit derselben selbst noch ebene Hochterrassen bilden: Cuenca die höchst gelegene, La Mancha die mittlere, Estremadura die niedrigste.

Cuenca ist ein hohes, kaltes, ödes, nacktes Terrassenland, von den Flüssen Cabriel und Jucar von Nordwesten gegen Südosten durchzogen, zugleich das hohe Quellland des Tajo und des Guadiana. Der Guadiana entspringt, wie jener, auf dem erhabenen flachen Rücken bei Canamajez, Campo de Montiel der Spanier. Die Hälfte des Jahres mit rauhem winterlichen Klima wird Cuenca seiner Oede wegen von den Reisenden nur schnell durchzogen. Denn auf der Straße von Aranjuez nach Cuenca bei Tarancon nimmt man schon Abschied von allem Baumwuchs und allem Grün der Fluren. Von hier an, gegen Südost auf der Straße nach Valencia über Villar de Saz, Buenache gegen Villagordo folgt überall hohes klippiges, ödes Land ohne Anbau. Auf einem Zickzackpasse, der sonst durch Banditen berüchtigt war, geht es nach Villagordo zum Cabrielflusse. So ist die erste breite Hochterrasse überstiegen. Von Villagordo gegen Südost übersetzt man die zweite Bergkette und steigt 4 Stunden auf dem zweiten Absatz hinab nach Requena in das Thal des Requena oder Rio Magro, gegen Siete Aguas auf den Weg nach Valencia. Hier zum erstenmal erscheinen wieder

Weinbau und Maulbeerbäume nach drei- bis viertägiger Einöde des Hochlandes von Cuenca. Auf einem andern Wege, weiter südwärts gegen La Mancha und das nördliche Murcia zeigt sich die Hochterrasse gleich karg und traurig. Weite öde Bergflächen breiten sich von San Clemente aus über Albacete und Almansa im nördlichen Murcia. Ostwärts bis zum Puerto de Almansa (Puerto del Rey) nimmt die Hochterrasse ihren steilen Abfall ostwärts gegen die Küstenterrasse von Valencia und das Mittelmeer. Ueberall liegt diesem östlichen Steilabfall nach Westen hin ein erhabenes, kaltes Plateauland von der Breite mehrerer Tagereisen vor, also keine schmale isolirte Gebirgskette, was unsre Darstellung von der Configuration der ganzen Halbinsel rechtfertigt. Auf diesen rauhen Höhen ist nun vorzüglich der Schauplatz der Heldenthaten des berühmtesten der castilischen Helden, des Cid. Die Gipfel und Höhen der Berge tragen noch jetzt seinen Namen, z. B. bei Molina der Berggipfel Cabeza del Cid. Sierra del Cid heißt das ganze Gebirge in Nordwesten von Alicante, in Norden von Elche und in Nordosten von Novelda. Auch in der neuern Kriegsgeschichte von 1808 bis 1810 sind diese Gegenden von neuem berühmt geworden.

Die Landschaft La Mancha ist die wahre Verlängerung von Neucastilien südwärts bis zur Sierra Morena. Sie ist in der That auf dem Wege von Aranjuez über Tembleque, Madrilejos, Manzanares durch keine wahre Gebirgskette von Castilien geschieden, wenn auch die Karten eine solche Wasserscheide zwischen dem Wassersystem des Tajo und Guadiana verzeichnen. Zwar sagt auch Antillon: „es trennt sich eine Gebirgskette von der großen Iberischen ab und setzt hier durch." Aber er fügt sogleich hinzu: „sie wäre kaum erkennbar, wenn der Lauf der Gewässer nicht auf sie aufmerksam machte." So ist es: die Montaña de Toledo auf der angegebenen Straße steht nur auf den Karten; kein Augenzeuge hat hier eine Gebirgskette wahrgenommen, die erst westwärts beginnt, nur unbedeutende Hügel, wie überall auf der ganzen Terrasse. Tembleque und Consuegra, welche eben da liegen, wo die Gebirgskette durchstreichen soll, befinden sich auf derselben mittlern Meereshöhe wie die ganze Terrasse von Neucastilien, Tembleque (1850 Fuß), Consuegra (1922 Fuß). Dies scheint die mittlere absolute Höhe der ganzen Vorterrasse von La Mancha zu sein. Der Naturforscher Bowles sagt daher sehr richtig: Die Erhebung von ganz La Mancha über der Küstenterrasse von Valencia verhalte sich eben so wie die Erhebung der ganzen spanischen Halbinsel zu den tiefen Flächen des daranstoßenden Frankreich, das Ansteigen von Castilien gegen das Grenzgebirge von Valencia und Murcias Küsten sei ganz unbedeutend, dagegen das Auffsteigen von dem Meere aus sehr erheblich.

La Mancha ist mit unabsehbaren Ebenen überdeckt. Von diesen erblickt man an der Nordgrenze bei Puerto la Piche, in Süden von Madrilejos zum letztenmal die hohen Gipfel der Guadarrama-Kette in Norden von Madrid. In der sanften Thalsenkung von Madrilejos zum Guadiana, im Val de Piños, ist reiche Weincultur. Hier wächst der feurige rothe Wein von La Mancha, mit dem Madrid versehen wird, der beste der Provinz. In dem flachen Thale des Guadiana liegen einige Kornfelder und Olivenpflanzungen. Sie unterbrechen angenehm die größte Einförmigkeit der Mancha-Ebene, wo durchaus sonst keine Abwechselung von Berg und Thal, von lachender Cultur und grüner Waldung vorkommt, wo nur sparsame Menschenwohnungen zerstreut sind. Diese Einförmigkeit der Landschaft hält an von Tembleque südwärts bis Santa Cruz de Mudela, no die ersten Vorhöhen der Sierra Morena aufsteigen, und bei Almuradiel, der nördlichsten Gebirgs-Colonie derselben gegen La Mancha, eine neue Landschaft beginnt. Die Wasserarmuth der trokenen, staubigen und öden Mancha machte sie nothwendig zur Laube der

Windmühlen, wie sie Cervantes charakteristisch schildert. Ueberall Ruinen von verfallenen Burgen und Städten. Der Guadiana, die „agua mansa“, schleicht nur sehr langsam durch die baumleeren, unabsehbaren Flächen, fast ohne Gefälle bis Merida. Aus Lagunen statt aus Quellen fließt er hervor, aus den Ojos del Guadiana, die in horizontal geschichtetem Höhlenkalk auf den Llanos in Nordwest von Alcaraz liegen. Mehrmals verschwindet er unter den nackten Felsflächen wieder, wie die Rhone im Juragebirge; von diesem Verschwinden und Wiederhervortreten erzählen die Bewohner der Mancha hundert Wunder und Fabeln. Dieselbe Landesnatur hat die Mancha im südwestlichen Winkel der Provinz um Almaden, berühmt durch ein Quecksilberbergwerk am Guadalemaflusse. Quellen sind überall selten, nach Brunnen muß man bis hundert Fuß tief graben. Winterfrost und sengende Sommerhitze wechseln plötzlich auf der öden, baumlosen und menschenarmen Hochfläche. Häufige kalte Stürme tummeln die staubige Oberfläche in der Frühlings- und Herbstzeit, zumal während der Aequinoctien umher. Die Vegetation erregt nur da Aufmerksamkeit, wo die Salzpflanze Barilla und die Safranfelder erscheinen, die beide cultivirt werden, seitdem die Araber ihre Cultur aus dem Orient eingeführt. Daher führen auch mehrere Orte den Namen Azafran. Die Mancha ist die weite Trift für die Heerden der besten Esel und Maulthiere in Spanien; für zahlreiche Heerden der Wanderschafe (Trashumantes), zugleich der rechte Boden für die Irrfahrten und Heldenthaten des Ritters von der traurigen Gestalt, dessen Phantasie hier im ödesten Lande, um Puertola, Toboso, Calatrava u. s. w. den freiesten Spielraum zu seinen Abenteuern fand.

Estremadura, diese trapezoidisch gestaltete Provinz, bildet den geraden Gegensatz zu Cuenca in Osten, das von allen Seiten die Verbindung der Castilischen Terrasse mit dem Tieflande abschneidet, und die schärfsten Contraste in Boden, Luft, Gewächsen,

Bewohnern aller Art darbietet. Estremadura in Westen ist dagegen das wahre verbindende Glied der Castilischen Terrasse mit dem tiefer anliegenden heißern portugiesischen Boden, zu welchem Estremadura auch von den Römern gerechnet wurde. Es war die römische Provinz, durch welche ihre Legionen im Stande waren, das übrige Lusitanien im Zaume zu halten. Hier wurden unter Tiberius die Festungen Merida (Emerita Augusta), die Veteranenstadt, und Badajoz (Pax Augusta, Batalyox der Araber), die Friedensstadt, für die Legionen und Veteranen erbaut. Die ganze Provinz wurde ihr Colonieland, dessen Reichthum und Macht noch bis heute die zahlreichen Ruinen der Prachtgebäude aus antiker Zeit verkünden. Der merkwürdige Parallelismus der Stromthäler des Tajo und Guadiana erregte schon die Aufmerksamkeit Strabos. In gleichem Parallelismus treten hier die beiden Scheidegebirge, das Castilische und das Andalusische, in ihren Vorketten von Süden und Norden her dichter gedrängt, aber auch niedriger und gleichförmiger in ihren Oberflächen zusammen. Dieser doppelte Parallelismus in der Configuration führt auf die eigenthümliche Landesnatur der Provinz Estremadura. Statt der einförmigen Hochebene tritt durchbrochenes thalreiches Hügelland auf. Es hat Quellenüberfluß, theils wegen des allgemeinen Gehänges des ganzen Hochlandes gegen Westen, theils wegen der vielfachen Thalbildungen und Durchbrechungen im Einzelnen.

Diese veränderte Natur zeigt sich im Süden des Guadiana sogleich beim Uebertritt von Almaden über die Grenze der Mancha nach Alcacer im Lande zwischen beiden Strömen, wo eine ganze Menge von isolirten Parallelketten von Ost nach West durchsetzen, Sandstein- oder Granitzüge, alle mit Zackengipfeln, aber von geringer Höhe, durchaus keine ununterbrochenen Ketten, sondern vielfach durchbrochene, voll Thäler und durch viele dazwischen liegende kleine Plateauflächen auseinander gerückt. Zwischen denselben sind überall, auf Höhen und in Tiefen, zerstreut liegende Felsblöcke in unzähliger Menge ausgesäet, offenbar Trümmer von Wasserrevolutionen, die sich hier Wege von der Höhe zur Tiefe bahnten. Tajo und Guadiana werden durch Bergzüge in Felsen, Klippen, Inseln so zusammengeschnürt, daß sie sich kaum noch durch ihre engen Defilés hindurchzuwinden vermögen. An Schifffahrt ist hier nicht zu denken. Bei allen Vorzügen ist Estremadura doch volksarm, öde, meist mit Angern für Schafheerden überzogen, mit niederm Buschholz von Kermeseichen, Sumach (Rhus Coriaria), hier und da einem Wäldchen von immergrünen Eichen besetzt, größtentheils aber Haideland, ein Vorschmack der unabsehbaren Haiden von Alemtejo. Da, wo das Land angebaut wird, begünstigt Wasser und milder Himmel jede Vegetation; denn hier ist Schutz vor den trocknen kalten Nordostwinden, größere Nähe des feuchten milden Oceans und tiefere Senkung. Hier gedeihen daher die trefflichsten Oliven, Feigen und Trauben, die Orange erscheint noch nicht. Zuerst tritt sie am Westausgange von Estremadura auf, zum erstenmal bei Elvas, ebenso das Zuckerrohr nur erst am Südabfall der Plateauterrasse, erst in den heißern, oder vielmehr nie in kalten Niederungen Andalusiens. In Estremadura zeigt sich der Ladanstrauch in weiter Verbreitung, sein Mannaharz ist eine Hauptnahrung der vielen tausend Schafhirten dieser Haideländer. Schon am Puerto de Miravete fangen die ächt portugiesischen Haiden an, bedeckt mit wohlriechenden Kräutern, Rosmaringebüsch, Lavendel, wildem Spargel, Thymianarten und südlichen Haidekräutern. Wenn aber im Herbst das tiefer liegende heiße Portugal durch die Hitze schon verdorrt und die Flora ganz erstorben erscheint, sind im kühlern Estremadura noch alle Fluren mit Blüthen bedeckt: an den Bächen Tamarisken, Myrtengebüsch, wilder Jasmin, Oleander u. a.; auf Wiesen und Angern Zwiebelgewächse aller Art: Narcissen, Lilien, Asphodelen, Scillen, Leucoien u. a. m.

Der rauhe Boden der Castilischen Hochterrasse erscheint also in Estremadura am meisten gemildert. Es ist ja der Uebergang zu dem andalusischen und portugiesischen Himmel. Darum sind heiße sengende Sommer mit lieblichen, milden, frühlingsmäßigen Wintern vereint. Dem eigenthümlichen Klima entsprechen eigenthümliche Verhältnisse. Es begünstigt vorzüglich die Entwickelung der Heuschrecken. Dies verheerende Geziefer verbreitet sich zuweilen im Juni, immer von Estremadura aus, in so ungeheuern Wolkenzügen, daß es für die ganze Halbinsel zur Landplage wird. Dagegen ist Estremadura auch während des milderen Winters der Sammelplatz für die vielen Heerden der Wanderschafe, die einen Hauptreichthum des Castilischen Plateaus ausmachen. Sie heißen Trashumantes oder Ganado merino. Nur dem Plateaulande gehört dieser Heerdenreichthum der Merinos von mehr als 5 Millionen an. Als Winterstation aller Merinos in Spanien ist diese Provinz nach den einmal bestehenden Einrichtungen der Mesta (Schäferei-Gesetze) die volksärmste und ödeste. Mit jedem Herbst rücken hier über 4 Millionen Merinos mit ihren 50000 Hirten aus allen rauhen Gegenden des Plateaus, von den Pyrenäen, der Sierra Molina de Aragon, der Guadarrama, aus den Asturischen Gebirgen in die Winterquartiere ein. Im Winter verwandelt sich ganz Estremadura in eine große Schaftrift und wird wie ein großer Anger abgeweidet. Nach dieser Weide der Merinos ist die ganze Provinz in Merindades eingetheilt. Jeder Merindad steht ein Heerdenbesitzer als Merino Mayor vor. Der König von Spanien selbst ist der erste Merino Mayor. Diese Einrichtung ist uralte Ueberlieferung; alle Versuche der Estremeños wider diese Verwandlung ihres Landes in eine Gemeinweide für das ganze Castilien sind fruchtlos gewesen.

Eine dritte Eigenthümlichkeit Estremaduras ist die, daß es die einzige unter allen spanischen Landschaften ist, die ohne allen eigenen Salzvorrath blieb. Alle andern Provinzen Spaniens sind sonst reich an Salzquellen und Steinsalzlagern, welche überall die Begleiter der Gypsflöze zu sein pflegen.

Gebirgsabfälle des Hochlandes.

Von den weitläufigen Hochebenen des Plateaulandes gehen wir zu den Gebirgsabfällen desselben gegen Norden und Süden, zu dem Cantabrischen Gebirge und Andalusischen Scheidegebirge über. Beide führen zum Meere; das Cantabrische fast unmittelbar, ohne Vorstufe, nur mit einem schmalen Küstengrunde in die große Tiefe des biscayischen Oceans; das Andalusische aber nach seiner Westseite erst zu einem großen Vorlande, den Andalusischen Ebenen. An seiner Ostseite zieht sich dagegen noch weithin ein zerrissenes Bergland mit alpenhohen Gipfeln vor, die, je näher dem mittelländischen Meere, desto höher emporsteigen, bis sie in der Sierra Nevada selbst die ewige Schneegrenze und die größte Höhe der ganzen Halbinsel erreichen, dann aber plötzlich in den tiefen, meererfüllten Kanal der Mittelländischen See hinabfallen.

Der Nordabfall, der Cantabrische, führt uns daher zugleich zur Küstenterrasse des biscayischen Meeres.

Nordabfall des Castilischen Hochlandes.

Die nördlichsten Städte der Altcastilischen Terrasse, Burgos, Leon, Astorga, Braganҫa, Montalegre liegen noch auf den Höhen. Nordwärts beginnt der breite Zug des Gebirgslandes, der sehr mannigfaltig von Höhen, Gipfeln, Felsen, Hochgebirgen, tiefen und engen Thälern, Schleusen durchzogen ist. Gebirgsströme fallen theils geradezu hinab in wilden Stürzen und Wasserschwellen zum Atlantischen Ocean; zum Theil sanfter zum Duero und Ebro. Nur an wenigen Stellen ist das Gebirgsland von Pässen durchbrochen

Ostwärts stößt dieses Gebirgsland unmittelbar an den niederen Westzug der Pyrenäen, die hier in dagegen sehr weite Bergterrassen sich ausbreiten, steil gegen die Bai von Bayonne abfallen, sanft gegen das Ebrogebiet. Um das obere Quellland des Ebro begegnen sich also beide Hauptformen der Halbinsel. Gallicien, Asturien, Montaña de Burgos und Biscaya sind die Provinzen, welche den Nordabfall des Gebirgslandes von Westen gegen Osten ausmachen.

Gallicien, der nordwestlichste Vorsprung der ganzen Halbinsel, ist ein hohes, wild zerrissenes Bergland, das ringsum an den Küsten vielfach zersplittert und zerschnitten ist; voll Vorgebirge, Klippeninseln, Meeresbuchten, Baien und Hafenstationen in West und Nord. Der Küste Galliciens liegt eine schmale Sandbank als submarine Vorstufe des Terrassenabfalls vor, welche den Reichthum der Gallicischen Fischer ausmacht. Erst jenseit derselben stürzt sich das Meer in unergründete Tiefe hinab. Das äußerste Westcap Europas, Finisterre, ist Granitfels und steigt 1800 Fuß über den Meeresspiegel. Der Gallicische Küstensaum auf einer Länge von etwa 100 Leguas zählt 119 Landungsplätze für Schiffe und Barken, darunter 48 ordentliche Hafenstellen, von denen Coruña und Ferrol zu den merkwürdigsten Häfen der Alten Welt gehören. Der Grenzhafen Galliciens gegen Portugal heißt Bayaoña; er ist der westlichste Spaniens; ebenso heißt auch der östlichste das bekanntere Bayonne; das zeigt den großen Einfluß, den sich das Schiffervolk der Gallegen auf die Marine der Nordgestade Spaniens erworben hat. Die Küstenbildung Galliciens ist die ausgezeichnetste in ganz Spanien: auf den Gallegen beruht die Stärke der spanischen Seemacht. Die zwei Landseiten des gallicischen Quadrates sind mit hohen Bergen verwahrt, die nur wenige Passagen gestatten und den größten Theil des Jahres schneebedeckt sind. Am dichtesten treten die Gebirge auf der Grenze von Gallicien und Asturien, auf der portugiesischen Seite in der Serra Montezinho zusammen. Die zwischenliegenden hohen Bergplateaus heißen **Páramos**.

Gallicien ist unter allen spanischen Landschaften am meisten von Thälern durchfurcht, von 77 kleinern und größern Küstenströmen durchschnitten. Der größte davon ist an der portugiesischen Seite der Minho; in ihm steigt die Meeresfluth tief landein. Diesen Vorzug haben alle nordspanischen Küstenströme vor den südspanischen voraus, daß sie, so klein und kurz sie auch sind, doch tiefer landein durch die aufsteigende Meeresfluth schiffbar werden.

Die günstigen Hafenstellen lockten von je her die Schiffer der Phönicier, Karthager, Normänner auf ihren weiten Seezügen zu den Gallegen hin: aber nie konnte ihre Mannschaft von den Hafenstationen, wo sie ihre Winterquartiere hielten, tief in das Innere der Provinz vordringen. Ein völlig umgekehrtes Verhältniß dieser Nordwestecke Spaniens gegen ihre Südostecke, wo Cartagena zum großen Eingang der Carthager-Colonie nach Iberien ward. Auch heute noch ist das Königreich Gallicien eine der selbstständigsten Landschaften der ganzen Halbinsel.

Im Osten des hohen El Cebrero scheidet das Cantabrische Gebirge Leon von Asturien. Auf dieser Strecke erheben sich die höchsten Gipfel Peñas de Europa. Außer ihnen noch viele andre Hochgipfel. Verschiedene Pässe verbinden hier die Küstenterrasse mit dem Hochlande von Leon. Von West nach Ost sind die vorzüglichsten: Puerto de Leitariegos, P. Somiedo, P. Pajares, P. Piedrahita, P. de Tarma. Der Puerto Somiedo ist der höchste, führt von Leon nach Oviedo, zuerst nordwestlich zum Kloster Tierras de las Dueñas, wo die ersten Vorberge einsetzen. Der Weg geht am Lunaflusse aufwärts durch Schiefergebirge, Sandsteinfelsen, öde Bergflächen, bis zum höchsten Gebirgsdorfe La Pota de Somiedo, eine Viertelstunde vom Passe, wo die Wasserscheide ist. Bis hieher ist keine Spur von Granit, die Höhe überall bedeckt mit Kies, Sand und Kalksteinpetrefacten, wie um Molina de Aragon. In den Thälern sind gute Wiesengründe. Aber die Höhen sind öde und nackt wie die spanischen Altos und Paramos, hier nur von Ziegenheerden bevölkert. Die kühle Temperatur, der Mangel südlicher Gewächse, die bewässerteren Wiesengründe, die Pappeln, Eschen, Ulmen, der Anbau der Kornfelder und der Fleiß der Bergbewohner versetzen hier aus Spanien heraus nach dem westlichen England. Häufig wird hier das noch grüne Kornfeld vor der Ernte mit Schnee zugedeckt. Wölfe ziehen mit dem Winter in großer Anzahl ein. Vom Puerto de Somiedo verändert sich die ganze landschaftliche Natur. Hier tritt überall zerrissener Gebirgscharakter hervor: bis zum Gestade folgen Berge auf Berge wie erstarrte Meereswogen, meist Granit- und Schiefergebirge, und zwischen ihnen Tiefländer, Engschluchten, steil und tief fallende Berghänge. Am Nordfuße der Bergzüge zuerst erscheinen wieder Eichen und Buchen, bei Belmonte wieder Walnuß-, Kastanien-, Maulbeerbäume, hie und da ein Mandelbaum. Bei Oviedo erst, etwa 5 Leguas vom Ocean, beginnt fruchtbare Ebene mit der Hauptstadt der Provinz. Wie auf diesem Wege von Leon nach Oviedo, so ist Asturien überall in Querthäler zerschnitten, die sich nach Norden zum Ocean senken. Kalte feuchte Nordwinde, Mangel an warmen Südwinden, und das frühe Verbergen der Sonne hinter den südlichen Gebirgswänden geben dem hohen Asturien ein weit rauheres Klima. Seewinde herrschen hier vor und führen immer Regen, Nordwinde, Stürme, Nordostwinde, die Europa überstreichen, trockene Lüfte mit sich. Südwinde, die nur sehr selten von der Hochterrasse herwehen, bringen im Sommer jedesmal gluthheiße Atmosphäre; Westwinde vom Atlantischen Ocean milde und feuchte Luft, die alles gedeihen macht; daher heißt der Westwind Criador. Die vorherrschende Feuchtigkeit, welche dem übrigen Spanien fehlt, giebt der Vegetation von Asturien den größten Contrast mit Castilien. Außer Getreidefeldern reiche Wiesen, Wasserpflanzen aller Art, wenige der trockenen duftenden Gewächse, dagegen Reichthum an Laubwäldern und nordischen Obstarten, keine Südfrüchte.

England, die Bretagne und Asturien haben die größte Uebereinstimmung des Klimas und der Vegetation; doch ist in Asturiens geschützten Thälern größere Wärme. In diesen gedeiht bei sorgsamer Pflege der Wein, selbst noch die Olive und die Orange.

Aber der Jahreszeiten-Cyclus ist hier am Nordende der Halbinsel so verschieden von dem des Südendes, daß zwischen Oviedo und dem Gebirge die Kornernte erst Anfang September zu Ende geht, wenn im Süden schon die ganze Landschaft seit Monaten versengt daliegt. Um Granada und Murcia ist die Weizenernte schon Mitte Mai vorüber. Der Unterschied macht also ein volles Vierteljahr aus.

Asturien ist nun das merkwürdige Ländchen, dessen Bewohnern Spanien seine Freiheit vom Joche der Araber zu verdanken hat. Don Pelayo ist der Held Asturiens, dessen Stammsitz am äußersten nördlichen Vorgebirge Asturiens unter dem Cabo Peñas zu Gijon nordöstlich von Oviedo lag. Durch die siegreiche Schlacht bei Santa Maria de Cavadonga im Hochlande (im September 756) erhielt er die Asturier frei vom Joche der Araber. Asturien wurde der Kern der nördlichen Landschaften, die seit dem immer mehr und mehr die Araber wieder zurückdrängten. Don Pelayo wird darum El Restaurador de la libertad de los Españoles genannt. Darum führte auch seit 1388 der castilische Thronerbe den Titel Principe de Asturias. Antike Sitteneinfalt, Armuth, Fleiß und Gastfreiheit zeichneten bis in die neuere Zeit das Gebirgsvolk Asturiens aus.

Burgos und Biscaya sind wie die vorigen Provinzen mit wilder Gebirgslandschaft gefüllt, die von den asturischen Grenzen ostwärts durch Biscaya zum Paß Sabinas, der nach Guipuzcoa hinabführt, fortsetzt. An dieser Stelle läßt sie sich am bequemsten übersteigen und bietet eben da, in ihrer tiefsten Einsenkung, die bequemste Verbindungsstraße des Castilischen Plateaus und der Halbinsel überhaupt mit dem südlichen Frankreich dar.

Liebana ist der rauheste, wildeste Theil dieses Landes, gegen Asturien hin; an seinem Ausgange der Hauptort Potes, jetzt wenig bekannt. Aber zu Don Pelayos Zeiten war eben dieser Alpengau die feste Burg, von wo aus die tapfersten gothischen Heerschaaren hervorbrachen. Der siegreiche Khalif Abderrahman, der Stifter des Königreichs Cordoba, fand hier mit seinem Heere seine erste und völlige Niederlage. Auf diesen Höhen am Gipfel der Peñalabra entquillt die Pisuerga und der Carion gegen Südwest zum Duero, und der Ebro gegen Ost nach Reinosa zu.

Im Osten schließt sich Liebana der zweite Alpengau, die eigentliche Montaña de Burgos, mit einer Oberfläche von 8 Quadratleguas an. Hier breitet sich das Plateau von Reinosa aus. Die Gipfel umher steigen bis zur Schneegrenze auf, und selbst die breiten Rücken tragen oft im August noch Schnee. Hier liegt die Wasserscheide zwischen den Flüssen der portugiesischen und biscayischen Küstenmeere und des Mittelländischen Meeres, hier ist die Scheideterrasse der drei Meeresbecken. Die Höhen sind mit unzähligen Felstrümmern überstreut, aber mit dichter Waldung bewachsen. Dazwischen liegen die trefflichsten Alpenweiden und Wiesen, wie sie nur das mitteleuropäische Alpengebirge aufzuweisen hat; keine öden Paramos und Altos mehr, wie in Castilien, feuchte Seeluft herrscht vor. Auf der Mitte der Plateauhöhe liegt Reinosa, eine Bergstadt mit Eisenwerken. Eine Stunde westlich auf gleicher Ebene ist die Quelle des Ebro, Fontibre genannt; sie ist sehr stark und treibt sogleich Mühlen. Von da strömt der Fluß gegen Südost, tritt durch den Engpaß Horadada (d. h. Durchbruch) oberhalb Frias in die Terrasse von Alava ein, bei dem Passe Montes Claros aus den noch immer engen Schluchten des untern Alava in die offenere Landschaft unterhalb Miranda. Von Reinosa südwärts zum Plateaufluß Pisuerga sollen 1000 Fuß Abfall sein. Aber von Reinosa nordwärts zum Küstenfluß Bisaya sollen 3000 Fuß Gefälle sein.

Bis dahin sollten einst hier beide Flüsse zu einem schiffbaren Kanal benutzt werden, der den Duero mit dem Ebro und beide mit dem Biscayischen Meere verbände.

Oestlich von Reinosa führt vom Espinosa am Südabhange ein Bergpaß, der Puerto Lasia, nordwärts zum Hafenorte Santander. Noch östlicher führt die Hauptstraße vom obern Ebro bei Miranda über Orduña, die Peña und den Gebirgsabfall in das untere Biscaya nach Bilbao und dessen Hafenort Portugalete.

Alava und Guipuzcoa. Der obere Ebro um Miranda fließt da, wo er eben erst die Terrasse von Reinosa verlassen hat, noch immer auf bedeutender Meereshöhe. Oestlich von Miranda steigt ganz allmählich das Plateau von Alava noch höher auf. Auf dessen Mitte liegt Vitoria, die Hauptstadt dieser Baskischen Landschaft an der Hauptstraße von Frankreich nach Castilien, in einer absoluten Höhe von wenigstens 3200 Fuß, doch in weiter Ebene, überzogen mit der Bärentraube und Buxbaum, ohne Waldung. Der Hauptpaß von Salinas ist der einzige, der von dieser Höhe hinabführt zum Meerbusen von Bayonne und zur französischen Grenze. Vitoria, Salinas, Mondragon, Bergara, Villafranca, Tolosa, Urmieta sind die Hauptstationen. Von Urmieta spaltet sich die Hauptstraße gegen Norden zum Hafenort San Sebastian, gegen Nordosten zur Grenzfeste Irun am Grenzflusse Spaniens und Frankreichs, der Bidasoa. Unmerklich ist das Aufsteigen des Passes von Vitoria, plötzlich und steil der Abfall gegen das Meer. Bei Salinas ist die Wasserscheide zwischen dem Gebiet des Ebro und der oceanischen Küstenflüsse. Auf dieser Höhe befindet man sich zwischen hohen, dicht zusammengedrängten Gebirgszügen, die aber nur, wie alle Plateauhöhen Spaniens, aus jüngern Sandsteinablagerungen bestehen. Erst tiefer hinab am Nordgehänge zu Mondragon am Debaflusse treten Kalkstein und Schiefer mit den reichsten Eisensteinerzen (bei Somorostro) hervor. Die Straße folgt nicht dem Laufe der Parallelthäler, die, wie der Deba, gegen Norden zum Meere eilen, sondern sie setzt in Defileen durch drei solche Thäler hindurch und übersteigt durch mehrere Seitenpässe die durchziehenden Gebirgsketten in einer Diagonale zum Meere; ähnlich dem Col di Tenda=Passe über die Seealpen nach Nizza. Der letzte Steilabfall ist von Villafranca nach Tolosa, das am Eingange der Küstenfläche liegt. Ueberall sind hier die Baskischen Landschaften Alava und Guipuzcoa mit Terrassenabfall und Berglandschaft gefüllt bis dicht ans Meer. Tief eingerissene Buchten des Meeres geben treffliche Hafenstellen. Das Gebirgsland gehört nicht zu den fruchtbarsten, aber von seinen überaus thätigen Bewohnern ist es in einen großen Garten voll Dorfschaften und Meiereien verwandelt. Waldung, Weideland, Ackerland, Obstgärten wechseln auf das mannigfaltigste mit einander ab. Nur zertrümmerte unersteigliche Felsgipfel, wie bei Durango, bleiben unbebaut. Eichen- und Kastanienwälder beschatten die Gehänge, und machen einen Hauptreichthum des Landes aus, denn sie geben das meiste Bauholz für die Marine, an dem Spanien sonst so großen Mangel leidet. Die nördliche und hohe Lage und die Nähe am Ocean macht die Luft und den Boden kühl und feucht. Hier gedeiht daher weder die Orange noch die Olive. Erntezeit ist im August; der Mais reift erst gegen den October. Birnen und Aepfel gedeihen wie wild und geben den größten Obstreichthum, der im übrigen Spanien fehlt. Hier ist Cider (Sedra) das allgemeine Getränk statt des Weins wie in der Bretagne und Normandie. Die Bewohner dieses Gebirgslandes sind Basken, ein schön gebauter Volksschlag, voll Fleiß, Frohsinn, Gastfreiheit, ein ächtes Gebirgsvolk. Ihre heimische Tracht, ihre alten Sitten und Gebräuche, ihre ganz eigenthümliche Sprache, von allen europäischen völlig verschieden, haben sie seit Jahrtausenden bewahrt. Vor 300 Jahren lernten die Baskischen Frauen noch nicht die spanische Sprache, und die Männer fingen damals zuerst an, ihre Baskensprache mit castilischer Schrift zu schreiben. Jetzt ist das Baskische in seiner Reinheit nur noch in wenigen einsamen Hochthälern zu finden. Seit dem vierzehnten Jahrhundert mit der Krone Castilien vereinigt hatten sie ihre Rechte und Privilegien bis in die neuesten Zeiten aufrecht erhalten. Sie hatten ihre eigenen Gesetze und Provinzialversammlungen, die zugleich die höchste Instanz in Rechtssachen ausmachten, eigene Besteuerung und Regierung und lebten durch ihre Arbeitsamkeit und die Gaben der Natur in gleichmäßigem Wohlstand, ohne Reichthümer zu besitzen. Im Jahre 1805 verloren sie ihre alten Privilegien, das Baskenland wurde in eine spanische Provinz verwandelt. Seit dem theilte es den Wechsel der Constitutionen und der Gebieter mit dem übrigen Spanien.

Strömende Wasser der Halbinsel.

Ehe wir vom Nordabfall des spanischen Hochlandes zum Südabfall übergehen, bleibt uns ein Blick auf die Ströme der Halbinsel zu thun übrig. Aus dem Bau ihres Hochlandes entwickelt sich ihr hydrographisches System, das uns vom Plateau nach allen Seiten zu den Küstenterrassen führt. Von der Bidasoa an, bis zum Miño ziehen lauter kurze Küstenströme nordwärts zum Ocean: alles kurze, rauschende, wilde Bergwasser, im Winter überfüllt mit reißenden Fluthen. Sie machen das Hochland von dieser Seite durch ihre wildzerrissenen Thalschluchten großentheils unzugänglich. Gegen das Meer öffnen sie weite Mündungen, welche die tief eindringende Fluth fahrbar macht.

Das hohe Quellland aller Hauptströme liegt dagegen auf dem Zuge der hohen Bergflächen zwischen dem Plateau von Reinosa über Molina de Aragon durch Cuenca und Mancha bis zur Sierra Segura in Osten der Sierra Morena. Gegen Westen strömen ab die Quellen der Pisuerga, bei Reinosa, des Duero am Monte

Urbion nordwestlich von Soria, des Henares von den Altos de Baraona, des Gallo oberhalb Molina, des Tajo, des Giguela in Cuenca, des Guadiana nordwestlich von Alcázar, des Guadalimar südwestlich von Alcázar, des Guadalquivir in Südwesten der Sierra Segura. Ebenso strömen gegen Osten die Quellen des Ebro von Reinosa, des Jalon von Medina Celi, des Mesa, des Guadalaviar über Albarracin, des Cabriel, des Jucar, des Segura. Alle haben das Gemeinsame, daß sie auf Hochflächen entspringen, anfangs durch weite holzlose, öde Ebenen schleichen, und während der größern Hälfte des Jahres von Schneefeldern ernährt werden; daß sie dann im weitern Lauf durch die niedern trocknen Plateauflächen ziehn und wenig oder keinen Zufluß durch Quellen und Regen erhalten. Darum sind sie in der heißen Jahreszeit wasserarm, oft stillstehend. An den Plateauausgängen brechen sie erst in engen Tiefschluchten und Windungen mit stärkerm Gefälle reißend zur Tiefe. Kaum in der Tiefe angelangt, fallen sie bald in das Meer, sind also insgesammt nur auf sehr kurze Strecken vom Ocean aus für größere Schiffe fahrbar.

Der Duero, portug. Douro, hat seine Quelle am Monte Urbion; erst bei Zamora setzt man in Kähnen über. Bei Miranda auf der portugiesischen Grenze bricht er durch Felsschluchten hinab zur Tiefe. Von Moncorvo an ist er durch Kunst schiffbar gemacht zum Transport der Weinbarken nach Oporto; hier ist er 800 Fuß breit. Nur bis zu dieser Stadt können vom Meere aus zweimastige Seeschiffe einsegeln.

Der Tajo, port. Tejo (Tagus), hat seine Quelle bei Pié-izquierdo auf der Sierra Molina, im Westen der Stadt Albarracin, bei Muela de San Juan und tritt bei Zorita, nachdem er links den Guadiela aufgenommen, in die Fläche Neucastiliens ein. Sein Wasserspiegel ist bei Aranjuez 1552 Fuß über dem Meere, das Gefälle gering, sein Wasser salzig. Er bleibt unschiffbar bis zur portugiesischen Grenze bei Alcantara. Von da ist er nur bei Wasserfülle mit flachen Booten zu befahren. Noch bei Santarem unterhalb Abrantes in Portugal ist er im Sommer gewöhnlich so seicht, daß die Landleute zu Fuße hindurchzugehn pflegen. Bis eine Meile unterhalb Santarem steigt die Meeresfluth aufwärts, daher wird von hier an erst seine Schiffbarkeit dauernd und von Bedeutung. Bei Lissabon hat der Tejo zwei bis drei Meilen Breite, trägt Kauffahrtei- und Kriegsflotten: o Rey dos rios der Portugiesen, der König der Flüsse.

Der Guadiana entsteht aus zwei Hauptarmen. Der nördliche ist der Giguela. Der südliche entspringt aus dem Mancha-Plateau in den Lagunen von Ruidera zwischen Felsklippen. Diese Quellen verschwinden und treten nach sieben Meilen Entfernung wieder hervor bei Daimiel, wo sie los Ojos de Guadiana, die Augen des G., heißen. Oft bildet auch dann ihr Lauf nur stillstehende Schilf- und Rohrsümpfe, welche im Sommer die heiße Luft der Mancha verpesten. Von Merida über Badajoz, Moura bis Mertola, 35 Stunden, windet er sich zwischen Felsufern und Felsbänken hindurch, voll Stromschnellen. Häufig verwüstet er hier durch plötzliche Anschwellungen. Oberhalb Mertola windet er sich durch enge Felswände und stürzt im Wasserfall Salto de Lobo hinab. Erst unterhalb Mertola wird der Guadiana schiffbar, bleibt aber immer seicht, und hat keine der Schifffahrt günstige Erweiterung der Mündung.

Der Guadalquibir, vom arabischen Vad-al-kibir der große Strom, hat seine Quelle auf der Sierra Segura, auf den Höhen von Cazorla, in Süden von Segura. Sein Lauf durch Jaen und Cordoba ist eben so langsam wie der des Guadiana. Vergeblich hat man versucht ihn von Andujar in Jaen (506 Fuß über dem Meere) aus schiffbar zu machen. Nur zum Holzflößen kann er benutzt werden. Bis Cordoba hat er Felsenufer, unterhalb dieser Stadt wird er mit Kähnen befahren. Bei Cantillana tritt er erst völlig aus dem Berglande hervor mit der plötzlichen

Südwendung von der Sierra Morena weg gegen Sevilla. Hier befruchtet er das reiche Niederland Andalusiens, das reichste und größte der ganzen Halbinsel, spaltet sich in mehrere Arme und bildet große fruchtbare Inseln und Auen. Von hier an wird er 36 Stunden weit von großen Schiffen befahren, weil die Fluth in ihm bis gegen Sevilla aufsteigt. San Lucar ist Hafenstadt an seiner Mündung.

Der Ebro (Ibai baskisch Fluß) hat seine Quelle bei Reinosa, tritt durch die Engpässe von Horadada oberhalb Frias von Montes Claros in die Hochebene von Alava. Unterhalb Miranda del Ebro fällt der Fluß von dieser Hochterrasse ebenfalls durch Engschluchten bei Aro herab. Bei Calahorra fließt er schon in der Fläche von Aragon. Unterhalb, ehe er nach Tudela strömt, nimmt er von der Linken den Pyrenäenfluß Aragon auf. So noch andere Zuflüsse; aber kaum daß er von Tudela an Barken trägt. Erst 20 Stunden unterhalb Zaragoza bei Sastago trägt er die ersten Flußschiffe, doch nur vier bis fünf Monate im Jahre. Denn ungeachtet seiner 30 Zuflüsse ist er wasserarm. Sein ganzes Bett ist versandet, seiner Mündung fehlt der Vortheil oceanischer Ebbe und Fluth. Zur Förderung der innern Flußschifffahrt sind viele Kanäle projectirt.

Alle übrigen Flüsse, die selbstständig ins Meer fließen, sind kleinere Küstenflüsse; sehr wichtig für Fruchtbarkeit und Bewässerung des Landes, aber nicht schiffbar, wenige an ihren Mündungen ausgenommen. Alle sind den größten Theil des Jahres wasserarm. Die tiefsten Mündungen haben einige der atlantischen Flüsse mit Hafenstellen, wie der Vouga, Saldão, Huelva. Die Küstenflüsse von Granada, Murcia, Valencia sind am trefflichsten zur Bewässerung der tiefer liegenden fruchtreichen Ebenen (Huertas, d. i. offene Gärten) benutzt. Ihre Wasser werden in der heißen Jahreszeit wie mit Gold aufgekauft. Die Küstenströme Cataloniens sind die wildesten, wasserreichsten, zerstörendsten, da sie von den schneereichen hohen Ostpyrenäen herabkommen.

In einem Theile von Spanien ist der generelle arabische Flußname Vadi häufig in die speciellen neuspanischen übergegangen; daher Guadiana, Guadalquibir, Guadarrama, Guadalajara, Guadalabiar, Guadalete u. a. Im nördlichen Spanien, vom Douro im nördlichen Portugal bis zum Adour bei Bayonne und bis zur Dordogne bei Bordeaux, wiederholt sich der Name Dour, Doria, Doire, Dora bis in die Alpen der Lombardei. Er hängt mit dem Celtischen Worte urre Wasser zusammen, ein Beweis von der Ausbreitung dieses Völkerstammes. Der dritte allgemeine Flußname ist Tajo; er kommt in der südwestlichen Ecke der Halbinsel dem größten der spanischen Flüsse wie einem der kleinsten, dem Tajo des Schneegebirgs der Sierra Ronda in der Provinz Granada, zu und scheint der Flußname eines dritten Volkssystems zu sein, das vor den Arabern hier an diesen Gestaden der Halbinsel einheimisch war. Der vierte Name ist Ebro, d. h. Wasser in der Baskensprache. Von Biscaya südwärts bis zur Mündung des Ebro wiederholt sich diese Wurzel oft in den Flußbenennungen: Ibai, Iber, Ibaizabal d. h. enger Strom bei Bilbao, Ib-ero, d. h. mächtiger Strom, Ebron z. B. bei Teruel, d. h. Gebirgsstrom u. a.

Mit dieser ethnographischen Bemerkung, die auf interessante historische Verhältnisse der Ureinwohner führt, beendigen wir die Uebersicht des hydographischen Systems der spanischen Halbinsel und gehn zu den Gehängen der südlichen Gestade über.

Südabfall des Castilischen Hochlandes.

Das Andalusische Scheidegebirge und die Andalusische Küstenterrasse bilden die zwei Naturformen, die näher zu betrachten sind.

Andalusisches Scheidegebirge.

So nennen wir den Gesammtzug, welcher von Ost nach West die ganze Halbinsel zwischen 38 und 39° N.Br. durchsetzt. Ein Theil desselben, der an der östlichen Seite, um Alcaraz auf der Grenze von La Mancha beginnt, und nördlich von Cordoba und Sevilla westwärts bis zum Guadiana fortstreicht, heißt Sierra Morena (Montes Mariani). Nicht wegen seiner Höhe sondern wegen seiner weiten Ausdehnung und historischen Bedeutung hat dieses Gebirge einen gewissen Ruhm erlangt. Seine Erhebung über das angrenzende Hochland ist ganz unerheblich, vielleicht nirgends über 1000 Fuß. Die höchsten Pässe, welche durch die Sierra Morena führen, liegen nur um wenig höher als die Mancha; im Süden des Convento Real de Calatrava der Paß von Almuradiel 2200 Fuß über dem Meere, der berühmte Puerto del Rey 2053 Fuß. Dagegen fällt das Gebirge südwärts zum Guadalquibir an 1500 Fuß hinab; denn der Spiegel dieses Flusses liegt bei Andujar in Jaen nur 507 Fuß über dem Meere. Der Abfall der Sierra Morena gegen die tiefere Terrasse steht also in gleichem Verhältniß, wie der Abfall von Altcastilien gegen Neucastilien. Hier zeigt sich in dem stufenförmig aufsteigenden Baue der Halbinsel eine Regelmäßigkeit, die bei aller verwirrenden Mannigfaltigkeit der zerrissenen Oberfläche seinen Hauptcharakter abgiebt, der physikalisch und historisch der entscheidende des Ganzen ist.

Wir betrachten die einzelnen Theile des Andalusischen Scheidegebirges genauer.

Vom Cabo San Martin erblickt man die Insel Ibiza. Dicht dabei steigen isolirte freie Endglieder des Zuges empor, die alle gegen Süd in furchtbaren Steilwänden abstürzen und das Bild einer Erdbebenzertrümmerung darbieten. Sie gehören nicht mit in den geschlossenen Körper des Morena-Zuges, der die Mancha-

Stufe trägt. Im Westen von Alcoy und Villena streicht die Sierra Mariola, weiter im Westen die Sierra Millares mit dem Passe von Almansa aus Valencia nach Murcia. Von hier an treten gegen Westen keine Tiefthäler weiter zwischen die Bergzüge, die immer parallel von Ost nach West fortstreichen. An der Westgrenze Murcias heißt dieser Gebirgsparallel Sierra Segura, weil Segura einen Ort des Aufsteigens (adscensus) bedeutet, vom arabischen Tsogur, d. i. Pforte, Bergpaß.

Erst seit der furchtbaren Mohrenschlacht im Jahre 1212 in den öden Ebenen (Navas de Tolosa) am Fuße dieses Bergzuges hat die sich im Westen anschließende eigentliche Sierra Morena diesen Namen erhalten. In späteren Zeiten ward sie nun ein Asyl der Räuberbanden und Wolfsheerden. Erst seit dem Ende des achtzehnten Jahrhunderts gab sich die Spanische Regierung Mühe, das Gebirge für Reisende durch Sprengung von Wegen und Pässen zugänglich zu machen, es zu cultiviren. Graf Olavides führte seit dem Jahre 1767 Colonien von 10000 bis 12000 Fremdlingen ein, vorzüglich Deutsche, die 14 Pueblos oder 15 Kirchspiele auf 64 Quadratmeilen angelegt haben. Sie führten Ackerbau, Vieh- und Bienenzucht hier ein, legten Glashütten, Leinwand- und Tuchwebereien an. Aber mit dem Sturze dieses Günstlings fing auch die Colonisation an zu verfallen. Der Hauptort, der übrig geblieben, ist Carolina; außerdem kleine Orte wie Luisiana u. a. Der einzige Hauptpaß der ältern Zeit war der Puerto del Rey, so genannt, seitdem Ferdinand und Isabella auf ihrem Feldzuge gegen Granada, in der bis dahin unzugänglichen Wüstenei ein großes Karawanserai erbauten, Venta del Palacio genannt, zur Aufnahme der Spanier, die damals aus der ganzen Halbinsel diesem Kreuzzuge zuströmten. Die Paßhöhe ist 3600 Fuß über dem Meere. An seinem Südabhange über Venta Miranda kommt man zum alten Bergschloß Tolosa, auf der Bergebene darunter das Schlachtfeld, wo Alfons VIII. am 16. Juli 1212 den Sieg über die Mauren erfocht. Hier trug am 14. und 15. Juni 1808 auch Castaños den ersten großen Sieg über die Franzosen davon. Die Sierra besteht hier überall aus Schiefergebirge, hat überall fruchtbare Erde: Nadelholz auf den Höhen, Eichenwald an den Abhängen und Ueberfluß an Wild. Für die westlichen Abhänge der Sierra, z. B. um Guadal Canal, nördlich von Sevilla, sind große Sumachwaldungen charakteristisch. Im vordern Gebirge, gegen die südlich anliegende offene Ebene von Linares sind zahllose (an 5000) alte ausgebeutete Erzgruben, Stollen in Thonschiefer. Weiter gegen Westen liegt die Berggegend Los Pedroches mit der Bergstadt Almaden im Sandsteingebirge, berühmt durch Quecksilbergruben.

Sierra de Cordoba heißt der Gebirgszug im Norden der gleichnamigen Stadt. Hier liegen die reichen Silbergruben Guadal Canal, welche bis 1635 von der berühmten deutschen Familie der Fugger bebaut wurden, im Sandsteingebirge, das überall nur sanft abgerundete Bergkuppen hat, ohne allen wilden Gebirgscharakter.

Noch weiter westlich und im Norden von Sevilla zieht die Sierra Constantina; zwei Pässe führen hinüber: der östliche von Sevilla über den Paß Monasteria und Fuente de Cantos nach Merida; der westliche von Sevilla über Segura nach Jerez de los Caballeros, berühmt durch seinen Wein, nach Badajoz. Beide scheinen in Hinsicht der Höhe unbedeutend zu sein, obwohl beschwerlich.

Andalusisches Küstenland.

Südwärts des Plateaus von Albacete und der Sierra Segura, durch das ganze östliche Jaen setzt der breite Bergrücken von Cuenca fort bis zum Cabo del Gato. Ohne tiefe Unterbrechungen füllt er weit und breit West-Murcia, Ost-Jaen und Ost-Granada, ohne allmähliches Abfallen gegen das Meer. Es ist ein breites bis zur Küste ziehendes Hochland mit einer Anhäufung unzähliger paralleler Bergzüge auf seinem Rücken. Je dichter zum Meere, desto höher steigen diese einzelnen Querzüge bis zur Grenze des ewigen Schnees auf. Die Längenthäler dieses Gebirgssystems, die hier wie überall in der Halbinsel von Ost nach West ziehen, entscheiden auch hier, wiewohl nur auf kurze Strecken, über den Lauf der Gewässer. Sie senken sich von West gegen Ost kürzer zum Meere, wie z. B. der Segura; oder von Ost gegen West in längerem Laufe, wie der Guadalquibir. Aus dieser eigenthümlichen Gestaltung und den vielen Pässen, Querthälern, anstoßenden Flächen und Ebenen geht die Verschiedenartigkeit dieser Küstenterrasse hervor. Hieraus ergiebt sich, wie gerade im Süden der Halbinsel die größten Contraste in Höhe und Tiefe, Plateau und Niederung, in Kälte und Wärme, in Land und Meer, die größten Mannigfaltigkeiten in Natur und Menschenleben bedingten.

Ober-Andalusien. Das Gebirgsland.

Die Fortsetzung des großen sogenannten Iberischen Gebirgszuges erhält sehr vielerlei Namen, meist nach den Orten, die auf seinen kalten öden Höhen, oder an ihren Abhängen liegen. So Sierra Huescar im nördlichen Granada, S. de Guadix, S. de Baza, los Velez el Rubio in Osten, S. Loria in Murcia, S. Filabres im Süden der Stadt Baza, und an der äußersten Spitze des Cabo de Gata die Sierra Alhamilla östlich von Almeria. Der eine Berggipfel, eine spanische Meile westlich von der Küstenstadt Vera, ist nahe an die Hälfte des Jahres mit Schnee bedeckt. Er heißt Cabeza de Maria, und erhebt sich 5715 Fuß über das Meer. Die Hauptstraße führt hier aus der Mitte des Gebirgslandes von Granada ostwärts über Guadix, Baza, nach Lorca am Sangonera-Flusse und so nach Murcia. Granada liegt in reizendem reichem Thale, wo Wein, Oliven,

Granaten in größter Fülle gedeihen, doch keine Orangen. Von da ostwärts beim Aufsteigen verschwindet diese Cultur; felsiges ödes Land erscheint mit den rauhen Höhen, obwohl in mehr südlicher Breite, die ärmliche Vegetation des Castilischen Hochlandes, Steineichen, Kermeseichen, Wachholdersträucher. Diese öden Altos halten an über Guadix, Baeza, ostwärts bis zur Wasserscheide bei Cullar de Baeza, noch bis Velez el Rubio an der Grenze von Murcia, und fallen erst bei Lorca plötzlich steil ab zum heißen Tieflande Murcias. Man braucht drei bis vier Tage, die ganze Breite des schneereichen winterlichen Hochlandes von Granada bis Lorca zu übersteigen. Unter 38 bis 40° N.Br. liegt Ende April am Baeza noch Schnee, bei Lorca ist schon Kornernte; hier steht der erste Olivenbaum und das dichte Myrtengehölz, wovon Murcia seinen Namen hat. Dieses winterliche Hochland zwischen Murcia und Granada ist nur für den einheimischen enthaltsamen Spanier wirthbar, für Fremde ein schwer zugängliches natürliches Bollwerk; 1810 und 1811 eine feste Burg zur Vertheidigung gegen die französischen Heere, die von Granada heranrückten. Murcia und Cartagena wurden, während der Feind die ganze Halbinsel von Norden und Osten überzogen hatte, gesichert. Hier war es auch, wo tausend Jahre früher (seit 712) bei der ersten Eroberung der Araber aus dem Süden und Westen her der tapferste Theil des Gothenheeres eine Zeit lang seine feste Burg fand gegen die siegreichen Eroberer. Hier behauptete sich das letzte südliche Königreich der Gothen unter König Theudomir; daher erhielt die Provinz Murcia bei den Arabern den Namen Tudemiro. Mit diesem kalten rauhen Hochlande steht gegen Nordosten die Sierra del Cid, gegen Nordwesten die Sierra Morena der Mancha in Verbindung, überall Schauplätze von Heldenthaten, welche jeder Ort jener Gegend in seinen vielen Romances besungen hat.

Von Ober-Andalusien gehen wir über zum Andalusischen Küstengebirge.

Das Küstengebirge von Granada im Allgemeinen.

Unter diesem Namen begreift man das ganze System von Bergzügen, das vom Cabo de Gata und den Alhamilla-Höhen westwärts bis zur Ebene des Guadalquibir zieht. Es füllt die ganze Küstenprovinz mit hohem Berglande, wird aber von unzähligen Küstenflüssen von Nord gegen Süd quer durchbrochen. Gegen Norden sendet es den Guadix und den Jenil zum Guadalquibir. Es erstreckt sich längs der Meeresküste von Vera bis zum südlichsten Vorsprunge der Halbinsel, eine Strecke von 60 bis 70 geogr. Meilen von Ost nach West, und nimmt von Süd nach Nord einen vollen Breitengrad ein, doch so, daß es gegen Westen immer weiter südwärts vorrückt, bis es zwischen Jimena und Medina Sidonia von einem hohen Bergplateau aus im Cap Tarifa und der Punta de Europa als die äußerste Südstirn Europas dem Atlas entgegentritt. Von allen hohen Gipfeln dieses Küstengebirges trägt der Blick über die schmale Meeresfläche wie über ein breites tiefes Längenthal, das mit dem Mittelländischen Meere gefüllt ist. Jenseits wird das Längenthal durch ein ähnlich gebildetes Bergland, durch das Atlas-Plateau in langem Zuge von Ost nach West begrenzt. Beide Küstengebirge haben ganz ähnliches Klima, Producte, hatten verwandte Bewohner und eine sehr in einander greifende Geschichte in alten und mittlern Zeiten; sind aber seit einem Jahrtausend als Repräsentanten des Kreuzes und des Halbmonds in unversöhnliche Fehde getreten. Die hohen isolirten Gipfel der spanischen Küstenkette, treffliche Landmarken für den vorübersegelnden Schiffer, sind durch eine Menge einzelner Namen unterschieden, die wir hier übergehen. Die höchsten Gruppen sind die Sierra Nevada (Schneegebirge) in Osten, die S. Blanquilla (Weiße Gebirge) im Nordwesten der Stadt Ronda, zwischen beiden die S. de Málaga im Norden der Stadt Malaga. Partubos, eins der höchsten Dörfer am Südabhange der Sierra Nevada, mit einem Sauerbrunnen, liegt 3900 Fuß über dem Meere. Der höchste Gipfel, Pico de Mulahacen, ist nach Antillon 11081 Fuß hoch; der zweithöchste, Pico de Veleta, im Nordwesten von jenem, 10824 Fuß; von seinem Nordwestabhange strömt die Quelle des Jenil gegen Granada zu. Die Schneegrenze reicht auf diesem Gebirge herab bis 8262 Fuß. Die Sierra Blanquilla über der Stadt Ronda muß auch diese Höhe erreichen, da sie ebenfalls dauernden Schnee trägt. Die Hauptgruppe des Küstengebirges, die Sierra Nevada insbesondere besteht aus einem Gebirgssystem von drei Parallelketten, die von Ost nach West streichen. Die nördlichste heißt Nevada, als die höchste, am tiefsten im Lande; die mittlere Alpujarra, die Vorstufe der vorigen; die südlichste dicht an der Küste hinstreichend, heißt Sierra Contraviesa; gegen Westen von Stadt und Fluß Adra heißt sie auch die niedere Alpujarra, gegen Osten Sierra de Gador. Der Küstenzug ist der niedrigste, ein Marmorgebirge. Die höheren Alpujarras bis auf 4000 Fuß Höhe sind die bebauteste und bevölkertste Gegend Spaniens. Doch lange das nicht mehr was sie zur Zeit der Morisken waren. Val Lecrin ist das größte der hohen Alpenthäler im Schooße der Alpujarras, ein Längenthal von Ost nach West mit 18 reichen Dörfern, in Obstgärten, von Maulbeer-, Oliven-, Citronen-, Granat- und andern Fruchtbäumen umgeben, alle Berghänge mit Rebenterrassen bedeckt. Höher hinauf sind die Berghänge mit Kastanienwäldern bewachsen, mit den reichsten Obsthainen bepflanzt. Haupterwerb dieser Alpenhöhen ist Korn-, Weizen-, Maisbau und Zucht des Seidenwurms. Die Erntezeit ist erst im August. Wie dieses reizende Thal ist die ganze Alpujarra dicht bevölkert und bebaut, romantisch, voll Cascaden und Bergwasser. Nur die höhere Sierra Nevada im Norden ist wild zerrissenes Gebirge, doch auch noch mit Eschen bewaldet. Die höchsten Gipfel sind nackt, Aufenthalt der Gemsen und Wölfe. Der Nordabfall senkt sich hinab zum Thal von Granada. Dieses reiche reizende Thal hat man nicht mit Unrecht mit dem berühmten thessalischen Tempe am Fuße des Olymp verglichen. Der flache Theil desselben, la Vega de Granada, ist die fruchtbarste Ebene in ganz Spanien und zugleich ein Wunder von schöner Landschaft, ein großer Garten von den Schneeflüssen Jenil und Darro durchwässert. Der Acker liegt hier nicht brach und trägt vierundzwanzigfältig. Alle Ortschaften liegen zwischen Wäldern von Oliven, Granaten, Feigen, Pfirsichen; überall Weinreben, Jasmin- und Myrtengebüsche. In diesem Paradiese Spaniens liegen 31 Orte, und an dessen kesselförmigem Eingange die Stadt Granada, das Garnatha der Araber, die Residenz der Könige von Granada, 2037 Fuß über dem Meere. Sie war einer der drei Edelsteine in der Krone des Maurenkönigreichs. Luft, Boden, Wasser schienen ganz den Gefilden um Damaskus zu entsprechen. Zur Vertheidigung hatte die Stadtmauer von Granada 1030 Thürme; nach zehnjährigem blutigem Krieg und Belagerung wurde sie 1492 von Ferdinand dem Katholischen endlich erobert. Der letzte König Abu Abdallah erhielt eine Versorgung und ging nach Afrika. Die Stadt hatte einst an 300,000 Bewohner, jetzt noch 12000 Häuser und 70000 Einwohner. Jedes Haus in Granada hat seinen Springbrunnen. Im heißesten Sommer wehen kühlende Südwinde vom Schneegebirge herab, welches dem Thale immer Wasserüberfluß zusendet.

Die Sierra de Malaga ist die westliche Fortsetzung der vorigen; ein Marmorgebirge, steil, wild, aber nicht so hoch, nicht so wasserreich, nicht so bebaut und bewachsen; die Oberfläche hat Mangel an Erdbedeckung. Der Südabfall ist desto günstiger für Weincultur. Die häufigen Seenebel geben bei dem völligen Regenmangel der Traube Feuchtigkeit. Der afrikanische Sonnenstrahl in reiner Luft kocht und zeitigt sie zum feurigsten Wein. Nur steile Felspfade, für Maulthiere gangbar, führen von der Küste über die Gebirgsketten nach dem Innern.

Die Sierra de Ronda ist die Fortsetzung des Bergzuges von Malaga, an dessen Nordabhange, immer noch auf bedeutenden Höhen, die Städte Alhama und Antequera liegen, die berühmte Bergfeste, welche 80 Jahre lang als Vormauer von Sevilla und Granada den Belagerungen der Spanier widerstand, endlich aber erobert den Zugang nach Granada öffnete. Die Stadt Ronda liegt mitten im hohen Gebirgszuge in kühlem, schönem Thale. Von da zieht sich der immer niedriger werdende Bergzug über Jerez de la Frontera, Cadiz gegenüber, zum Guadalquibir. Die wildern Berghöhen gegen Süd heißen Montes del Pinal (Piniengebirge); der höchste Gipfel, la Cabeza del Moro, dient den Seefahrern weithin als Landmarke. Auf diesen Höhen hausen wilde Ziegenheerden, Bären und Wölfe. Dicht an der Meeresküste zieht auch hier, wie im Süden der Alpujarra, ein milderer Küstenzug hin, der ungemein stark bevölkert und bebaut ist. An seinem Südabhange wachsen die köstlichsten Orangen in ganz Spanien, Weine, treffliche Oliven, Johannisbrod, Walnüsse, Aepfel, Birnen und andre Obstarten wie wild. Die Wälder bestehen aus Kastanien-, Mandel- und Korkbäumen, Myrten, Oleander. Alles steht schon in voller Blüthe Mitte Januar. Dieses ganze gebirgige Küstenland ist erfüllt mit Dörfern, Ortschaften, Städten, Gärten, adligen Sitzen, Burgen, alten Festen und unzähligen Ruinen römischer Villen, Brücken, Paläste, Tempel, da Spanien in den Kaiserzeiten ein Lieblingssitz der reichen Römer geworden war.

Punta de Europa ist die Südspitze von Europa. Den Südvorsprung Spaniens gegen Afrika bildet das breite weiße Kalkgebirge mit Cap Tarifa und der vorliegenden Klippe gleichen Namens, Isla Tarifa. Die Westecke gegen den Ocean bildet das Cap Trafalgar; die Ostecke gegen das Mittelmeer die Landzunge, welche Punta de Europa im engern Sinne heißt, mit dem Felsen von Gibraltar. Inselgleich hängt dieser als steiles, schmales

Vorgebirge nur durch eine sandige Dünenreihe mit dem festen Lande gegen Norden zusammen, wo San Roque liegt. Am nackten Südabhange dieser Felsmasse herrscht afrikanische Gluth. Hier hat sich mit afrikanischen Gewächsen auch der afrikanische Affe angesiedelt. Auf der Höhe des Vorgebirgs herrscht die gemilderte, kühle, frische, gesunde Seeluft wie in Montpellier. Der Marmorfels, auf dem die Feste Gibraltar liegt, ragt 1350 Fuß über dem Meeresspiegel empor. Er ist schmal und keine Stunde lang; sein Nordabfall ist ganz senkrecht und völlig unzugänglich, an allen Seiten steil abfallend zum Meere. Gibraltar ist die Pforte zum Mittelländischen Meere, das den Eingang zu drei Erdtheilen bildet, 1704 von den Engländern erobert, 1713 im Frieden zu Utrecht ihnen überlassen; seitdem in eine unüberwundene Festung verwandelt, durch eine geringe Besatzung zu vertheidigen. So ragt ein Tafelberg am Südende Europas, wie der Tafelberg der Capstadt am Südende Afrikas: beides welthistorische Punkte der Erde.

Nur die tiefer liegenden Ebenen an den Ufern des Guadalquibir können zu Nieder-Andalusien gerechnet werden. Sie fangen schon bei Andujar an; hier zwar noch zwischen hohen Gebirgen eingezwängt, doch zugleich tief eingesenkt. Hier beginnen die Olivenwaldungen, die bis Corduba und weiter bis Aljarafles und Olivares, d. h. bis zu den großen, viele Meilen weiten Olivenwaldungen ziehen, die schon zu Strabo's Zeit berühmt waren. Bei Cordoba im reizenden fruchtbaren Thale zeigen sich die ersten Orangenwälder. Von hier beginnt gegen Südwest der große Citronen- und Orangengarten Andalusiens. Beide Baumarten sind hierher durch die Araber verpflanzt und naturalisirt. Bei Alcoye wachsen die ersten Aloe (Agave americana) wild wie in Amerika. Hier wuchert auch die Zwergpalme (Chamaerops humilis), die indische Feige (Cactus Opuntia), der Kapernstrauch, im Sumpfboden das Zuckerrohr. Hier breitet sich eine der fruchtbarsten Flächen Europas aus. Die Araber haben sie immer mit dem

Delta Aegyptens verglichen. Daher ward in ihrer Mitte Sevilla am Guadalquibir zu verschiedenen Zeiten die Hauptstadt der Halbinsel. Andalusien ist die reichste Kornkammer für Spanien, die größte der fruchtbaren spanischen Ebenen, an denen die Halbinsel sonst so arm ist. Aber auch Andalusien hat lange nicht die Ausdehnung der italischen Lombardei. Seine höchste Breite ist drei Tagereisen. Die Ebene von Murcia ist nur 6 Meilen lang von West nach Ost und 2 Meilen breit von Süd nach Nord. Noch enger eingeschlossen ist Cartagena. Die Ebenen von Alicante, Gandia, Valencia u. a. sind noch beschränkter, und haben darum von den Spaniern den Namen Huertas, d. i. beschränkter Culturraum, erhalten. In diesem kleinen Raume schließen sie jedoch den größten Reichthum aller Culturen ein, wie bei Granada, in den Alpujarras und bei Sevilla. Einige Ebenen liegen noch weiter ostwärts am Ebro. Am ganzen Westabhange der Halbinsel, in Portugal, sind nur zwei Ebenen bekannt, und diese sind von geringem Umfang: die erste an der Südseite des Tajo, von welcher die Ebene von Santarem die nördliche Fortsetzung ist; die zweite die Ebene von Aveiro um die Mündung des Rio Vouga. Dieser merkwürdige Mangel an großen niederen Ebenen ist für die Halbinsel nicht weniger charakteristisch, als die weite Verbreitung ihrer hohen Bergterrassen und Gebirgszüge, deren Vorsprünge an allen Seiten der Halbinsel unzählige Promontorien bilden.

Die Pyrenäen [1]).

Von der bei weitem überwiegenden Hauptform der spanischen Halbinsel, dem centralen Hochlande, gehen wir zur zweiten, dem Grenzgebirgslande über.

---

[1]) Pyrene ist der uralte Name dieser Gebirgskette, vom östlichen Cap Pyrene der griechischen Colonisten in Massilia. Von da aus wurde er später erst übertragen auf den ganzen Kettenzug. Wahrscheinlich ist Pyrene der alte celtische Name, verwandt mit Berg, Byren, contrahirt Brin, Bren,

Die Gebirgskette der Pyrenäen bildet den östlichen Ausläufer des Plateaus von Spanien und sondert sich vom Plateau von Alava ostwärts zwischen den Städten Bayonne und Pamplona ab. Erst von da an wird sie zu einer selbständigen, nach Nord und Süd steil abfallenden Gebirgskette. Je näher der gemeinsamen Wurzel, desto plateauartiger und der Ausgangsmasse ähnlicher, je weiter gegen den Osten fortstreichend, desto individualisirter und hochgebirgsartiger erhebt sie sich. An 100 Stunden Wegs ziehen die Pyrenäen von West nach Ost, von Meer zu Meer. Sie bestehn aus mehrern Reihen paralleler Bergzüge. Von Süden her erheben sich diese in sehr steilen aber minder hohen Stufen; gegen Norden fallen sie minder steil ab, aber zu größern Tiefen, und erscheinen darum überall von der Nordseite gesehen gewaltiger und erhabener als von der Südseite. Im Süden steht der Fuß der Pyrenäen immer noch auf höhern spanischen Bergflächen, im Norden aber auf den wenige hundert Fuß hohen Ebenen Südfrankreichs. Auch nach Ost und West findet Ungleichheit in der Vertheilung der Masse und im Bau der Verhältnisse statt.

---

den wir in mehreren Alpennamen wiederfinden, wo Celtische Völker wohnten, z. B. im Brenner. Denselben Namen haben viele Berge durch Südfrankreich und in Spanien bis Gallicien, daher die Alten auch wohl das ganze Asturische Küstengebirge mit zu den Pyrene-Bergen gerechnet haben. Z. B. **Peyre horade** an der Quelle des Adour, **Peyre nere** und **Peyre blanca** an den Quellen der Garonne u. a. m. Die Felstrümmer, die so häufig auf der Nordseite der Gebirgskette hinabstürzen, heißen bei den Gebirgsbewohnern **Peyrada**, Trümmergebirg. Es scheint ganz zufällig zu seyn, daß diese Bergkette nicht auch den Namen Apennin oder Alpen erhalten hat. Denn beide Appellative sind hier eben so allgemein verbreitet, wie in Italien und in der Schweiz. **Pen**, **Pene**, **Peña**, **Peñon** heißen sehr viele Berggipfel in Aragon; in Catalonien liegen viele Berge, die ihren Namen mit **Alp** zusammensetzen, z. B. **Alpenes**, **Rialp**, **Queralp** u. a. Eben so einheimisch in den Berghöhen der Celtischen Pyrenäen, wie in den Gebirgen Südfrankreichs ist der Name **Pui** (Pic, Kegel), der vorzüglich von den **Puis** der Auvergne her allgemein bekannt ist. Auch in den Pyrenäen kommt er häufig vor, so z. B. im **Puigcerda**, **Poui-bacon** u. a. m

Der westliche Flügel erhebt sich nur in mäßiger Höhe (Basses Pyrenées), durchaus nirgends als schneehohe Gipfelkette, sondern gegen die Meeresküste über Bayonne hin nur als mittelhohes Bergland. Der östliche Flügel dagegen steigt aus dem Mittelmeer überall abschüssig und steil auf und thürmt sich sogleich mit dem Canigou über Perpignan zu mehr als 8000 Fuß Höhe auf. Doch erheben sich die größten Bergmassen zu den höchsten Gipfeln auf keinem der beiden Flügel, sondern in dem mittlern Theile des Bergzuges, den Mittel-Pyrenäen, zwischen den höchsten Gipfeln, dem Pic du Midi über Pau und dem Maladetta.

Zwei parallel ziehende Hauptgebirgsketten bilden den Zug der Pyrenäen; alle andern sind nur untergeordnete Glieder, theils parallele oder losgerissene Gruppen und zerstreut umher liegende Vorberge. Die erste der Hauptketten zieht vom Aquitanischen Meere auf spanischer Seite ostwärts und endet mit dem Maladetta. Die zweite beginnt auf der französischen Seite im Norden des Pic du Midi de Pau mit dem Pic de Gabisos. Sie streicht mehrere Meilen weiter nordwärts von der vorigen abstehend, gegen Osten an dem Maladetta vorüber und wird hier durch das Aran-Thal von der Südkette getrennt. Diese endet gegen Osten erst in Roussillon mit den steilen Vorgebirgen gegen das mittelländische Meer. Schon diese beiden Hauptketten bilden keinen unmittelbaren Zusammenhang, nur einen mittelbaren durch zwischengelagerte parallele, aber weit untergeordnete Bergzüge. Aber auch diese untergeordneten Bergketten sind nicht immer zusammenhängende Bergreihen, obwohl jeder einzelne Zug eine kleinere, mit der allgemeinen mehr oder minder parallellaufende Kette ausmacht. Der ganze Bau der Pyrenäenkette besteht also aus isolirten Parallelzügen, die im einzelnen kürzer als das ganze System sind. Doch stehen wenigstens immer je zwei derselben durch Sättel und Paßhöhen in unmittelbarer Verbindung. So entsteht die schlangenförmige Windung der Wasserscheide, die bald gegen Norden, bald gegen Süden im Zickzack auf und ab springt. Sie setzt über Höhe und Thal, Gipfel und Sättel fort, verfolgt durchaus nicht die absolut höchsten Bergrücken, aber wohl immer die relativ höchsten der Umgegend. Diese Linie (la Crête der Franzosen) bildet die politische Grenze zwischen Frankreich und Spanien. Die höchsten Gipfel der Pyrenäen liegen durchaus in keiner bestimmten Relation zu dieser politischen und Naturgrenze. Sie steigen am höchsten auf, wo die Hauptketten plötzlich abfallen und ein Ende gegen Osten finden. Aus allen bisher betrachteten Constructionsgesetzen ergiebt sich als Resumé für die Hauptbildung des Pyrenäengebirges, daß es sich in allmählichen unmerklichen Stufen von Nord gegen Süd sowohl, als von dem Ocean gegen das Centrum hin erhebt, daß es dagegen in steileren Stufen und Abstürzen, wenn auch nicht zu größeren Tiefen, gegen Spanien und zum Mittelländischen Meere abfällt. Diese Steilabstürze bezeichnet der Spanier mit einem eigenen Ausdrucke: los Paredes, die Wände, os Parets der Pyrenäenbewohner. Hieraus erklärt sich die geringere Mannigfaltigkeit des westlichen Flügels der Pyrenäen, und die bequemere Durchsetzung weit niedrigerer Pässe — ihm fehlt das Romantische der schönern Alpennatur. Daraus erklärt sich andrerseits die totale Hemmung aller fahrbaren Communication in den Mittel-Pyrenäen. Daraus ergiebt sich endlich die größere Zerrissenheit der Ost-Pyrenäen, die zwar mehrere Pässe gestatten können, aber zwischen weit engern und steilern Bergwänden als auf der Aquitanischen Seite. Die bei weitem größere Zahl von hohen Alpengipfeln erhebt sich an dem Ostende der Südkette, welche ganz im Süden der Wasserscheide und auf spanischem Boden liegt. Daher ist ferner das Südgehänge des Pyrenäenzuges überhaupt wilder, steiler, öder, minder bewässert, weit weniger romantisch, wenig besucht. Das Nordgehänge dagegen verbreitet sich über größere Räume, auf den mildern Abfällen haften überall Eis- und Schneefelder länger. Ihr Wasserreichthum ist in zahllose Bergströme vertheilt, welche tiefe Thäler ausarbeiteten. Daher ist der Nordabhang zugänglicher für die Menschen und die Vegetation geworden. Von der ganzen Nordseite hat sich das Innere des Gebirgssystems weit mehr aufgethan, aufgeschlossen in seiner ganzen Fülle und Erhabenheit. Daher ist die ganze Kette der Pyrenäen bisher auch fast allein vom Standpunkte der Nordseite her betrachtet worden.

West-Pyrenäen.

Die Aquitanischen Pyrenäen beginnen an ihrem Ostende mit dem Pic du Midi (de Pau) und dem Pic du Midi (de Gabisos), den erhabensten Grenzsteinen der hohen Mittel-Pyrenäen. Das Thal des Aragonflusses südwärts mit der spanischen Gebirgsstadt Jaca, das Thal des Ossauflusses nordwärts zur französischen Gebirgsfeste Oleron bezeichnen zugleich ihren Umfang, Breite von Süd nach Nord. Von hier an gegen West zeigt die Gebirgskette nirgends hohe, ausgezeichnete Gipfel; fast überall nur breite Berghöhen, meistentheils mit Waldung von Eichen und Kastanien, höher hinauf nur mit Gebüsch und Alpenweiden bedeckt. Gegen Bayonne hin fallen diese immer niedrigern Rücken ab, und gegen das Meer enden sie nur in einzelnen abgerundeten Gipfeln. Wir kennen bis jetzt diesen ganzen Zug nur aus den besuchten Pässen und von den Quellen des Grenzflusses Bidassoa in der Val de Bastan auf der spanischen Seite. Am westlichen oceanischen Fuße der steilern Bergkette liegt St. Jean de Luz auf französischem Gebiet, Irun auf spanischem Gebiet am linken Ufer der Bidassoa, an der Furth nach Spanien. Dieser Eingang von Frankreich nach Spanien am Fuß der Bergkette zum Meeresgestade hin hat nichts besonders Eigenthümliches. Er führt von Bayonne über Uriarte, St. Jean de Luz, Irun, Oyarzun nach Urnieta von da nach Tolosa, und trifft bei Urnieta in den merkwürdigsten Theil der Hauptheerstraße zwischen Frankreich und Castilien ein, den wir oben schon betrachtet haben. Diese Heerstraße ist also kein eigentlicher Pyrenäenpaß, sondern ein Küstenweg.

Eigentliche Pyrenäenstraßen giebt es dagegen zwei westliche durch die Val de Bastan, die östliche durch das Thal Roncesvalles von Oleron am Fuße des Pic du Midi de Pau vorüber nach Jaca und Zaragoza.

Die Erste Passage durch die Val Bastan ist die geradeste südwärts von Bayonne nach Pampluna, eine fahrbare Straße durch das Thal der obern Bidassoa, welches Val Bastan heißt. Sie führt über keinen Hauptort; San Estevan, der bedeutendste Ort dieses Thales, bleibt westwärts liegen. Aus dem Gebiete der Bidassoa (d. h. zwei Quellen, weil sie aus zwei Armen zusammenfließt) führt der Puerto Bellan, der Hauptpaß dieser Straße, zum Thalgebiet des Arga, an dem Pampluna liegt, zum Ebrothal.

Die Passage durch Roncesvalles führt auch nach Pampluna, kommt aber nicht von Bayonne, sondern weiter ostwärts aus dem Innern von Frankreich. Am Nordfuße des Pyrenäenausganges liegt die Festung St. Jean, zu ihren Füßen im halbmondförmigen Thale das Städtchen St. Jean Pied de Port. Eine fahrbare Straße führt von da über den Mont Orion, auf dessen Höhe die Wasserscheide zwischen Frankreich und Spanien liegt. Der Gebirgspaß, der Puerto de Roncesvalles, führt zum Thale Roncesvalles, das von Spaniern bewohnt wird. Auf französischer Seite ist bei St. Jean noch Weinbau. Dann folgen Eichen- und Kastanienwälder bis zur größten Gebirgshöhe, und auf dieser nur Zwergholz, Gebüsch und gute Viehweide. Nirgends ist wilde Alpennatur. Beim Dorfe Roncesvalles (Ronceveaux der Franzosen) sind schon wieder Weizenfelder. Bis dahin ist beschwerlicher Gebirgsweg, von da aber bequeme Fahrstraße, die erst noch über einen westlichen Seitenpaß (de Bourguet) ebenfalls zu der weiten Hochebene von Pampluna führt. Das Aufsteigen von St. Jean zum Dorfe Roncesvalles nach Guilleminot beträgt 4 Leguas, das Absteigen bis Pampluna 7 Leguas. Das Südgehänge der Kette ist unfruchtbar und öder als das Nordgehänge: hier fehlt alle Waldung, nur kahle Landschaft mit einzelnen Wachholder- und Buxbaumsträuchern. Dieser Paß ist in der Geschichte des Mittelalters der berühmteste. Er hieß damals Claustrum ad Summum Pyrenaeum; St. Jean hieß Claustrum ad Imum Pyrenaeum. Fast alle bedeutenden Einfälle von Norden her geschahen durch diese Pforte. Hier drangen die ersten Gothen unter Eurich 466 ein. Hier zogen die ersten Schwärme der Vandalen, Sueven, Alanen in das damals ganz römische Spanien. Ihnen folgten Frankenheere bis auf Karl den Großen. Auf der Paßhöhe erbaute derselbe eine Kapelle, die bis gegen 1700 stand; sie hieß Sancti Salvatoris Caroli Magni; daneben ward die große Crux Caroli Magni errichtet, die Ungläubigen vom Uebersteigen der Pyrenäen zurückzuschrecken. In der Tiefe des Thals gegen Spanien liegt zwischen engen Steilwänden und finstern Wäldern Roncesvalles, wo Roland seinen Tod fand. Nach einem siegreichen Feldzuge gegen die Araber in den Ebenen des Ebro nahm hier das Frankenheer seinen Rückzug, beleidigte aber die Basken. Aus Rache erschlugen diese Roland und eine große Schaar Franken. Die Bewohner des Thales waren von jeher stolz auf diesen Sieg, und darauf, daß sie alle Angriffe arabischer Eroberer vor ihrem Gebirgsthale zurückschlugen, so daß nie ein Araber ihr Alpenthal betrat. Die Roncesvaller, wie ihre nächsten Nachbarn, die Bewohner der Val Barton, sind noch heutzutage ein tapferes Hirtenvolk.

Die Passage von Oleron am Pic du Midi de Pau vorüber nach Jaca führt am Pic du Midi de Pau, dem östlichen Grenzstein der Aquitanischen Pyrenäenkette, vorüber. Der Gebirgsstock dieses Pic, der einige Meilen im Umfang hat, erscheint an der Ost- und Westseite durch tiefere Thalsenkungen von der

Pyrenäenkette mehr gesondert; daher führen zu diesen beiden Seiten an seinem Fuße zwei Gebirgspässe hin, die beide nördlich von Oleron kommen. Beide sind jedoch immer beschwerlich, nie zu befahren, nur mit Maulthieren zu besteigen, und im Winter nicht zu bereisen. Als Sommerpässe sind sie von Wichtigkeit. Oleron liegt am Zusammenflusse zweier Pyrenäenströme, der Gave d'Aspe in Westen, der Gave d'Ossou in Osten, die sich hier zur Gave d'Oleron vereinen. Beide Ströme entquellen der Nordseite des Pic du Midi. Auf seiner Sudseite entspringen der Aragon und der Gallego. Die Passage von Oleron beherrscht nun als Gabelthal jene zwei Eingänge nach Spanien. Das Aspe-Thal führt durch den Paß Lescun über Aragues, Camfranc vorüber nach Jaca am Aragon, der ersten großen Gebirgsstadt auf der Vorstufe der Pyrenäen. Das Ossou-Thal führt weiter in Osten über den Port Salient (Sallent) zum Gallego. Beide Pässe communiciren unter einander bequem am Sudabhange. Sie sind im sechzehnten und siebzehnten Jahrhundert unter allen Pyrenäenpässen für den Transport auf Maulthieren die besuchtesten gewesen für den Zug von Lyon nach Zaragoza. Das Gebirgsland dieser Pässe grenzt hier schon an die erhabenen Mittelpyrenäen. Es ist reich an Alpenweiden und wird noch von zahllosen Gemsenheerden bewohnt. Die Bewohner dieser rauhen Höhen erhielten sich unabhängig von der Herrschaft der Araber wie der Franken. Den Königen von Bearn waren sie nie unterwürfig. Die Könige von Aragon, deren treffliche Schutzprovinz sie bildeten, erkannten ihr weidenreiches Alpenland als stetes Eigenthum des Hirtenvolkes an. Ihre Hochthäler sind durch alle Jahrhunderte eine Pflanzschule berühmter Männer in Spanien gewesen.

Die Ost-Pyrenäen.

Sie steigen mit breiten, seltsam zerrissenen Vorgebirgen aus dem Mittelmeer empor. Die Nordostspitze voll Kapellen und Klöster heißt Caput crucum, daher Cap de Creus. Die Südost-spitze ist Cap Rosas, von dem dahinter liegenden sichern Hafen, den Rhodier anlegten. Eben davon soll auch die nördlich an-liegende Gebirgslandschaft Rosellon, Roussillon, das Land der Rhodier, heißen. Diese Küstengegend ist reich, wild, romantisch, voll tiefer Einrisse und Meeresbuchten, ohne fahrbare Küstenwege. Tiefer landeinwärts erhebt sich das wildere Gebirgsland, nur von einem einzigen tiefern Thale, dem von Bellegarde, von Norden gegen Süden durchsetzt. Noch keine Tagereise vom Meere steigt schon der schneehohe Canigou auf, 8646 Fuß hoch, von Cassini gemessen zur nähern Bestimmung des Meridians von Paris, der über seinen Gipfel geht. Aber um ihn her stehen mehrere gleich hohe Gipfel, die so dicht an der Ebene steil emporstarrend von der französischen Seite einen erhabenen Anblick gewähren. An seinem Nordabhange entspringen zwei Parallelflüsse, die gerade von West gegen Ost in Längenthälern zum Meere stürzen: der südliche Tech, über Prats de Mollo und Fort La Garde, Ceret, Elne zum Meer bei Cap Collioura; der nördliche Tet über Mont Louis und Per-pignan. Nordwärts von diesem Tet heißen die niedern Vorberge die Anti-Pyrenäen im Departement der Pyrenées Orientales. An dessen Nordgrenze beginnt das Hügelreich der Corbières ge-gen Narbonne hin. Von Perpignan reicht die kornreiche Ebene am Tet aufwärts bis Corbière; dann folgt Hügelland. Bis Villa-franche und Olette reicht noch Weinbau und Olivencultur. Dann steigt das Gebirge zu Alpenhöhe auf.

Vom hohen Canigou westwärts zieht die Hauptkette bis zum Aran-Thal. Dort brechen die Quellen der Garonne hervor, die gegen Nordwest strömt. Die Hochgipfel des Mont Vallier und Pic de Cart am Norduser des Aran-Thales bilden das Westende der Ostpyrenäen. Die Felswand am Süduser desselben Thales bildet die zerrissene kolossale Berggipfelgruppe des Maladetta. Hier stoßen die Ostpyrenäen an die Mittelpyrenäen an. Bis dahin hatte diese Kette viele hohe Gipfel, höher als der Canigou; aber diese haben sie nicht berühmt gemacht; sondern nur durch ihre Tiefen, durch die Pässe, tritt sie in der Geschichte hervor.

Der Hauptpaß, die große Catalonische Straße, ist der Col de Pertus, der Paß von Bellegarde. Er führt von Perpignan am Tet nach Boulou am Tech, von da aufsteigend bis Fort Bellegarde auf dem Col, von da absteigend am Llobregat nach Junquera, von da über Bascara am Rio Fluvia nach der Feste Gerona am Ter; von Perpignan bis Gerona 17½ spanische Leguas durch vier Parallelthäler und über eben so viele Parallelketten der Ostpyrenäen. Von Boulou beginnt auf französischer Seite das steile Ansteigen, aber nach Zeit von zwei Stunden ist schon das hohe Felsenthal mit dem Bergdorfe Pertus erreicht. Quer durch die höchste der Parallelketten der Pyrenäen windet sich ein romantisches wildes Felsthal. Auf einem hohen Gipfel, unter dem sich die Landstraße hinwindet, liegt die französische Grenzfeste Bellegarde über dem Hauptpasse. Der Abfall gegen Süd ist weder steil noch besonders wild; im Thal des Llobregat kommt man nach Junquera auf die erste hohe Bergterrasse Cataloniens, mit Korkwäldern überdeckt. Von da breitet sich das weite zerrissene Bergland Cataloniens aus. Diese Passage ist die nächste am Meere, die einzige bequeme, die hier nach Spanien führt; aber nicht von der Natur gebildet, sondern durch Kunst. Die Römer bauten eine Prätorische Heerstraße für ihre Legionen. Am Col Pertus ward der Fels durchhauen, wovon er den Namen trägt, und fahrbar gemacht. Pompejus und Cäsar erbauten hier Tropäen und Altäre. Die höchste Stelle erhielt im Mittelalter den Namen Somport (Summus portus); das schwer zu bändigende Alpenvolk am Passe den Namen Sommetani.

Außer den von uns betrachteten Hauptpässen giebt es noch viele Pasos und Puertos über die Pyrenäen, die aber insgesammt nur mit Maulthieren, und viele nur für Fußgänger zu bereisen sind. Höchstens sind noch drei mit größter Noth fur schmale Gebirgskarren und Artillerie practicabel. Gewöhnlich giebt man 75 Pässe über die Pyrenäen an, von denen 28 beritten werden können. Diese Puertos sind oft nur wahre Felsenthore, Lücken im Felskamme, ohne immer die Wiegen am Hochanfang der Stromthäler zu sein, obwohl dies häufig der Fall ist. Von ihnen stürzen sich nord- und südwärts die Gebirgsströme nach Frankreich und Spanien. Es giebt etwa 150 Hochgebirgsthäler, die etwa in einige zwanzig größere Thäler in Nord wie in Süd zusammenmünden. Wo ihre Engthäler den Ausgang haben, liegen meist die ersten Städte, welche man als die Schlüssel zu den Eingängen der Pässe betrachten muß. In der Nordlinie dieser Gebirgsschlüssel auf französischer Seite liegen Bayonne, St. Jean Pied de Port, Pau, Tarbes, St. Gaudens, Tarascone, Perpignan, Collioure; in der Südlinie auf spanischer Seite: Rosas, Figueras, Olot, Urgel, Saza, Jaca, Roncal, Pamplona, Irun. Diese Linien bezeichnen den mittlern Umfang der ganzen Gebirgsbreite des Pyrenäenlandes. Innerhalb desselben ragen die Gipfel der Hochkette bald weiter gegen Nord, bald weiter gegen Süd hervor. Aber die ganze lange schmale Zone dieses fast ganz regelmäßigen Parallelogramms, das sich von West nach Ost streckt, steht in Hinsicht seines Klimas und seiner Vegetation unter dem Einfluß der Pyrenäenkette selbst. Alles Land innerhalb desselben hat nirgends unter 1500 Fuß Meereshöhe. Auf dieser Region breitet sich die eigenthümliche Pyrenäenflora aus, die völlig verschieden ist von der benachbarten französischen und spanischen.

Mittel-Pyrenäen.

Ihre Ost- und Westgrenze kennen wir aus dem Vorigen. Durch erhabene Felsgipfel, großartige Eis- und Schneemassen, Wasserreichthum, Wasserstürze, Heilquellen, durch die Mannigfaltigkeit der Naturschönheiten und Naturproducte im stufenweisen

Abfall, von den majestätischen Höhen bis zu den reichsten Tiefen des niedern Landes, bilden die Mittelpyrenäen die erhabene, schöne Krone ihres Systems. Von Auch und Toulouse erblickt man die Vorgipfel der höchsten Pyrenäen. Vom Adourthale gesehn entwickelt sich der ganze prachtvolle Zug der Schneegebirgskette. Tarbes gegenüber, wo Trauben und Feigen auf den Hügeln gedeihen, steigt im Süden die erhabenste Masse der Pyrenäen auf. Die vorliegende mit den Felstrümmern und dem Kieselgeröll der hohen Pyrenäen überdeckte und aufgefüllte Ebene heißt die Plaine de Bigorre oder das Land der vier Thäler, nämlich der Garonne, des Adour und der beiden Gaven von Pau und Oleron. Hier liegen die nächsten Eingänge zu den drei Hauptthälern der Hochpyrenäen: bei Lourdes an der Gave de Pau, bei Bagnères am obern Adour, und bei St. Gaudens an der obern Garonne. Von diesen drei Hauptthälern verzweigen sich fast alle übrigen Thäler der Mittel-Pyrenäen.

Bei Bagnères, im Kalkgebirge der Vorkette, öffnet sich das Thal des Adour, das mittlere unter den dreien. Hier brechen einige dreißig Mineralquellen kochend heiß aus dem Tiefthal hervor. Daher der Name. Von da an beginnt die arkadische Natur des Campaner Thals, berühmt durch Schönheit und Milde zwischen wildem Gebirgskranz, und trefflich angebaut. Der höchste Gipfel, der darüber emporragt, ist der Kegel des Mittagshornes — Pic du Midi de Bigorre — wegen seiner isolirten Lage gegen Norden das beste Observatorium für das ganze Pyrenäenland. Die hohe Südkette erreicht das Gebiet des Adour nicht.

Das Garonnethal von St. Gaudens aus, spaltet sich bald vierzweigig in Thäler, welche die nördliche Kette durchbrechen, aber bis zu den höchsten Gipfeln der Südkette heraufsteigen. Einige Wildbäche sind Gletscherwasser. Das östlichste der wilden Thäler ist das Bett der Garonne selbst, ihre Wiege das Val Aran. Dies senkt sich vom Bergamphitheater des Maladetta gegen Nordwest und versammelt bei Viella alle Hauptquellen zum wilden Strome. Maladetta, der hohe Eckstein zwischen Aragon und Cataluña im Süden von Viella, ist ein ungeheures zertrümmertes Kalkfelsgebirg. Die höchsten Gipfel sind Granit. Seine Höhen haben keine Alpenweiden, sondern sind wüste und wild. Daher sein Name Maudite. Ungeheure Schneelasten in gewaltigen blendenden Domen überziehen seine Höhen. Sie enden nach der Tiefe zu in Gletschern. Unter diesen lebt der Isard, die Gemse der Pyrenäen. Ein beschwerlicher Gebirgsweg führt an der Ostseite vorüber; in grausenvoller Höhe liegen zwei Hospize auf spanischer und französischer Seite. Der Gipfel ist 10578 Fuß hoch, der Paß kaum 500 Fuß niedriger.

Das Gavethal von Lourdes aus aufwärts zieht sich gerade südwärts über die Orte Pierrefitte, Luz, Gavarnie und endet in der hohen Südkette mit den Hochpässen Gavarnie und Rolandsbresche, die beide über den Hochrücken, den Gemsjäger, nach Spanien führen. Bei Pierrefitte engt sich dies Querthal bis Luz furchtbar zusammen, ähnlich dem Reußthal. Zu beiden Seiten steigen die Thalwände bis zu 3000 Fuß auf. Bei Luz tritt das 3 Stunden lange, von Ost nach West gerichtete, Längenthal von Bastan ein [1]). Es hat wild zerspaltene Granitgipfel, tiefe, steile, finstre Schluchten und wild über einander gestürzte Trümmermassen. Zwischen diesen liegt von vielen hohen Gipfeln umgeben des Gebirgsbad Barège mit heißen Quellen.

Von Luz südwärts setzt das Querthal der großen Gave durch

[1]) Der Name Baztan, Bastan, bezeichnet eine tiefe lange Gebirgsschlucht in der Sprache der Pyrenäer; das Wort Oule eine mehr runde Einsenkung, was die Franzosen Cirque nennen. So heißt z. B. das Thal weiter aufwärts Oule de Gavarnie von dieser Bildung. Der Ort Gavarnie hat seinen Namen vom Flusse Gave. So sind viele Namen in den Pyrenäen blos appellative Ausdrücke; z. B. Lydts heißen alle Orte, die an steilen Bergschurren liegen; Peyrada heißen die ungeheuren Haufen der Felstrümmer; Sernelhes die Gletscher und Eisfelder.

die Centralmasse der Mittelpyrenäen, die hier aus Granit und andern Urgebirgsarten in so mächtigen Anhäufungen besteht, wie sonst in keinem Theile des Pyrenäenzuges; man hat diese Gegend vorzugsweise die Granitregion der Pyrenäen genannt. Sie streicht parallel mit dem Zuge der Nord- und Südkette, zwischen beiden und unter beiden gleichsam als ihr Kern. Aber ihr sichtbares Hervortreten ist auf kürzere Strecken beschränkt, auf eine Breite von nur 2 bis 4 Stunden von Süd nach Nord, und eine Länge von 20 bis 25 Stunden von West nach Ost. Ihre Schichtungen streichen in der Hauptrichtung des ganzen Zugs, und haben wohl sicher als Grundlage von der Tiefe nach der Höhe die Anlage des ganzen Gebirgszuges bedingt. Darum hat Ramond, der gründlichste Beobachter der Pyrenäen, dieser Bildungsform den Namen der Granit-Axe der Pyrenäen beigelegt. Denn in den Nord- und Südketten herrscht dieses Grundgebirge nicht vor, oder zeigt sich keineswegs wie hier frei bis zu den Hochgipfeln aufsteigend. Diese Granitaxe streicht aber wie das ganze Gebirgssystem nicht genau von West nach Ost, sondern von Westnordwest nach Ostsüdost; und die Mächtigkeit weicht nach den verschiedenen Localitäten, sowohl nach Breite gegen Nord und Süd, als nach Tiefe und Höhe ab. Hier und da erscheint diese krystallinische Gebirgsart selbst in isolirten, inselartigen Massen, von andern Gebirgsarten umlagert, z. B. Neou Vielle 9714 F., Pic long 10008 F. Das merkwürdigste bleibt immer, daß sie völlig von tiefen Querthälern durchsetzt wird. Das Gavethal von Gavarnie durchschneidet die Granitaxe z. B. gänzlich. Die Gipfel der daran stoßenden Südkette sind von Geder an mit Kalksteinmassen überdeckt, bis zu den höchsten Gipfeln hinauf, zum Pic Marboré und Mont Perdu. In diese südlichen Kalk-Pyrenäen dringt nun das Gavethal in vielen Zweigen und Thälern ein, die überall zu dem kolossalsten Theile der ganzen Hochkette voll Schneegipfel und Gletschermassen aufsteigen. Der halbmondförmige Kranz dieser Gipfel führt den Namen der Hoch-Pyrenäen im engern Sinne. Seine höchsten Gipfel von West nach Ost sind: Vigne male 10332 F., Tours du Marboré 9816 F., Cilindre du Marboré 10260 F., Mont Perdu 10578 F. Der ganze Höhenzug ist eigentlich eine undurchbrochene hohe Felsenmauer, mit allen Wundern der erhabensten Gebirgsnatur auf den einsamen, selten betretenen Höhen. Die schwarzen Kalkstein- und Marmorbänke, aus denen diese Mauer großentheils besteht, sind fast nur Ueberreste von Schaalthieren. Durch welche außerordentliche Kräfte diese ungeheuren Massen gerade auf diesem höchsten Gipfelzuge der Pyrenäen aufgethürmt sind, wird eine schwer zu beantwortende Frage bleiben. Diese Kalkmassen ziehen im Parallelismus mit der Granitaxe, der sie alle in Süden vorgelagert sind. Alle hohen Puertos sind nur Durchbrüche durch die Kalksteinmauern. Ihre seltsamen Formen haben ihnen den Namen von Burgen, Bastionen, Pforten, Mauerbreschen u. s. w. gegeben. **Die wichtigsten sind Port Gavarnie 7032 F., Rolandsbresche 9360 F., Touque Rouye 8940 F., Port Pinède 7500 F.** Alle steigen über die Schneegrenze empor.

Die R o l a n d s b r e s c h e am Marboré ist unter allen das wildeste, erhabenste Portal. Die größten Schnee- und Eismassen hängen hier wie überhaupt auf der ganzen Kette gegen Frankreich hinab. Gegen Spanien muß man dagegen steile trockne Felsschurren hinab, die aufwärts sehr mühsam, oft gar nicht zu ersteigen sind. Die Oule de Gavarnie im wildesten Theile des Nordgehänges dieser höchsten Pyrenäen ist das Chamounythal der Pyrenäen. Der Boden dieses amphitheatralischen Felsenthals (Cirque de Gavarnie) liegt mit dem Dorfe 4446 Fuß über dem Meere (Chamouny nur 3174 F.). Vom obern Kranze der Schneelasten stürzen sich die ungeheuersten Wasserfälle von den thurmartigen Höhen herab, der eine 1266 Fuß hoch; ihm zur Seite 13 andere. Im Thalkessel laufen gegen 50 Gebirgsbäche zusammen. Diese Wasserfülle giebt der nördlichen Gebirgswand große Schönheiten — auf den Höhen liegen die einzigen hohen Eisseen. Ueber alles ragt am erhabensten der Riesengipfel des Mont Perdu hervor. Sein Gipfel ist Kalkstein; ein zugerundeter Dom, wie die meisten hohen Kalkstöcke, mit fast senkrechten Steilwänden, die in mächtigen Absätzen sich abstufen. Ihm fehlen also ganz die wildzerrissenen Pyramidengipfel und Nadeln der Montblanc-Gebirgskette. Ramond hat zuerst den bis dahin für unersteiglich gehaltenen Mont Perdu bis nahe an seinen Gipfel bestiegen.

Sehr merkwürdig ist es, daß die südliche Kalkkette der hohen Pyrenäen nicht unmittelbar an die Kette der Granitaxe anstößt. Denn zwischen beiden Banden des Kalksteinzuges und des Granitzuges, oder zwischen der Obergebirgsart und der Grundgebirgsart liegt ein dritter Zug, den man das Mittelgebirge nennen kann. Dieses besteht aus einer eigenthümlichen Gruppe von Gebirgsarten schieferiger und zertrümmerter Natur, auch mit Kalkbänken, die aber insgesammt durch einen sehr seltsam gewundenen Bau der Schichten charakterisirt sind. In dem Zusammenstoßen dieser Gebirgsarten nach der Kalkseite zu bieten sie die allergrößte Windung, Verknotung und Verdrehung der Schichten, wie die größte Verwirrung und Ineinandermengung der verschiedenartigsten Gesteinsarten dar. Unverkennbar ist in ihnen der ungeheuerste Kampf der Massen nach Farbe und Form, in kolossalster Größe, im Moment des Erstarrens sichtbar. Dies ist eine der merkwürdigsten Erscheinungen im Bau des Pyrenäengebirges, die ihm ganz besonders eigenthümlich ist. Eine gerade Linie vom Troumouse in Osten über den Pimené zum Vigne male in Westen bestreicht alle höchsten Erhebungspunkte dieser Bande de transition à veines contortillées, wie sie der französische Geognost nannte. Diese Bande streicht ganz parallel mit der Granitaxe, und zwar nicht blos als Mittelglied an ihrer Südseite zur Kalkkette, sondern ganz analog und in gleichem Verhältniß auch an der Nordseite der Granitaxe gegen die nördliche Kalkkette hin. Dort zeigt sie sich am frappantesten am Mittagshorn von Bigorra.

Der Pyrenäenzug besteht also erstens: aus einem mittlern Granitkörper, der nur in den mittlern Pyrenäen ganz frei aufgedeckt erscheint, dessen Streichungslinie (die Granitaxe) mit dem Längenzuge der ganzen Pyrenäenmasse zusammenfällt. Dieser Körper bildet mächtige Erhebungen, aber nicht die höchsten Gipfel der Pyrenäen. Zweitens: aus zwei Banden jenes Mittelgebirges mit gewundenem Schichtenbau zu beiden Seiten, die jenem parallel ziehen. Diese ragen in mehrern Gipfeln hervor: im Norden im Mittagshorn von Bigorre, im Süden im Pimené, Vignemale u. a. Drittens: aus zwei Kalkgebirgsketten, einem nördlichen und einem südlichen Kalkparallel. Der nördliche hat einzelne Gipfel, ist mehr zerrissen als zusammenhangend; der südliche ist undurchbrochene Felsmauer und bildet die hohe Südkette der Pyrenäen, das jüngste Glied des ganzen Systems.

Dies sind die Hauptglieder der Pyrenäenkette ihren äußern Formen und innern Bestandtheilen nach; unstreitig merkwürdig genug, um die größte Aufmerksamkeit, das eindringendste Studium hervorzurufen. Noch viele merkwürdige Naturgesetze würden hier zu entdecken sein.

Die Pyrenäen nähren ihre reichsten Quellen aus den Schnee- und Eismassen; doch sind die Gaven nirgends so wasserreich wie die Alpenströme. Die Gletschermassen sind auch viel geringer und fangen nur bei 7200 Fuß Höhe an. Die Mächtigkeit ihrer Zone ist nur auf 1800 Fuß beschränkt. Ihre Ausdehnung reicht nur so weit als die Südkette der Hochpyrenäen geht, zwischen Vignemale in West und Maladetta in Ost. Große Eismeere, wie am Montblanc-Gebirge u. s. w. giebt es in den Pyrenäen nicht. Alle Gletscher sind isolirt, von kleinem Umfang, steigen nirgends bis in die bewohnten Culturthäler hinab, wie im Chamounythale. Nirgends hängen sie nach der Mittagsseite nach Spanien herab, wie doch in den Alpen sehr viele nach Italien. Daher ist der Ebro so wasserarm. Alpenseen sind selten auf den Hochpyrenäen. Die Gaven fließen mit starkem Gefäll überall nur in sehr engen Thalschluchten. Daher fehlt der Thalboden, es fehlen bequeme Landstraßen, der Anbau, die Ortschaften und Dörfer. Die Pyrenäen können in dieser Hinsicht durchaus nicht der höchst günstigen Form der Alpenthäler gleichgestellt werden.

Innerhalb der Pyrenäengebirge fehlt Wein- und Olivencultur. Kastanien- und Walnußbäume stehn noch an den untern Eingängen der engsten Gaventhäler. In den Engschlünden ist nur selten noch Mais- und Weizenbau. Waldungen sind im Innern des Gebirges überall sehr sparsam: an Wassern Ulmen, Weiden, Erlen; auf trockenen Revieren Eichen und Buxbaum, der hoch in den Pyrenäen hinauf steigt. Alpenpflanzen richten sich hier wie in der Schweiz, Sibirien und Lappland nach den verschiedenen Höhenstufen. An den heißen Südabhängen wachsen viele afrikanische Pflanzen. Unter den Thieren des Hochgebirgs ist die kleinere Gemsenart, der Isard, besonders merkwürdig. Der Steinbock und das Murmelthier der Alpen fehlen. Wölfe, Luchse, Bären kommen einzeln vor. Alpenraben mit gelbem Schnabel krächzen auf den Höhen, wie in den Schweizeralpen. Singvögel fehlen in den hohen Pyrenäen, wo Geier und Adler nisten. Die Heerdenwirthschaft ist durchaus nicht in so ausgezeichnetem Grade hier, wie in den Alpen. Käsebereitung z. B. ist unbekannt. Rindviehzucht ist gering, Schafheerden werden meist von Spanien aus auf die Triften der Pyrenäen getrieben. Diese setzen durch die Puertos herüber und nehmen auch die Weiden der Nordgehänge von den französischen Eigenthümern in Pacht. Es fehlt also den Pyrenäen ein großer Theil der Bevölkerung, Belebung, aller Wohlstand, weil ihren Anwohnern die Sennenwirthschaft fremd ist. Hierzu kommt die mißtrauische Bewachung der Puertos auf der Grenze zweier Monarchien durch Polizei-

und Zollleute, die überall unnahbare, feindliche Linien über den ganzen Rücken des Gebirgzugs bilden. Die Theilung der Pyrenäer zwischen zwei Staaten, denen ihre Hochrücken angehören, hat eben diese im Zustande von Einöden, Wüsteneien und gefahrvollen Communicationen erhalten. Statt der freien, sichern, bequemen, belebten, starkbesuchten Handelsstraßen der Alpen dienen hier die Bergpässe nur als Kriegswälle und Verschanzungen. Nirgends ist der gegenseitigen Verbindung durch die Kunst der Menschen nachgeholfen, alles ist auf die Vervollständigung des Zwiespaltes und der Trennung angelegt. Als in der Revolutionszeit die Franzosen 1793 die Grenze gegen Spanien durchbrachen, hatten sie 83 Redouten zu erstürmen, bevor sie auf der Hauptstraße Figueras erreichten — auf einem von der Natur so trefflich verwahrten Terrain.

Im untern Lande der Westpyrenäen wohnt das Baskenvolk auf beiden Seiten des Bergzuges, aber durch die Staatsinteressen geschieden: die Basken im Süden, die Gascogner im Norden. Von ihnen aus gegen die Mittel- und Ost-Pyrenäen hin ist bei dem ewigen Völkerwechsel die Volksthümlichkeit der Pyrenäenbewohner größtentheils verschwunden. Doch unterscheidet sich immer noch der lebhafte Bearner und Bigorrer im Stromthale des Adour von dem ernsten Volke, das die östlichen Pyrenäen bewohnt. Aber das Bergvolk hat gegen die Ebenenbewohner nirgends als selbständige Volksmasse seine Einheit bewahrt, und auf den Höhen ist seine Kraft durch die ewigen Grenzfehden und den demoralisirenden Schleichhandel gebrochen. Es fehlt hier fast alle Nationalität, welche die Schweizer und Tyroler, Savoyer, Graubündner, Walliser und andere Alpenbewohner so sehr auszeichnet. Die Höhen der Pyrenäen sind menschenleer; aller Wohlstand hat sich außerhalb der Bergthäler in die Städte am Fuße der Gebirge, an die Mündungen der Gaven angesetzt. Hier aber hat die Cultur und Sitte der Spanier wie der Franzosen ihren gestaltenden

Einfluß auf diesen Theil der Pyrenäenanwohner schon längst ausgeübt. Um den Charakter der frühern Bewohner der Pyrenäischen Gebirge kennen zu lernen, muß man die Geschichte zu Zeiten Heinrichs IV. und die seiner Vorfahren befragen.

Nordische und nordwestliche Glieder Europas.

Im Norden Europas kann man vier bis fünf Hauptgliederungen unterscheiden, die durch ihre größere oder geringere Isolirung oder Abscheidung von dem massenhaften Körper des Continents auch ihre geographische Individualität gewonnen haben. Aber der Ausdehnung nach bleiben die Halbinseln Jütland, Holland, Bretagne nur untergeordneter Art bei einer Gesammtbetrachtung, obwohl jede für sich ein specielles Interesse beansprucht. Sie sind wahre Fortsetzungen der zunächst liegenden Theile des Festlandes, und verdanken ihre Eigenthümlichkeiten vorzüglich den mannigfaltig tiefer einschneidenden Oceanen. Holland ist nur die weitere Ausbreitung des untern Rheindeltagebietes, Schleswig, Jütland und die dazugehörige Inselgruppe ist durchaus nur eine Fortsetzung der norddeutschen Niederung. Seeland und Fünen gleichen der Insel Rügen, die jütischen Gestade den pommerschen, Nordjütland indessen dem gegenüber liegenden Südende von Schonen. Die Halbinseln der Normandie und Bretagne unterscheiden sich schon mehr durch klippige Gebirgsnatur, primitive Gebirgsbildung und die Zersplitterung der Gestade vom übrigen ebenen Nordfrankreich. Schon ihre Namen, Bretagne, Normandie, und ihre Bewohner, Bretons, Stamm- und Sprachgenossen von Wales, schließen sie, ungeachtet des zwischenliegenden Canals, näher als an Frankreich an die nördlichen Nachbarinseln an; und ebenso ihre ganze geographische Natur, welche in Hinsicht des Bodens, der Gebirgsarten, der Mineralien, des Klimas und der Vegetation ganz dieselbe erscheint, wie die der Südwestenden von Großbritannien und Irland.

Scandinavien und Großbritannien bilden in dieser nordischen Gliederung die Hauptmassen, welche bei einer allgemeinen Uebersicht in Betracht gezogen zu werden verdienen.

Scandinavien (Schweden und Norwegen) ist nur halb isolirt. Es ist charakterisirt durch seine eigenthümliche Gebirgsnatur nach innen: in seinem Südende dem Boden nach dem mittlern Europa angehörig, in seinem Nordende der polaren Nordwelt. Großbritannien ist dagegen völlig isolirt und sogar wieder in sich vielfach zerspalten. Schon ganz abgerissen von Europa ist es ihm nur noch durch seine Nähe angehörig, sonst schon ganz dem Atlantischen Ocean zugewandt, theilt aber mit der Weltstellung Nordeuropas, dem es so nahe geblieben, dessen Klima, Windsysteme, Fluthen und Ebben, Meeresströmungen und andre allgemeine Verhältnisse. Es ist das individualisirteste Glied von Europa, daher auch von diesem in allen Verhältnissen am unabhängigsten entwickelt und am selbständigsten geblieben. Es liegt schon durch seine hin und her führenden Meeresströmungen und Windsysteme auf dem Uebergange von Europa zur Westwelt; ebenso wie Griechenland am Südostende des Erdtheils den Uebergang zum Orient bildete. Beide zeigen die Analogie in ihrer Bildung, die in sich am mannigfachsten gegliederten Theile Europas zu sein, treten aber sonst als Peninsularsystem und Inselsystem aus einander; jenes beherrscht nur das mediterrane Meer, dieses das Inselsystem, den freien Ocean. Die analoge energische Entwickelung der Bevölkerungen beider Systeme ist aus dieser Mitgift nicht zu verkennen, so wie zu gleicher Zeit ihre große Verschiedenheit in Folge ihrer Weltstellung.

Beide Länder, Scandinavien und Großbritannien, dehnen sich mehr von Süd gegen Nord als von Ost nach West. Ihre Länge überwiegt die Breite, und ragt daher in sehr verschiedene klimatische Zonen hinein, mehr als jedes andre europäische Land, das osteuropäische breite Rußland ausgenommen. Scandinavien liegt zwischen 55½ und 71° N.Br.; England und Schottland zwischen 50 und 58½°, ist also um 12 bis 13 Breitengrade südlicher in eine wärmere Zone gelagert, während Scandinavien in die Polarwelt hineinragt. Scandinavien hat in directer Distanz seiner Süd- und Nordenden 240 Meilen Länge, in gekrümmter Bogenlinie an 300 Meilen. Die Breite, (im Mittel zwischen 60 bis 100 Meilen), ist wechselnd: im Süden nur 40, im Norden nur 50 Meilen, welches etwa die Breite des Isthmus ist, durch den diese Halbinsel gegen Ost mit Rußland zusammenhängt, ein Isthmus, der jedoch durch die finnische Seengruppe vielfach unterbrochen ist. Unter dem Parallel von 60° hat die Halbinsel ihre größte Breite von 100 Meilen. Durch jenen nordischen Isthmus ist diese große Halbinsel abhängiger geblieben von dem Norden und Osten des Erdtheils, als dies ohne das der Fall gewesen sein würde.

England und Schottland nehmen von Süden nach Norden, vom südlichen Cap Landsend bis zum Duncans Cap in Nordosten nur die halbe Länge Scandinaviens, etwa 100 Meilen ein. In einer mittlern Breite von 36—40 Meilen verengert sich das Inselland gegen Norden in immer schmalere Landengen und Isthmen, die kaum ein Drittel oder ein Viertel dieser Breite behalten, und daher selbst von Meer zu Meer, wie durch den Caledonia-Canal, durchschifft werden können. Gegen Süden im Parallel von London zwischen Yarmouth und der Westküste von Wales (Dover Cap und Cap Landsend) breitet sich die Insel dagegen bis zu 55 bis 60 Meilen aus. Der mildeste Theil nach klimatischer Lage nimmt daher die größere Breite ein. Also günstiger gestaltet als Scandinavien, günstiger gelegen, um vieles weniger gegen den rauhern Norden gerückt, daher culturfähig in allen Theilen, ist dieses Gebiet völlig meerumflossen. Unabhängiger vom Nachbarcontinent, ja ganz losgerissen vom Nachbarerdtheil, und durch Meeresbewegungen und Fluthen hinausgelockt in den freien Ocean, konnte die Inselbevölkerung, mehr als jede andre auf das Seeleben angewiesen (da sie den Mittelpunkt der continentalen Erdhalbe einnimmt), zu einem oceanischen Weltstaat für sich werden, der durch seine Colonien in allen Erdtheilen gleich heimisch ward.

Scandinavien und Großbritannien haben merkwürdig überraschende, im Ganzen analoge Gebirgsbildung und Stellung derselben zu den freien Oceanen in Westen wie zu den Binnenmeeren in Osten. Ihre Meridianketten thürmen sich desto höher, desto wilder und schroffer auf, je dichter sie zu den steilen Tiefen des Oceans herantreten. Beide Ländersysteme breiten sich dagegen nach dem Osten zu gegen die Binnenmeere, England gegen die Nordsee, Schweden gegen die Ostsee in niedriger abgestuften flachen Landschaften aus, deren Charakter im Wesentlichen dem der gegenüberliegenden flachen Gestadeländer gleicht. Schwedens Bodennatur an seiner Südspitze Schonen entspricht den Gegengestaden von Dänemark, Norddeutschland, Pommern, Rügen; Schwedens Ostende Svealand um Stockholm und Upsala der Natur des gegenüberliegenden Finnland. Das ganze flache Südostengland von der Severn ostwärts bis zur Themsemündung in Südost und zur Humbermündung in Nordost, in Lincolnshire und Yorkshire bis Flamboroughead entspricht ganz dem gegenüberliegenden Nordwestfrankreich, dem Bas Boulonnois, Artois, der Picardie und dem französischen Flandern. Es ist das Land der Wiesen und der Viehzucht, der Feldwirthschaft; dagegen das Bergland der Westseite das Land der Steinkohlen, der Metallgänge, des Bergbaues, der Hüttenwerke und der Industrie, die nur je weiter nach Norden auch mehr gegen die Ostseite herüberspielt. Das Südostende der flachen Insel ist der gegenüberliegenden französischen Seite des Continents, bis auf die einzelnen Schichten der Erd- und Gebirgsformation (Kreidebänke, Gyps, Thon, Mergellager), so vollkommen analog, daß der schmale Meeresarm, welcher beide Ländergebiete trennt, wirklich nur als leicht übersetzbarer Kanal zwischen einer und derselben Ländergruppe erscheint, und die alte Sage, daß Albion einst ein Theil des Festlandes von Europa war, und jener Canal nur die Folge eines Meeresdurchbruchs gewesen, wie von selbst entstehen mußte. Wie die blendend weißen Kreidefelsufer auf beiden Seiten von Dover und Calais einander entgegen leuchten, nur steiler und höher auf jener als auf dieser Seite — ebenso entsprechen auch die Kreideklippen der Ostseegestade auf Rügen, auf Möen und Seeland den Gebirgsarten an den gegenüberliegenden Südküsten von Schonen bei Ystadt, Malmö, Landscrona.

Aber weit gegen Norden und Nordwesten verbreiten sich diese Bildungen in Schweden und England nicht; sie geben nur den Kustenrändern ihre Gestaltung. In beiden Gebieten tritt sehr bald die Domaine der wildern Primitiven, oder der Urgebirgsmassen auf, die Granit- und Gneuß-Region, in vorherrschendem Maße mit mancherlei verwandten und metamorphen Gesteinen durchsetzt. Diese beherrschen in beiden Ländertheilen den ganzen Westsaum der Meeresgestade, in Norwegen und Westschweden gegen den Kattegat, in Schottland, Wales und Westengland bis Cornwales. In beiden bilden sie lange und breite Gebirgszüge, bis Nordschottland wie bis Lappland und Finnmark. In beiden sind es, den mitteleuropäischen Parallelzügen der Gebirge entgegengesetzt, Meridianketten, die von Nordnordost gegen Südsüdwest die ganze Länderstrecke durchziehen. Aber Scandinaviens kolossales krystallinisch emporgehobenes Urgebirg ist nackt geblieben auf seiner Oberfläche, unbedeckt von weichern Formationen. Englands minder hohe und wilde Urgebirge sind dagegen mit jüngern Uebergangs-, Flöz- und tertiären Schichten überlagert, mit Steinkohlenflözen, Sand- und Mergellagern. In beiden liegen aber ihre gewaltigsten Gebirgsmassen, ihre erhabensten Höhenzüge, ihre höchsten, steilsten Gipfel, wie bemerkt, gegen die Atlantische Meeresseite gedrängt, wo sie aus den meridianen Erdspalten unmittelbar ohne Vorland emporgehoben erscheinen. Wie in Norwegen, so in Schottland und Wales stürzen sie nicht selten senkrecht hinab in die Meeresbrandung; ihre oft grausige Zerrissenheit als zerstückeltes Gebirgsland, setzt auch unter dem Meere im Klippenboden und als Scheerenumsäumung wie ein unnahbares Bollwerk fort, durch das nur enge Querspalten als Fiorde nach dem Innern hindurchführen. Grandiose Klippen bauen sich hier in himmelhohen, oft senkrecht oder wenig geneigt emporstarrenden Felstafeln, wie Thürme und Riesenmauern, in unabsehbaren Zügen an einander, die alle der Längenaxe der Gebirgszüge in derselben Streichungslinie von Süd gegen Nord einander folgen, auch nicht selten wie zertrümmert auf einander gestapelt liegen, in staunenswerther Mächtigkeit, gigantischen Burgen und Schloßtrümmern gleich. An andern Stellen, wie in Westschottland gegen Irland zu (wo der Giant Causeway), treten noch eigenthümliche Basaltbildungen mit ihren Säulenreihen, Säulengrotten (Staffa) und vielgestalteten vorgelagerten Inseln hinzu, wie die Shetland- und die Hebriden-Gruppe.

Hier, wo die alpine Gebirgslandschaft sich mit den Erscheinungen des Oceans vermählt, tritt die grandios romantische wilde Natur des Nordens hervor. In Norwegen stürzen zuweilen die ewigen Schneefelder und Gletscher ihre zahlreichen Ströme durch ungeheure Wasserfälle unmittelbar in das Meer, den verlängerten Flußthälern kommen Meeresfiorde entgegen und tragen große Segelschiffe bis in die Mitte des Hintergrundes der Alpenthäler. Die Alpenseen der engen Felsgassen sind zugleich Meeresarme, Fiorde, die allein aus diesem Labyrinthe, meist ohne Landwege, aus der Landesmitte hinaus und wieder herein führen. Das sind die Heimathsitze der mit Natur und Welt stets kampflustigen Normannen, die in den wilden Brandungen ihrer Meeresgassen unter den dauernden Nord- und Nordweststürmen der Nordmeere als die kühnsten Weltschiffer zuerst von da aus den polaren Norden bis Island, Grönland, Winland beschifften und die Neue Welt ein halbes Jahrtausend früher als Columbus entdeckten, der bei ihnen in die Schule gegangen war.

Die Ostseiten derselben Meridiangebirge werden gegen das Innere immer niedriger, milder, senken sich allmählich in flachern Stufen mehr und mehr zu ihren Ostküsten hinab. Hier sind ihre mildern Culturseiten mit sanft geneigten und Horizontalflächen. Die Quellen aller Hauptflüsse verdanken dieser Construction ihr Entstehen. Alle großen Gebirgsströme fließen gegen Osten, keiner gegen Westen. So alle Elfven in Schweden, Humber und Themse in England. Selbst die Severn fließt im obern und mittlern Lauf gegen Ost und Südost, und konnte sich erst im untern Laufe bei Bristol vorüber gegen Westen wenden.

Die schwedischen Elfven sind meist gemischte Stromsysteme mit Seebecken und Katarakten von Stufe zu Stufe. Norwegen als Küstenland hat nur kurze Küstenflüsse. Sein einziger großer Fluß, der Glommen, der bei Christiania vorüber sich bei Friedrichsstadt in den Svinesund in der Breite des Rheins bei Coblenz ergießt, obwohl wie die Severn gegen Süden ziehend, entspringt doch auch erst dem Ostabfall des Dovrefield und Langefield, die als Parallelzüge von Nord nach Süd ihm ein großes Längenthal bilden; das einzige von Bedeutung, da alle andern Flüsse Norwegens nur aus kurzen Längenthälern durch zahlreiche Querthäler ihren Weg in engen Zickzackthälern gegen Westen nehmen müssen, wo sie sich in die Klüfte der Fiorde öffnen.

In Schottland sind es die Firths, welche die Stelle der Fiorde vertreten, und auch an Seen in den engen, noch nicht mit dem Meere in unmittelbaren Contact getretenen Alpenthälern fehlt es nicht. Sie heißen in Schottland Lochs, wie Loch Lomond u. a. Die Alpennatur im Contact mit dem Ocean im höher nordischen Klima giebt dieser Gestadewelt ihren eigenthümlichen

Charakter. Es ist eine noch nicht so hoch aus dem jetzigen Meeresspiegel hervorgehobene alpine Welt, als die helvetische, mit der zugleich weite niedrige Vorländer an ihren Füßen trocken gelegt wurden, die der Westseite Norwegens und Großbritanniens fehlen. Uebrigens ist Scandinavien noch immer in der Hebung begriffen.

Nach dieser allgemein vergleichenden Betrachtung fassen wir Scandinavien und Großbritannien nach ihrer Besonderheit in das Auge.

Das große Meridiangebirge, welches vom Cap Lindesnäs bis zum Nordcap von Südsüdwest nach Nordnordost durch die scandinavische Halbinsel streicht, besteht aus drei Gebirgstheilen: Lange Field, Dovre Field und Kiölen. Sie stehen durch Zwischenglieder und Uebergänge unter einander in ununterbrochener Verbindung.

Lange Field steigt in langen Vorgebirgen und vorgelagerten Scheeren aus dem tiefen Skagerrak empor, zieht 60 Meilen nordwärts bis Romsdale, bis 15 Meilen breit, füllt mit seinen überall 4000 Fuß und darüber hohen Bergen das ganze Stift Bergen in Westen und Christiania in Osten. Gegen Osten setzt es als breite Plateauhöhe 2000 bis 3000 Fuß hoch, mit einzelnen Spitzen bis gegen die langen Seen fort, die bis zum nordöstlichsten Miösen-See am Ausgange des Hochgebirges liegen, zur Ebene des Glommen. Diese einzige Ebene Norwegens ist Hedemarken, die einzige Kornkammer. Der Gebirgspaß über diesen Zug, die Straße von Christiania nach Bergen, am Fille Field ist 3732 Fuß hoch; der Gipfel des Fille Field 5524 Fuß. Von ihm hängen gegen Westen die prachtvollsten Braër, d. i. Gletscher, meilenlang in die engen Felsenthäler; noch prächtiger weiter in Südwesten vom Folge Fonden, einem 12 Meilen langen, 5432 Fuß hohen Schneegebirge.

Dovre Field, nur 16 Meilen lang von Süd nach Nord gelagert, aber weit breiter, ist das wahre nordische Gotthardgebirge, der Gebirgsknoten zwischen dem südlichen und nördlichen Zweige des Gebirgszuges. Es zieht gegen Nordost und bildet zwischen den Stiftern Drontheim und Christiania das Grenzgebirge bis zur schwedischen Grenze, wo alle schwedischen Gebirgszweige sich in diesem Alpenstock zusammenziehen. Der Lange Field scheidet das Land in ein Osten und Westen, der Dovre Field in einen Süden und Norden. Aus der Ebene Hedemarkens, am Glommen hinauf, führt nur ein Gebirgspaß durch das Lassoedal nach Romsdal am Westmeer über den Rücken des Hochgebirgs, eine Einsenkung 2200 Fuß über dem Meere, die einzige dieser Art in ganz Norwegen. Von diesem Hauptpaß nach dem Stift Drontheim, dem einzigen bequemen, setzt gegen Nordosten der Dovre Field fort bis Röraas zu den Quellen des Glommen. Sein größter Alpenzipfel ist in Nordosten Sylfiället, gekrümmt mit zwei Riesenspitzen, in Südwesten Sneehättan, 7620 Fuß, der nordische Montblanc und Montrosa, auf allen Seiten mit weiten Schneefeldern bedeckt. Der Abfall gegen Süden zum Miösensee, der Nordabfall von Stufe zu Stufe bis zum Fiord von Drontheim. Die mineralogischen und geognostischen Verhältnisse wie am St. Gotthard: prachtvolle krystallinische Gebirgslager, die Krystallisationen in den schönsten Teppichen ausgebreitet. Die Vegetation ist die alpine Flora der Höhen. Daher bilden die Alpenkräuter auf der Höhe des St. Gotthard bei 6000 bis 7000 Fuß dieselbe Flora, wie im polaren Norwegen am Fuße des Kiölen und bis zu seiner Schneeregion. Alle Gewächse, welche unter der langen Winterdecke verborgen bleiben, gedeihen bis weit in den Norden, wo der kurze aber heiße Sommer das Wachsthum und die Reife sehr zeitigt. Daher reift auf mäßigen Höhen die Walderdbeere und die kriechende Himbeere bis zu dem Nordcap. Daher gedeiht selbst noch Kornbau und die Gerste bis Altengaard unter 70° Br. nicht weit vom Nordcap. Aber jeder Baumwuchs, der sich über die Schneedecke erhebt, gedeiht nicht mehr. Jedes zartere Gewächs flieht die Polarkälte, den Nordsturm, die naßkalte salzige Meerluft, den dicken Seenebel. Alle edlern Früchte bleiben ganz aus

Scandinavien zurück. Hedemarken hat noch guten Ackerbau. Aber die Buchengrenze liegt schon unter 59° Br., also an der Südspitze, und schon bei Christiania fehlen die zartern Buchenwälder. Die härtere Eiche und selbst der wilde Apfelbaum steigt weiter gegen den Norden hinauf: beider Nordgrenze ist bei Drontheim unter 63° Br. Von da an wächst nur noch die Polarbirke bis zum Nordcap. Die Tanne, weichlicher als die Fichte, hört auch schon an der Südgrenze der Provinz Salten mit dem Kunnen auf bei 67° Br. Die einzige härtere Fichte ist der Birkenbegleiter bis in den höhern polaren Norden. Um Drontheim, wo die Tanne nur noch 1500 Fuß die Berge hinaufsteigt, erhebt sich die Fichte noch an 600 Fuß höher. Die nördlichsten Fichten in Europa wachsen in der Bucht bei Altengaard in Finmarken unter 70° Br. Nördlicher ist auch immer der Kornbau in jeder Art mißlungen. Nur die Birke und Erle wuchern als rankendes niedres Gehölz bis zum Nordcap.

Die Schneegrenze, die am Südende Norwegens etwa 5200 Fuß hoch streicht, senkt sich in Lappland um 3000 Fuß niedriger. Diese Depression findet aber nicht blos gegen Norden statt, sondern sie sinkt auch auf der Westseite tiefer hinab, etwa immer um 1500 Fuß, weil gegen das Meer der Himmel nebliger, die Sommerwärme geringer ist, der Schnee also weniger schmelzen kann. Ebenso wie die obere Schneegrenze wird auch die obere Baumgrenze in Scandinavien deprimirt. Die Grenze des Gerstenbaues geht in den Ebenen bis 70°, im südlichen Norwegen (60—61°) noch bis zu einer Höhe von 2000 Fuß, im südlichen Lappland (67°) nicht über 800 Fuß Meereshöhe.

Der Große Kiölen zieht vom Dovre Field über 100 Meilen ohne Unterbrechung gegen Nordnordosten, und theilt die Halbinsel in zwei sehr ungleiche Theile. Der westliche ist seltsam mit Felsen erfüllt, und eben so seltsam zerklüftet durch die Scheerenbildung, als wenn die Mitte des Gebirgszuges nicht auf dem

Lande, sondern auf dem westlichen Klippenufer, und selbst auf den vorliegenden tausend Inseln die wildeste und größte Höhe erreichte. Eine Küstenreise zu Lande ist hier ganz unmöglich. So lagert im Norden von Drontheim unter 66° auf der Insel Alpen das Hochgebirge Syv Söstren (sieben Schwestern) von erstaunlicher Kühnheit und Höhe. Unter dem Polarkreise, unter 67°, tritt das furchtbarste Felsgebirg, Kunnen, dicht ins Meer, in welches es mit 1000 Fuß hohen Felswänden abstürzt; darüber steigt es noch 3000 bis 4000 Fuß ganz nackt auf, mit ewigen Schneefeldern überdeckt, aus denen die Gletscher (Jökel) unmittelbar ins Meer fallen. Ganz getrennt, auf hundert Inseln der Gruppe Lofodden, mitten im Meere, liegen hohe Felsgebirge, wild umrauscht von Meereswogen. Von da an beginnt die Zersplitterung des Nordlandes von Europa in Felsnadeln, Vorgebirgen, Halbinseln und Inseln, oder tiefe, 10 bis 20 Stunden lange ganz schmale Buchten. Der Boden ist nur von sparsamer Vegetation überzogen, mit Moosen und Flechten und den niedern Alpenkräutern, welche unter der Schneedecke überwintern. Nur Fische und Seevögel in zahllosen Schaaren umschwärmen diese öden Nordgestade. Hier und da liegt eine geschützte warme Seebucht mit Fischerhütten und Nadelholzbäumen. Die Jökel-Fiord-Gletscher unter 70° B., nordwestlich von Altengaard, sind die nördlichsten Gletscher Europas. Gegen das Nordcap, auf Mageröe, sinken die Hochgebirge schon wieder bis 1200 Fuß ab. Gegen Nordosten zieht das Gebirge bis zum Cap Nordkyn am Porsanger-, Lax- und Tana-Fiord hin. Da sinkt die Kette als niedres Klippenland in das Meer, und gegen Osten in die Sümpfe des Enaraträsk. Nur so weit der Altenfluß aus Seen an der Grenze von Lappland und der Tanafluß vom Enaraträsk (See) ausfließen, ist hohes Gebirge. Diese Ströme bildeten in den engsten Gebirgswänden die steilsten, engsten Felsschluchten, die sie gegen Norden in prachtvollen Wasserfällen durchbrechen. Südwärts von dieser Linie fällt alle Gebirgsbildung weg. Nur hier sind Lappländische

Alpen. Weiter im Süden Plateaustufen, die in zwei bis drei breiten Terrassen, gleichförmig mit Granitplatten bedeckt, zum Bottnischen Golf abfallen. Das ganze Land ist hier eine unabsehbare Bergebene. Die Wasserscheide liegt überall im Osten der höchsten Gebirgsgipfel, keineswegs auf dem Rücken des Hochgebirgs, höchstens 2000 Fuß über dem Meere; die Gebirgsgipfel gegen Westen steigen 3000 bis 4000 Fuß höher. Ganz schwedisch Lappland, Westerbotten, Norland und Svealand ist eine einförmig hohe Bergebene, die sich zum Meere senkt. Eine Mittelstufe ist dem ganzen Südfuße des Kiölen vorgelagert; ihre Breite reicht von Kautokeino bis Muononiska am Muionio Elf (68° Br.), sie ist höchstens 1000 Fuß hoch. Wo die schwedischen Flüsse, aus den obern Alpenseen kommend, aus der obern Stue in die Küstenterrasse treten, haben sie jedesmal Wasserfälle, oft unzählige Wasserschnellen, wie von Muonio bis Kängis. Das berühmte Dalland, Dalarne, liegt am Südostfuße des großen Kiölen und ist großentheils Bergebene bis zu den berühmten Wasserfällen von Elfkarleborg dicht am Meere. Hier verschwindet der flache Küstengrund, südwärts treten Steilufer und Scheerennatur auf. Westgothland hat keine Hochgebirge; seine Bergzüge sind überall nur Klippenland, Küstenhöhen, oft voll Trümmerbedeckung. Nur wenige hundert Fuß liegt es über dem Meeresspiegel, darum fruchtbar, und auch unter 60° Br. wegen dieser tiefen Lage überall reich mit Wald bedeckt.

Die Gebirgsnatur, der Wasserreichthum, die Scenerie der Alpenseen und der Wasserfälle, die Scheeren und Fiorden des Oceans geben der Scandinavischen Landschaft den ernsten grandiosen Charakter. Aber zugleich bereiten sie der Bewältigung durch den Fleiß der Menschen die größten Hindernisse. Der große Umfang des Areals, die vielfache Zerstückelung, die geringe Bevölkerung, der hohe Norden, das viele Klippenland, die kärgliche Vegetation, die wenigen Fruchtebenen haben Schweden und Norwegen in einer gewissen Armuth und Einfalt erhalten gegen das übrige Europa. Seine Gestade, seine Wälder, seine Metalle sind sein Reichthum. Das Feuer und die Kühnheit, der Unternehmungsgeist der alten Normannen ist zur Besiegung der Scandinavischen Natur bis heute unentbehrlich. Wo diese fehlen, bleibt das Land eine Einöde. Schweden und Norweger im Süden der Halbinsel sind die beiden Hauptnationen von Gothischem Stamme mit altgermanischer Sprache, Finnen und Lappen die ältern Ureinwohner, die von jenen an die Gestade und in die Schneefelder des Nordens zurückgedrängt wurden, noch uncivilisirte Hirten= (Rennthierhirten) und Fischervölker, kaum erst aus Heiden bekehrte Christenvölker. Die Stellung sowohl der Völker als des Landes macht die Halbinsel Scandinavien fast zur Insel. Im Süden durch Meere isolirt, ist ihr Zusammenhang im unwirthbaren, uncivilisirten Norden mit Europas Continent gleich Null zu setzen. Wäre Schweden zur ganzen Insel geworden, so hätte es sich eher wie seine südwestliche Nachbarin entwickeln können.

Wenden wir uns schließlich zu dieser englischen Inselgruppe, unstreitig der merkwürdigsten und wichtigsten des Erdtheils.

Wäre im südwestlichen Scandinavien der Gebirgsknoten des Dovre, statt zur Gotthardshöhe emporgehoben zu werden, eingestürzt in die Tiefe, so wäre ein Meereskanal entstanden! Und so geschah es in Großbritannien. Ein Meeresarm spaltete das Meridiangebirge in zwei Abtheilungen mit Gegengestaden und bereicherte dadurch die britische Inselgruppe. Durch die Irländische See mit dem St. Georgskanal im Süden, durch den Nordkanal zwischen Schottland und Nordirland ward die Insel Irland abgerissen vom östlichen England. Der Meereskanal, welcher als greßer Erdspalt von Süden nach Norden beide Inselländer scheidet, trägt überall die gewaltigsten Spuren einer solchen Naturrevolution. Aus der Meerestiefe quollen die schwarzen, eisenreichen Basaltmassen mit Riesenmacht empor und bekleideten mit ihren Tafeln und klingenden Säulen die aufgeborstenen primitiven Gebirgsabfälle der Meeresseiten. Aus dem zerrissenen eingestürzten Schlunde, der sich mit Meer füllte, stiegen Tausende von Klippen und Hunderte von basaltischen wildgestalteten Inseln empor; die Insel Staffa mit der Fingalshöhle in ihrer Mitte. Daher die wundervollen kühnen Bildungen der zersplitterten Gestade dieser Westsee von England, und die merkwürdige Herrschaft der Basaltmassen, die überall, von unten auf wie ein Adernetz die zerspaltenen Granitklüfte durchdrangen. Aber nicht blos Basaltgänge, auch andre problematische Bildungen: die merkwürdigsten Zinnsteinadern durch ganz Cornwales. Daher auch zu beiden Seiten der Gebirgszüge bis tief unter den Meeresgrund die hinabgedrückten Urwaldungen, welche von Erdharzen durchdrungen die mächtigsten Steinkohlenflöze der Erde bedecken, die Englands Industrie und Nationalreichthum begründet haben. An derselben Natur nimmt Irland gleichen Antheil. Gegen den großen Erdspalt hin sind seine Gebirgsschluchten steil und wild aufgerichtet. Gegen Südwest breitet es sich in Felsflächen gegen den Ocean aus, die größtentheils mit Morästen bedeckt sind: also in umgekehrtem Verhältniß wie England und Scandinavien. Aber gegen Nordosten steigen die basaltischen Riesendämme aus dem Meere auf wie zerborstene Brücken zwischen Schottland und Irland, Giant Causeway, des Riesen Heerstraße, auf der Nordostküste von Antrim. Eine ähnliche Bildung geht durch den ganzen Schottischen Norden, der eine nur einsame, vom übrigen Europa abgekehrte Welt für sich bildet. Daher hier im Lande Fingals und Ossians, im alten Caledonien, das Land der schottischen Sagen, der Wunder der nordischen Märchenwelt. Der größten Opulenz und Civilisation im südlichen universell entwickelten England, steht die Armuth und Abgeschiedenheit, Einfalt und Rohheit des flachen irischen Westen und Hochschottlands im äußersten stürmischen Norden schroff gegenüber. Größere Contraste konnte die

Natur in ihren plastischen Gestaltungen nicht aufstellen, als zwischen dem milden, überall wegsamen England, das in Südosten in bequemsten Verkehr mit der Mitte Europas treten konnte und durch seine Hafenküsten mit der ganzen Welt steht, und dem rauhen, völlig weglosen Nordwestende Hochschottland und Irland, das schon völlig von Europa gesondert, in der Mitte des Nordoceans liegt, und durch furchtbare Brandungen, Fluthen und Stürme abgeschnitten war von der übrigen oceanischen Welt — bis England allmählich seine Kunstmittel, seine Canäle, Dampfschiffe u s. w. aufbot, sie auf das westliche und nördliche Nachbarland zu übertragen, und auch diese so wenig begünstigten Erdstellen in den Weltverkehr und somit in seine Weltherrschaft hineinzuziehen vermochte.

Die maritime Lage von England, sein milder Himmel, seine feuchte Atmosphäre, sein Quellenreichthum, die fruchtbare Natur seiner Bodenfläche, die Direction seiner schiffbaren Stromgebiete und der glückliche Bau seiner hafenreichen Gestade sind die ersten physikalischen Bedingungen der selbstständigen und universellen Entwickelung seiner Bewohner und ihrer politischen, ja kosmopolitischen Verhältnisse geworden. Durch den Aufschwung seiner Marine, der nur unter solchen Naturbedingungen stattfinden konnte, durch die Ausbreitung seiner Colonisationen in allen Erdtheilen, in allen Meeren und unter allen Zonen des Planeten hat das kleine England die ursprünglich sehr engen Grenzen seiner Herrschaft und seines Einflusses weit hinausgerückt über den Canal, die Nordsee und die Irische See. Zur Kunde von England, d. h. von dem nicht todten, sondern lebendigen England, gehört zugleich die Kenntniß fast aller übrigen Theile der Erde. Durch seine ununterbrochene Gestadeschifffahrt und den beständigen Handels- und Geschäftsverkehr aller Art hat es seine Naturgrenzen verzehnfacht. Es grenzt in Nordeuropa zugleich an Dänemark, Norddeutschland, Holland, Frankreich, Norwegen, in Südeuropa an Portugal, Spanien, Sicilien und die abendländische Türkei und Levante, der es durch Vermittelungsglieder: Gibraltar, Malta und die Jonischen Inseln, so nahe steht als der Picardie und Normandie. Es hat den Schlüssel zum Mittelländischen und Adria-Meere, und beherrscht zugleich den Eingang der Ostsee und des Schwarzen Meeres. Es engt Rußland mit seinen Flotten in Europa und Amerika gegen die Polarwelt hin, und eben so die Republiken Amerikas in den temperirten und tropischen Zonen ein. Englands Grenzen ziehen aber auch zu der südlichen Halbkugel hinüber; der Vulkanfelsen St. Helena, der treffliche Hafen der Capstadt sind die Festungswerke zur Beherrschung der Einfahrten nach beiden Hemisphären. England dominirt mit seinen Flotten die indische Welt im Osten und Westen, die australische im Süden, und berührt und umsäumt wenigstens von Bengalen aus die Chinesische und Japanesische Handelswelt. Diese Zerspaltung seiner Grenzgebiete über die ganze Erde, diese außerordentliche Zertheilung seiner Kräfte überall hin (die jeden andern Staatskörper auf dem Continente in sich selbst verzehren und vernichten würde) bildet die große Macht und Stütze der Britischen Herrschaft. Denn geschieden durch Distanzen vieler Tausende von Meilen ist England in Europa durch seine transmarinen Glieder unverwundbar. Sie liegen überall hin zerstreut, können daher nie auf einmal entrissen werden. Sie alle anzugreifen wäre zu schwierig, England mit seinen Colonieen zu blokiren ganz unmöglich. Das Centrum von allen Gliedern oder Colonieen bildet der Mutterstaat England. Er rafft alle Producte seiner Glieder in sich zusammen, nicht um sie stationär aufzusammeln, sondern um sie zu verarbeiten durch seine Industrie, und mit zehnfach erhöhtem Werth wieder nach allen Seiten auszuströmen. In ihn fließt die Macht, die Fülle, der Reichthum der vertausendfachten Verhältnisse wie in eine gemeinsame Quelle zurück. Seine Bewegungen setzen die ganze übrige Welt in Bewegung. Dies ist eine der außerordentlichsten und größten Erscheinungen in der Menschengeschichte der neuesten Zeit.

Die Weltherrschaft der Römer, die sich die Eroberer des ganzen Erdkreises nannten, war dagegen eine sehr beschränkte. Sie war nur eingeengt auf einen continentalen Erdkreis ohne oceanische Verbindung; daher erstarrte diese Weltmonarchie an ihren Umsäumungen, es fehlten die Mittel des Verkehrs nach außen zwischen ihren großen Theilen und Gliedern. Nach außen war im Römischen Reiche kein Verkehr mit den Fremden; der Fremde galt nur als Feind. Selbst im Frieden ging das kriegerische System der Gewalt fort, die jeden Wechselverkehr verscheuchte. Es mußte, selbst bei den größten Anstrengungen, am Limes Imperii Romani endlich Stillstand der Kräfte entstehen, weil die Anstrengungen und der Gewinn nur einseitig sein sollten. Der Handel und Verkehr auf dem Mittelländischen Meere reichte nicht tief in die Landregionen hinein. Die Verschanzungen, Ummauerungen und Garnisonirungen selbst der zahlreichsten Legionen gegen die Feindesländer konnten nicht von Dauer sein bei dem Wechsel im Innern. Das Römische Reich wurde auf allen Seiten von Barbaren zusammengedrückt. Es gab kein Mittel in dieser blos continentalen Macht, die Zahl der Vertheidiger auf solchen Stützpunkten schnell zur rechten Zeit zu concentriren, wo sie dem Ganzen Rettung gebracht hätten.

Dieses unerschöpfliche Mittel des freien Verkehrs nach außen mit der fremden Welt und die oceanische Berührung aller Glieder und Enden des Reichs ist der grandiose Charakter der Britischen Weltherrschaft. Ihr Einfluß ist dadurch noch weit größer auf alle Erdtheile des Planeten, als es der des Römischen Reichs auf die alte Welt war. Dieses Mittel liegt hauptsächlich in der entwickelten Marine, welche der alten Welt unbekannt blieb. Auch mitten im Frieden braucht England für die Bedürfnisse seiner Industrie, seines Handels, seiner Colonieen zahlreiche immerfort bewegte Flotten, die im Kriege mit der größten Schnelligkeit die Befehle und die Gewalt der Herrscher an die Enden der Welt tragen, aber im Frieden unablässig die Meere durchkreuzen. Diese immer bereit stehenden Flotten machen die großen Intervallen zwischen der Metropole und den Colonieländern fast verschwinden und knüpfen alle Ansiedelungen an das Mutterland. Sie sichern die Herrschaft und den Besitz, steigern überall den Erwerb. Die Gestade Englands sind ursprünglich die großen Schiffswerften, die Stationen der Flotte, die Schule des Seedienstes der Matrosen. Ohne sie würde England nicht England sein. Die dichtgedrängten Küstenstädte sind die Ausgänge und Stapel der Manufactur- und Fabrikerzeugnisse des Binnenlandes; die großen Stapelplätze alles Colonial- und Welthandels. Kein Gestade der Erde hat in der Entwickelung seiner maritimen und commerciellen Verhältnisse auf einem so kleinen Raume von nur etwa 300 Meilen Umfang die Ausbildung des englischen Gestades erreicht. Schon eine bloße Uebersicht der Ost-, West- und Südküsten zeigt dies. Die Ostküste von England und Schottland hat 35 große Seehäfen, die Westküste 43, die Südküste 27, im Ganzen 105 Seehäfen, die an Umfang und Inhalt alle Häfen des übrigen Europa überbieten.

Diese außerordentliche centrale radiirende Bewegung nach außen ist eine junge Frucht, die erst seit der Mitte des vorigen Jahrhunderts zu reifen begann. Die Freiheiten der Verfassung, die Gesetze, die Naturgaben, der Besitz von Colonien u. s. w. reichen nicht hin, diese Erscheinung zu erklären: denn alle diese bestanden frühere Jahrhunderte auch schon, ohne diese Frucht in dem Maaße zur Reife zu bringen. In dem neuen Geiste der Benutzung dieses Vorhandenen liegt der nächste Grund dieser Erscheinung. Dieser Geist zeigt sich aber nicht in luftigen speculativen Ideen, sondern in der Benutzung des Gegebenen, des Positiven, der vorhandenen physikalischen Anlagen Englands. Es ist der Geist der Industrie und des Commerzes im Großen. Bis in die Mitte des vorigen Jahrhunderts hatte England nur schlechte, krumme Heerstraßen, wie andre Länder auch, und keinen einzigen Kanal; die meisten Schiffe taugten nichts zur Binnenfahrt. Nur in die Mündungen weniger Flüsse konnten beladene Schiffe einlaufen. Wenige Häfen boten sichern Ankergrund dar; die reichen Steinkohlenfelder im Innern des Landes lagen wenig benutzt, weil der Landtransport dieses Brennmaterials zu kostbar war, und Tausende von Maschinen und Werkstätten konnten nicht in Gang kommen.

Seitdem aber bemächtigte sich die Kunst des Menschen aller Vortheile, welche die Landesnatur darbot. Das mannigfaltigste System der Communicationen und Bewegung der Kräfte verzweigte sich durch die ganze Insel, durch alle Flußgebiete, über alle Wasserscheiden und durch alle Bergrücken. Alle Häfen wurden durch künstliche Fluß- und Kanalschifffahrt mit allen Binnenstädten des Landes in die leichteste Verknüpfung gebracht, durch Kanäle, Schleusen, Aquäducte oft der kühnsten Art, Heerstraßen, Brücken, die über trockne Thäler wegführen, durch Eisenbahnen, Dampfmaschinen und Dampfschiffe. Aus allen Steinkohlengruben und Bergwerken und Torfstichen wurden über- oder unterirdische Kanäle geführt; aus allen großen Fabrikanlagen, aus allen Manufacturstädten die Wege für die größten Lasten zu den nächsten Stapelplätzen und oceanischen Ausladern gebahnt zu Land und zu Wasser.

Das Kanalsystem in England, aus nahe an 100 Kanälen von der verschiedensten Länge bestehend, hat eine Entwickelung von über 500 geogr. Meilen erreicht; es durchbricht in 21 Kanälen die natürliche Wasserscheide zwischen Ost- und Westengland. Der seit 1822 eröffnete Caledonische Kanal durchschneidet Mittelschottland, vereinigt zwischen Inverneß in Osten und Fort William in Westen die Nordsee mit dem Atlantischen Ocean, und erspart selbst großen Fregatten von 32 Kanonen die gefahrvolle Umschiffung von Nordschottland. Die dadurch schiffbar gewordene Seen-linie beträgt an 15 geogr. Meilen zwischen Murray Golf und Loch Linnhe, zwischen hohen Alpengebirgen hindurch. Die Länge der benutzten Seen (Loch Neß, Loch Lochy und des Centralsees Loch Oich), wodurch allein das System möglich ward, beträgt 7½ Meilen, der Kanalbau die andre Hälfte mit 22 Schleusen. Durch diese allein konnte das Niveau des Kanalwassers über den Culminationspunkt zu einer Höhe von einigen achtzig Fuß über die Meeresfläche erhoben werden. Hat die Fregatte, die von Ost gegen West fährt, diese Höhe erreicht, so steigt sie durch die große Kette der 8 Schleusen, die Neptunstreppe genannt, am Westende des Kanalsystems wieder zum Niveau des Atlantischen Oceans hinab. Dieser Kanal ist das Vorbild, seine Ausführung die Vor-schule für den Canal der Landenge von Panama, der vielleicht am Ende des neunzehnten Jahrhunderts die Mitte Amerikas durch-schiffbar macht für die Flotten des Welthandels!

Von den nördlichen und nordwestlichen Gliedern Europas, sowie vom Südwestende, Italien, Spanien und Portugal, ist die Entdeckung der übrigen Oceane ausgegangen. Zwar werden die fernern oceanischen Gruppen der Faröer, der Azoren und Island noch zu Europa gerechnet, weil sie von Europäern be-herrscht werden — eine willkürliche Ansicht! Denn der Natur des Erdtheils sind sie fremd. Es sind eigenthümliche, von jedem con-tinentalen Gebiet unabhängige, aus der Tiefe des Meeresgrundes hervorgetretene Massen, die Amerika eben so gut wie Europa an-gehören.

FSC
www.fsc.org
MIX
Papier | Fördert gute Waldnutzung
FSC® C083411

Kolibri 360 GmbH
Ferdinand-Jühlke-Straße 7
99095 Erfurt, Deutschland
produktsicherheit@kolibri360.de